高等学校适用教材

《光电检测技术》习题与实验

雷玉堂　主编

中国计量出版社

图书在版编目（CIP）数据

《光电检测技术》习题与实验/雷玉堂主编．—北京：中国计量出版社，2009.5
高等学校适用教材
ISBN 978-7-5026-2978-6

Ⅰ．光…　Ⅱ．雷…　Ⅲ．光电检测—高等学校—教学参考资料　Ⅳ．TN206

中国版本图书馆 CIP 数据核字（2009）第 041636 号

内容提要

本书为《光电检测技术》第 2 版（中国计量出版社，2009 年）的配套教材，共分两大部分。第一部分为习题，第二部分为实验。第一部分有 13 章，第 1～11 章为与《光电检测技术》教材第 1～11 章内容配套的试题；第 12 章为考试试题；第 13 章为部分习题解答。第二部分共有 30 个配套实验。

本教材可供光电技术、光电测试技术、光电信息技术、光电子技术、光电器件、光电信息处理、光纤通信及传感技术等有关光电课程配套使用与参考，也可供光电与非光电专业人员报考光电类研究生参考使用。

中国计量出版社出版
北京和平里西街甲 2 号
邮政编码　100013
电话（010）64275360
http：//www.zgjl.com.cn
北京市密东印刷有限公司印刷
新华书店北京发行所发行

*
787 mm×1092 mm　16 开本　印张 19.25　字数 466 千字
2009 年 6 月第 1 版　2009 年 6 月第 1 次印刷
*
印数 1—3 000　**定价：**36.00 元

前　言

21 世纪，高等院校人才的培养目标及计划实施，必须面对现代高科技的发展和知识经济大潮。先进的理论与实践的基础知识，尤其创新精神是高等院校人才必须具备的。作为信息科学技术的一个分支，光电检测技术是一门实用性很强的技术，为了使学生真正理解和掌握这一现代科学技术，培养学生科学实验素质及创新精神，根据作者几十年的光电教学和科研的积累，并参考有关书籍资料，编写了《光电检测技术》第 2 版（中国计量出版社，2009）配套教材《光电检测技术》习题与实验。这是一本实用性很强的专业基础课程教材。

本教材共分 2 篇：第一篇为光电检测技术习题试题集，这一部分有 13 章：第 1～11 章是对应于《光电检测技术》教材的第 1～11 章内容的选择题、问答题、计算题等共 1641 题。习题的内容，全部是根据《光电检测技术》一书各章节中的内容编制的。因此，只要认真而仔细地阅读了《光电检测技术》，都可以找到选择题与问答题的答案；计算题也都是根据各章节中的公式编制的，其目的是为了加深理解、巩固所学的知识，并掌握各基本参量单位之间的变换关系，达到能灵活运用所学知识解决问题，培养科学严谨的工作态度，以及独立思考与独立工作的能力。第 12 章则为考试试题，虽《光电检测技术》主要是本科生教材，但很多学校也列入研究生学习与考试书目，因此这里除本科生期末考试题外，还列举了硕士生入学考试题与博士生入学考试题实例，供各校各专业参考。本科生期末考试题分三部分：选择题 10 题 20 分；问答题 7 题 35 分；计算题 5 题 45 分。硕士生入学考试题与博士生入学考试题也与本科生考试题同样分配，只不过其知识广度、深度、难度与灵活性高一些而已。第 13 章为部分习题答案与 6 个方面的典型解题示例。由于本科生各专业需着重掌握的重点的基本知识均在前 7 章，因而主要在前 7 章给出了部分习题答案，而综合应用的计算题主要在第 7 章，所以解题示例也多是这一章的题。

第二篇为光电检测技术实验，内容分 7 个部分：实验须知；光电检测器件特性参数测试；光电成像检测器件驱动、特性及应用；发光与耦合器件特性测试；光电信号检测电路、数据采集与微机接口；光电信号变换与检测技术及方法；光电检测技术的综合应用等共 30 个实验。实验内容全部反映了《光电检测技术》需掌握的基本技术问题，并注意了由浅入深的次序。每个项目明确了实验目的与内容，提出了实验报告的要求，并附有思考题。因此，可帮助加深对《光电检测技术》教材内容的理解与消化，并提高学生的实际动手能力和创新能力。

本教材亦可供光电技术、光电测试技术、光电信息技术、光电子技术、光电器件、光电信息处理、光纤通信及传感技术等有关光电课程配套使用与参考，也可供光电与非光电专业人员报考光电类研究生时参考。

本教材的编写，除利用作者几十年的教学积累外，还特别参阅了一些优秀教材与著作，并根据教材体系的安排与需要，有些实验或习题还采用了其中的部分内容，这些都在书末以参考文献形式给出，在此特向这些作者表示感谢！

本教材的编写，要感谢武汉乐通光电有限公司总经理罗辉及其高新技术研究所的工程师们的支持，感谢杨三东硕士、李瑜（在读硕士）等打字绘图的帮助！还要特别感谢中国计量出版社领导的支持，以及王红编辑等的辛勤工作！

因编者水平有限，加之时间紧促，本书定有不足与错漏之处，敬请读者批评指正。

编　者

2009 年 2 月

目　　录

第一篇　光电检测技术习题试题

第一篇　光电检测技术习题试题

第 1 章　光电检测技术概论

1.1　选择题（在你认为对的选项序号上打√，有几个对，就打几个）

1. 一个高灵敏度、高分辨率和极为复杂而精巧的光传感器是（1）人眼；（2）光电倍增管；（3）半导体光敏器件；

在大脑传送信息的 300 万条神经纤维中，视神经纤维占了（1）2/3；（2）1/2；（3）1/3。

2. 人体内，视神经细胞接收器的数目是（1）3×10^8；（2）2×10^8；（3）2×10^4；（4）3×10^4；

人体内，听觉接收细胞的接收器的数目是（1）3×10^8；（2）2×10^8；（3）2×10^4；（4）3×10^4。

3. 明视觉可以分辨物体的（1）细节和颜色；（2）亮暗；（3）层次；

暗视觉可以分辨物体的（1）细节和颜色；（2）亮暗；（3）层次。

4. 在光亮情况下起作用的感光细胞是（1）锥状细胞；（2）杆状细胞；

在暗视场条件下起作用的感光细胞是（1）锥状细胞；（2）杆状细胞。

5. 在白昼时，人眼瞳孔直径为（1）2mm；（2）3mm；（3）8mm；（4）7mm；

在弱光下，人眼瞳孔直径为（1）2mm；（2）3mm；（3）8mm；（4）7mm。

6. 人眼能接收极其微弱的光，即（1）2×10^{-17}W；（2）3×10^{-15}W；（3）2×10^{-16}W；

人眼能接收的强光是（1）2×10^{-5}W；（2）3×10^{-4}W；（3）2×10^{-3}W。

7. 视力为 1.0 的人，一般可以分辨的视角是（1）$1'$（角度分）；（2）$1''$；（3）$0.1''$；

人眼通过光学仪器，可以分辨的视角是（1）$1'$（角度分）；（2）$1''$；（3）$0.1''$。

8. 人眼感知灵敏度最高的颜色是（1）红色；（2）绿色；（3）蓝色；

人眼在感知大视场内景物时能否集中于小目标（1）能；（2）不能。

9. 波长在什么值处，即使波长相差不到 1nm，人眼仍能发现颜色的差别（1）480nm；（2）550nm；（3）600nm；（4）700nm。

10. 人眼对各种波长光的平均相对灵敏度是否是光谱光视效率（1）是；（2）不是；

人眼对各种波长光的平均相对灵敏度是否是视见函数（1）是；（2）不是。

11. 明视觉的视见函数的最大值在（1）550nm；（2）555nm；（3）560nm；

暗视觉的视见函数的最大值在（1）500nm；（2）507nm；（3）510nm。

12. 人的视觉暂留时间是（1）1/100s；（2）1/10s；（3）1s；

人眼的动态响应时间是（1）40ms；（2）50ms；（3）60ms。

13. 通过照相机或摄像机拍摄的东西属于视觉的（1）时间上扩展；（2）空间上扩展；

(3) 识别能力扩展。

通过望远镜看到的东西属于视觉的 (1) 时间上扩展；(2) 空间上扩展；(3) 识别能力扩展。

14. 通过放大镜或显微镜能看清的东西属于视觉的 (1) 时间上扩展；(2) 空间上扩展；(3) 识别能力扩展。

一般，光学仪器的工作是否需要人的视觉参与 (1) 要；(2) 不要。

15. 在现代光学仪器中，光电技术所起到的作用功能是 (1) “接口”的功能；(2) 附加功能；(3) 总线功能。

要构成一个自动化、智能化的光电系统是否需要光电技术 (1) 要；(2) 不要。

16. 激光技术是否属于光电技术的范畴 (1) 是；(2) 不是。

光纤技术是否属于光电技术的范畴 (1) 是；(2) 不是。

17. 光电技术能否将机械量转换为电量 (1) 能；(2) 不能。

光电技术能否将物理量转换为电量 (1) 能；(2) 不能。

18. 能检测光辐射的平均特性的光电器件是 (1) 光电检测器件；(2) 光电成像器件；(3) 光控制器件。

可检测出物体的亮度等级和空间分布的光电器件是 (1) 光电检测器件；(2) 光电成像器件；(3) 光控制器件。

19. 能代替人眼检测将光能转换为电能的光电器件是 (1) 光电检测器件；(2) 光电成像器件；(3) 光控制器件。

20. 用于显示数字、文字与图像的光电器件是 (1) 光电转换器件；(2) 电光转换器件；(3) 光控制器件。

用于信号传送和处理的光电器件是 (1) 光电转换器件；(2) 电光转换器件；(3) 光控制器件。

21. 能作人工视觉的器件有 (1) 电真空摄像器件；(2) 像增强器；(3) CCD；(4) CMOS成像器件。

22. 光电检测系统能否得到直接反映物质基本物理属性的信息 (1) 能；(2) 不能。

光电检测系统动作输入能量 (1) 很大；(2) 很小。

23. 一般，光电检测系统的测量灵敏度 (1) 高；(2) 低。

一般，光电检测系统的测量是 (1) 接触式；(2) 非接触式。

24. 光电检测系统能否对微细的空间形体进行非接触远距离测量 (1) 能；(2) 不能。

光电检测系统能否代替人眼和大脑的大部分功能 (1) 能；(2) 不能。

25. 光电检测的技术和方法有 (1) 高的可靠性和灵活性；(2) 可靠性高、方法灵活；(3) 方法灵活、可靠性一般。

26. 光电技术的发展比电子技术的发展 (1) 早；(2) 晚；(3) 差不多。

光电技术的发展主要是在 (1) 1950 年以后；(2) 1960 年以后；(3) 1970 年以后。

27. 使激光器的阈值电流达到了亚毫安的材料是 (1) 硅材料；(2) 量子阱超晶格材料；(3) 半导体超晶格材料。

用量子阱结构作成的垂直腔面发射激光器可使得在 $1cm^2$ 的芯片上制作激光器达 (1) 1 万个；(2) 10 万个；(3) 100 万个；(4) 1000 万个。

28. 利用光子晶体能否实现无阈值激光振荡（1）能；（2）不能。

光子晶体光纤产生的宽带超连续谱可获得超高分辨率的层析成像，对生物组织层析成像纵向分辨率达（1）0.08μm；（2）1.3μm；（3）1.5μm；（4）2μm。

29. 有机发光材料能否作显示与照明器件，它作的显示器能否取代 LCD（1）能；（2）不能。

目前光纤通信已发展到（1）第 3 代；（2）第 4 代；（3）第 5 代；（4）第 6 代。

30. 短脉冲光纤激光器的研制成功是（1）美国；（2）日本；（3）中国。

目前国际上第一台包含 3 个独立的光学微机械手的光镊系统的研制成功是（1）美国；（2）日本；（3）中国。

31. 目前，激光的输出功率已超过（1）12PW；（2）13PW；（3）14PW；（4）15PW。

目前，最短的光脉冲已到（1）0.1fs；（2）0.2fs；（3）0.3fs；（4）0.5fs。

32. 目前，信息传输速率与运算速率已达（1）Gb/s；（2）Tb/s；（3）Gb/ms；（4）Tb/ms。

目前，三维立体存储密度已达（1）Gb/cm^3；（2）Tb/cm^3；（3）Gb/mm^3；（4）Tb/mm^3。

33. 电子技术研究的信息传送变换是（1）时间域⟺时间频率域；（2）空间域⟺空间频率域；（3）时间域⟺时间频率域

空间域⟺空间频率域

光学技术研究的信息传送变换是（1）时间域⟺时间频率域；（2）空间域⟺空间频率域；（3）时间域⟺时间频率域

空间域⟺空间频率域

34. 光电技术研究的信息传送变换是（1）时间域⟺时间频率域；（2）空间域⟺空间频率域；（3）时间域⟺时间频率域

空间域⟺空间频率域

35. 光电检测技术典型的应用领域是（1）宽频带大容量信息传输（比电子技术方法的信息容量大 10^4 倍，且不受外界环境的影响）；（2）高速处理平面测量和空间图像信息；（3）三维计量；（4）非接触加工和超精密加工。

1.2　问答题

1. 什么是视觉？为什么说一个人的视觉最重要？
2. 试述人的视觉功能？
3. 什么是视见函数？明视觉与暗视觉各有什么作用？
4. 为什么要有光学仪器？光学仪器在哪些方面扩展了人的视觉？
5. 为什么说传统的光学仪器已不能满足现代化的需要？光学仪器应朝什么方向发展？
6. 什么是光电技术与光电检测技术？为什么说光电技术有着“接口”的功能？

7. 什么是光电产业？它的作用地位如何？

8. 什么是光电传感器？它有什么作用？

9. 用什么光电传感器检测物体的亮度等级和空间分布？为什么？

10. 用什么光电传感器能提高人的视觉能力？为什么？

11. 典型的光电检测系统由哪几部份组成？各有什么作用？

12. 试述光电检测系统的特点？

13. 为什么说光电技术的发展比电子技术的二极管发展还早？

14. 光电技术发展的第二高潮是在什么时候？为什么？

15. 世界各国光电技术的研发动向如何？我国光电技术的发展情况怎样？

16. 近年来光电技术与光电检测技术在光电材料与器件方面有什么进展？

17. 什么发光材料大有研发前途？为什么说用它作显示器将会取代LCD？

18. 在固体激光器中，光纤激光器的出现起了什么作用？我国在固体激光器的研究中有什么新进展？

19. 什么是纳米技术？我国在这方面的研究有什么进展？

20. 光纤通信发展到了几代？有什么特色？

21. 什么是光子计算机？它的研发成功将会发生什么变革？

22. 目前，世界光电子产业的发展趋势是什么？未来光电产业发展的重要组成部分有哪些？

23. 目前，光电技术达到的最大信息量，最大的功率与最高的能量密度，最短的光脉冲、最小的微光机电系统，最安全的通信系统等的水平达多少？

24. 我国光电技术水平与国外先进水平相比有何差距？如何迎头赶上和超过？

25. 试述光电技术在军事上的应用？

26. 试述光电技术在生物医学方面的应用？

27. 试述光电技术在环境保护方面的应用？

28. 什么是太赫兹技术？试述其应用？

29. 光电检测技术的典型应用领域是哪些？

第2章　光电检测技术基础

2.1　选择题（在你认为对的选项序号上打√，有几个对，就打几个）

1. 光的直线传播概念能解释（1）光的干涉；（2）光偏振；（3）光衍射；（4）光折射。

光的波动理论能解释（1）光的干涉；（2）光偏振；（3）光衍射；（4）光折射。

2. 光的量子论能解释（1）光吸收；（2）光偏振；（3）光色散；（4）光散射。

麦克斯韦理论能解释（1）光吸收；（2）光偏振；（3）光色散；（4）光散射。

3. 光电效应证实了（1）光量子论；（2）光波动论。

光的发射和吸收证实了（1）光量子论；（2）光波动论。

4. 可见光的波长范围是（1）300～700nm；（2）350～780nm；（3）380～780nm。

红外光的波长范围是（1）700～1000nm；（2）780nm～1000μm；（3）780nm～1μm。

5. 紫外光的波长范围是（1）1～380nm；（2）200nm～400μm；（3）1～400nm。

本征硅的光谱响应范围是（1）300～1200nm；（2）400～1300nm；（3）400～1100nm。

6. 辐照度与辐射出射度的单位（1）相同；（2）不相同。

辐通量与光通量的单位（1）相同；（2）不相同。

7. 照度与光源至被照面的距离（1）有关；（2）无关。

若光源与观察者眼睛间无光吸收，亮度与二者间距离（1）有关；（2）无关。

8. 人眼的明视觉最灵敏波长的光度参量对辐射度参量的转换常数值为（1）683lm/W；（2）783lm/W；（3）883lm/W。

人眼的暗视觉最灵敏波长的光度参量对辐射度参量的转换常数值为（1）1625lm/W；（2）1725lm/W；（3）1825lm/W。

9. 色温越高的辐射体，可见光的成分越（1）多；（2）少。

色温越高的辐射体，光视效能越（1）高；（2）低。

10. 色温越高的辐射体，光度量越（1）高；（2）低。

白炽灯的供电电压降低时，灯丝温度降低，灯的可见光部分的光谱（1）减弱；（2）增强。

11. 白炽灯的供电电压降低时，灯丝温度降低，灯的光视效能（1）降低；（2）提高。

白炽灯的供电电压降低时，灯丝温度降低，此时用光照度计检测出的光照度将（1）下降；（2）增大。

12. 有否玻璃半导体（1）有；（2）没有。

有否稀土半导体（1）有；（2）没有。

13. 半导体的电阻温度系数一般是（1）正的；（2）负的。

金属的电阻温度系数一般是（1）正的；（2）负的。

14. 原子中同属于一个量子态的电子有（1）一个；（2）二个。

原子中的电子有否完全确定的轨道（1）有；（2）没有。

15. 在 T=0K 时，半导体的能带与绝缘体（1）相似；（2）不相似。

导带中的电子是否自由电子（1）是；（2）不是。

16. 价带中的电子是否自由电子（1）是；（2）不是。

价带中的空穴是否自由空穴（1）是；（2）不是。

17. 主要由电子导电的半导体是（1）本征半导体；（2）N 型半导体；（3）P 型半导体。

主要由空穴导电的半导体是（1）本征半导体；（2）N 型半导体；（3）P 型半导体。

18. 费米能级 E_F 一般在（1）导带中；（2）价带中；（3）禁带中。

杂质的能级一般在（1）导带中；（2）价带中；（3）禁带中。

19. 热平衡时，本征半导体比掺杂半导体的两种载流子浓度的乘积（1）大；（2）小；（3）一样。

热平衡时，电子占据某一能量 E 的几率是（1）一定的；（2）不一定的。

20. 掺杂半导体比本征半导体的导电性能（1）强；（2）弱；（3）一样。

杂质的电离能比禁带宽度 E_g（1）大；（2）小；（3）一样。

21. 当温度升高时，N 型半导体中的（1）$n \approx p$；（2）$n \ll p$；（3）$p \ll n$。

当温度升高时，P 型半导体中的（1）$n \approx p$；（2）$n \ll p$；（3）$p \ll n$。

22. 非平衡载流子寿命越长，复合率（1）越大；（2）越小；（3）不变。

非平衡载流子增加，复合率（1）增大；（2）减小；（3）不变。

23. 半导体中复合中心越多，非平衡载流子寿命越（1）长；（2）短。

半导体中陷阱中心越多，非平衡载流子寿命越（1）长；（2）短。

24. 漂移电流的贡献，主要是（1）多数载流子；（2）少数载流子。

扩散电流的贡献，主要是（1）多数载流子；（2）少数载流子。

25. 电子迁移率比空穴迁移率（1）大；（2）小；（3）一样。

同一种载流子的扩散系数与迁移率间的关系呈（1）正比；（2）反比。

26. 杂质吸收的长波限比本征吸收的长波限（1）长；（2）短；（3）一样。

激子吸收能否产生电流（1）能；（2）不能。

27. 在非平衡状态下的PN结中，$n_p=n_i^2e^{qV/kT}$，形成结的正向电流，需（1）$v=0$；（2）$v>0$；（3）$v<0$。

在非平衡状态下的PN结中，$n_p=n_i^2e^{qV/kT}$，形成结的反向电流，需（1）$v=0$；（2）$v>0$；（3）$v<0$。

28. PN结的电流随外加电压变化的关系为（1）正比；（2）反比；（3）指数关系。

肖特基势垒的电流随外加电压变化的关系为（1）正比；（2）反比；（3）指数关系。

29. 注入接触的电流随外加电压变化的关系为（1）正比；（2）反比；（3）指数关系。

欧姆接触的电流随外加电压变化的关系为（1）正比；（2）反比；（3）指数关系。

30. 杂质光电导比本征光电导（1）强；（2）弱；（3）一样。

杂质光电导的长波限比本征光电导（1）长；（2）短；（3）一样。

31. 光电导的弛豫时间愈短，则定态灵敏度愈（1）高；（2）低；（3）一样。

光电导体的灵敏度与外加电压的关系为（1）正比；（2）反比；（3）指数关系。

32. 光电导体的灵敏度与非平衡载流子寿命的关系为（1）正比；（2）反比；（3）指数关系。

光电导体的灵敏度与载流子在光电导体两极间的渡越时间的关系为（1）正比；（2）反比；（3）指数关系。

33. 线性光电导的弛豫时间与光强的关系为（1）线性；（2）非线性；（3）无关。

抛物线性光电导的弛豫时间与光强的关系为（1）线性；（2）非线性；（3）无关。

34. 光电导的弛豫时间与非平衡载流子寿命的关系为（1）正比；（2）反比；（3）指数关系。

光电导的大小与光信号的频率（1）有关；（2）无关。

35. 有内建电场产生的光生伏特效应的半导体是（1）均匀半导体；（2）不均匀半导体。

产生丹倍效应的光生伏特效应的半导体是（1）均匀半导体；（2）不均匀半导体。

36. 发射出光电子的最大动能与光强（1）有关；（2）无关。

发射出光电子的最大动能与频率（1）有关；（2）无关。

37. 发射出光电子的最大动能与光电阴极的逸出功（1）有关；（2）无关。

发射出的光电子数与光电阴极上的入射光强（1）有关；（2）无关。

38. 发射出的光电子数与入射光的频率（1）有关；（2）无关。

电子从光电阴极逸入逸出深度与受激深度之比越大，则光电阴极的效率就越（1）低；（2）高。

39. 光电阴极的逸出功越小，电子发射的几率越（1）小；（2）大。

一般认为光电发射有否惯性（1）有；（2）无。

40. 光子牵引电压与入射光功率（1）成正比；（2）成反比。

当入射光方向相反时，光子牵引电压正负号（1）反向；（2）不反向。

41. 属于光生伏特效应的光电效应有（1）丹倍效应；（2）光磁电效应；（3）势垒效应；（4）光子牵引效应；（5）光电导效应；（6）光电发射效应。

42. 属于非势垒型的光生伏特效应有（1）丹倍效应；（2）光磁电效应；（3）势垒效应；（4）光子牵引效应；（5）光电导效应；（6）光电发射效应。

43. 内光电效应有（1）丹倍效应；（2）光磁电效应；（3）势垒效应；（4）光子牵引效应；（5）光电导效应；（6）光电发射效应。

44. 外光电效应有（1）丹倍效应；（2）光磁电效应；（3）势垒效应；（4）光子牵引效应；（5）光电导效应；（6）光电发射效应。

45. 由势垒效应产生的光生伏特效应有（1）肖特基势垒；（2）异质 PN 结；（3）同质 PN 结；（4）注入接触；（5）欧姆接触。

46. 光子牵引效应作成的探测器件主要用于（1）弱光探测；（2）强光探测。

光子牵引效应作成的探测器件的灵敏度与空穴的迁移率（1）成正比；（2）成反比。

2.2　问答题

1. 什么是光？它有几个波长区域？
2. 光量子能量是多少？光电效应证实了什么？
3. 什么是热辐射？物体是否辐射光？什么情况下才辐射可见光？
4. 辐射度量与光度量的根本区别是什么？
5. 什么是辐射通量与光通量？其单位有何异同？它们之间如何转换？
6. 什么是辐照度与辐射出射度？它们有何异同？
7. 什么是光照度与光亮度？为什么说它们是两个完全不同的物理量？
8. 试写出 Φ_e，M_e，I_e，L_e 等辐射度量参数之间的关系，说明它们与辐射源的关系？
9. 何谓余弦辐射体？余弦辐射体的主要特性有哪些？
10. 试举例说明辐射出射度 M_e 与辐射照度 E_e 是两个意义不同的物理量？
11. 试说明 K_m，K_λ，K_w 的意义及区别？
12. 什么是人眼光谱光视效能？知道这一参数有何益处？
13. 什么是辐射体光视效能？知道这一参数有何益处？
14. 辐射度量与光度量有何关系？如何转换？
15. 辐射度量与光度量的根本区别是什么？为什么量子流速率的计算公式中不能出现光度量？
16. 什么环境下常见照度值最高和最低？
17. 什么是半导体？它有什么特别之处？
18. 什么是共有化电子？它是否自由电子？为什么？
19. 什么是能级？什么是能带？试绘出绝缘体、导体、半导体的能带结构？
20. 什么是本征、P 型与 N 型半导体？试绘出它们的能带结构？

21. 什么是热平衡？此时电子占据某一能量 E 的几率是否一定？

22. 什么是费米能级？有何意义？试绘出本征、P 型与 N 型半导体中的费米能级？

23. 为什么对于一种确定的半导体，不管它是本征还是掺有杂质，不管它掺杂程度如何，为什么热平衡时两种载流子浓度的乘积等于一个常数？

24. 什么是禁带宽度？其大小对于半导体有何影响？

25. P 型与 N 型半导体在温度升高时会发生什么变化？为什么？

26. 什么是非平衡载流子？非平衡载流子复合有几种？利用复合可作成什么样的光电器件？

27. 什么是非平衡载流子寿命？有何物理意义？它对元器件的性能有何影响？

28. 为什么要在半导体内掺杂？半导体内的杂质或缺陷有什么作用？

29. 复合中心与陷阱中心有何区别？它们对半导体的性能有何影响？

30. 载流子的运动有几种？它们是在什么情况下发生的？各有何特点？

31. 什么是迁移率？电子的迁移率与空穴的迁移率谁大？为什么？

32. 同一种载流子的扩散系数与迁移率之间存在什么关系？其比例系数是什么？室温时比例系数等于多少？

33. 半导体对光的吸收有哪几种？它们能改变半导体的哪些性能？哪些吸收能产生电流？

34. PN 结在非平衡态下的两种载流子浓度的乘积为多少？当外加电压等于、大于或小于零时，将出现什么情况？

35. 半导体和金属的接触将出现何种情况？我们如何利用这些接触？

36. 什么是功函数及电子亲和能？我们如何利用它作光电器件？

37. 什么是光电导效应？它与光强有何关系？与光源频率有无关系？为什么？

38. 光电导的弛豫时间与非平衡载流子的寿命有无关系？有何区别？

39. 光电导的弛豫时间与光强有否关系？为什么？

40. 为什么本征光电导器件在越微弱的辐射作用下，时间响应越长，灵敏度越高？

41. 什么是光生伏特效应？有哪几类？哪种光电器件属于此效应？

42. 什么是光电发射效应？这种效应器件有何主要特点？哪种光电器件属于此效应？

43. 发射出光电子的最大动能与光强有否关系？为什么？

44. 为什么光电发射器件称为无惯性器件？电子从光电阴极发射出去后是否损坏？为什么？

45. 光电发射的基本定律是什么？它与光电导和光伏特效应相比，本质的区别是什么？

46. 试说明光电导器件、PN 结光电器件和光电发射器件的禁带宽度和截止波长间的关系？

47. 什么是光磁电效应？有何特点？

48. 什么是光子牵引效应？有何特点？

49. 光生伏特效应的主要特点是什么？为什么说 CO_2 激光器锗窗的两端产生伏特电压（即迎光面带正电，出光面带负电）的现象是光子牵引效应而不是光生伏特效应？

2.3　计算题

1. 0.5lm 的光均匀照射到面积为 $4cm^2$ 的光敏面上，问光敏面上的照度为多少 lx?

2. 一支波长为 632.8nm 的 He－Ne 激光器（该波长视见函数为 $V(\lambda)=0.265$）发射出通量为 $\Phi_e(\lambda)=5mW$，若投射到屏幕上的光斑直径为 0.1m，求光照度是多少 lx?

3. N 型硅的杂质电离能 $\Delta E_D=0.045eV$（掺磷），求：

（1）它吸收的长波限?

（2）若半导体的长波限为 $14\mu m$，求杂质的电离能?

4. 已知某 He－Ne 激光器的输出功率为 4mW（该激光器波长视见函数 $V(\lambda)=0.24$），试计算其发出的光通量?

5. 对于色温为 2856K 的标准钨丝灯，其光视效能为 17.1lm/W，当标准钨丝灯发出的辐射通量 $\Phi_e=80W$ 时，求其光通量 Φ_v 为多少?

6. 一支 He－Ne 激光器（波长为 632.8nm）发出激光功率为 2mW。该激光束的平面发散角为 1mrad，激光器的放电毛细管直径为 1mm。求出：

（1）该激光束的光通量、发光强度、光出射度为多少?

（2）若激光束投射在 10m 远的白色漫反射屏上，该漫反射的反射比为 0.85，求该屏上的光亮度是多少?

7. 一只白炽灯，假设各向发光均匀，悬挂在离地面 1.5m 的高处，用照度计测定正下方地面上的照度为 30lx，试求出该白炽灯的光通量?

8. 一台氦氖激光器发出波长为 $0.6328\mu m$ 的激光束，其功率为 3mW，光束平面发散角为 0.02mrad，放电毛细管直径为 1mm。试求：

（1）当 $V_{0.6328}=0.235$ 时此光束的辐射通量 $\Phi_{e\lambda}$、光通量 $\Phi_{v\lambda}$、发光强度 $I_{v\lambda}$、光出射度 $M_{v\lambda}$ 以及光束亮度等各为多少?

（2）若将其投射到 8m 远处的屏幕上，屏幕的光照度为多少?

（3）若人眼只能观察 $10^4 cd/m^2$ 的亮度，则观看此激光束需要戴透过率为多少的保护镜?

9. 一束波长为 $0.5145\mu m$、输出功率为 3W 的氩离子激光器均匀地投射到 $0.2cm^2$ 的白色屏幕上。问：

（1）屏幕上的光照度为多少?

（2）若屏幕的反射系数为 0.8，其光出射度为多少?

（3）屏幕每分钟接收多少个光子?

10. 有一束功率为 30mW、波长为 $0.6328\mu m$ 激光束，试求其量子流速率 N 为多少?

11. 在卫星上测得大气层外太阳光谱的最高峰在 $0.465\mu m$ 处，若把太阳作为黑体，试计算太阳表面的温度及其峰值光谱辐射出射度 $M_{es\lambda m}$?

12. 试计算人体正常体温下的峰值波长 λ_m 为多少? 当发烧到 38.5℃时，其峰值波长又为多少? 峰值光谱辐射出射度 $M_{es\lambda m}$ 为多少?

13. 某半导体光电器件的长波限为 $13\mu m$，试求其杂质电离能 ΔE_i?

14. 某厂生产的光电器件在标准钨丝灯光源标定的光照灵敏度为 $200\mu A/lm$，试求其辐射灵敏度?

15. 试计算 100W 标准钨丝灯在 0.2sr 范围内所发出的光通量?

16. 用目视观察发光波长分别为 $0.43\mu m$ 和 $0.55\mu m$ 的两个发光体，它们的亮度均为

$5cd/m^2$。求：

(1) 两个发光体的光出射度？

(2) 两个发光体的光谱辐射出度？

(3) 如在两个发光体前分别加上透射比为 10^{-4} 的光衰减器，此时目视观察的亮度是否相同，为什么？

17. 求辐射亮度为 L 的各向同性面积元，在张角为 φ 的圆锥内所发射的辐射通量？

18. 地球表面受太阳垂直辐射时（忽略大气吸收），每平方米接受的辐射通量为1.35kW，设太阳垂直辐射遵循朗伯定律，试求出它在每平方米面积上所发射的辐射通量（设从地球看太阳的张角为 $32'$）？

19. 若有一半径为 r 的圆盘，其辐射亮度为 $L\cos\varphi$，其中 φ 是观察方向与圆盘法线的夹角，求：

(1) 圆盘的辐射出射度？

(2) 圆盘的辐射强度？

(3) 圆盘距中心垂直距离为 d 处的 P 点的辐照度？

20. 有一细长的朗伯面光源，其辐射亮度为 L，长和宽分别为 m 和 n，求在其中垂线上距离为 d 处的辐照度？

21. 设100W钨丝灯其灯丝是黑体，求它在2000K下工作时，每秒钟在0.5～0.51μm波长间隔内发射的光子数？

22. 在一次热核爆炸中，其火球的瞬时温度达 10^7K，试求出：

(1) 辐射最强的波长？

(2) 这种波长的能量子 $h\nu$ 是多少？

23. 用一500K的黑体测试一探测器的性能，要使投射到探测器窗口上的辐射总能量的45%通过，试求探测器的窗口材料在多大的波长范围内的透过率应大于80%？

24. 若已知单位波长间隔内的辐射出射度为

$$M_\lambda=\frac{2\pi hc^2}{\lambda^5\left[\exp\left(\frac{hc}{\lambda kT}\right)-1\right]}$$

试证明整个波长范围内的光子数为 $N=\frac{\sigma T^4}{2.75kT}$？

25. 已知本征硅材料的禁带宽度 $E_g=1.2$eV，求该半导体材料的本征吸收长波限？

26. 光电发射材料 K_2CsSb 的光电发射波限为680nm，试求该光电发射材料的光电发射阈值？

27. 已知某种光电器件的本征吸收长波限为1.4μm，试计算该材料的禁带宽度？

28. 硅的禁带宽度 $E_g=1.1$eV，当掺入少量杂质磷（$\Delta E_D=0.045$eV）后，产生一杂质能级，试画出这一杂质半导体的能带图？并分别求出该杂质半导体的本征吸收与杂质吸收的长波限？

29. 当 $T=20$K、300K时，求硅材料的本征载流子浓度？

30. 当 $T=0$K、300K时，求电子占领能级 $E_F+0.05$eV及 $E_F-0.05$eV的几率？

31. 给定电子的有效质量 $m^*=0.07m_e$（9.11×10^{-31}kg），介电常数 $\varepsilon_r=10.9$，试计算GaAs中施主的电离能？

32. 给定电子的有效质量为 $0.07m_e$（9.11×10^{-31} kg），空穴的有效质量为 $0.56m_e$（9.11×10^{-31}kg），其禁带宽度为 1.43eV，试计算温度 T 为 290K 时的本征 GaAs 的载流子浓度？

33. 当温度为 300K 时，本征硅的电导率为 5×10^{-4}S/m，若电子和空穴的迁移率分别为 0.14 和 0.05$\mathrm{m^2/Vs}$，求：

(1) 电子-空穴对的浓度？

(2) 如在该晶体中掺入 $10^{22}/\mathrm{m^3}$ 的磷原子（设杂质全部电离），试计算其电导率？

(3) 如果掺入同样浓度的硼（设杂质全部电离），其电导率又是多少？

34. 如果 $N_A=N_D=10^{24}/\mathrm{m^3}$，$\varepsilon_r=12$，$n_i=1.5\times10^{16}/\mathrm{m^3}$，$T=290$K，试计算硅突变结平衡时的接触电动势？以及平衡时和 50V 反偏时两种情况下的 PN 结的宽度？

35. 形成 PN 结的 P 型和 N 型材料的电阻率分别为 4.2×10^{-4} 和 $2.08\times10^{-2}\Omega\cdot$m，若空穴和电子的迁移率分别为 0.15 和 0.3$\mathrm{m^2/Vs}$，其寿命分别为 75 和 150μs，而本征载流子浓度为 $2.5\times10^{19}/\mathrm{m^3}$，给定结面积为 $10^{-6}\mathrm{m^2}$，试计算 290K 时的饱和电流？其中空穴电流占多大比例？

36. 试计算使本征 GaAs（$E_g=1.43$eV），CdS（$E_g=2.4$eV）和 InSb（$E_g=0.225$eV）产生光电效应的最大波长是多少？

37. 某一半导体本征浓度 $n_i=1.5\times10^{10}/\mathrm{m^3}$，N 区掺杂浓度 $N_D=5\times10^{17}/\mathrm{m^3}$，P 区掺杂浓度 $N_A=7\times10^{14}/\mathrm{m^3}$，求 PN 结在室温下的接触电势差（提示：室温下 $kT/q=0.026$V）？

38. 某光电导的弛豫时间为 3×10^{-3}s，当光生载流子寿命为 10^{-6}s 时，问该光电导材料有无陷阱，若有，则求出载流子在陷阱上的时间？

39. 某一半导体样品，在有光照时的电阻为 50Ω，无光照时的电阻为 5kΩ，试求出该半导体样品的光电导？

40. 某一半导体样品，其时间常数为 10μs，在弱光照射下停止光照 20μs 后，求光电导衰减到原值的百分之多少？

41. 要从电子逸出功为 2.4eV 的金属中产生光电子发射，求：

(1) 所需入射光的最低频率是多少？

(2) 若入射光的波长为 300nm 时，则发射出来的光电子的最大动能是多少？

42. 某光电阴极在波长为 520nm 的光照射下，光电子的最大动能为 0.67eV，求此光电阴极的逸出功是多少？

43. 已知从铯表面发射出的光电子动能是 2eV，而铯的逸出功为 1.8eV，问：

(1) 所需入射光的波长是多少？

(2) 若铯的禁带宽度是 1.6eV，则其电子亲和能又是多少？

第3章　光电检测器件

3.1　选择题（在你认为对的选项序号上打√，有几个对，就打几个）

1. 光电探测器件响应波长有否选择性 (1) 有；(2) 无。

热电探测器件响应波长有否选择性 (1) 有；(2) 无。

2. 光电探测器件响应速度 (1) 慢；(2) 快。

热电探测器件响应速度（1）慢；（2）快。

3. 称为“白噪声”的噪声有（1）热噪声；（2）散粒噪声；（3）$1/f$ 噪声。

称为“红噪声”的噪声有（1）热噪声；（2）散粒噪声；（3）$1/f$ 噪声。

4. 检测频率特性需输入（1）方波；（2）正弦波；（3）三角波。

检测时间特性需输入（1）方波；（2）正弦波；（3）三角波。

5. 等效噪声输入 ENI 以流明为单位时，与噪声输出功率 NEP（1）等效；（2）不等效。

等效噪声输入 ENI 以瓦为单位时，与噪声输出功率 NEP（1）等效；（2）不等效。

6. 噪声输出功率 NEP 越（1）大；（2）小；噪声越小，器件性能越好。

探测率 D 越（1）大；（2）小；噪声越小，器件性能越好。

7. 光电倍增管主要考虑的噪声是（1）热噪声；（2）散粒噪声；（3）$1/f$ 噪声。

光敏电阻主要考虑的噪声是（1）热噪声；（2）散粒噪声；（3）$1/f$ 噪声。

8. 减少光电倍增管暗电流的方法是（1）合适的极间电压；（2）减少热电子发射；（3）在输出电路中加选频电路；（4）在输出电路中加锁相放大器。

9. 聚焦型结构的光电倍增管的渡越时间散差（1）大；（2）小。

非聚焦型结构的光电倍增管的渡越时间散差（1）大；（2）小。

10. 直流应用的光电倍增管的极间电压一般采取（1）线性分压；（2）非线性分压。

脉冲应用的光电倍增管的极间电压一般采取（1）线性分压；（2）非线性分压。

11. 光电倍增管用负高压馈电时，其（1）暗电流 I_d 大；（2）暗电流 I_d 小；（3）噪声较大；（4）噪声较小。

光电倍增管用正高压馈电时，其（1）暗电流 I_d 大；（2）暗电流 I_d 小；（3）噪声较大；（4）噪声较小。

12. 要求光电倍增管的电源电压稳定度比放大倍数稳定度（1）高；（2）低；（3）一样。

要求光电倍增管工作的线性越高，分压电路的电流越（1）大；（2）小。

13. 当光电倍增管低频工作时，负载电阻 R_L 可取（1）大些；（2）小些。

当光电倍增管高频工作时，负载电阻 R_L 可取（1）大些；（2）小些。

14. 光敏电阻一般采用的材料（1）E_g 较大；（2）E_g 较小；（3）是 N 型；（4）是 P 型。

15. 光敏电阻的亮电流比光电流（1）大；（2）小；（3）一样。

光敏电阻的亮电导比光电导（1）大；（2）小；（3）一样。

16. 光敏电阻的时间常数（1）大；（2）小；（3）一般。

光敏电阻的频率特性（1）好；（2）差；（3）一般。

17. 光敏电阻的电压越高，电流越（1）大；（2）小；（3）不变。

光敏电阻的照度越大，电流越（1）大；（2）小；（3）不变。

18. 光电导器件在方波辐射的作用下，其上升时间是否大于下降时间（1）是；（2）不是。

在测量某光电导器件的 γ 值时，背景光照越强，其 γ 值越（1）大；（2）小。

19. 光敏电阻的阻值与环境温度有关，温度升高光敏电阻的阻值也随之（1）升高；（2）减小。

光敏电阻的前历效应是由于被光照过后所产生的光生电子与空穴的复合需要很长的时间，而且，随着复合的进行，光生电子与空穴的浓度与复合几率不断地减小，使得光敏电阻

恢复被照前的阻值需要很长时间这一特性的描述（1）是；（2）否。

20. 目前转换效率最高的光电池是（1）硒光电池；（2）硅光电池；（3）硫化镉光电池。

用于曝光表及照度计的光电池是（1）硒光电池；（2）硅光电池；（3）硫化镉光电池。

21. 2CR 型的硅光电池的衬底材料是（1）N 型；（2）P 型；（3）PN 结型。

2DR 型的硅光电池的衬底材料是（1）N 型；（2）P 型；（3）PN 结型。

22. 光电池的开路电压与入射光强度（1）成正比；（2）成反比；（3）的对数成正比；（4）的对数成反比。

光电池的短路电流与入射光强度（1）成正比；（2）成反比；（3）的对数成正比；（4）的对数成反比。

23. 光电池的开路电压与受光面积（1）成正比；（2）成反比；（3）的对数成正比；（4）的对数成反比。

光电池的短路电流与受光面积（1）成正比；（2）成反比；（3）的对数成正比；（4）的对数成反比。

24. 光电池的输出电压随负载电阻 R_L 的增大而（1）升高；（2）减小；（3）不变。

光电池的输出电流随负载电阻 R_L 的增大而（1）升高；（2）减小；（3）不变。

25. 光电池的负载电阻 R_L 愈小，其线性度愈（1）好；（2）差；（3）不变。

光电池的负载电阻 R_L 愈小，其频率特性愈（1）好；（2）差；（3）不变。

26. 光电池的输出功率最大 P_{max} 随负载电阻 R_L（1）到 R_{Lmax}；（2）到 R_{Lmin}；（3）到最佳负载电阻 R_M。

硅光电池在什么情况下有最大的功率输出（1）开路；（2）自偏置；（3）零伏偏置；（4）反向偏置。

27. 光电池的开路电压随温度的升高而（1）略有上升；（2）下降；（3）不变。

光电池的短路电流随温度的升高而（1）略有上升；（2）下降；（3）不变。

28. 硅光电池的光谱响应随温度的升高而（1）向长波移动；（2）向短波移动；（3）不动。

硅光电池的光谱响应范围为（1）0.3～1.0μm；（2）0.4～0.9μm；（3）0.4～1.1μm。

29. 硅光电池光谱响应的峰值波长为（1）0.54μm；（2）0.69μm；（3）0.8～0.9μm。

硒光电池光谱响应的峰值波长为（1）0.54μm；（2）0.69μm；（3）0.8～0.9μm。

30. 零偏光电池有否暗电流 I_d（1）有；（2）无。

反偏光电池有否暗电流 I_d（1）有；（2）无。

31. 光电二极管反偏电压越大，其灵敏度越（1）高；（2）低；（3）不变。

光电二极管反偏电压越大，其响应时间越（1）长；（2）短；（3）不变。

32. 光电二极管反偏电压越大，其频率特性越（1）好；（2）差；（3）不变。

光电二极管的势垒区越厚，其频率特性越（1）好；（2）差；（3）不变。

33. 光电二极管的基体掺杂 N 越低，其频率特性越（1）好；（2）差；（3）不变。

光电二极管中光生载流子扩散或漂移的时间越长，其频率特性越（1）好；（2）差；（3）不变。

34. 光电二极管的暗电流随温度的增高而（1）增大；（2）减少；（3）不变。

光电二极管的输出电流随温度的增高而（1）增大；（2）减少；（3）不变。

35. 光电二极管的负载电阻 R_L 愈小，其线性愈（1）好；（2）差；（3）不变。

光电二极管的负载电阻 R_L 愈小，其频率特性愈（1）好；（2）差；（3）不变。

36. 扩散型 PN 结管的扩散区越宽，其上限频率越（1）高；（2）低。

耗尽层型光电二极管的耗尽层厚度越厚，其上限频率越（1）高；（2）低。

37. 耗尽层型光电二极管比扩散型 PN 结管的上限频率（1）高；（2）低。

耗尽层型光电二极管比扩散型 PIN 管的上限频率（1）高；（2）低。

38. 耗尽层型光电二极管比扩散型 PIN 管的灵敏度（1）高；（2）低。

雪崩光电二极管 APD 比扩散型 PIN 管的灵敏度（1）高；（2）低。

39. 2CU 型硅光电二极管的基体材料是（1）N 型；（2）P 型；（3）PN 结型。

2DU 型硅光电二极管的基体材料是（1）N 型；（2）P 型；（3）PN 结型。

40. 3CU 型硅光电三极管的基体材料是（1）N 型；（2）P 型；（3）PN 结型。

3DU 型硅光电三极管的基体材料是（1）N 型；（2）P 型；（3）PN 结型。

41. 3CU 型硅光电三极管属（1）PNP 型；（2）NPN 型；（3）PN 结型。

3DU 型硅光电三极管属（1）PNP 型；（2）NPN 型；（3）PN 结型。

42. 光电三极管的灵敏度比光电二极管的灵敏度（1）高；（2）低；（3）一样。

光电三极管的上限频率比光电二极管的上限频率（1）高；（2）低；（3）一样。

43. 光电三极管输出曲线的线性比光电二极管的（1）好；（2）差；（3）一样。

光电三极管输出的光电流随温度上升比光电二极管的（1）快；（2）慢；（3）一样。

44. 为使光电三极管在输出电压不变的情况下有高的上限频率，需后接的运算放大器为（1）低输入阻抗与高增益的；（2）低输入阻抗与低增益的；（3）高输入阻抗与高增益的；（4）高输入阻抗与低增益的。

为尽可能减小电压对光电三极管输出曲线的线性的影响，需加上的工作电压（1）较高；（2）较低。

45. 所选光电探测器件的上限频率需比输入光信号的上限频率（1）高；（2）低。

所选光电探测器件的长波限需比输入光信号的长波限（1）长；（2）短。

46. 动态特性好的光电探测器件有（1）光电倍增管；（2）光敏电阻；（3）光电池；（4）光电二极管；（5）光电三极管。

47. 线性好的光电探测器件有（1）光电倍增管；（2）光敏电阻；（3）光电池；（4）光电二极管；（5）光电三极管。

48. 灵敏度高的光电探测器件有（1）光电倍增管；（2）光敏电阻；（3）光电池；（4）光电二极管；（5）光电三极管。

49. 光谱响应宽的光电探测器件有（1）光电倍增管；（2）光敏电阻；（3）光电池；（4）光电二极管；（5）光电三极管。

50. 稳定性好的光电探测器件有（1）光电倍增管；（2）光敏电阻；（3）光电池；（4）光电二极管；（5）光电三极管。

51. 线性好与响应快的光电探测器件有（1）光电倍增管；（2）光敏电阻；（3）光电池；（4）光电二极管；（5）光电三极管。

52. 线性差与响应慢的光电探测器件有（1）光电倍增管；（2）光敏电阻；（3）光电池；（4）光电二极管；（5）光电三极管。

无暗电流的光电探测器件有（1）光电倍增管；（2）光敏电阻；（3）光电池；（4）光电二极管；（5）光电三极管。

53. 属于光生伏特效应器件的特种成像器件有：（1）象限探测器件；（2）楔环探测器件；（3）光电位置探测器件；（4）色敏探测器件；（5）光电位器；（6）光桥。

54. 属于光电导效应器件的特种成像器件有：（1）象限探测器件；（2）楔环探测器件；（3）光电位置探测器件；（4）色敏探测器件；（5）光电位器；（6）光桥。

55. 能检测亮点中心位置的特种成像器件有：（1）象限探测器件；（2）楔环探测器件；（3）光电位置探测器件；（4）色敏探测器件；（5）光电位器；（6）光桥。

56. 能用于光电准直的特种成像器件有：（1）2象限探测器件；（2）4象限探测器件；（3）8象限探测器件；（4）楔环探测器件；（5）光电位置探测器件；（6）光电位器；（7）光桥。

57. MCP光电倍增管的微通道板是由成千上万根直径为（1）0～30μm；（2）10～30μm；（3）10～50μm的微通道排成的二维列阵，即微小单通道玻璃管（电子倍增器）彼此平行地集成为片状盘形薄板。

MCP光电倍增管的微通道板是由成千上万根长度为（1）0.5～1.5mm；（2）0.5～2mm；（3）0.5～2.5mm；的微通道排成的二维列阵，即微小单通道玻璃管（电子倍增器）彼此平行地集成为片状盘形薄板。

58. MCP光电倍增管的通道电子倍增器的电子增益取决于（1）管壁内的电子发射材料；（2）通道的长径比；（3）通道所加电压；（4）通道的大小。

59. MCP光电倍增管的微通道的长度与孔径之比的典型值为（1）30；（2）50。

MCP光电倍增管能否用来传递显示图像（1）能；（2）不能。

60. 微通道板光电倍增管的组成部分是（1）光电阴极；（2）微通道板（MCP）；（3）荧光屏；（4）阳极。

61. 微通道板光电倍增管比一般光电倍增管的灵敏度（1）高；（2）低。

微通道板光电倍增管比一般光电倍增管的暗电流（1）高；（2）低。

62. 微通道板光电倍增管比任何分离电极的倍增极结构的时间响应（1）快；（2）慢。

微通道板光电倍增管是否具有二维探测能力（1）是；（2）否。

63. 微通道板光电倍增管是否能检测局部强光（1）是；（2）否。

MCP光电倍增管的通道轴是否垂直于板的端面（1）是；（2）否。

3.2　问答题

1. 什么是光电检测器件？它与热电检测器件相比各有何特点？
2. 什么是响应度？一般如何表达？何时用光谱响应度与积分响应度？
3. 什么是时间响应与频率响应？它们与何因素有关？以何种波形进行检测？
4. 光电检测器件一般有哪些内部噪声？为什么有的称为白噪声？有的称为“红”噪声？
5. 何谓“白噪声”？何谓“$1/f$噪声”？要降低电阻的热噪声应采用什么措施？
6. 凡有电阻的地方是何噪声？凡有电流的地方是何噪声？为什么？
7. 衡量噪声的参数有哪些？为什么说信噪比S/N评价器件有一定的局限性？
8. 什么是等效噪声输入和噪声等效功率？为什么用它们衡量噪声无局限性？
9. 等效噪声输入与噪声等效功率在什么情况下等效？什么情况下不等效？为什么？

10. 什么是探测率 D 与归一化探测率 $D*$？为什么要用这种参数？

11. 什么是暗电流？哪些光电检测器件没有暗电流？为什么？

12. 什么是量子流速率和量子效率 $\eta(\lambda)$？为什么说一般的检测器件 $\eta(\lambda)<1$？哪些检测器件 $\eta(\lambda)>1$？

13. 什么是线性度和线性区？为什么说它是光电检测技术中的一个重要参数？

14. 什么是光电检测器件的工作温度？为什么在选择光电检测器件时还要看工作与环境温度？

15. 光电发射材料一般有哪儿类？一个良好的光电发射材料应具备什么条件？现以哪一类为好？为什么？

16. 负电子亲合势光电阴极的能带结构如何？它具有哪些特点？

17. 常用的经典光电阴极有哪儿种？目前最新型的光电阴极是什么？其优点在什么地方？

18. 最简单的光电发射型器件是什么？为什么现在不用？

19. 试述光电倍增管（PMT）的构成及工作原理？

20. 什么是二次发射？它和光电发射两者有哪些不同？

21. 光电倍增管中的倍增极有哪几种结构？每一种的主要特点是什么？

22. 什么是二次电子发射系数与电子收集效率？一般对这两个参数有何要求？

23. 引起光电倍增管（PMT）的暗电流的因素有哪些？如何减少暗电流？

24. 为什么说光电倍增管的频率响应好？当负载电阻 $R_L=50\Omega$ 时，如何计算它的上限频率 $f_上$？当 R_L 不等于 50Ω 时，又如何计算 $f_上$？

25. 检测光电倍增管的稳定性有哪几种方法？如何检测？

26. 光电倍增管的噪声一般有几种？为什么主要考虑散粒噪声？

27. 什么是光电倍增管的最小可探测功率？试写出其计算公式？

28. 试述光电倍增管的优缺点？为什么在一些场合常用？有哪些应用还少不了它？

29. 光电倍增管的倍增极多，各极电压如何供给？试画出直流应用与脉冲状态应用的供电电路图？

30. 为什么光电倍增管脉冲状态应用时，最后三级要并联三个电容器？如何选取这三个电容器？

31. 光电倍增管的阳极灵敏度 S_a 与放大倍数 M 都随工作电压变化，对供给电源有何要求？放大倍数 M 与供给电源的稳定度要求有何关系？

32. 光电倍增管的馈电方法有哪几种？各有何优缺点？

33. 要使光电倍增管正常工作，其分压电路电流 $I_分$ 与阳极电流 I_a 应保持一个什么样的关系？一般，应如何选取光电倍增管的负载电阻 R_L？

34. 为什么常把真空光电倍增管的光电阴极做成球面？这样设计有什么优越性？

35. 何谓光电倍增管的增益特性？光电倍增管各倍增极的发射系数 δ 与哪些因素有关？最主要的因素是什么？

36. 怎样理解光电倍增管的阴极灵敏度与阳极灵敏度？二者的区别是什么？二者有什么关系？

37. 为什么光电倍增管不但要屏蔽光，而且要屏蔽电与磁？用什么样的材料制造光电倍

增管的屏蔽罩才能屏蔽光、屏蔽电又能屏蔽磁的目的？屏蔽罩为什么必须与玻璃壳分离至少 20mm？

38. 什么叫光电倍增管的疲劳与衰老？两者的差别是什么？能在明亮的室内观看光电倍增管的结构吗？为什么？

39. 光电倍增管的短波限与长波限由什么因素决定？

40. 我们在使用光电倍增管时，应注意哪些问题？

41. 什么是微通道板 MCP？试述微通道板（MCP）光电倍增管的工作原理？

42. 微通道板光电倍增管比一般光电倍增管的优越性有哪些？为什么？

43. 微通道板光电倍增管能否检测局部强光？为什么？

44. MCP 光电倍增管的通道轴是否垂直于板的端面？为什么？

45. 光敏电阻属什么光电效应器件？一般采取什么材料作？

46. 对于同一种型号的光敏电阻来讲，在不同光照度和不同环境温度下，其光电导灵敏度与时间常数是否相同？为什么？如果照度相同而温度不同时情况又会如何？

47. 在微弱辐射作用下光电导材料的光电导灵敏度有什么特点？为什么要把光敏电阻的形状制造成蛇形？

48. 光敏电阻以什么样的结构为好？试述其工作原理？

49. 什么是亮阻和暗阻？它们之间差别是大好还是小好？为什么？

50. 光敏电阻的灵敏度有几种表示方法？常用的有哪几种？

51. 试绘出光敏电阻的伏安特性？使用和设计负载时应注意什么问题？

52. 光敏电阻易受哪几种噪声的影响？光敏电阻主要表现为什么噪声？为什么？

53. 通常，用光敏电阻作什么用？试述光敏电阻的优缺点？

54. 我们在使用光敏电阻时，一般应注意哪些问题？

55. 为什么叫光电池？为什么常用硅光电池和硒光电池？

56. 硅光电池有哪二类？这二类有何区别？

57. 什么是光电池的开路电压和短路电流？它们同光强有何关？

58. 开路电压和短路电流随温度有什么变化？谁的变化率大？

59. 为什么在光照度增大到一定程度后，硅光电池的开路电压不再随入射照度的增大而增大？硅光电池的最大开路电压为多少？为什么硅光电池的有载输出电压总小于相同照度下的开路电压？

60. 硅光电池的内阻与哪些因素有关？在什么条件下硅光电池的输出功率最大？

61. 为什么结型光电器件在正向偏置时没有明显的光电效应？必须工作在哪种偏置状态？

62. 如果硅光电池的负载为 R_L，画出它的等效电路图，写出流过负载 R_L 的电流方程及 U_{oc}、I_{sc}的表达式，并说明含义（要求图中标出电流方向）？

63. 光电池的开路电压为 U_{oc}，当照度增大到一定时，为什么不再随入射照度的增加而增加，只是接近 0.6V？在同一照度下，为什么加负载后输出电压总小于开路电压？

64. 光电池的开路电压 U_{oc}，为什么随温度上升而下降？

65. 光电池的输出电压、输出电流、输出功率与负载电阻 R_L 有何关系？试绘图说明之？

66. 什么叫最佳负载电阻 R_M？试用作图法和解析式选取？

67. 硅光电池的光谱响应范围与峰值波长为多少？其长波限与短波限主要取决于什么因素？

68. 试述硅光电池的优点？有何应用？

69. 光敏二极管与普通二极管有何异同？硅光电二极管也有二类吗？有何不同？

70. 试比较硅整流二极管与硅光二极管的伏安特性曲线，说明它们的差异？

71. 写出硅光电二极管的全电流方程，说明各项的物理意义？

72. 比较2CU型硅光电二极管和2DU型硅光电二极管的结构特点，说明引入环极的意义？

73. 影响光生伏特器件频率响应特性的主要因素有哪些？为什么PN结型硅光电二极管的最高工作频率小于等于10^7Hz？怎样提高硅光电二极管的频率响应？

74. 提高光敏二极管的反向偏压有何好处？是否可无限地提高？为什么？

75. 势垒区的厚度与其电容有什么关系？若买来一光敏二极管，欲减小其势垒电容，应采取何措施？

76. 决定一光敏二极管的光谱响应的因素有哪些？如何改变光谱响应？

77. 在同一光照度下，光敏二极管在低反偏时光电流随反压的变化有无关系？在高反偏呢？为什么？

78. 光敏二极管的频率特性主要由什么因素决定？如何提高频率响应？

79. 扩散型PN结管与耗尽层光敏二极管在结构上有何不同？谁的频率响应好？为什么？

80. 光敏二极管的暗电流I_d对温度变化是否敏感？为什么？为什么光敏二极管应在较小的负载下使用？

81. 为什么说扩散型PIN管兼有扩散型PN结管与耗尽层管二者的优点？其I层有何作用？

82. 为什么叫雪崩光敏二极管？达通型雪崩光敏二极管有何特点？

83. 试述光敏二极管的优缺点？有何应用？

84. 什么光敏二极管有三个外接引脚？一般的光敏三极管有几个外接金属脚？为什么？

85. 说出PIN管、雪崩光电二极管的工作原理和各自特点，为什么PIN管的频率特性比普通光电二极管好？

86. 试比较光电二极管和光电三极管的光电转换过程及特性参数？

87. 什么是光敏三极管？硅光敏三极管有哪几种类型？有何主要区别？

88. 光敏三极管与光敏二极管在零偏时有无光信号电流输出？为什么？

89. 光敏三极管所加工作电压是就高还是就低？为什么？为什么要折中选择R_L？

90. 为使光敏三极管在较高信号输出下有较好的频率响应，应采取何种措施？为什么？

91. 与光敏二极管相比，光敏三极管的温度特性如何？为什么？

92. 试述光敏三极管的优缺点？有何应用？

93. 在应用光电检测器件的仪器和系统中，接收光信号的方式一般有哪几种？

94. 试从动态特性、线性、灵敏度、稳定性与光谱响应五个方面比较一下所学过的光电检测器件？

95. 试述光电检测器件的应用选择要点？

96. 试说明楔环探测器、4 象限探测器件检测光点的二维偏移的测量方法？

97. 画图说明用 4 象限光生伏特探测器件检测光点的二维偏移量的测量方法？

98. 试分析非晶硅集成全色色敏器件与双色硅色敏器件在结构与测色原理上的差异？

99. 何谓 PSD 器件？PSD 器件有几种类型？你能设计出用 1 维 PSD 来探测光点在被测体上的位置吗？

100. 为什么越远离 PSD 几何中心位置的光点，其位置检测的误差越大？

101. 试说明光桥的结构与原理？有何应用？

102. 试说明光电位器的结构与原理？有何应用？

3.3 计算题

1. 若甲、乙两厂生产的光电器件在色温 2856K 标准钨丝灯下标定的灵敏度分别为 $S_e=5\mu A/\mu W$，$S_v=0.4A/lm$。试比较甲、乙两厂光电器件灵敏度的高低？

2. 探测器的 $D=10^{11}cm\cdot H^{1/2}\cdot W^{-1}$，探测器光敏面的直径为 0.5cm，用于 $\Delta f=5\times10^3Hz$ 的光电仪器中，它能探测的最小辐射功率为多少？

3. 某一干涉测振仪的最高频率为 20MHz，选用探测器的时间常数应小于多少？

4. 设某 CdS 光敏电阻的最大功率为 30mW，光电导灵敏度 $S_g=0.5\times10^{-6}S/lx$，暗电流电导为零，试求当 CdS 光敏电阻上的偏置电压为 20V 时的极限照度？

5. 若光电探测器件在 $10^{-6}W/m^2$ 的辐射照度下，其输出端的信噪比 $S/N=10$，若其光敏面积为 $2mm^2$，试求其噪声等效功率 NEP？

6. 有一硅光电二极管，其光敏面积为 $2mm^2$，在室温下测得输出光电流为 $15\mu A$（一般硅光电二极管的灵敏度 $S_I=0.5\mu A/\mu W$），其散粒噪声与热噪声的总噪声电流为 3nA。若测量系统的带宽 $\Delta f=1Hz$ 时，试求探测率 D 与比探测率 D^*？

7. 在 10kHz 和 1MHz 带宽内，求 $T=300K$ 情况下两电阻 $R_1=1k\Omega$ 和 $R_2=500k\Omega$ 串联与并联时的热噪声电流？

8. 某光电探测器件的光敏面直径为 0.5cm，比探测率 $D^*=10^{11}cmHz^{1/2}/W$，将它用于 $\Delta f=5kHz$ 的光电仪器系统中，问它能探测的最小辐射功率为多少？

9. 某一光电仪器系统的最高频率为 20MHz，问应使选用的光电探测器件的时间常数小于多少？

10. 某光电倍增管 PMT 的阳极灵敏度 $S_a=100A/lm$，其阳极输出电流要求限制在 $100\mu A$ 内，问其阴极面上最大允许的光通量为多少 lm？

11. 若 PMT 的阳极灵敏度 $S_a=10A/lm$，阴极灵敏度 $S_k=20\mu A/lm$，其倍增极为 11 级。若各极由同一材料制成，其电子收集效率为 1，问各倍增极的二次电子发射系数 δ 为多少？

12. 若用上题的 PMT 接收持续时间为 $1\mu s$ 的光脉冲，且要求总增益的相对变化率为 1%，问：(1) 电源电压的稳定度为多少？

(2) 设各个分压电阻上最小极间电压为 80V，最大阳极脉冲电流为 $150\mu A$，则该 PMT 的最后三级分压电阻上并联的三个电容值应为多少？

13. 若 PMT 的负载电阻 R_L 为 50Ω，当接收上升时间为 0.5ns 的光信号时，其最高频率可到多少？

14. 有一 PMT 的输出端接 1m 长的同轴电缆（其分布电容为 100pF），需输出频率为

500kHz 的信号，应选多大的负载电阻 R_L？

15. 某 PMT 若接收的光脉冲的宽度 1μs，PMT 的等效输出电容为 10pF，试求出负载电阻 R_L 的阻值？

16. 设某 PMT 的阴极灵敏度 $S_k=30\mu A/lm$，倍增极的二次电子发射系数 $\delta=4$，当入射光通量为 8×10^{-5}lm 时，阳极输出电流为 200μA，试计算带宽 $\Delta f=1Hz$ 时的输出噪声电流和等效噪声功率？

17. 设某 PMT 的阴极灵敏度 $S_k=20\mu A/W$，倍增极的二次电子发射系数 $\delta=3$，入射通量 $\Phi=7.5\times10^{-5}W$ 时，阳极输出电流为 150μA，试计算带宽 $\Delta f=1Hz$ 时，该 PMT 可探测的最小功率？

18. 已知某 PMT 的光阴极面积为 $2cm^2$，阴极灵敏度 $S_k=20\mu A/lm$，放大倍数 $M=10^5$，阳极额定电流为 $I_a=200\mu A$，试求允许的最大光照度 E_M？

19. 某 PMT 的阴极灵敏度 $S_k=60\mu A/lm$，倍增极的二次电子发射系数 $\delta=6$，共 12 级，设每级的电子收集效率为 85%，求阳极电流灵敏度 S_a？

20. 试画出具有 11 级倍增极、负高压 1200V 供电、均匀分压的 PMT 的工作原理图，并分别写出各部分的名称，标出阴极电流 I_K、阳极电流 I_a 和分压电流 $I_{分}$ 的方向？

21. 某倍增管的阴极灵敏度 $S_k=20\mu A/lm$，阴极入射光照度为 0.1lx，阴极有效面积为 $2cm^2$，各倍增极的二次电子发射系数 $\delta=4$，电子收集效率为 0.98，试计算该倍增管 PMT 的放大倍数和阳极电流 I_a？

22. 现有 12 级倍增极的光电倍增管，若要求正常工作时放大倍数的稳定度为 1%，则电源电压的稳定度应多少？

23. 现有 GDB-423 型光电倍增管的光电阴极面积为 $3cm^2$，阴极灵敏度 $S_k=200\mu A/lm$，其放大倍数为 10^6，阳极额定电流为 300μA，试求允许的最大入射光照度为多少？

24. 某光电倍增管的阳极灵敏度为 100A/lm，阴极灵敏度为 2μA/lm，要求阳极输出电流限制在 100μA 范围内，求允许的最大入射光通量？

25. 光电倍增管 GDB44F 的阴极光照灵敏度为 0.5μA/lm，阳极光照灵敏度为 50A/lm，要求长期使用时阳极允许电流限制在 2μA 以内，求：

(1) 阴极面上允许的最大光通量？

(2) 当阳极电阻为 75kΩ 时，最大的输出电压？

(3) 若已知该光电倍增管为 12 级的 Cs_3Sb 倍增极，其倍增系数 $\delta=0.2\,(U_{DD})^{0.7}$，试计算它的供电电压？

(4) 当要求输出信号的稳定度为 1%时，求高压电源电压的稳定度？

26. 当用光电倍增管 GDB—151 设计探测光谱强度为 2×10^{-9}lm 的光谱时，若要求输出信号电压不小于 0.3mV，稳定度要求高于 0.1%，试设计该光电倍增管的供电电路？

27. 设入射到 PMT 光敏面上的最大光通量为 $\Phi_V=8\times10^{-6}$lm，当采用 GDB—239 型倍增管作为光电探测器探测入射时，已知 GDB—239 为 11 级的光电倍增管，阴极为 AgOCs 阴极，倍增极为 AgMg 合金材料，阴极灵敏度为 10μA/lm。若要求入射通量在 8×10^{-6}lm 时的输出电压幅度不低于 0.15V，试设计该 PMT 变换电路。若供电电压的稳定度只能做到 0.01%，试问该 PMT 变换电路输出信号的稳定度最高能达到多少？

28. 设某光敏电阻在 100lx 的光照下的阻值为 2kΩ，且已知它在 90～120lx 范围内的 $\gamma=$

0.9。试求该光敏电阻在110lx光照下的阻值？

29. 已知某光敏电阻在500lx的光照下的阻值为550Ω，而在700lx的光照下的阻值为450Ω。试求该光敏电阻在550lx和600lx光照下的阻值？

30. 已知某光敏电阻的最大功耗为40mW，光电导灵敏度 $S_g = 0.5 \times 10^{-6}$ S/lx，若给光敏电阻加偏置电压20V，问此时入射到该光敏电阻上的照度为应为多少lx？

31. 某光敏电阻与负载电阻 $R_L = 2\text{k}\Omega$ 串接入12V直流电源上，无光照时 R_L 上输出电压为20mV，有光照时 R_L 上输出电压为2V，试求：

(1) 光敏电阻的暗电阻值和亮电阻值？

(2) 若光敏电阻的光电导灵敏度为 6×10^{-6} S/lx，求光敏电阻上所受的光照度？

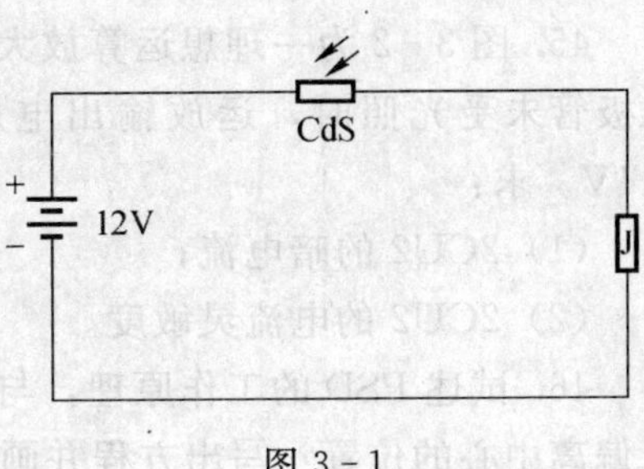

图 3-1

32. 已知CdS光敏电阻的暗电阻 $R_D = 10\text{M}\Omega$，在照度为100lx时亮电阻 $R = 5\text{k}\Omega$，用此光敏电阻控制继电器，如图3-1所示，如果继电器的线圈电阻为4kΩ，继电器的吸合电流为2mA，问需要多少照度时才能使继电器吸合？如果需要在400lx时继电器才能吸合，则此电路需要作如何改进？

33. 已知CdS光敏电阻的最大功耗为50mW，光电导灵敏度 $S_g = 0.5 \times 10^{-6}$ S/lx，暗电导为零。若给该器件加偏置电压25V，此时入射到该器件上的极限照度为多少lx？

34. 某光敏电阻在 $T = 77\text{K}$ 下工作，其电阻值是1MΩ，通过的光电流为 10^{-9}A。若通频带宽 $\Delta f = 100\text{Hz}$ 时，试计算负载电阻分别是100kΩ，1MΩ，5MΩ，20MΩ时的信噪比 S/N（只考虑热噪声作用）？

35. 某光敏电阻的暗电阻为600kΩ，在200lx光照下的亮、暗电阻之比为1/100，试求该光敏电阻的光电导灵敏度？

36. 已知某光敏电阻在500lx光照下的阻值为550Ω，在700lx光照下的阻值为450Ω，试求在550lx和600lx的光照下，该光敏电阻的阻值？

37. 已知一工作于77K的光敏电阻，其光敏面积为 $0.4 \times 0.4\text{mm}^2$，电压响应率为 3×10^5 V/W，内增益为200，工作偏流为6mA，若在产生-复合噪声限制下，试计算该器件的 D_p^*？

38. 若已知光生伏特器件的光电流分别为50μA与3005μA，暗电流为1μA，试计算它们的开路电压？

39. 已知某2CR型硅光电池，其光敏面积为100mm²，在室温下（$T = 300\text{K}$）测得 $E_1 = 100\text{mW/cm}^2$ 的照度下其开路电压为550mV，短路光电流为28mA，试求同温度下照度为200mW/cm²下的开路电压、短路电流、获得最大输出功率的最佳负载电阻、最大输出功率及转换效率？

40. 有一光电池，在输入光通量为20μlm时，其开路电压为30V，短路电流为60μA，试求出最佳负载电阻 R_M？

41. 有单个面积为5cm²的硅太阳电池若干，需作一有12V、0.5A的太阳能电源，问需用这种硅光电池多少只？

42. 某光电二极管的结电容 $C_j = 5\text{pF}$，若要求能通过的上限频率为1MHz，如不考虑过渡时间的影响，试求去负载电阻 R_L 为多少？

43. 某光电二极管的结电容 $C_j=5pF$，要求带宽为 10MHz，试求：

(1) 允许的最大负载电阻为多少？

(2) 若输出信号电流为 10μA，只考虑电阻的热噪声时，求室温时信噪电流有效值之比？

(3) 如电流灵敏度为 0.6A/W 时，求噪声等效功率 NEP？

44. 用波长 $\lambda=0.633\mu m$ 的光照射一只 2CU 型光电二极管，其入射光通量为 2mW，输出光电流为 0.6mA，试求其灵敏度和量子效率？

45. 图 3-2 为一理想运算放大器，对光电二极管 2CU2 的光电流进行线性放大，若光电二极管未受光照时，运放输出电压 $U_o=0.6V$。在 $E=100lx$ 的光照下，输出电压 $U_1=2.4V$。求：

(1) 2CU2 的暗电流；

(2) 2CU2 的电流灵敏度。

46. 试述 PSD 的工作原理，与象限探测器相比，有什么优点？如何测试图 3-3 中光点 A 偏离中心的位置？写出方程并画出转换电路原理图？

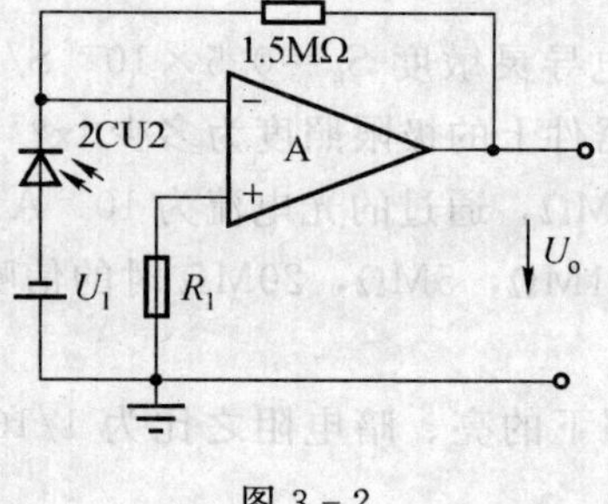

图 3-2

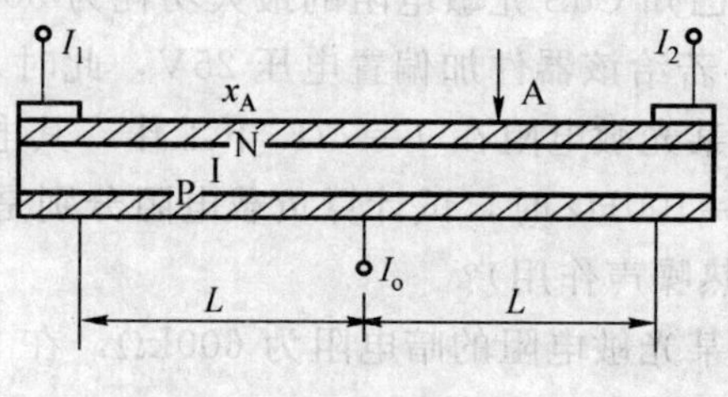

图 3-3

47. 一个工作于 77K 的光伏探测器件，有光照和无光照时有哪些噪声？求噪声表达式？

48. 一个光电探测器件的 $D^*=10^{11}cm\cdot Hz^{1/2}/W$，探测器件的光敏面的直径为 0.5cm，用带宽为 5000Hz 的光电仪器能探测的最小辐射功率为多少？

49. 某内阻为 10MΩ 的 InSb 光伏探测器件，工作在 77K 下，所选用的前置放大器的负阻电阻为 $10^8\Omega$，如果有 $10^{-9}A$ 光电流流过探测器，问在 1Hz 带宽内输出的噪声电压是多少？

50. 某光电倍增管的阳极电流灵敏度为 $S_a=100A/lm$，当阴极面上输入的光通量为 $5\times10^{-6}lm$ 时，试求：

(1) 阳极电流 I_a 为多少 μA？

(2) 若该光电倍增管的阴极电流灵敏度为 $S_k=50\mu A/lm$，求该管的放大倍数 M？

(3) 若各倍增极为同一材料制成，其二次发射系数 δ 均为 5，设电子收集效率均为 1，试求出该 PMT 有多少个倍增极？

(4) 若该 PMT 的负载电阻 $R_L=50\Omega$，当接收上升时间为 30ns 的光脉冲时，求其最高的工作频率为多少？

(5) 当该 PMT 工作在上一问求出的最高工作频率时，若 PMT 输出端接 1m 长的同轴电缆，问这时负载电阻 R_L 应选多大？

(6) 若该 PMT 接收持续时间为 3μs 的光脉冲，当 PMT 的总增益的稳定度为 0.1%时，求 PMT 的电源电压的稳定度为多少？

(7) 若该 PMT 上各分压电阻上的极间电压为 100V 时，求其最后三级分压电阻上并联的三个电容值 C_1，C_2，C_3 各为多少？

第 4 章　热电检测器件

4.1　选择题（在你认为对的选项序号上打√，有几个对，就打几个）

1. 灵敏度高的热电探测器件是 (1) 热电偶；(2) 热敏电阻；(3) 热释电探测器。

响应快的热电探测器件是 (1) 热电偶；(2) 热敏电阻；(3) 热释电探测器。

2. 无暗电流的热电探测器件是 (1) 热电偶；(2) 热敏电阻；(3) 热释电探测器。

3. 不能用万用表检测的热电探测器件是 (1) 热电偶；(2) 热敏电阻；(3) 热释电探测器。

工作频率达几百千赫以上的热电探测器件是 (1) 热电偶；(2) 热敏电阻；(3) 热释电探测器。

4. 输入信号频率越高，热敏器件的温度增加量 ΔT 越 (1) 大；(2) 小；(3) 不变。

热敏器件的热阻 R_Q 越大，器件的温度增加量 ΔT 越 (1) 大；(2) 小；(3) 不变。

5. 热敏器件的热阻 R_Q 越大，器件的温度噪声越 (1) 大；(2) 小；(3) 不变。

热敏器件的热阻 R_Q 越大，器件的 P_{min} 越 (1) 大；(2) 小；(3) 不变。

6. 热敏器件的热阻 R_Q 越大，器件的比探测率越 (1) 大；(2) 小；(3) 不变。

热敏器件的热敏面积越大，器件的比探测率越 (1) 大；(2) 小；(3) 不变。

7. 热电偶的热阻 R_Q 越大，其响应率越 (1) 大；(2) 小；(3) 不变。

热电偶对辐射的吸收率增加，其响应率越 (1) 大；(2) 小；(3) 不变。

8. 热电偶的噪声主要有 (1) 热噪声；(2) 温度噪声；(3) 电流噪声。

9. 辐射热电偶能否受强辐射照射 (1) 能；(2) 否。

辐射热电偶通常都用来测量 (1) 微瓦以下的辐射通量；(2) 毫瓦以下的辐射通量。

10. 流过热电偶的电流一般在 (1) 1μA 以下；(2) 1mA 以下；(3) 不能超过 100μA。

11. 在保存热电偶时，应注意 (1) 热电偶的两个输出端短路；(2) 避免强烈振动；(3) 不放在铁格板柜子里。

12. 在使用热电偶时，(1) 防止感应电流；(2) 防止电火花；(3) 使用的环境温度不应超过 60℃。

13. 要想使热电堆实现高性能化，减小热容量，就要 (1) 减小热电堆的多晶硅间隔；(2) 减小构成膜片的材料厚度；(3) 增大热电堆的多晶硅间隔；(4) 增大构成膜片的材料厚度。

14. 目前，微机械红外热电堆探测器使用的感应材料为 (1) 金属；(2) 化合物半导体；(3) 硅基。

为建立热结区与冷结区的有效热传导，微机械红外热电堆探测器需要构建一定的隔热结构，即是否通过薄膜来实现 (1) 是；(2) 否。

15. 微机械红外热电堆探测器应用的薄膜结构的类型有 (1) 封闭膜结构；(2) 悬臂膜

结构；(3) 复合介质膜结构。

16. 从工艺制造过程及成品率角度来说，悬臂膜结构的微机械红外热电堆探测器比封闭膜结构的 (1) 好；(2) 差。

从隔热效果来说，悬臂膜结构的微机械红外热电堆探测器比封闭膜结构的 (1) 好；(2) 差。

17. 悬臂膜结构的微机械红外热电堆探测器的隔热效果比封闭膜结构的 (1) 好；(2) 差。

悬臂膜结构的微机械红外热电堆探测器的灵敏度比封闭膜结构的 (1) 高；(2) 低。

18. 悬臂膜结构的微机械红外热电堆探测器的热耗散比封闭膜结构的 (1) 大；(2) 小。

悬臂膜结构的微机械红外热电堆探测器的热电转换效率比封闭膜结构的 (1) 高；(2) 低。

19. 悬臂膜结构的微机械红外热电堆探测器所受应力的影响比封闭膜结构的 (1) 大；(2) 小。

悬臂膜结构的微机械红外热电堆探测器的成品率比封闭膜结构的 (1) 高；(2) 低。

20. 微机械红外热电堆探测器与一般的红外探测器件相比，具有 (1) 较高的灵敏度；(2) 有宽松的工作环境；(3) 非常宽的频谱响应；(4) 与标准 IC 工艺兼容而成本低廉，适合批量生产。

21. 当温度增加时，阻值增大的热敏电阻材料是 (1) 半导体；(2) 金属。

当温度增加时，阻值减小的热敏电阻材料是 (1) 半导体；(2) 金属。

22. 热敏电阻的热阻比冷阻 (1) 大；(2) 小；(3) 一样。

光敏电阻的亮阻比暗阻 (1) 大；(2) 小；(3) 一样。

23. 热敏电阻的热阻增加，其响应率 (1) 增大；(2) 减小；(3) 不变。

热敏电阻的偏压增加，其响应率 (1) 增大；(2) 减小；(3) 不变。

24. 热敏电阻的温度系数越大，其响应率越 (1) 大；(2) 小；(3) 不变。

热敏电阻的输入信号频率越高，其响应率越 (1) 大；(2) 小；(3) 不变。

25. 相对于一般的金属电阻，热敏电阻的温度系数 (1) 大；(2) 小。

相对于一般的金属电阻，热敏电阻的灵敏度 (1) 高；(2) 低。

26. 相对于一般的金属电阻，热敏电阻的结构简单，体积 (1) 大；(2) 小。

相对于一般的金属电阻，热敏电阻的电阻率 (1) 高；(2) 低。

27. 相对于一般的金属电阻，热敏电阻适宜做动态测量，其热惯性 (1) 大；(2) 小。

相对于一般的金属电阻，热敏电阻稳定性和互换性 (1) 较差；(2) 较好。

28. 半导体热敏电阻的阻值与温度的变化呈 (1) 非线性；(2) 线性。

热敏电阻是否适宜做动态测量 (1) 是；(2) 否。

29. 限制热敏电阻最小可探测功率的主要因素是 (1) 与元件电阻有关的约翰逊噪声(热噪声)；(2) 与辐射吸收、发射有关的温度噪声；(3) 电流噪声。

30. 测辐射热计除了热敏电阻外，还有 (1) 超导测辐射热计；(2) 碳测辐射热计；(3) 锗测辐射热计；(4) 硅测辐射热计。

31. 一般电介质的极化强度 P_s 与电场 (1) 成正比；(2) 成反比；(3) 不成比例。

铁电体电介质的极化强度 P_s 与电场 (1) 成正比；(2) 成反比；(3) 不成比例。

32. 电场为零时极化强度为零的是（1）一般电介质；（2）铁电体。

电场为零时极化强度不为零的是（1）一般电介质；（2）铁电体。

33. 一般探测器在受辐照后到稳定状态下输出信号（1）最大；（2）零。

热释电探测器在受辐照后到稳定状态下输出信号（1）最大；（2）零。

34. 一般的电介质是（1）自发极化；（2）电极化。

铁电体是（1）自发极化；（2）电极化。

35. 热释电探测器有输出信号时，其调制辐射频率 f 与晶体内部自由电荷起中和作用平均时间 $\tau_{中}$ 的关系为（1）$f>1/\tau_{中}$；（2）$f<1/\tau_{中}$。

热释电探测器无输出信号时，其调制辐射频率 f 与晶体内部自由电荷起中和作用平均时间 $\tau_{中}$ 的关系为（1）$f>1/\tau_{中}$；（2）$f<1/\tau_{中}$。

36. 极化强度 P_s 随温度连续变化到零的情况，属于（1）一级相变；（2）二级相变；（3）三级相变。

极化强度 P_s 随温度变化突然下降到零的情况，属于（1）一级相变；（2）二级相变；（3）三级相变。

37. 一个好的热释电晶体要求（1）热释电系数大、热容大、介电常数大；（2）热释电系数大、热容大、介电常数小；（3）热释电系数大、热容小、介电常数小；（4）热释电系数小、热容小、介电常数小。

38. 用于 CO_2 等激光脉冲探测的热释电材料是（1）LT；（2）SBN；（3）PT；（4）PZT。

这 4 种热释电材料中居里温度最高的是（1）LT；（2）SBN；（3）PT；（4）PZT。

39. 要提高热释电探测器的探测率，应（1）减小体积；（2）减小热容；（3）增加体积；（4）增加热容。

40. 热释电探测器本身阻抗（1）很高；（2）很低；（3）不高不低。

热释电探测器后面接的前置放大器应为（1）高输入阻抗、低噪声、高跨导；（2）低输入阻抗、低噪声、低跨导；（3）高输入阻抗、低噪声、低跨导。

41. 在低频使用时，热释电探测器作前置放大器的场效应管，应选（1）栅漏电流小的；（2）电压噪声低的；（3）窄带选频的。

在高频使用时，热释电探测器作前置放大器的场效应管应选（1）栅漏电流小的；（2）电压噪声低的；（3）窄带选频的。

42. 用于高频激光脉冲测量的热释电探测器，应接入（1）高负载电阻 R_L；（2）低负载电阻 R_L。

热释电晶体是属于（1）压电晶体；（2）非压电晶体。

43. 热释电晶体材料应选用（1）声频损耗大的；（2）压电效应小的取向；（3）声频损耗小的；（4）压电效应大的取向。

44. 热释电探测器的主要噪声有（1）热噪声；（2）温度噪声；（3）电流噪声；（4）散粒噪声。

45. 热释电检测器件的电极结构有（1）面电极结构；（2）边电极结构；（3）侧电极结构。

46. 面电极结构的热释电检测器件比边电极结构的极间电容（1）大；（2）小。

热释电晶体的面束缚电荷密度 σ 在数值上是否等于它的自发极化强度 P_S（1）是；

(2) 否。

47. 面电极结构的热释电检测器件是否适宜于高速应用 (1) 是；(2) 否。

边电极结构的热释电检测器件是否适宜于高速应用 (1) 是；(2) 否。

48. 常用的热释电检测器件从形态上还可把热释电材料分为 (1) 单晶类；(2) 陶瓷类；(3) 薄膜类；(4) 化合物类。

49. 单晶类热释电检测器件的材料有 (1) TGS；(2) SBN；(3) LT；(4) $LiNbO_3$；(5) PT；(6) PZT。

50. 陶瓷类热释电检测器件的材料有 (1) TGS；(2) SBN；(3) LT；(4) $LiNbO_3$；(5) PT；(6) PZT。

51. 薄膜类热释电检测器件的材料有 (1) 聚二氟乙烯 (PVF2)；(2) 聚氟乙烯(PVF)；(3) 聚氟乙烯；(4) 聚四氟乙烯的共聚物。

52. 快速热释电检测器件一般都设计成同轴结构，即将热敏元件置于阻抗为 50Ω 的同轴线的一端，采用面电极结构比采用边电极结构的时间常数 (1) 大；(2) 小。

快速热释电检测器件的时间常数最低可降至 (1) 1ns；(2) 13ps；(3) 几个 ps。

53. 热释电检测器件的灵敏度与信号的调制频率 (1) 成反比；(2) 成正比。

热释电器件高频段的灵敏度与其有效电容和热容 (1) 成反比；(2) 成正比。

54. 热释电器件的基本结构是一个 (1) 电容器；(2) 电阻器。

热释电器件的输出阻抗很高，它后面常接有场效应管，构成 (1) 源极跟随器的形式；(2) 共基极的形式；(3) 共射极的形式。

55. 热释电检测器件的噪声，是否要考虑到前置放大器的噪声 (1) 是；(2) 否。

热释电器件的热噪声电压随调制频率的升高而 (1) 下降；(2) 升高。

56. 增大总电阻 R 可使热释电检测器件的热噪声电压 (1) 增高；(2) 降低。

热释电器件的噪声等效功率 NEP 随着调制频率的增高而 (1) 增高；(2) 降低。

57. 为使热释电器件的热噪声电压降低，就要 (1) 增大材料的直流电阻；(2) 降低材料的介电损耗；(3) 增加放大器的输入电阻。

58. 热释电检测器件在低频段的电压灵敏度与调制频率 (1) 成反比；(2) 成正比。

热释电检测器件在低频段的电压灵敏度与调制频率 (1) 成反比；(2) 成正比。

59. 热释电检测器件在 $1/\tau_T \sim 1/\tau_e$ 范围内的电压灵敏度与调制频率 (1) 有关；(2) 无关。

热释电检测器件的电压灵敏度高端半功率点取决于 $1/\tau_T$ 或 $1/\tau_e$ 中 (1) 较大的一个；(2) 较小的一个。

60. 热释电检测器件的响应时间是 τ_T 和 τ_e 中 (1) 较大的一个；(2) 较小的一个。

通常，热释电检测器件的 τ_T (1) 较大；(2) 较小。

61. 热释电检测器件的 τ_e 与负载电阻大小 (1) 有关；(2) 无关。

随着热释电检测器件的负载的减小，τ_e 变小，其灵敏度也相应 (1) 增大；(2) 减小。

62. 热释电检测器件的灵敏元件的尺寸，应考虑减小体积，从而使热容 (1) 增大；(2) 减小。

减小热释电检测器件的灵敏元件的体积可使探测率 (1) 提高；(2) 降低。

63. 热释电检测器件的灵敏元件的尺寸减小到元件阻抗大于放大器输入阻抗时，响应率

和探测率都（1）得不到改善；（2）得到改善。

热释电检测器件的灵敏元件的尺寸最终由（1）放大器性能决定；（2）本身阻抗决定。

64. 热释电检测器件的灵敏元件的尺寸厚度过薄将使（1）入射辐射的吸收不完全；（2）对某些陶瓷材料还会出现针孔；（3）应当对不同情况选一最佳厚度。

65. 对一定调制频率的光源，热释电检测器件的前置放大器应选用（1）窄带选频放大器；（2）低噪声前置放大器；（3）低噪声场效应管前置放大器。

4.2　问答题

1. 什么是热电探测器件？一般有几类？与光电探测器件相比，有何优缺点？

2. 试述热电探测器件共性的工作原理？其温升 ΔT 与频率有何关系？

3. 热电探测器件通常分为哪两个阶段？哪个阶段能够产生热电效应？

4. 试说明热容、热导和热阻的物理意义，热惯性用哪个参量来描述？它与 RC 时间常数有什么区别？

5. 热敏材料的时间常数与热阻、热容、热导有何关系？热电探测器件的最小可探测功率与什么因素有关？

6. 为什么通常作成真空热电偶？试述其工作原理？

7. 热电偶有否暗电流？为什么？

8. 为什么说热电偶的响应率同时间常数是一对矛盾？用什么方法克服？

9. 热电偶主要是什么噪声？为什么散粒噪声很小？

10. 作热电堆有什么好处？为什么？

11. 热电偶或热电堆探测红外辐射时，在开路和闭路时其热端的温升是否相同？为什么？

12. 试述热电偶与热电堆的应用？使用它们需要注意什么？

13. 目前，微机械红外热电堆探测器使用的感应材料是什么？为什么？

14. 为建立热结区与冷结区的有效热传导，微机械红外热电堆探测器需要构建一个什么结构？如何实现？

15. 微机械红外热电堆探测器应用的薄膜结构有哪几个类型？各有何特点？

16. 试述悬臂膜结构的微机械红外热电堆探测器的结构及原理？

17. 试述封闭膜结构的微机械红外热电堆探测器的结构及原理？

18. 试比较悬臂膜结构与封闭膜结构的微机械红外热电堆探测器？各适用于何处？

19. 微机械红外热电堆探测器与一般的红外探测器件相比有什么优点？为什么？

20. 微机械红外热电堆探测器有何应用？其发展方向如何？

21. 热敏电阻可用什么材料制成？常用什么材料？为什么？

22. 什么是热阻和冷阻？两者之差大好还是小好？为什么？

23. 试写出热敏电阻响应率表达式？要增加其响应率，需采取什么措施？

24. 热敏电阻有否暗电流？为什么？

25. 热敏电阻的响应率同时间常数是否也有矛盾？为什么？如果有矛盾，怎样克服？

26. 热敏电阻的主要噪声是什么噪声？同半导体热电偶相比，谁的最小可探测功率小？为什么？

27. 相对于一般的金属电阻，热敏电阻有何特点？为什么？

28. 限制热敏电阻最小可探测功率的主要因素是什么？为什么？

29. 测辐射热计除了热敏电阻外，还有哪些？各有何特点？

30. 热敏电阻有何优缺点？使用时如何选择其参数？

31. 热敏电阻灵敏度与哪些因素有关？为什么？

32. 什么是极化、自发极化？什么是极化强度 P_S？什么是热释电效应？

33. 什么是中和作用平均时间？作热释电探测器时，它与红外辐射的调制频率有何关系？为什么？

34. 怎样理解热释电效应？为什么说热释电探测器只能探测经过调制的光辐射？

35. 什么是热释电系数？什么是居里温度？一般要求大好还是小些好？

36. 试分析热释电晶体的比热、密度和介电常数对热释电探测器性能的影响？

37. 一般对作热释电探测器的材料有何要求？有何研究动向？

38. 目前实用的热释电材料有哪几种？哪些适用于激光探测？

39. 热释电检测器件的电极结构有哪些类型？各有何特点？

40. 热释电晶体的面束缚电荷密度 σ 在数值上是否等于它的自发极化强度 P_S？为什么？

41. 热释电检测器件的材料从形态上可分哪几大类？各有何特点？

42. 常用的单晶类热释电检测器件的材料有哪几种？各用于何处？

43. 陶瓷类与薄膜类热释电检测器件的材料有哪几种？有何优点？

44. 快速热释电检测器件的结构如何？有何特点？

45. 热释电检测器件的灵敏度与信号的调制频率有何关系？为什么？

46. 为什么热释电晶体容易产生谐振？如何防止？

47. 试述热释电探测器的工作原理？并写出其输出电压的表达式？

48. 为什么热释电探测器的灵敏元件的尺寸愈小愈好？为什么元件本身的阻抗不能大于前置放大器的输入阻抗？

49. 一般热释电探测器的本身阻抗为多少？其连接的前置放大器应如何选取和连接？

50. 热释电探测器能否直流使用？在高、低频使用时，前置放大器应如何选取？

51. 热释电器件为什么不能工作在直流状态？工作频率等于何值时热释电器件的电压灵敏度达到最大值？

52. 热释电器件的最小可探测功率与哪些因素有关？为什么？

53. 为什么热释电器件总是工作在 $\omega\tau_e \gg 1$ 的状态？在 $\omega\tau_e \gg 1$ 的情况下热释电器件的电压灵敏度如何？

54. 为什么热释电器件的工作温度不能工作在居里点？当工作温度远离居里点时热释电器件的电压灵敏度会怎样？工作温度接近居里点时又会怎样？

55. 用于高频激光脉冲测量时，热释电探测器的负载电阻应如何选取？

56. 热释电探测器的基本噪声是什么噪声？为什么在使用时还要注意其他的噪声源？

57. 热释电探测器件常与场效应管放大器组合在一起，并封装在同一个管壳内，这样的封装有什么好处？

58. 为什么说热释电检测器件的灵敏元件的尺寸最终由放大器性能决定？

59. 热释电检测器件的响应时间如何选取？为什么？

60. 试述热释电检测器件的特点及其使用注意事项？

61. 能否用热释电检测器件作被动红外入侵探测报警器？如能，试说明其工作原理？

62. 红外测温有什么特征？测温原理是什么？

63. 可采用什么措施来降低热探测器和光子探测器的背景限？

64. 红外探测器为什么峰值波长愈长其工作温度愈低？

65. 使用红外传感器时应注意什么问题？

4.3　计算题

1. 某热电探测器件的信噪比 $S/N=20$，试求接收辐射功率为 $5\mu W$ 时，该探测器件的最小可探测功率 P_{min}？

2. 某热电探测器件的热容为 100pF，热导为 $0.02/\Omega$，求该探测器件的最高工作频率？

3. 某热电探测器件的热导 $G_Q=6\times10^{-6}W/K$，吸收系数 $\alpha=0.8$，求吸收 $5\mu W$ 辐射后所产生的温升 ΔT？

4. 公式 $W=H\mathrm{d}(\Delta T)/\mathrm{d}t+G\Delta T$ 表明了热电探测器件的能量平衡条件，设 W 和 ΔT 的表达式分别为 $W=W_0+W_f\cos(2\pi ft)$ 和 $\Delta T=\Delta T_0+\Delta T_f\cos(2\pi ft+\varphi_f)$，试证明：

(1) $\Delta T_0=W_0/G$

(2) $\Delta T_f=W_f/(G_2+4\pi^2f^2H^2)^{1/2}$

5. 已知某热敏电阻在 500K 温度下的阻值为 550Ω，在 700K 温度下的阻值为 450Ω，试求在 550K 和 600K 温度下，该热敏电阻的阻值？

6. 某热敏电阻的冷电阻为 $600k\Omega$，在 200lx 光照下的热、冷电阻之比为 1/100，试求该热敏电阻的灵敏度？

7. 用热导为 0.25mW/℃、25℃时的标称电阻 $R_{25}=40k\Omega$ 的半导体热敏电阻器，与一只 $100k\Omega$ 的偏置电阻串联，用以测量物体温度时，问该系统的噪声电阻是多少？

8. 某热敏电阻与负载电阻 $R_L=2k\Omega$ 串接入 12V 直流电源上，未加温时 R_L 上输出电压为 20mV，有温度时 R_L 上输出电压为 2V，试求：

(1) 热敏电阻的冷电阻值和热电阻值？

(2) 若热敏电阻的热电导灵敏度为 $6\times10^{-6}S/T$，求热敏电阻上所受的温度？

9. 热敏电阻的输出电路如图 4-1 所示（光电检测技术教材第 4 章中图 4-11），试推导出 $\Delta U_L=U_b\alpha_T\Delta T/4$？

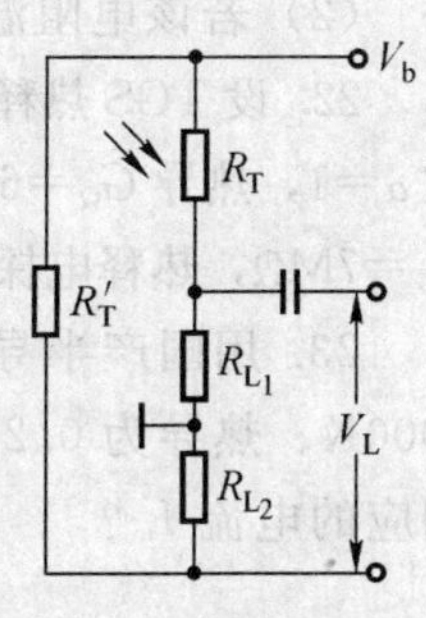

图 4-1　热敏电阻的输出电路

10. 对冷阻为 $3M\Omega$、响应时间为 $5.9\mu s$、工作面积为 $0.6mm^2$、电阻温度系数为 -0.04/℃、最大功耗为 1mW 的氧化锰热敏电阻，在桥式电路工作时，若电源电压为 12V，$RQ=(4A\sigma T_0^3)^{-1}$，$T_0=195K$，$T_{ep}=350K$，$T=210K$，$f=400Hz$，求：

(1) 该电桥的 R_{L1}，R_{L2} 各为多少？

(2) 流过 R_{L1}，R_{L2} 的电流为多少？

11. 有一内阻为 100Ω，工作面积为 $4mm^2$ 的热释电探测器件，当接一只输入电阻为 $1k\Omega$ 的放大器时，放大器输入端电压为 2V，若该器件的输入温度变化率为 5℃/s 时，求该器件的热释电系数 P？

12. 已知一热释电探测器件的 $D^*=1\times10^9cmHz^{1/2}/W$，$NEP=1\times10^{-9}W$（取 $\Delta f=1Hz$），问能否决定其光敏面的面积？

13. 一热探测器的光敏面积 $A_d=1mm^2$，工作温度 $T=300K$，工作带宽 $\Delta f=10Hz$，若该器件表面的发射率 $\varepsilon=1$，试求由于温度起伏所限制的最小可探测功率 P_{min}（斯忒藩-玻尔兹曼常数 $\sigma=5.67\times10^{-12}W\cdot cm^{-1}\cdot K^4$，玻尔兹曼常数 $k=1.38\times10^{-23}J\cdot K^{-1}$）？

14. 某热电传感器的探测面积为 $5mm^2$，吸收系数 $\alpha=0.8$，试计算该热电传感器在室温 300K 与低温 280K 时 1Hz 带宽的最小探测功率 P_{NE}、比探测率 D^* 与热导 G？

15. 设铌酸锶钡的吸收系数为 0.85，试计算铌酸锶钡热释电器件在调制辐射频率为 500Hz 时的电压灵敏度？

16. 一个热探测器具有热导 G 和热容 H，试证明：如果热探测器和其周围环境之间存在功率交换的无规则的起伏 $W(t)$（例如由于背景噪声所引起的），则

$$W(t)=G\Delta t+H\frac{d}{dt}(\Delta T)$$

式中，ΔT 是热探测器和其周围环境之间的温度差。

17. 热释电探测器可视为一个与电阻 R 并联的电容器。假定电阻 R 中的热噪声是主要的噪声源，试导出热释电探测器的最小可探测功率的表达式？

18. 如果热探测器的热容 $H=10^{-7}J\cdot K^{-1}$，试求在 $T=300K$ 时热探测器的热时间常数的 τ_T（假定热探测器只能通过辐射与周围环境交换能量）？

19. 如果热探测器的热敏面积 $A_d=1mm^2$，试求在热探测器温度分别为 77K 和 300K 条件下本振光所产生的散粒噪声等于热噪声时的本振光功率？

20. 已知 TGS 热释电探测器的面积 $A_d=4mm^2$，厚度 $d=0.1mm$，体积比热容 $c=1.67J\cdot cm^{-3}\cdot K^{-1}$，若视其为黑体，求 $T=300K$ 时的热时间常数 τ_T。若入射光辐射 $P_\omega=10mW$，调制频率为 1Hz，求输出电流（热释电系数 $\gamma=3.5\times10^{-8}C\cdot K^{-1}\cdot cm^{-2}$）？

21. 某热敏电阻的热导为 $6\times10^{-6}W/K$，吸收系数为 0.5，求：

(1) 吸收 $6\mu W$ 辐射功率后所产生的温升 ΔT 为多少？

(2) 若该电阻温度系数为 $-0.04/K$，求吸收辐射功率后所引起的电阻相对变化率 ΔR_T？

22. 设 TGS 热释电探测器件的灵敏面积 $A=1mm^2$，热释电系数 $P=2\times10^{-8}C/cm^2K$，吸收系数 $\alpha=1$，热导 $G_Q=6\times10^{-6}W/K$，热容 $C_Q=1.64\times10^{-5}J/K$，调制频率 $f=10Hz$，电路负载电阻 $R_L=7M\Omega$，热释电探测器件的等效电容 $C=22pF$，试计算出其电压响应率 R_V 为多少？

23. 用国产半导体热敏电阻在遥控电路中作稳定高低频振荡振幅时，其材料常数为 4000K、热导为 0.25mW/℃、标称电阻 $R_{25}=40k\Omega$，试求热平衡状态下的电压极大值 U_m 和相应的电流 I_m？

第 5 章　光电成像检测器件

5.1　选择题（在你认为对的选项序号上打√，有几个对，就打几个）

1. CCD 属于哪种类型摄像器件（1）扫描型；（2）非扫描型。

SSPA 属于哪种类型摄像器件（1）扫描型；（2）非扫描型。

2. 扫描型摄像器件有（1）CCD；（2）CMOS；（3）变像管；（4）像增强管。

3. 非扫描型摄像器件有（1）CCD；（2）CMOS；（3）变像管；（4）像增强管。

4. 采用逐行扫描方式的设备有（1）电视机；（2）数字照相机；（3）监视器。

采用隔行扫描方式的设备有（1）电视机；（2）数字照相机；（3）监视器。

5. 我国采用的电视制式是（1）PLA 制；（2）NTSC 制；（3）SECAM 制。

美国采用的电视制式是（1）PLA 制；（2）NTSC 制；（3）SECAM 制。

6. 我国电视的帧频是（1）50Hz；（2）60Hz；（3）25Hz；（4）30Hz。

美国电视的帧频是（1）50Hz；（2）60Hz；（3）25Hz；（4）30Hz。

7. 我国电视的场频是（1）50Hz；（2）60Hz；（3）25Hz；（4）30Hz。

美国电视的场频是（1）50Hz；（2）60Hz；（3）25Hz；（4）30Hz。

8. 我国规定的每帧画面的扫描行数为（1）625 行；（2）525 行。

我国规定的电视画面宽高比为（1）4∶3；（2）16∶9。

9. CCD 获取信号采用（1）光注入；（2）电注入。

CCD 电荷的输出属于不破坏信号电荷状态的输出是（1）电流输出；（2）浮置扩散放大器输出；（3）浮置栅放大器输出。

10. CCD 的电荷转换损失率越大，其电荷转移效率越（1）大；（2）小；（3）不变。

CCD 采用“胖零”工作模式，其“胖零”电荷越多，其转移损失率越（1）大；（2）小；（3）不变。

11. 影响电荷转移效率的原因主要是（1）电极间隙存在势垒；（2）电荷被界面态俘获；（3）某些电荷转移不够迅速。

12. 提高电荷转移效率的因素主要是（1）采用交迭栅结构；（2）采用埋沟结构；（3）采用“胖零”工作模式。

13. 一般，CCD 驱动脉冲频率越高，电荷转移损失率越（1）大；（2）小；（3）一样。

N 型 CCD 比 P 型 CCD 的工作频率（1）高；（2）低；（3）一样。

14. 三相 CCD 的栅电极是（1）二个；（2）三个；（3）四个。

三相 CCD 的一个像元的栅电极是（1）二个；（2）三个；（3）四个。

15. 光敏二极管结构 CCD 比 MOS 电容结构 CCD 的暗电流（1）大；（2）小；（3）一样。

光敏二极管结构 CCD 比 MOS 电容结构 CCD 的灵敏度（1）高；（2）低；（3）一样。

16. SCCD 比 BCCD 的工作效率（1）高；（2）低；（3）一样。

SCCD 比 BCCD 的存贮容量（1）高；（2）低；（3）一样。

17. 单沟道线阵 CCD 的电荷转移效率（1）高；（2）低。

双沟道线阵 CCD 的电荷转移效率（1）高；（2）低。

18. 帧转移面阵 FT－CCD 能否正反两面光照（1）能；（2）不能。

行间转移型面阵 IT－CCD 能否正反两面光照（1）能；（2）不能。

19. 帧行转移型面阵 FIT－CCD 比 IT－CCD 的转移效率（1）高；（2）低；（3）一样。

线转移型面阵 CCD 比 IT－CCD 的转移效率（1）高；（2）低；（3）一样。

20. 虚相面阵 CCD（VP－CCD）的量子效率（1）高；（2）低。

虚相面阵 CCD（VP－CCD）的暗电流（1）高；（2）低。

21. 同 CCD 的工作频率上限有关的主要是（1）少数载流子寿命 τ；（2）电荷转移时间 t。

同 CCD 的工作频率下限有关的主要是（1）少数载流子寿命 τ；（2）电荷转移时间 t。

22. CCD的电荷转换因子γ(1) 大于1；(2) 小于1；(3) 近似等于1。

CCD的背面光照灵敏度损失最大的是 (1) 蓝光；(2) 紫光；(3) 黄光。

23. CCD的调制传递函数MTF随空间频率的增大而 (1) 增大；(2) 减小。

CCD的对比传递函数CTF随空间频率的增大而 (1) 增大；(2) 减小。

24. MTF是什么波的空间频率振幅的响应 (1) 方波；(2) 正弦波。

CTF是什么波的空间频率振幅的响应 (1) 方波；(2) 正弦波。

25. CCD的暗电流与温度有关，温度越高，暗电流越 (1) 大；(2) 小；(3) 不变。

CCD的噪声比真空摄像管的 (1) 大；(2) 小；(3) 差不多。

26. SSPA是 (1) 电荷注入器件；(2) 电荷引动器件；(3) 电荷传输器件。

SSPA是工作在 (1) 电荷存贮工作方式；(2) 电荷存贮的连续工作方式。

27. SSPA的驱动电路比CCD的 (1) 复杂；(2) 简单；(3) 差不多。

SSPA的蓝光响应比CCD的 (1) 好；(2) 差；(3) 一样。

28. SSPA的图像质量比CCD的 (1) 好；(2) 差；(3) 一样。

SSPA的工作方式是 (1) xy寻址方式；(2) 电荷依次传送方式。

29. 把不可见图像变为可见图像的摄像器件的是 (1) 硅靶管；(2) 视像管；(3) 变像管；(4) 像增强管。

把低于阈值的图像变为可观察图像的光电成像器件的是 (1) 硅靶管；(2) 视像管；(3) 变像管；(4) 像增强管。

30. 磁聚焦像增强管比电聚焦像增强管图像质量 (1) 好；(2) 差。

串联式像增强管比级联式像增强管的增益 (1) 高；(2) 低。

31. 静电聚焦的微通道像增强管比级联像增强管的调制函数 (1) 好；(2) 差。

近聚焦微通道像增强管比级联像增强管的调制函数 (1) 好；(2) 差。

32. 一般电视机使用的扫描方式是 (1) 逐行扫描；(2) 隔行扫描。

数字照相机使用的扫描方式是 (1) 逐行扫描；(2) 隔行扫描。

33. 光电转换因子γ为1的视像管有 (1) Pbo视像管；(2) 硅靶视像管；(3) 硫化锑视像管；(4) 锑化锌视像管。

34. 光电转换因子$\gamma<1$的视像管有 (1) Pbo视像管；(2) 硅靶视像管；(3) 硫化锑视像管；(4) 锑化锌视像管。

35. 易于适应较宽范围的输入光的摄像管是 (1) $\gamma<1$的摄像管；(2) $\gamma=1$的摄像管。

适于彩色电视摄像要求的摄像管是 (1) $\gamma<1$的摄像管；(2) $\gamma=1$的摄像管。

36. 集成度高、结构简单的成像器件是 (1) CCD；(2) CMOS。

功率小、成本低的成像器件是 (1) CCD；(2) CMOS。

37. 有较低的空间噪声的成像器件是 (1) CMOS-PPS；(2) CMOS-APS。

有较低的时间噪声的成像器件是 (1) CMOS-PPS；(2) CMOS-APS。

38. 在每个像素有效放大的CMOS成像器件是 (1) CMOS-PPS；(2) CMOS-APS。

信噪比大的CMOS成像器件是 (1) CMOS-PPS；(2) CMOS-APS。

39. CMOS-APS常用的像素单元结构是 (1) 光敏二极管型；(2) 光栅型；(3) 对数响应型。

CMOS-APS的动态范围宽的像素单元结构是 (1) 光敏二极管型；(2) 光栅型；

(3) 对数响应型。

40. xy 寻址读出方式的图像传感器有 (1) CCD；(2) SSPA；(3) CMOS；(4) CIS。

41. CMOS 图像传感器为适应 A/D 转换器的工作需设置 (1) 采样/保持脉冲；(2) 同步脉冲；(3) 时钟脉冲。

为协调 CMOS 图像传感器各组成部分的工作，必须设置 (1) 采样/保持脉冲；(2) 同步脉冲；(3) 时钟脉冲。

42. 在 CMOS 图像传感器的输出模式中动态范围最大的是 (1) 线性输出模式；(2) 双斜率输出模式；(3) 对数输出模式；(4) γ 校正模式。

在 CMOS 图像传感器的输出模式中动态范围第二的是 (1) 线性输出模式；(2) 双斜率输出模式；(3) 对数输出模式；(4) γ 校正模式。

43. 在 CMOS 图像传感器的输出模式中动态范围最小的是 (1) 线性输出模式；(2) 双斜率输出模式；(3) 对数输出模式；(4) γ 校正模式。

在 CMOS 图像传感器的输出模式中适于连续测量的是 (1) 线性输出模式；(2) 双斜率输出模式；(3) 对数输出模式；(4) γ 校正模式。

44. CMOS 图像传感器采用线性对数输出模式的动态范围可达 (1) 60dB；(2) 90dB；(3) 120dB。

45. CMOS 图像传感器采用线性对数输出模式不仅扩大了动态范围，还可以 (1) 防止图像滞后；(2) 克服图像重影；(3) 减小固定图案噪声；(4) 降低产生复合噪声；(5) 减小复位噪声。

46. 用相关双采样方法可消除传感器的噪声有 (1) 产生复合噪声；(2) 固定图案噪声；(3) 复位噪声；(4) 散粒噪声。

47. 降低工作温度可有效消除光敏二极管的噪声是 (1) $1/f$ 噪声；(2) 散粒噪声；(3) 热噪声；(4) 产生复合噪声。

48. 提高工作频率可降低光敏二极管的噪声是 (1) $1/f$ 噪声；(2) 散粒噪声；(3) 热噪声；(4) 产生复合噪声。

减小偏置电流可减小光敏二极管的噪声是 (1) $1/f$ 噪声；(2) 散粒噪声；(3) 热噪声；(4) 产生复合噪声。

49. 硅 Si 基板吸收一半的蓝光的深度比绿光吸收的深度 (1) 深；(2) 浅。

硅 Si 基板吸收一半的红光的深度比绿光吸收的深度 (1) 深；(2) 浅。

50. 动态范围大的 CMOS 图像传感器是 (1) CMOS - PPS；(2) CMOS - APS；(3) CMOS -DPS。

工作速度最快的 CMOS 图像传感器是 (1) CMOS - PPS；(2) CMOS - APS；(3) CMOS -DPS。

51. 在每一像素里进行 A/D 转换的 CMOS 图像传感器是 (1) CMOS - PPS；(2) CMOS -APS；(3) CMOS - DPS。

使信号衰减和色度亮度串扰降到最小的 CMOS 图像传感器是 (1) CMOS - PPS；(2) CMOS -APS；(3) CMOS - DPS。

52. CMOS - DPS 摄像机比 CCD 摄像机拍摄的彩色逼真度 (1) 更高；(2) 更低。

CMOS - DPS 摄像机比 CCD 摄像机受强光影响 (1) 小；(2) 大。

53. 能更方便地实现网络化与智能化的摄像机是（1）CCD摄像机；（2）CMOS-APS摄像机；（3）CMOS-DPS摄像机。

单个像素就数字化的图像传感器是（1）CCD；（2）CMOS-APS；（3）CMOS-DPS。

54. CMOS图像传感器比CCD的暗电流（1）大；（2）小；（3）差不多。

CMOS图像传感器比CCD抗晕光及拖尾能力（1）好；（2）差。

55. CMOS图像传感器比CCD功耗（1）高；（2）低。

CMOS图像传感器比CCD成本（1）高；（2）低。

56. CMOS图像传感器能否随机存取（1）能；（2）不能。

CCD图像传感器能否随机存取（1）能；（2）不能。

57. COMS图像传感器能否无损读取（1）能；（2）不能。

CCD图像传感器比能否无损读出（1）能；（2）不能。

58. CMOS图像传感器比CCD的灵敏度（1）高；（2）低。

CMOS图像传感器比CCD的最低照度（1）高；（2）低。

59. CMOS图像传感器比CCD的生产成品率（1）高；（2）低。

CMOS图像传感器比CCD的集成度（1）高；（2）低。

60. CMOS图像传感器比CCD的电源电压（1）高；（2）低。

CMOS图像传感器比CCD的像素缺陷率（1）高；（2）低。

61. CMOS图像传感器比CCD帧速（1）高；（2）低。

CMOS图像传感器比CCD的结构（1）复杂；（2）简单。

62. 药丸式摄像机使用的图像传感器是（1）CMOS；（2）CCD；（3）SPPA。

单芯片摄像机使用的图像传感器是（1）CMOS；（2）CCD；（3）SPPA。

63. CIS图像传感器是否线阵成像器件（1）是；（2）不是。

CIS图像传感器是否面阵成像器件（1）是；（2）不是。

64. CIS图像传感器对信息的获取是（1）接触式；（2）非接触式。

CIS图像传感器扫描适应的原稿类型是（1）投射式；（2）反射式；（3）透射式。

65. CIS图像传感器的温度系数比CCD的（1）大；（2）小；（3）一样。

CIS图像传感器的噪声系数比CCD的（1）大；（2）小；（3）一样。

66. CIS图像传感器的景深系数比CCD的（1）大；（2）小；（3）一样。

CIS图像传感器的扫描光谱范围比CCD的（1）大；（2）小；（3）一样。

67. CIS图像传感器的灵敏度比CCD（1）高；（2）低；（3）一样。

CIS图像传感器的成本比CCD（1）高；（2）低；（3）一样。

68. 读取图像速度更快的成像器件是（1）CCD；（2）CMOS；（3）LBCAST。

图像质量最好的成像器件是（1）CCD；（2）CMOS；（3）LBCAST。

69. LBCAST图像传感器提取像素数据检测放大的晶体管是（1）JFET；（2）MOSFET；（3）双极晶体管。

CMOS图像传感器提取像素数据检测放大的晶体管是（1）JFET；（2）MOSFET；（3）双极晶体管。

70. 有更高灵敏度的图像传感器是（1）CCD；（2）CMOS；（3）LBCAST。

结构最简单的图像传感器是（1）CCD；（2）CMOS；（3）LBCAST。

71. LBCAST 图像传感器的色彩动态范围和色域比 CCD 的（1）大；（2）小；（3）一样。LBCAST 图像传感器的成品率比 CMOS 图像传感器的（1）高；（2）低；（3）一样。

72. 可实现最短的快门时滞的图像传感器是（1）CCD；（2）CMOS；（3）LBCAST。具有瞬时启动功能最好的图像传感器是（1）CCD；（2）CMOS；（3）LBCAST。

73. 有红外光源的红外夜视系统是（1）主动式红外系统；（2）被动式红外系统。无红外光源的红外夜视系统是（1）主动式红外系统；（2）被动式红外系统。

74. 红外热像仪是（1）主动式红外系统；（2）被动式红外系统。新的热成像仪采用的是（1）非制冷焦平面阵列；（2）制冷焦平面阵列。

75. 非制冷焦平面阵列是否需要光机扫描系统（1）要；（2）不要。

能真正做到 24h 及恶劣气候条件下的全天候视频监控的设备是（1）日夜转换摄像机；（2）红外热像仪；（3）红外摄像机。

76. 平面混合式和 Z 型混合式焦平面阵列比单片式与准单片式的封装密度（1）高；（2）低；（3）差不多。

平面混合式和 Z 型混合式焦平面阵列比单片式与准单片式的器件引线数目（1）多；（2）少；（3）差不多。

77. 平面混合式和 Z 型混合式焦平面阵列比单片式与准单片式的光学孔径（1）增大；（2）减小；（3）不变。

平面混合式和 Z 型混合式焦平面阵列比单片式与准单片式的频谱带宽（1）增大；（2）减小；（3）不变。

78. 能对伪装及隐蔽的目标进行视频监控与识别的设备是（1）日夜转换摄像机；（2）红外热像仪；（3）红外摄像机。

能进行火灾的视频监控与识别的最好设备是（1）日夜转换摄像机；（2）红外热像仪；（3）红外摄像机。

79. 紫外摄像机最好的感紫外光的材料是（1）硅 Si；（2）GaN；（3）晕苯。

用本征硅能否探测到紫外光（1）能；（2）不能。

80. 增益最高的 X 光像增强管是（1）超高图像增强器；（2）带通道 X 光像增强器；（3）带有通道缩小倍率的 X 光像增强器。

同等剂量下穿透更厚目标的 X 光像增强器是（1）超高图像增强器；（2）带通道 X 光像增强器；（3）带有通道缩小倍率的 X 光像增强器。

5.2　问答题

1. CCD 是哪一年发明的？为什么说 CCD 的发明是光电成像器件领域的一次革命？
2. 光电成像器件有哪二大类型？各有何特点？可否混用？试举例说明？
3. 电视扫描有哪几种方式？试比较其优劣？
4. 试述光电成像系统的结构及其工作原理？
5. 世界各国的电视制式有哪些？我国是选定哪一制式？为什么？
6. 我国现行电视制式是什么？其规定的主要参数是什么数据？
7. 为什么 20 世纪的电视制式要采用隔行扫描方式的电视制式？我国的 PAL 电视制式是怎样规定的？
8. 我国现行电视制式中的帧频与场频是如何确定的？扫描行数与行频是如何确定的？

9. 我国电视宽高比是多少？为什么？

10. 试述 Pbo 光导摄像管的结构与工作原理？

11. 什么是光电转换系数或灰度系数 γ？适于彩色电视要求的 γ 值为多少？为什么？

12. 什么是摄像器件的动态范围？它取决于什么因素？

13. CCD 与真空摄像管相比，有何特点？

14. 试述 CCD 的结构及工作原理？

15. 为什么说 CCD 是 MOS 电容器结构？它是如何存贮电荷的？

16. 为什么 CCD 叫电荷耦合器件？它是如何使信号电荷转移的？

17. 在 SCCD 器件中，信息电荷为什么会沿着半导体表面转移？以三相或二相 SCCD 为例，具体说出它们的转移过程？

18. 什么是 CCD 的位数（或单元数或像素）？它同栅电极的个数、CCD 的相数有何关系？

19. 什么是 n 沟 CCD 与 p 沟 CCD？哪个工作频率高些？为什么？

20. 为什么说 N 型沟道 CCD 的工作速度要高于 P 型沟道 CCD 的工作速度，而埋沟 CCD 的工作速度要高于表面沟道 CCD 的工作速度？

21. 为什么在栅极电压相同的情况下不同氧化层厚度的 MOS 结构所形成的势阱存储电荷的容量不同，氧化层厚度越薄电荷的存储容量越大？

22. 为什么三相线阵 CCD 必须在三相交叠脉冲的作用下才能进行定向转移？

23. 什么是 SCCD？什么是 BCCD？各有何特点？

24. CCD 的电荷注入有几种方法？不同的注入有何不同的应用？

25. CCD 的输出方式有哪几种？以哪种为最好？为什么？

26. 为什么 CCD 要外围驱动电路？试举出一线阵 CCD 外围驱动电路的组成及原理？

27. 试说明电流输出方式中复位脉冲 RS 的作用。并分析当复位脉冲 RS 没有加上时 CCD 的输出信号将会怎样？

28. 线阵 CCD 摄像器件有哪二种基本形式？各有何特点？

29. 为什么线阵 CCD 的光敏阵列与移位寄存器分别设置并用转移栅隔开？试说明存储于光敏阵列中的信号电荷是如何通过双沟道器件的转移出来形成时序信号的？

30. 面阵 CCD 摄像器件有哪几种基本形式？各有何特点？

31. 试说明帧转移型面阵 CCD 的工作原理？其信号电荷是如何从像敏区转移出来成为视频信号的？

32. 试说明隔列转移型面阵 CCD 的工作原理？其信号电荷是如何从像敏区转移出来成为视频信号的？

33. 什么是分辨率与分辨力？它们有何异同？

34. 可用哪几种方式来描述分辨率？各有何优缺点？

35. 什么是极限分辨率？有哪二种表示方法？相互如何转换？

36. 什么是调制传递函数？什么是对比传递函数？各在什么条件下使用最好？

37. 为什么极限分辨率不是客观的科学的？调制传递函数是不是？为什么？

38. 调制传递函数 MTF 随空间频率有什么变化？一般 MTF 值为多少所对应的线数定为摄像器件的极限分辨率？

39. 什么是 CCD 的转移效率与损失率？它们之间有何关系？

40. 影响 SCCD 转移效率的原因及其提高的方法？

41. 为什么要引入胖零电荷？胖零电荷属于暗电流吗？能通过对 CCD 器件制冷消除胖零电荷吗？

42. 试述决定 CCD 工作频率的上、下限因素？一般 SCCD 驱动脉冲频率的上限为多少？

43. 试说明线阵 CCD 的驱动频率上限和下限的限制因素？对线阵 CCD 器件进行制冷为什么能够降低线阵 CCD 的下限驱动频率？

44. 背面光照与正面光照的硅 CCD 的光谱曲线有何不同？为什么？

45. 什么是 CCD 摄像器件的动态范围？它由什么因素决定？

46. CCD 的分辨力主要取决于什么因素？如何求其采样频率与最大空间频率？

47. CCD 的暗电流产生的主要原因是什么？如何减少暗电流 I_d？

48. 简述光电二极管阵列的电荷存储工作原理？它与连续工作方式相比有什么特点？

49. 自扫描光电二极管列阵 SSPA 由哪几部分组成？画出 SSPA 线阵电路框图，并简述其工作原理？

50. 试比较 CCD 器件与 SSPA 器件的主要优缺点？

51. 试将 CMOS 摄像器件与 CCD 作一比较？各有什么主要的特点？

52. CMOS 图像传感器与 CCD 图像传感器的主要区别是什么？为什么说 CMOS 图像传感器将会取代 CCD？

53. 在 CMOS 图像传感器中的像元信号是通过什么方式传输出去的？CMOS 图像传感器的地址译码器的作用是什么？

54. CMOS 图像传感器能够像线阵 CCD 那样只输出一行信号吗？若能，试说明怎样实现？

55. CMOS－APS 有几种像素单元结构？各有何特点？

56. 试述 CMOS 图像传感器的总体结构及工作原理？并绘出原理框图？

57. 试述 CMOS 图像传感器的工作流程？

58. 为什么说 CMOS 成像器件的光谱性能和量子效率，均取决于它的像敏单元？在什么波长左右量子效率最高？试作说明？

59. 何谓填充因子？提高填充因子的方法有几种？各有何特点？

60. CMOS 图像传感器有几种输出方式？各有何特点？

61. 为什么 CMOS 图像传感器要采用线性-对数输出方式？说明采用线性-对数输出方式的优点，同时会带来什么问题？

62. CMOS 图像传感器有些什么主要噪声？作产品的设计时如何将它们消除或减小？

63. 为什么可以用 CMOS 图像传感器作成单芯片摄像机？CCD 是否可以？

64. 什么是 DPS？试述其组成及工作原理？

65. 试述 CMOS－DPS 摄像机的特点及应用？

66. 什么是 CIS？试述其结构组成及工作原理？

67. 试将 CIS 与 CCD 在原理和性能上作一比较？CIS 有什么独到之处？

68. CIS 有何应用？试说明 CIS 用于纸币的图像采集的原理？

69. 什么是 LBCAST？试述其功能？

70. 试述 LBCAST 的结构特点？它在哪些方面比 CCD 和 CMOS 图像传感器还要优越？

71. 试将 LBCAST 与 CCD 和 CMOS 图像传感器作一比较？它有什么独特之处？

72. 什么叫变像管？试述其结构与工作原理？

73. 如何提高变像管亮度转换增益 G_L？

74. 什么是串联式像增强管？其磁聚焦与电聚焦各有什么优劣？

75. 试述级联式像增强管的结构及其优缺点？

76. 试述微通道板式像增强管的结构及其特点？

77. 红外夜视摄像系统为什么分主动式和被动式？各有何特点与用处？

78. 红外热成像系统是主动式还是被动式？试述新一代非致冷焦平面红外热成像系统的组成及工作原理？

79. 红外热成像系统有什么优缺点？应用于何处？

80. 紫外成像器件有何用处？达到良好的紫外响应有些什么方法？

81. 试述紫外 CCD 摄像机的组成及工作原理？

82. 什么是可见光盲紫外摄像机？试述其组成及工作原理？

83. 试述新一代 X 光像增强器的结构及原理？

84. 试述 X 光成像器件及系统在医疗和工业检测中的应用？

85. 能否用红外热像仪探测人体的体温？能否将红外热像仪安装在机场候机室入口处，用于检测登机旅客的健康状况？

86. 试说明如何利用热释电器件构成点扫描式热像仪。

5.3 计算题

1. 二相驱动 CCD，像元数 $N=1024$，若要求最后位仍为 50% 的电荷输出，求电荷转移损失率 ε 为多少？

2. 若二相线阵 CCD 器件 TCD1206UD 像敏单元为 2160 个，器件的总转移效率为 0.92，试计算它的每个转移单元的最低转移效率？

3. 某二相线阵 CCD 有 2048 位光敏元，其光敏元中心间距为 15μm，试求：

(1) 该线阵 CCD 有多少个栅电极？

(2) 该线阵 CCD 光敏阵列总长度为多少？

4. 某三相线阵 CCD 衬底材料的热生少数载流子寿命 $\tau=10^{-6}$s，电荷包从一个电极转移到下一个电极需 5×10^{-8}s，试求：

(1) 该线阵 CCD 时钟频率的上、下限？

(2) 若该线阵 CCD 的转移效率为 99.9%，求转移损失率？

5. 设有一个 1728 位三相线阵 CCD 的衰减时间常数 $\tau_D=10^{-8}$s，当要求总的转移效率不低于 99.99% 时，求时钟频率的上限？

6. 某 5000 位线阵 CCD，其两像元中心间距为 7μm，像元高度 10μm，试求：

(1) 该线阵 CCD 的空间采样频率？

(2) 该线阵 CCD 最大能分辨多少对线？

(3) 该线阵 CCD 可分辨的最大空间频率？

7. 某四相线阵 CCD 有 2048 位光敏元，若光敏元中心间距为 8μm，求：

(1) 该线阵 CCD 光敏阵列总长度为多少？

(2) 该线阵 CCD 有多少个栅电极？

(3) 当少数载流子寿命为 10^{-6}s，两电极间电荷包转移的时间为 5×10^{-8}s 时，求出该线阵 CCD 的时钟频率的上、下限？

(4) 若该 CCD 的转移损失率为 10^{-5}，试计算出转移效率为多少？

8. 某三相线阵 CCD 有 2048 位光敏元，若光敏元中心间距为 10μm，试求：

(1) 该线阵 CCD 光敏阵列总长度为多少？

(2) 用此 CCD 作一尺寸测量系统，设待测物尺寸小于线阵 CCD 光敏阵列总长度，试作出系统光路图与 CCD 输出示意图？并导出待测长度 L 的表达式？

(3) 采用本系统进行测量，其最大待测长度 L_{max} 是多少？

9. 某 CCD 的栅电极面积为 $A=10\times20\mu m^2$，栅极电压 $U_G=10$V，其 MOS 电容容量 $C_{ax}=30$pF，试求出 MOS 电容存储信号电荷的容量 Q 为多少？

10. 设某 SCCD 结构势阱的电荷最大存储容量为 3.7×10^5 个电子，若其栅电极面积为 $A=10\times20\mu m^2$，栅极电压 $U_G=10$V 时，求其 MOS 电容容量 C_{ax} 为多少？

11. 某 CCD 采用浮置扩散放大器输出，设浮置扩散区有关的总电容 C_{FD} 为 100pF，当电位变化量 ΔU 为 3V 时，求：

(1) 信号电荷的容量 Q_s 为多少？

(2) 该信号经放大器放大 200 倍后，其输出信号为多少伏？

12. 当输入正弦光波（即一个确定的空间频率的物像投射在 CCD 上）时，CCD 的输出也将是随时间变化的一种正弦波，设波峰 A 处电压为 1.2V，波谷 B 处为 0.6V，试求出：

(1) 该 CCD 的输出调制度 M_{out} 为多少？

(2) 若输入调制度 M_{in} 为 23%，求调制传递函数 MTF？

13. 有一 SSPA 成像器件，其饱和信号峰值电压 U_{os} 为 18V，当噪声暗态峰值电压 U_N 为 0.2V 时，该 SSPA 器件的动态范围为多少？

14. 某 CMOS 图像传感器的一行的有效像素数为 2048，若像敏元的大小为 10μm，试求其极限分辨率为多少 lP/mm？

15. 在标准的均匀照明条件下，CMOS 图像传感器的各个像元的输出电压中的最大值 U_{max} 与最小值 U_{min} 的差为 0.08V，而各个像元输出电压的平均值 U_0 为 0.8V，试求 CMOS 摄像器件的光电响应不均匀性 PRUN 为多少？

16. CMOS 成像器件通常多采用电流灵敏度来反映响应能力。当输入光功率为 10mW 时，所产生的信号电流 I_s 为 10mA，试求电流灵敏度 S_I 为多少 A/lx·s？

17. 设某 CMOS 成像器件的像敏面积为 $60mm^2$，若每一像素光敏面积为 $25\mu m^2$，试求出该 CMOS 成像器件的填充因子为多少？

18. 设某 CMOS 成像器件工作在 γ 校正输出模式，若 $\gamma=0.8$，输出信号电压为 1V，常数 $K=1$，试求其输入光强？

19. 设某变像管的光电阴极的入射辐照度为 10lx，其亮度转换增益为 10^2，试求出该变像管荧光屏的光出射度 M_v 为多少？

20. 设某变像管的光电阴极的有效接收面积 $A_K=100mm^2$，当入射辐照度为 10lx 时，其光电阴极发出的光电流为 100μA，试求该光电阴极的电流灵敏度 S_I？

21. 用增强硅靶摄像管摄取图像信息，其光电流灵敏度为 $2\times10^5\mu$A/lm，负载电阻 $R_L=$

$100k\Omega$；用场效应管作前置放大器，其跨导为 1.75mA/V，总分布电容 $C=23pF$。若工作在室温 300K 下入射光通量的平均值为 1.5×10^{-6}lm，设上限频率为 10MHz，求信噪比 S/N 为多少 dB?

第6章 发光与耦合器件

6.1 选择题（在你认为对的选项序号上打√，有几个对，就打几个）

1. 热发光光源有（1）白炽灯；（2）荧光灯；（3）LED；（4）LD。

2. 冷光源有（1）白炽灯；（2）荧光灯；（3）LED；（4）LD。

3. 第一代照明光源是（1）白炽灯；（2）卤钨灯；（3）汞灯；（4）氙灯；（5）白光 LED；（6）原子光谱灯。

4. 第二代照明光源是（1）白炽灯；（2）卤钨灯；（3）汞灯；（4）氙灯；（5）白光 LED；（6）原子光谱灯。

5. 第三代照明光源是（1）白炽灯；（2）卤钨灯；（3）汞灯；（4）氙灯；（5）白光 LED；（6）原子光谱灯。

太阳光是否属热辐射光源（1）是；（2）不是。

6. 太阳光的照度在哪个光谱区所占的百分比最大（1）紫外区；（2）可见光区；（3）红外区。

太阳光的照度在哪个光谱区所占的百分比最小（1）紫外区；（2）可见光区；（3）红外区。

7. 有线状光谱的光源是（1）低压汞灯；（2）高压汞灯；（3）白炽灯；（4）卤钨灯；（5）荧光灯。

有带状光谱的光源是（1）低压汞灯；（2）高压汞灯；（3）白炽灯；（4）卤钨灯；（5）荧光灯。

8. 有连续光谱的光源的是（1）低压汞灯；（2）高压汞灯；（3）白炽灯；（4）卤钨灯；（5）荧光灯。

9. 有复合光谱的光源是（1）低压汞灯；（2）高压汞灯；（3）白炽灯；（4）卤钨灯；（5）荧光灯。

由连续光谱与线状光谱组合而成的光谱是否是复合光谱（1）是；（2）不是。

10. 发光效率最高的灯是（1）卤钨灯；（2）荧光灯；（3）高压卤灯；（4）低压钠灯。

发光效率是否光辐射源所发出的辐射通量与产生该通量所需要的电功率之比（1）是；（2）不是。

11. 显色指数最好的灯是（1）白炽灯；（2）卤钨灯；（3）荧光灯；（4）高压汞灯；（5）低压钠灯。

12. 若一个光源的颜色与任何温度下的黑体辐射的颜色都不相同，这是该光源用什么表示（1）色温；（2）相关色温；（3）分布温度。

在光电检测系统中，为了减少光源温度的影响，尽量采用（1）热辐射光源；（2）气体放电光源；（3）冷光源。

13. 彩色摄像机可使用的光源应是（1）白炽灯；（2）卤钨灯；（3）高压汞灯；（4）高

压钠灯；（3）氙灯；（4）原子光谱灯。

用于微量元素光谱分析的灯是（1）白炽灯；（2）卤钨灯；（3）高压汞灯；（4）高压钠；（3）氙灯；（4）原子光谱灯。

14. 有“小太阳”之称的灯是（1）汞灯；（2）钠灯；（3）氙灯；（4）原子光谱灯。

15. 发光二极管（LED）是属于电致发光三种形态中的哪种发光（1）注入式；（2）粉末式；（3）薄膜式。

激光二极管（LD）是属于电致发光三种形态中的哪种发光（1）注入式；（2）粉末式；（3）薄膜式。

16. 白炽灯的发光是属于（1）热发光；（2）冷发光；（3）化学发光；（4）摩擦发光。

激光器的发光是属于（1）热发光；（2）冷发光；（3）化学发光；（4）摩擦发光。

17. 发光二极管（LED）的发光类型是（1）光致；（2）电致；（3）化学致；（4）摩擦致；（5）阴极射线致。

激光二极管（LD）的发光类型是（1）光致；（2）电致；（3）化学致；（4）摩擦致；（5）阴极射线致。

18. 发光二极管（LED）用于显示时的效率为（1）功率效率；（2）光学效率；（3）流明效率；（4）照明效率。

发光二极管（LED）用于非显示时的效率为（1）功率效率；（2）光学效率；（3）流明效率；（4）照明效率。

19. 发光二极管（LED）的功率效率 η_P 越高，则其流明效率 η_L 越（1）高；（2）低；（3）不变。

发光二极管（LED）的照明效率 η_b 越高，则其流明效率 η_L 越（1）高；（2）低；（3）不变。

20. LED 发射光谱的形成与材料的种类、性质及发光中心的结构（1）有关；（2）无关。

LED 发射光谱的形成与器件的几何形装和封装方式（1）有关；（2）无关。

21. 发红外光的 LED 的半导体是（1）GaAs；（2）GaP；（3）GaAsP；（4）GaAlAs。

发红光的 LED 的半导体是（1）GaAs；（2）GaP；（3）GaAsP；（4）GaAlAs。

22. 发绿光的 LED 的半导体是（1）GaAs；（2）GaP；（3）GaAsP；（4）GaAlAs。

LED 的发光是（1）电子与空穴复合发光；（2）受激辐射。

23. LED 的峰值波长的决定，主要由（1）材料的 E_g；（2）封装的方式；（3）器件的形状。

LED 的峰值光子的能量与温度（1）有关；（2）无关。

24. LED 的发光亮度 B 与电子扩散电流的关系（1）成正比；（2）成反比；（3）成指数关系。

发光亮度 B 随电流密度近似正比增加而不易饱和的 LED，适用于工作在（1）脉冲状态下；（2）直流状态下。

25. LED 随着电流密度的加大，其工作寿命变（1）长；（2）短；（3）不变。

LED 的伏安特性与普通二极管的（1）相同；（2）不相同。

26. 7 段式数码管可显示（1）10 个阿拉伯数字；（2）26 个英文字母。

14 划字码管可显示（1）10 个阿拉伯数字；（2）26 个英文字母。

27. LED的输出功率一般比LD的（1）高；（2）低；（3）一样。

LED的线性一般比LD的（1）好；（2）差；（3）一样。

28. LED发光光谱的峰值光子的能量随温度的增加而（1）增加；（2）减小；（3）不变。

LED发光光谱的峰值波长随结温上升而（1）小长波方向移动；（2）向短波方向移动；（3）不变。

29. LED的老化随工作电流密度的加大而（1）变快；（2）变慢。

LED的寿命随工作电流密度的加大而（1）变长；（2）变短。

30. LED的工作电压是（1）正向；（2）反向。

LED能否作稳压用（1）能；（2）不能。

31. LED是否有和普通晶体二极管的单向导电特性（1）有；（2）无。

LED的工作电流小，其典型值是（1）5mA；（2）10mA；（3）15mA。

32. 发光二极管（LED）所发出的光是（1）相干的；（2）非相干的。

激光二极管（LD）所发出的光是（1）相干的；（2）非相干的。

33. 白光LED是利用多少光混合而成（1）蓝光与黄色光混合；（2）红、绿光混合；（3）红黄光混合；（4）红、绿、蓝光混合。

34. 白光LED的发光效率在现有光源中是否最高（1）是；（2）不是。

白光LED是（1）热光源；（2）冷光源。

35. 白光LED有否红外线辐射（1）有；（2）无。

白光LED有否紫外线辐射（1）有；（2）无。

36. 白光LED的显色指数目前比白炽灯（1）大；（2）小；（3）差不多。

白光LED的发光效率比荧光灯（1）高；（2）低；（3）差不多。

37. LED灯有否红外线辐射（1）有；（2）无。

OLED灯有否紫外线辐射（1）有；（2）无。

38. OLED灯的光强随驱动电压的增加而（1）增强；（2）减弱。

OLED灯是（1）点光源；（2）平面分布式。

39. OLED灯的发光效率比荧光灯（1）高；（2）低；（3）差不多。

OLED灯的灯光有无闪耀（1）有；（2）无。

40. OLED灯比白光LED的制造成本（1）高；（2）低；（3）差不多。

OLED灯的显色指数比白炽灯（1）好；（2）差；（3）差不多。

41. 激光与相同功率的普通光源比较，其发射的光能量能否提高（1）能；（2）不能。

激光与相同功率的普通光源比较，其光子简并度能否提高（1）能；（2）不能。

42. 光束的方向性，单色性，相干性能否通过光学系统加以提高（1）能；（2）不能。

光束的光子简并度能否通过光学系统加以提高（1）能；（2）不能。

43. 激光的出现，实现了什么量级的极大信息容量（1）T量级；（2）G量级；（3）M量级。

激光的出现，实现了什么量级的极快运算速度（1）T量级；（2）G量级；（3）M量级。

44. 激光的出现，实现了什么量级的存储密度（1）T量级；（2）G量级；（3）M量级。

激光的出现，实现了什么量级的极高温度（1）TK量级；（2）GK量级；（3）MK

量级。

45. 激光的出现，使光的亮度有了（1）成亿倍的提高；（2）成千万倍的提高；（3）成百万倍的提高。

激光的出现，实现了什么量级的极小可聚焦光斑与极精密加工（1）nm量级；（2）0.1nm；（3）10nm。

46. 激光的产生是（1）电子与空穴复合发光；（2）受激辐射。

要产生激光，必须使总发射比总吸收（1）大；（2）小；（3）一样。

47. 固体激光器使激光物质产生分布反转的方法是（1）采用光谱适当的强光灯照射；（2）使气体电离；（3）注入载流子。

半导体激光器使激光物质产生分布反转的方法是（1）采用光谱适当的强光灯照射；（2）使气体电离；（3）注入载流子。

气体激光器使激光物质产生分布反转的方法是（1）采用光谱适当的强光灯照射；（2）使气体电离；（3）注入载流子。

48. 形成受激辐射的自发发射的方向与共振腔轴线必须要（1）平行；（2）不平行。

产生稳定振荡的条件是共振腔长度等于辐射光半波长的（1）整数倍；（2）非整数倍。

49. 全外腔式He－Ne激光器受温度影响较（1）小；（2）大；（3）无关。

全内腔式He－Ne激光器受温度影响较（1）小；（2）大；（3）无关。

50. PN结型激光器所用的半导体材料是（1）重掺杂半导体；（2）轻掺杂半导体。

激光器的阈值电流对温度（1）敏感；（2）不敏感。

51. 激光器共振腔长度L越大，阈值电流越（1）小；（2）大；（3）无关。

要维持激光振荡需使光子的产生速率比吸收速率和在结区的损耗率（1）小；（2）大。

52. 激光要达到同一增益，低温下所需的阈值电流要（1）小；（2）大。

激光要达到同一增益，高温下所需的阈值电流要（1）小；（2）大。

53. 激光器的阈值电流随单轴向压力的增加而（1）增加；（2）减小；（3）不变。

激光器的阈值电流随外加磁场强度的增加而（1）增加；（2）减小；（3）不变。

54. 阈值电流很高的激光器的激励，通常用（1）脉冲电流；（2）直流电流。

在低温下激光器的阈值电流随掺杂浓度的增加而（1）增加；（2）减小；（3）不变。

55. 结型激光器的发射峰移动是在外加磁场与其电流（1）垂直时；（2）平行时；（3）交叉时。

温度增加时，半导体激光器的受激辐射谱线移向（1）长波；（2）短波。

56. 同质结激光器在室温下阈值电流（1）很高；（2）较低。

异质结激光器在室温下阈值电流（1）很高；（2）较低。

57. 同质结激光器能否实现室温下的连续振荡（1）能；（2）不能。

异质结激光器能否实现室温下的连续振荡（1）能；（2）不能。

58. 异质结激光器比同质结激光器的受激辐射效率（1）高；（2）低。

异质结激光器的阈值随温度的变化比同质结激光器的（1）大；（2）小。

59. 单异质结激光器的阈值电流比同质结激光器的（1）高；（2）低。

双异质结激光器的阈值电流比单异质结激光器的（1）高；（2）低。

60. He－Ne激光器的泵浦机理是（1）光泵；（2）气体放电；（3）化学放电。

He－Ne激光器的最突出的特点是（1）单色性好；（2）结构简单；（3）使用方便。

61. 激光器中功率最高的是（1）半导体激光器；（2）气体激光器；（3）液体激光器；（4）固体激光器。

有直接调制能力的激光器是（1）半导体激光器；（2）气体激光器；（3）液体激光器；（4）固体激光器。

62. 阈值电流较小的激光器是（1）同质结激光器；（2）异质结激光器。

阈值电流最低的半导体激光器材料是（1）量子阱；（2）量子线；（3）量子点。

63. 阈值电流最低的谐振腔是（1）法布里-珀罗腔；（2）分布反馈腔；（3）分布布拉格反射腔。

阈值电流最低的半导体激光器结构是（1）宽面；（2）条形；（3）折射率条形。

64. 温度越低，半导体激光器的阈值电流越（1）大；（2）小；（3）不变。

测量阈值电流最准确的方法是（1）$P-I$曲线直线段外推至I轴法；（2）一次微分法；（3）二次微分法。

65. 短波长激光器的温度稳定性比长波长激光器的（1）高；（2）低。

侧向折射率波导激光器的温度稳定性比侧向增益波导的（1）高；（2）低。

66. 半导体激光器$P-I$曲线在阈值之后出现的斜率越大，要求注入电流恒流精密度越（1）高；（2）低。

半导体激光器$P-I$曲线在阈值之后出现的斜率越小，说明器件的串联电阻越（1）大；（2）小。

67. 半导体激光器低的阈值电流和相应低的工作电流，以及低的串联电阻，可使功率转换效率（1）提高；（2）降低。

半导体激光器注入电流超过某一值后，激光器的增益处于饱和，因热积累使结温升高，从而使外微分量子效率（1）增大；（2）下降。

68. 半导体激光器所加电信号的频率与张弛振荡角频率的关系应（1）接近；（2）避开。

量子阱结构的半导体激光器是否能显著提高其直接调制带宽（1）是；（2）不是。

69. 为提高半导体激光器的调制带宽是否提高张弛振荡角频率（1）是；（2）不是。

要提高半导体激光器的调制频率需使微分增益（1）提高；（2）降低。

70. 要提高半导体激光器的调制频率需使光子寿命（1）增加；（2）减小。

要提高半导体激光器的调制频率需使器件寄生参量（1）增加；（2）减小。

71. 结型激光器所用的半导体材料是（1）重掺杂半导体；（2）轻掺杂半导体。

法布里-珀罗共振腔为实现分布反转，结区两侧要求是（1）重掺杂半导体；（2）轻掺杂半导体。

72. 结型激光器的共振腔长度越大，阈值电流越（1）大；（2）小。

阈值电流随单轴向压力（即一个轴的方向上加压力）的增加而（1）增加；（2）减小。

73. 阈值电流很高的结型激光器，其激励的电流通常用（1）脉冲电流；（2）直流电流。

其振腔内形成的驻波频率是否是结型激光器的输出频率（1）是；（2）不是。

74. 结型激光器输出的确切波长是否是由共振腔长度决定（1）是；（2）不是。

当外加磁场与结型激光器垂直时，能否使谱线发射峰移动（1）能；（2）不能。

75. 为了降低异质结半导体激光器的阈值电流，在较窄带宽带材料两侧加上（1）较宽

禁带宽度材料；（2）较窄禁带宽度材料。

单异质结激光器在低温下阈值电流密度占同质结（1）大；（2）小；（3）差不多。

76. 双异质结激光器的阈值电流比单异质结激光器的（1）大；（2）小；（3）差不多。

量子阱激光器是否是结区很薄的异质结激光器（1）是；（2）不是。

77. 量子阱半导体激光器的阈值电流是（1）小于 1mA；（2）等于 1mA；（3）等于 2mA。

量子阱半导体激光器的特征温度是（1）大于 400K；（2）等于 400K；（3）小于 400K。

78. InGaAlP 量子阱可见激光器能否取代 He－Ne 激光器在信息处理中的应用（1）能；（2）不能。

利用量子阱结构，研制了高功率激光输出的半导体锁相激光阵列，其室温下连续输出功率（1）超过百瓦；（2）达百瓦；（3）达千瓦级。

79. 利用量子阱结构，研制了高功率激光输出的半导体锁相激光阵列，其脉冲输出功率（1）超过百瓦；（2）达百瓦；（3）达千瓦级。

与普通半导体激光器相比，高速量子阱半导体激光器具有的调制带宽（1）高；（2）低；（3）差不多。

80. 要使光盘的存储容量加大，必须使半导体激光器的波长（1）加长；（2）缩短。

光纤激光器是否是以掺杂光纤为介质的激光器（1）是；（2）不是。

81. 光纤激光器比其他激光器的能量转换效率（1）高；（2）低；（3）一样。

光纤激光器比其他激光器的激光阈值（1）高；（2）低；（3）不相上下。

82. 光纤激光器比其他激光器的激光亮度（1）高；（2）低；（3）不相上下。

光纤激光器比其他激光器的波段范围（1）宽；（2）窄；（3）不相上下。

83. 光纤激光器的结构是否小巧灵活，可集成化（1）是；（2）不是。

光纤激光器是否能耐高振荡高冲击（1）能；（2）不能。

84. 光纤激光器是否可在高温与大烟尘下运行（1）是；（2）不是。

光纤激光器是否易实现单模、单频运转和超短脉冲输出（1）是；（2）不是。

85. 功率达 50kW 的光纤激光器是（1）多模掺镱光纤激光器；（2）掺 Yb^{3+} 激光器；（3）掺 Er^{3+} 激光器。

L 波段可调谐高功率激光器的调谐范围达（1）34nm；（2）44nm；（3）50nm；（4）60nm。

86. 光电耦合器件是（1）电-光-电器件；（2）光-电-光器件；（3）光-电器件。

光电耦合器件具有（1）电隔离的功能；（2）光隔离的功能。

87. 光电耦合器件的信息传输是（1）单向的；（2）双向的。

光电耦合器件适用于（1）模拟信号；（2）数字信号；（3）模拟信号和数字信号。

88. 光耦合器件抗干扰能力主要是（1）不受外界干扰；（2）不被电源干扰；（3）不怕杂光影响。

89. 光电耦合器件的电流传输比一般（1）大于1；（2）小于1；（3）等于1。

光电耦合器件的电流传输比与晶体三极管的电流放大倍数（1）一样；（2）不一样。

90. 光电耦合器件的电流传输比在 0℃以下随温度上升而（1）上升；（2）下降。

光电耦合器件的电流传输比在 0℃以上随温度上升而（1）上升；（2）下降。

91. 光电耦合器件输入-输出间的隔离电阻比变压器的原付线圈间的绝缘电阻（1）大；（2）小。

光电耦合器件输入-输出间寄生电容变大会使器件工作频率（1）上升；（2）下降。

92. 光电耦合器件输入-输出间距离增大时，其绝缘耐压（1）增大；（2）减小。

光电耦合器件输入-输出间距离增大时，其电流传输比（1）增大；（2）减小。

93. 光电耦合器件的最高工作频率随外电路负载的减小而（1）增大；（2）减小。

光电耦合器件的输出端的脉冲上升时间和下降时间随外电路负载的减小而（1）增大；（2）减小。

6.2 问答题

1. 一般光电检测系统常用的普通光源有哪些？有几个什么主要参数？

2. 普通白炽灯降压使用有什么好处？灯的功率、光通量、发光效率、色温将有什么变化？

3. 光源的温度常用什么表示？光源的颜色又用什么表示？为什么？

4. 什么是热辐射光源？具体有哪些？有何特点？

5. 什么是气体放电光源？具体有哪些？有何特点？

6. 有“小太阳”之称的光源是第几代光源？第三代光源有哪些？

7. 为什么说发光不仅是由于物体温度升高而产生？按激发的方式不同，发光有几类发光？

8. 电致发光有哪几种形态？各有何特点？发光二极管属哪种形态？

9. 同白炽灯泡相比，发光二极管 LED 有什么特点？

10. 试述发光二极管的发光原理？其发光波长与什么因素有关？

11. 什么是功率效率？如何提高？

12. 什么是光学效率？如何提高？

13. 什么是照明效率？什么是流明效率？如何提高流明效率？

14. 什么是外量子效率？发光二极管的外量子效率与哪些因素有关？

15. 什么是发光光谱？它由什么因素决定？光谱的半宽度有何意义？

16. 描述光谱分布主要用什么参量？当温度上升时，谱带波长有否变化？

17. 为什么说发光二极管的发光区在 PN 结的 P 区？这与电子、空穴的迁移率有关吗？

18. 为什么发光二极管必须在正向电压作用下才能发光？反向偏置的发光二极管能发光吗？

19. 试绘出发光二极管的伏安特性？一般反向击穿电压为多少？

20. 发光二极管 LED 的发光亮度与电流密度有何关系？为什么说发光二极管适合于在脉冲下使用？

21. 什么是 LED 的寿命？什么叫老化？它们与什么因素有关？有何关系？

22. 什么是 LED 的响应时间？在用脉冲电流驱动时，要注意什么？

23. 试述 LED 的驱动方法？在用脉冲驱动时，如何使其发光传输距离远？

24. 试述发光二极管的类型及特点？

25. 如何检测发光二极管？对红外发光二极管怎样检测其发光特性？

26. 试述 LED 的应用？并说明 LED 作文字及图像显示的原理？

27. 如何利用LED作大屏幕显示？试设计一LED大屏幕显示器的组成方框图？

28. 试述白光LED的原理？与原有光源比较，它有什么特点？

29. 为什么说白光LED灯是节能和环保的？目前该灯达到的实用水平如何？

30. 试述平面光源OLED的结构及原理？

31. 试将OLED灯与原有光源进行比较，它有什么特点？

32. OLED除能作光源外，还主要能作什么？为什么说它将会取代LCD？

33. 什么是激光？有何基本特征？

34. 激光的出现，有什么特别的意义？

35. 试述激光是如何产生的？产生激光的三个必要条件是什么？

36. 粒子数反转分布的条件是什么？为什么LD必须有谐振腔？

37. 激光器有几类？He-Ne激光器有何突出优点？

38. He-Ne激光器以什么驱动？有几种结构形式？各有何优缺点？

39. 半导体激光器有什么特点？LD与LED发光机理的根本区别是什么？为什么LD光的相干性要好于LED光？

40. 目前，半导体激光器有哪些类型？有些什么最新型的半导体激光器？

41. 什么是激光的阈值？影响阈值有哪些因素？

42. 温度对半导体激光器有何影响？为什么半导体激光器多在低温下使用？

43. 阈值电流很高的激光器用什么驱动？为什么？

44. 激光器输出的波长主要由什么因素决定？为什么？

45. 半导体激光器在低于激光阈值时发射的是什么光？在高于激光阈值时又发射的什么光？为什么？

46. 半导体激光器的受激辐射谱线与温度有何关系？它与半导体的什么参数随温度的变化一致？

47. 试比较半导体激光器阈值的测量方法？以哪种为好？

48. 如何对半导体激光器的基本性能作定性评估？试绘出$P-I$曲线说明？

49. 什么是半导体激光器的功率转换效率与外微分量子效率？如何使它们提高？

50. 通常对半导体激光器采取什么调制？如何提高激光器的调制带宽与调制频率？

51. 半导体激光器的模式有哪些？如何弥补半导体激光器相干性和光束质量不理想的缺点？

52. 试述PN结型二极管注入式激光器的结构及其工作原理？

53. 为什么半导体激光器的研制由同质结过渡到异质结？目前异质结激光器的主要研制方向是什么？

54. 什么是双异质结？试述双异质结半导体激光器的工作原理？

55. 单异质结与双异质结激光器在结构上有何区别？它们随温度的变化如何？

56. 什么是量子阱？试述量子阱半导体激光器的结构及原理？

57. 试述量子阱半导体激光器的类型及应用？

58. 什么是边发射半导体激光器？它有什么缺点？

59. 什么是垂直腔表面发射半导体激光器？它有什么优点？

60. 试述垂直腔表面发射半导体激光器的结构及原理？

61. 什么是光纤激光器？目前有哪几种？

62. 为什么要研究光纤激光器？它有什么特点？

63. 试述光纤激光器的基本结构及原理？

64. 除了法布里-珀罗与光纤布拉格光栅反射器构成的线性谐振腔外，光纤激光器中还使用哪些特殊谐振腔？

65. 试述双包层光纤激光器的结构及原理？

66. 试述连续波光纤光栅激光器由使用光纤光栅的掺铒光纤激光器与法布里-珀罗腔单纵模掺 Er^{3+} 光纤激光器的结构及特点？

67. 实现多波长同时振荡的主要技术方法有哪些？试述通过连接一段多模光纤来实现双波长或三波长同时振荡的光纤激光器的结构及原理？

68. 试述一种 L 波段可调谐高功率光纤激光器的结构及原理？

69. 试述电光调 Q 超短脉冲光纤激光器的结构及原理？

70. 超短脉冲锁模光纤激光器有哪些类型？试比较其特点？

71. 什么是主被动锁模？主被动锁模光纤激光器的结构及原理如何？

72. 试述超连续谱的光纤激光器的结构及原理？

73. 什么是光电耦合器件？它有何特点？

74. 为什么需要将发光二极管与光电二极管封装在一起构成光电耦合器件？光电耦合器件的主要特性有哪些？

75. 为什么由发光二极管与光电二极管构成的光电耦合器件的电流传输比小于1，而由发光二极管与光电三极管构成的光电耦合器件的电流传输比可能大于或等于1？

76. 什么是光电耦合器件的电流传输比 β？它与晶体三极管的电流放大倍数 β 有何异同？

77. 光电耦合器件的电流传输比 β 随发光电流 I_F 有何变化？随温度的变化又如何？

78. 光电耦合器件输入—输出间的特性参数有哪些？

79. 光电耦合器件的动态特性参数有哪些？它们随负载电阻如何变化？

80. 为什么说光电耦合器件抗干扰强？试举例说明？

81. 试说明光电耦合器件能抑制所有的干扰？

82. 试述光电耦合器件的各种应用？试举例说明一种实际应用？

83. 举例说明光电耦合器件可以应用在哪些方面？为什么计算机系统常采用光电耦合器件？

84. 试用光电耦合器件构成或门、或非门逻辑电路（要求画出电路图）？

85. 试说明光电耦合器件在电路中的信号传输作用与电容的隔直传交作用有什么不同？

6.3 计算题

1. 某一光源所发出的光通量 Φ_v 为 20lm，而产生该光通量所需要的电功率 P 为 4W，试求出该光源的发光效率 η_v 为多少？

2. 已知一个白炽灯泡的额定工作电压为 220VAC，工作电流为 20mA，额定寿命为 2000h，当实际使用电压为 200VAC，试求出：

（1）该灯泡的实际使用电流？

（2）该灯泡的实际使用寿命？

3. 已知发光二极管 LED 发出最大辐射出射度对应的波长为 0.92μm，试求出该 LED 材料

的禁带宽度 E_g？

4. 已知 FG402 发光二极管的正向工作电流 $I_F=30mA$，试设计出：

(1) 用电压为 5V，内阻 R_i 为 5Ω 的信号源时的简单驱动电路（不考虑发光二极管的正向压降），限流电阻 R 为多少？

(2) 若考虑发光二极管有 2V 的正向压降时，此时限流电阻 R 应为多少？

(3) 画出简单驱动电路？

(4) 为什么一般在使用发光二极管时，要在其两端并联一个反向二极管？

5. 某一用于非显示的 LED，当其内量子效率为 0.65，外量子效率为 0.35 时，试求：

(1) 该 LED 的光学效率？

(2) 当辐射复合所产生的光子数为 10^7 时，求激发时注入的电子空穴对数？

(3) 当 LED 射出的光子数为 10^5 时，求注入的电子空穴对数？

6. 某一用于显示的 LED，其照明效率为 100lm/W，当输入为 2W 的功率时，输出的辐射功率为 1.5W，试求：

(1) 这一 LED 的功率效率？

(2) 这一 LED 的发光效率（流明效率）？

7. 由于 LED 的正向伏安曲线较陡，故在应用时必须串接限流电阻，以免烧坏管子。设电源电压 E 为 5V；LED 的正向压降 V_F 为 1V；流过 LED 的电流 I_F 为 10mA，求在直流电路中，需串接的限流电阻 R 为多少？

8. 设交流电源电压的有效值 e 为 10V，LED 的正向压降 V_F 为 1V；流过 LED 的电流 I_F 为 10mA，求在交流电路中，需串接的限流电阻 R 为多少？

9. 当产生激光的共振腔的长度 $L=15mm$，介质的折射率 $n=1.2$，$m=3$ 时，求：

(1) 辐射出的激光波长为多少？

(2) 共振腔的共振频率或纵模频率为多少？

10. 某半导体激光器的工作电流 I 为 10mA、电压 U 为 2V，串联电阻（含欧姆接触电阻）r_s 为 50Ω，当输出的光功率为 10mW 时，求：

(1) 激光器所消耗的电功率？

(2) 半导体激光器的功率转换效率 η_P 为多少？

11. 常用半导体激光器的 $P\sim I$ 曲线在阈值以上线性部分的斜率所表征的所谓斜率效率 η_s 是直观和常用的。设半导体激光器的 $P\sim I$ 曲线直线段的两点所对应的输出功率和工作电流分别为 $\Delta P=5mW$ 与 $\Delta I=3mA$，试求半导体激光器 $P\sim I$ 曲线的斜率效率 η_s 为多少？

12. 某光电耦合器件的电流传输比 $\beta=0.8$，如果输出电流 $I_c=20mA$，试求其输入电流 I_F？

13. 某光电耦合器件的电流传输比 $\beta=20$，为什么这里 β 大于 1？如果输入电流 $I_F=30mA$，试求其输出电流 I_c？

14. 试分析图 6-1 所示电路中，如果光电耦合双向可控硅的光电流必须大于 30mA，所提供的输入电压不大于 5V，求满足条件的最小输入电阻？

15. 设光电耦合器件工作的 LED 的最小输入电流为 1mA，LED 工作的正向压降为 1V 时，求其等效输入阻抗为多少？

16. 试用光电耦合器件组成如下逻辑电路，并画出电路图？

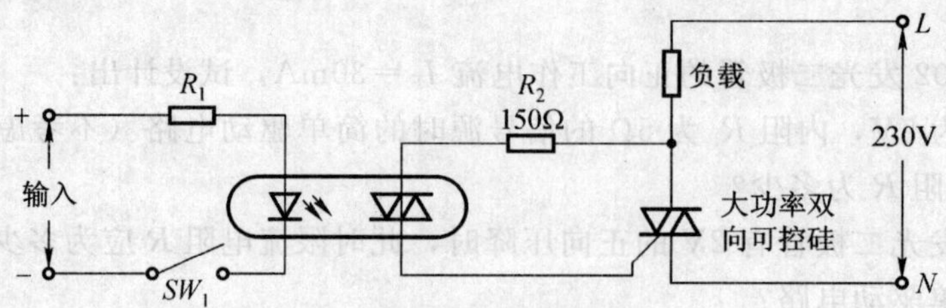

图 6-1 光电耦合双向可控硅大功率负载控制电路

(1) $f=\overline{A \cdot B \cdot C}$

(2) $f=A+B$

(3) $f=\overline{A}$

17. 试设计一发光二极管的恒流源驱动电路，要求流过 LED 的电流 $I_F=10\text{mA}$，试求：

(1) 绘出其恒流源驱动电路？

(2) 是否可用恒压源驱动电路？为什么？

(3) 为什么在使用发光二极管时，要在其两端并联一个反向二极管？

18. 试设计一个半导体激光器的脉冲驱动电路，要求脉冲幅度为 5V，脉冲宽度为 100ms，脉冲信号源内阻为 100Ω。设半导体激光器 LD 的正向压降为 1V，试求：

(1) 绘出半导体激光器的脉冲驱动电路的等效电路图？

(2) 求驱动回路中的限流电阻 R_F 值？

19. 试求某发光器件：

(1) 发光波长 $\lambda=500\text{nm}$，工作温度为多高时，自发发射率和受激发射率相等？

(2) 当工作在室温 $T=300\text{K}$，波长为何值时，自发发射率和受激发射率相等？

20. 给定折射率 $n=3.6$，激光腔的长度为 $200\mu\text{m}$，损耗系数为 800/m，内量子效率为 0.8 时，试计算远高于阈值条件下运行的 GaAs 激光器的效率？

21. 如果每毫米的介质吸收 1% 的入射光，当光线通过 0.1m 长的介质后，透射光所占的比值为多少？并计算出该介质的吸收系数？

22. 你能否设计一个用光电耦合器件组成的双刀双掷开关电路？试绘出其电路图？

第 7 章 光电信号检测电路设计

7.1 选择题（在你认为对的选项序号上打√，有几个对，就打几个）

1. 恒流源型光电检测器件有 (1) PMT；(2) 光敏电阻；(3) 光电池；(4) 光电二极管；(5) 光电三极管。

2. 光伏型光电检测器件有 (1) PMT；(2) 光敏电阻；(3) 光电池；(4) 光电二极管；(5) 光电三极管。

3. 可变电阻型光电检测器件有 (1) PMT；(2) 光敏电阻；(3) 光电池；(4) 光电二极管；(5) 光电三极管；(6) 热敏电阻。

4. 恒流源型光电检测器件的伏安特性类似于电子器件的 (1) 晶体二极管；(2) 晶体三极管；(3) 场效应管。

恒流源型光电检测器件输入电路中，其负载电阻 R_L 的选择是使其负载线（1）稍高于伏安特性曲线的转折点 M；（2）稍低于伏安特性曲线的转折点 M。

5. 在恒流源型光电检测器件的输入电路中，其负载电阻上输出电压的相位与输入光通量（1）相同；（2）相反。

在恒流源型光电检测器件的输入电路中，其负载电阻上输出电流的相位与输入光通量（1）相同；（2）相反。

6. 在恒流源型光电检测器件的输入电路中，其输出电压幅度与输入光通量的增量（1）成正比；（2）成反比。

在恒流源型光电检测器件的输入电路中，其输出电压幅度与结间漏电导和负载电导（1）成正比；（2）成反比。

7. 在恒流源型光电检测器件的输入电路中，其输出电流幅度与输入光通量的增量（1）成正比；（2）成反比。

在恒流源型光电检测器件的输入电路中，其输出电功率与输入光通量的增量的平方（1）成正比；（2）成反比。

8. 用光电法测量某高速转轴（15000r/min）的转速时，最好选用的光电接收器件有（1）PMT；（2）CdS 光敏电阻；（3）2CR42 硅光电池；（4）3DU 型光电三极管。

9. 若要检测脉宽为 10^{-7}s 的光脉冲，应选用的光电变换器件有（1）PIN 型光电二极管；（2）3DU 型光电三极管；（3）PN 结型光电二极管；（4）$2CR_{11}$ 硅光电池。

10. 硅光电池在偏置时，其光电流与入射辐射通量有良好的线性关系，且动态范围较大，这种偏置是（1）恒流；（2）自偏置；（3）零伏偏置；（4）反向偏置。

硅光电池有最大的功率输出的情况是（1）开路；（2）自偏置；（3）零伏偏置；（4）反向偏置。

11. 光电池的伏安特性曲线分布在伏安坐标系的（1）第 1 象限；（2）第 2 象限；（3）第3象限；（4）第 4 象限。

光电池可否像光电二极管一样，工作在反偏置状态（1）可以；（2）不可以。

12. 在光伏特型光电检测器件的输入电路中，其负载电阻上输出电压的相位与输入光通量（1）同相；（2）反相。

在光伏特型光电检测器件的输入电路中，其负载电阻上输出电流的相位与输入光通量（1）同相；（2）反相。

13. 光伏特型器件输入电路有几种基本型式（1）无偏置电路；（2）反偏置电路；（3）正偏置电路；（4）太阳能电池电路。

14. 在无偏置电路中，光电池的输出电压随负载电阻 R_L 的增大而（1）增大；（2）减小。

在无偏置电路中，光电池的输出电流随负载电阻 R_L 的增大而（1）增大；（2）减小。

15. 在无偏置电路中，光电池输出功率最大是在负载电阻（1）最大；（2）最小时；（3）为最佳负载电阻 R_M 时。

光电池在短路或线性电流最大工作状态下，要求负载电阻或后续放大电路输入阻抗（1）尽可能小；（2）尽可能大；（3）等于最佳负载电阻 R_M。

16. 光电池工作在短路状态下，其噪声电流（1）较高；（2）较低。

光电池工作在短路状态下，其输出电流随光电池的受光面积增大而（1）增大；（2）减小。

17. 光电池可工作在哪几种工作状态（1）短路或线性电流放大状态；（2）空载电压输出状态；（3）线性电压放大状态；（4）功率放大状态。

18. 光电池工作在短路状态，是一种电流的（1）线性变换状态；（2）非线性变换。

光电池工作以空载电压输出是一种电压的（1）线性变换状态；（2）非线性变换。

19. 光电池工作在空载电压输出状态，其开路电压随入射光通量增大而（1）增大；（2）减小；（3）按对数规律增大；（4）按对数规律减小。

光电池工作在空载电压输出状态，其开路电压随光电池受光面积的增大而（1）增大；（2）减小；（3）按对数规律增大；（4）按对数规律减小。

20. 光电池工作在空载电压输出状态，其开路电压与入射光功率呈（1）线性关系；（2）非线性关系。

光电池工作在线性电压输出状态时，其负载电阻上的输出电压与输入光通量（1）正比线性关系；（2）非线性关系。

21. 光电池工作在线性电压输出状态时，其输出电流与输入光功率呈（1）正比线性关系；（2）非线性关系。

光电池工作在线性电压输出状态时，其最佳负载电阻 R_M 上所对应的电压近似等于（1）$0.6V_{oc}$（2）$0.7V_{oc}$；（3）$0.75V_{oc}$。

22. 光敏电阻的伏安特性是一组以输入光功率为参量的通过原点的曲线簇。光敏电阻的阻值随外电压的增加而（1）增大；（2）减小；（3）不变。

光敏电阻的阻值，随输入光通量的增大而（1）增大；（2）减小；（3）不变。

23. 可变电阻型器件有（1）光敏电阻；（2）热电偶；（3）热敏电阻；（4）热释电探测器件。

24. 可变电阻型器件工作在恒流偏置状态时，其负载电流随光敏电阻的阻值增大而（1）增大；（2）减小；（3）不变。

可变电阻型器件工作在恒流偏置状态时，其输出信号电流随外加偏置电压的增大而（1）增大；（2）减小；（3）不变。

25. 可变电阻型器件工作在恒流偏置状态时，其电压性噪比（1）高；（2）低。

可变电阻型器件工作在恒流偏置状态时，所需的偏置电压（1）很小；（2）很低。

26. 可变电阻型器件工作在恒压偏置状态时，其输出信号电压随光敏电阻的阻值增大而（1）增大；（2）减小；（3）不变。

可变电阻型器件工作在恒压偏置状态时，其输出信号电压随外加偏置电压的增大而（1）增大；（2）减小；（3）不变。

27. 光敏电阻的恒压偏置电路比恒流偏置电路的电压灵敏度要（1）高一些；（2）低一些。

光敏电阻的恒压偏置电路比恒流偏置电路的电压信噪比要（1）高一些；（2）低一些。

28. 为避免可变电阻型器件受温度的影响，通常采用（1）恒流偏置电路；（2）恒压偏置电路；（3）电桥输入电路。

对响应度要求不高，而探测器本身噪声较大时，通常采用（1）恒流偏置电路；（2）恒

压偏置电路；(3) 电桥输入电路。

29. 光电检测电路的交流负载是将光电信号输入电路的直流负载电阻与后续电路的等效输入阻抗 (1) 串联而得；(2) 并联而得。

为充分利用器件的线性区间，最好使交变负载线与特性曲线的转折点 M (1) 相交；(2) 略低于 M 点；(3) 略高于 M 点。

30. 光电检测电路带宽的选择是 (1) 保持信号频谱中绝大部分能量通过而消减掉部分频谱能量较低的高频分量；(2) 保持信号频谱中绝大部分能量通过而消减掉部分频谱能量较高的高频分量；(3) 保持信号频谱中绝大部分能量通过而消减掉部分频谱能量较低的低频分量；(4) 对性噪比和信号失真折中考虑。

31. 要检出正弦调幅信号的带宽的选择是 (1) 只要能通过中心频率；(2) 能通过中心频率加边频分量。

矩形脉冲的脉宽越窄，要求检测系统的带宽就越 (1) 窄；(2) 宽。

32. 随着检测电路的 Δf 加宽，其输出信号与带宽的平方成 (1) 正比；(2) 反比。

对于各种形状的脉冲信号来说，获得信噪比最佳的带宽是在 $\Delta f\tau$ 等于多少的范围内 (1) $\Delta f\tau>0.5$；(2) $\Delta f\tau<0.5$；(3) $\Delta f\tau=0.25\sim0.75$。

33. 光电二极管检测电路的频率特性，不仅与光电二极管的 C_j 和 g 有关，而且取决于放大电路的参数 (1) G_L；(2) G_b；(3) G_L 和 G_b。

给定光电二极管检测电路的输入光照度，希望在负载上获取最大功率输出时，要求满足 (1) $R_L=R_b$ 和 $g\ll G_b$；(2) $R_L=R_b$ 和 $g\gg G_b$；(3) $R_L>R_b$ 和 $g\ll G_b$。

34. 光电二极管检测电路电压放大时希望在负载上获得最大电压输出，要求满足(1) $R_L\gg R_b$ 和 $G_b\gg g$；(2) $R_L\gg R_b$ 和 $G_b\ll g$；(3) $R_L>R_b$ 和 $G_b>g$。

光电二极管检测电路电流放大时希望在负载上获得最大电流输出，要求满足 (1) $R_L\ll R_b$ 且 g 很小；(2) $R_L\gg R_b$ 且 g 很小；(3) $R_L<R_b$ 且 g 很小。

35. 光电二极管检测电路，希望在负载上获取最大功率输出的工作状态时的上限频率为 (1) $f_{HC}=\frac{1}{\pi R_L C_j}$；(2) $f_{HC}=\frac{1}{2\pi R_L C_j}$。

光电二极管检测电路，希望在负载上获取最大电压输出的工作状态时的上限频率为 (1) $f_{HC}=\frac{1}{\pi R_b C_j}$；(2) $f_{HC}=\frac{1}{2\pi R_b C_j}$。

36. 光电二极管检测电路，希望在负载上获取最大电流输出的工作状态时的上限频率为 (1) $f_{HC}=\frac{1}{\pi R_L C_j}$；(2) $f_{HC}=\frac{1}{2\pi R_L C_j}$。

光电二极管检测电路，希望在负载上获取最大电流输出的工作状态时，常采用 (1) 低输入阻抗高增益的电流放大器；(2) 高输入阻抗高增益的电流放大器。

37. 光电检测电路的通频带的上限主要是由电路中的一些电容决定的 (1) 布线等分布电容 C_o；(2) 级间耦合电容 C_c；(3) 放大器的输入电容 C_i；(4) 结电容 C_j。

38. 决定光电检测电路通频带下限的主要是 (1) 布线等分布电容 C_o；(2) 级间耦合电容 C_c；(3) 放大器的输入电容 C_i；(4) 结电容 C_j。

在保证所需检测灵敏度的前提下，光电检测电路频率特性设计主要是解决 (1) 线性不失真；(2) 频率不失真。

39. 光电检测电路的外部噪声（1）可以改善或消除；（2）不可能人为消除。

光电检测电路的内部噪声（1）可以改善或消除；（2）不可能人为消除。

40. 一般，光电检测器件的主要噪声来源是（1）热噪声；（2）散粒噪声；（3）产生复合噪声；（4）$1/f$ 噪声。

41. 光电检测电路通频带对白噪声输出电压（1）有很强的抑制作用；（2）无抑制作用。

光电检测电路的噪声等效带宽 Δf_e 为（1）$\frac{1}{2RC}$；（2）$\frac{1}{3RC}$；（3）$\frac{1}{4RC}$。

42. 光电倍增管的光电检测电路的主要噪声是（1）热噪声；（2）散粒噪声；（3）低频噪声。

光电倍增管在检测阈值光通量的弱光情况下的总噪声电流取决于（1）暗电流 I_d；（2）阳极电路 I_A；（3）阴极电流 I_K。

43. 光电倍增管检测电路的负载有并联电容的情况下，其 Δf（1）等于 Δf_e；（2）不等于 Δf_e。

光电倍增管检测电路的负载为纯电阻情况下，其 Δf（1）等于 ΔF；（2）不等于 ΔF。

44. 如果信号源电阻 $R_S=0$，则信号源内阻上的热噪声电压（1）等于零；（2）不等于零。

使放大器的噪声系数最小的噪声匹配的条件是（1）信号源电阻 R_S 等于最佳源电阻 R_{sopt}；（2）$R_S<R_{sopt}$；（3）$R_S>R_{sopt}$。

45. 要测量输出噪声电压是在（1）放大器输入端短路条件下；（2）放大器输入端开路条件下。

要测量输出噪声电流是在（1）放大器输入端短路条件下；（2）放大器输入端开路条件下。

46. 对一个理想的无噪声放大器，其噪声系数 F（1）等于1；（2）大于1；（3）小于1。

对于一个有噪声的放大器，其噪声系数 F（1）等于1；（2）大于1；（3）小于1。

47. 放大器的噪声系数 F 越大，放大器本身的噪声电平（1）越高；（2）越低。

在信号源电阻 R_S 的噪声比较大时，当放大器的噪声与源电阻噪声越接近时，其噪声系数 F（1）等于1；（2）大于1；（3）小于1。

48. 噪声系数 F 与什么有关系：（1）源电阻 R_S；（2）带宽 Δf；（3）放大器输入阻抗 Z_i；（4）电源电压。

49. 如果 n 个级联放大器的第一级功率增益或电压增益足够大，则其总的噪声系数 F 主要由（1）第一级噪声系数 F_1 决定；（2）尽量压低第一级的噪声；（3）由第一、第二级决定；（4）由 n 级决定。

50. 同类型的两个电阻，当消耗功率相当时，额定功率大的电阻的噪声（1）大些；（2）小些。

如知道前放的噪声系数 F，信号源电阻 R_S 及带宽 Δf，可否求出放大器等效输入噪声 E_{ni}（1）可以；（2）不可以。

51. 压缩带宽对克服噪声是否有利（1）是；（2）不是。

NF 图是（1）NF 等值图；（2）R_S 图；（3）中心频率 f_0 图。

52. NF 图的作用是（1）可选择 NF 最小的 R_S 和 f_0 范围；（2）可计算最小可检测信号

的大小；(3) 计算增益；(4) 计算带宽。

53. 设计低噪声前放最好的方法是 (1) 先考虑增益、带宽、与阻抗；(2) 先考虑噪声指标。

多级放大器的第一级的功率增益要 (1) 大；(2) 小。

54. 当源阻抗是低阻抗时，前放可采用 (1) 共基-共发电路；(2) 共发-共集电路。

当源阻抗是高阻抗时，前放可采用 (1) 共基-共发电路；(2) 共发-共集电路。

55. 前放的集电极电流 I_C 大时，说明最佳源电阻 R_{sopt} (1) 大；(2) 小。

前放的集电极电流 I_C 小时，说明最佳源电阻 R_{sopt} (1) 大；(2) 小。

56. 前置放大器噪声匹配的方法有 (1) 调整晶体三极管工作点法；(2) 输入变压器耦合法；(3) 输入放大器并联法；(4) 源电阻大时用场效应管法。

57. PNP 管的最佳源电阻 R_{sopt} 较 (1) 大；(2) 小。

NPN 管的最佳源电阻 R_{sopt} 较 (1) 大；(2) 小。

58. 源电阻较小的光电检测器件有 (1) 光电池；(2) 光敏电阻；(3) PMT。

源电阻较大的光电检测器件有 (1) 光电池；(2) 光敏电阻；(3) PMT。

59. 源电阻较小的热电检测器件有 (1) 热电偶；(2) 热敏电阻；(3) 热释电探测器。

源电阻较大的热电检测器件有 (1) 热电偶；(2) 热敏电阻；(3) 热释电探测器。

60. 场效应管的最佳源电阻比晶体管的 (1) 大；(2) 小。

MOS 场效应管的最佳源电阻比结型场效应管的 (1) 大；(2) 小。

61. 在低噪声电路中，使用的电阻应选用 (1) 金属膜电阻；(2) 线性电阻；(3) 碳质电阻；(3) 碳膜电阻。

62. 额定功率大的电阻比额定功率小的电阻热噪声 (1) 大些；(2) 小些。

所谓无噪声偏置电路，就是偏置电路中的偏置电阻无噪声 (1) 是；(2) 不是。

63. 纯电感与纯电容自身能否产生噪声 (1) 能；(2) 不能。

电感电容在电路中能否改变噪声 (1) 能；(2) 不能。

64. 在低噪声电路中，电容一般选 (1) 云母电容；(2) 瓷介电容；(3) 陶瓷电容；(4) 纸介电容；(5) 聚脂树脂电容。

65. 在低噪声电路中，大容量电容应选 (1) 铝电解电容；(2) 钽电容；(3) 聚脂树脂电容；(4) 纸介和金属化纸介电容。

电感线圈的导线越粗，其线圈电阻越 (1) 大；(2) 小。

66. 受外界磁场影响最小的电感是 (1) 空芯电感；(2) 开环磁芯电感；(3) 闭环磁芯电感。

受外界磁场影响最大的电感是 (1) 空芯电感；(2) 开环磁芯电感；(3) 闭环磁芯电感。

67. 当工作频率在 30MHz 以下时，选用的电缆是 (1) 加有石墨层的电缆；(2) 加有润滑膜的电缆。

当工作频率在 30MHz 以上时，选用的电缆是 (1) 加有石墨层的电缆；(2) 加有润滑膜的电缆。

68. 电压串联负反馈网络对噪声的影响可以忽略的条件是 (1) $R_f//R_e \ll E_n/I_n$；(2) $R_f \gg E_n/I_n$。

电压并联负反馈网络对噪声的影响可以忽略的条件是 (1) $R_f//R_e \ll E_n/I_n$；(2) $R_f \gg$

E_n/I_n。

69. 电流串负反馈网络对噪声的影响可以忽略的条件是（1）$R_e \ll E_n/I_n$；（2）$(R_e+R_f) \gg E_n/I_n$。

电流并负反馈网络对噪声的影响可以忽略的条件是（1）$R_e \ll E_n/I_n$；（2）$(R_e+R_f) \gg E_n/I_n$。

70. 低噪声前放对电源的要求是（1）稳定度高；（2）纹波小；（3）抑制共模干扰能力；（4）抑制差模干扰能力。

71. 克服变压器共模干扰的方法是（1）静电屏蔽；（2）单端接地；（3）双端接地。

低噪声前放在使用干电池供电时，随着使用时间延长（1）内阻不断增加，噪声越来越大；（2）内阻减小，噪声越来越小。

72. 光电检测器件和运算放大器的连接常采用（1）电流放大型；（2）电压放大型；（3）阻抗变换型。

73. 电流放大型的光电检测电路的响应速度（1）快；（2）慢。

电流放大型的光电检测电路的噪声（1）高；（2）低。

74. 电流放大型的光电检测电路输出电压与输入的（1）光通量成正比；（2）与光通量的对数成正比；（3）光通量成反比；（4）与光通量的对数成反比。

电压放大型的光电检测电路输出电压与输入的（1）光通量成正比；（2）与光通量的对数成正比；（3）光通量成反比；（4）与光通量的对数成反比。

75. 阻抗变换型光电检测电路可以使功率输出（1）提高；（2）降低。

阻抗变换型光电检测电路的输出电压与输入光通量成（1）正比；（2）反比。

76. 大面积光电二极管的电容值为（1）30pF；（2）10pF～3000pF；（3）100pF～1μF。

小面积光电二极管的电容值为（1）≤10pF；（2）10～30pF；（3）1～100pF。

77. 大面积光电二极管的低噪声放大器主要关注的是降低放大器（1）电压噪声；（2）电流噪声。

小面积光电二极管的低噪声放大器主要关注的是降低放大器（1）电压噪声；（2）电流噪声。

78. 小面积光电二极管的低噪声放大器除关注降低放大器输入噪声外，还要关注降低（1）寄生电容；（2）寄生电感；（3）寄生电阻。

小面积光电二极管的低噪声放大器中选取支配地位的电容应该是（1）放大器的输入电容；（2）光电二极管本身的电容；（3）寄生电容。

79. 大面积光电二极管的低噪声放大器的电流噪声和噪声增益比其电压噪声和噪声增益（1）小得多而微不足道；（2）大得多。

小面积光电二极管的低噪声放大器的电流噪声和噪声增益比其电压噪声和噪声增益（1）小得多而微不足道；（2）大得多。

80. 大面积光电二极管的电容使低噪声放大器电路的噪声增益（1）增大；（2）减小。

改良大面积光电二极管跨阻抗放大器的自举电路使电容（1）增大；（2）减小。

81. 改良大面积光电二极管跨阻抗放大器的自举电路使噪声（1）增大；（2）减小。

改良大面积光电二极管跨阻抗放大器的自举电路使带宽（1）增大；（2）减小。

7.2 问答题

1. 什么是光电信号检测电路？各部分取何作用？

2. 试述光电信号检测电路的设计目的和要求？

3. 可作恒流源型的光电检测器件有哪些？试用图解法或解析法说明进行静态设计计算的步骤？

4. 可作光伏型的光电检测器件有哪些？其基本输入电路有哪几种形式？

5. 光生伏特器件有几种偏置电路？各有什么特点？

6. 光电池输入电路负载电阻的不同，可有几种工作状态？各状态有何特点？

7. 可作可变电阻型的光电检测器件有哪些？在简单的输入电路中，如何获得恒流与恒压偏置？

8. 试绘出可变电阻型的光电检测器件的电桥输入电路，并说明用其进行恒温控制的原理？

9. 在设计交变光信号检测电路时，需解决哪些动态计算的问题？

10. 在设计检测电路时，负载电阻的选择应根据什么要求考虑？若负载电阻取得很小，是否可达到这些要求？如何达到？

11. 交变光信号检测电路的交流负载与直流负载谁大？有交流负载是否提高了上限频率？为什么？

12. 什么是通频带？你如何找出光电信号检测电路的通带宽？

13. 放大器对矩形脉冲的响应特性与放大器的带宽有否关系？如何选其最佳带宽？

14. 什么是频率特性？为什么要研究光电信号检测电路的频率特性？

15. 综合对数频率特性可分几个频段？你从这些频段中如何选取检测电路的通频带？以及中心工作频率？

16. 光电信号检测电路的频率特性的设计，一般包括哪几个基本内容？哪个内容最重要？

17. 光电信号检测电路的噪声有哪些？哪些噪声可以消除？哪些噪声是不可以消除而需进行噪声等效处理的？

18. 什么是噪声等效处理？为什么要进行处理？如何处理？

19. 什么是噪声等效带宽 Δf_e？其物理意义何在？

20. 试写出光电信号检测电路的噪声估算的目的和步骤？

21. 什么是放大器的 E_n—I_n 噪声模型？为什么要用这个噪声模型？

22. 什么是等效输入噪声 E_{ni}？为什么用它来估算放大器的噪声性能实用方便？

23. 什么是放大器噪声系数 F？如何用它来衡量放大器的噪声大小？

24. 什么是最佳源电阻 R_{sopt}？在什么情况下称噪声匹配？

25. 光电技术与电子技术在设计放大器上有什么不同？为什么？

26. 光电信号检测电路中的前置放大器的任务和设计要求是什么？

27. 为什么光电信号检测电路要采用低噪声前置放大器？试述低噪声前置放大器的选用方法？

28. 试述低噪声前置放大器的设计方法与步骤？

29. 如何实现噪声匹配？有哪些方法？

30. 试述低噪声前置放大器元器件的选用原则与方法？

31. 无噪声偏置电路有几种？如何实现放大器的无噪声偏置？

32. 放大器的负反馈有哪几种？各有何特点？

33. 电源在电路中起什么作用？低噪声检测电路对电源有何要求？

34. 为什么要注意屏蔽与接地？如何实现低噪声放大器的屏蔽与接地？

35. 什么是运算放大器？试述低噪声运算放大器的选用方法？

36. 为什么光电检测器件要和运算放大器进行连接？有几种连接方法？

37. 试用光电二极管与运算放大器进行电流放大型连接（画出连接电路）？这种连接有何特点？

38. 试用光电二极管与运算放大器进行电压放大型连接（画出连接电路）？这种连接有何特点？

39. 试用光电二极管与运算放大器进行阻抗变换型连接（画出连接电路）？这种连接有何特点？

40. 如何区分小面积光电二极管与大面积光电二极管？在它们与运算放大器连接时，各自关注运算放大器的什么？

41. 设计小面积光电二极管低噪声运算放大器要注意什么问题？试画出小面积光电二极管的跨阻抗放大器的电路？并说明各元件的作用？

42. 试画出大面积光电二极管的跨阻抗放大器的电路？它与小面积光电二极管的跨阻抗放大器的电路在连接上有什么不同？

43. 为什么要利用一个 $1nV/Hz^{1/2}$ JFET 对大面积光电二极管电容进行自举？有什么好处？试画出进行改良的电路？

7.3 计算题

1. 已知 2CR44 硅光电池，其光敏面积为 $10\times10mm^2$，室温时在 $E_1=100mW/cm^2$ 的照度下，测得 $V_{oc_1}=550mV$，$I_{sc_1}=28mA$，试求：

（1）同温度下照度 $E_2=220mW/cm^2$ 下的开路电压与短路电流？

（2）获得最大功率输出时的最佳负载电阻？

（3）获得最大功率输出时的最大功率及转换效率？

2. 用灵敏度 $S=0.5\mu A/\mu W$ 的光敏二极管与 $V_b=12V$ 的电源组成缓变光信号检测电路，若输入辐射通量为 $100\mu W$ 时的伏安特性曲线的拐点电压 $V_2=6V$，求：

（1）负载线建在线性区内的最大输出电压时的负载电阻？

（2）辐射通量变化 $30\mu W$ 时的输出电压变化量？

3. 要求设计一能向设备供电 2A，15V 的利用光敏面积为 $20\times30mm^2$ 的硅太阳电池的蓄电池充电电路，若 24h 中仅有 12h 受太阳光照，此时太阳电池的 $V_{oc}=0.571V$，$I_{sc}=120mA$。试求：

（1）硅太阳电池所需的电池单元总数？

（2）画出硅太阳电池的蓄电池充电电路？

4. 图 7-1 画出一发射极接地型的检测电路和光电池 2CR41 的伏安特性曲线，设放大管的电流放大倍数 $\beta=50$，试求当光照由 500lx 变化至 1000lx 时，放大器的输出电压 ΔU？

5. 2CU1 光二极管接受辐射通量为 Φ（如图 7-2），$S=0.4\mu A/\mu W$，$I_d<0.3nA$，3DG4C 的 $\beta=50$，设最大辐射通量 $\Phi_2=10V$，求考虑 $U_{be}=0.7V$ 与不考虑 U_{be} 两种情况下：

（1）不考虑 U_{be} 时，获得最大电压输出时的 R_L？当入辐射通量变化 $50\mu W$ 时，输出电压

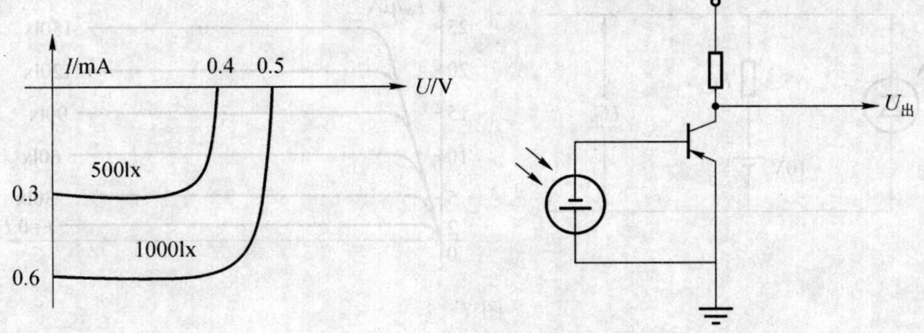

图 7-1

信号的增量 ΔU_L？

(2) 考虑 $U_{be}=0.7V$ 时，获得最大电压输出时的 R_L？当入辐射通量变化 $50\mu W$ 时，输出电压信号的增量 ΔU_L？

6. 用硒光电池制作照度计，原理电路如图 7-3，已知这光电池在 100lx 照度下，最佳功率输出 $V_M=0.3V$，$I_M=1.5mA$，选用 $100\mu A$ 表头改装指示照度值，表头内阻 $R_N=1k\Omega$，若指针满刻度值为 100lx，计算内阻 R_1 和 R_2 值？

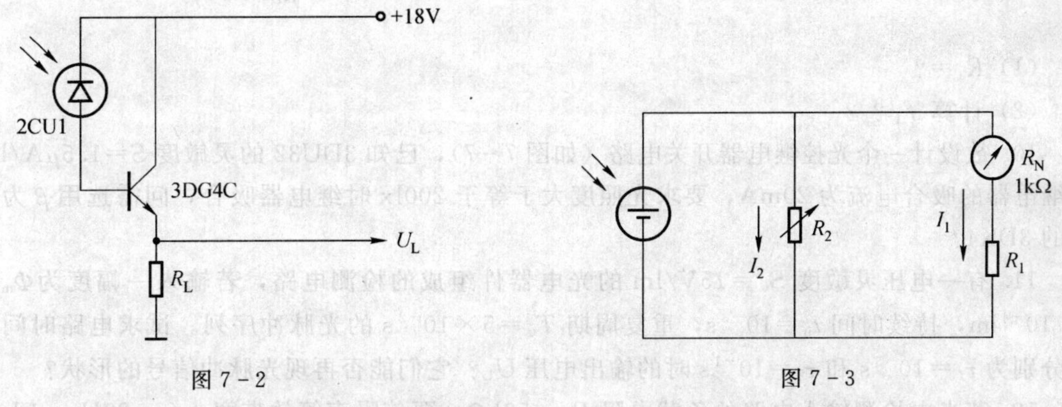

图 7-2　　　　图 7-3

7. 光电二极管电路与伏安特性如图 7-4 所示，设 $E=10V$，若光二极管的照度 $E=75+75\sin\omega t$ (lx)，要使输出电压的变化辐值为 3V，试求：

(1) 负载电阻 R_L，并作负载线，及电流 I、电压 U 的变化波形。

(2) 若后接一放大器，设耦合电容 C 的压降可忽略，而放大器输入电阻 $R_{入}=100k\Omega$，试作交流负载线及这时输出电压的幅值？

8. 如图 7-5 电路，已知 3DG6C 的 $\beta=100$，2CR24 的光敏面积为 $5\times5mm^2$，当入射辐照度 $E_1=100mW/cm^2$ 时，得开路电压 $U_{oc_1}=600mV$，短路电流 $I_{sc_1}=5mA$，试求：

(1) 若被测最大入射辐射通量为 0.5mW 时的开路电压 U_{oc_2} 与短路电流 I_{sc_2}？

(2) 保证最大线性输出时的 R_L 以及 U_L？

9. PMT 的等效电路（如图 7-6），其中 R_a 为阳极负载电阻，R_i 为放大器输入电阻，且 $R_a=R_i$，等效电容 $C_0=20pF$，PMT 的 $S=700\mu A/\mu W$，$Va_{D_n}=100V$，拐点电压 $U_2=50V$，辐射通量 $\Phi=1+0.5\sin\omega t(\mu W)$，要保证放大器获得最大电压信号时，试求：

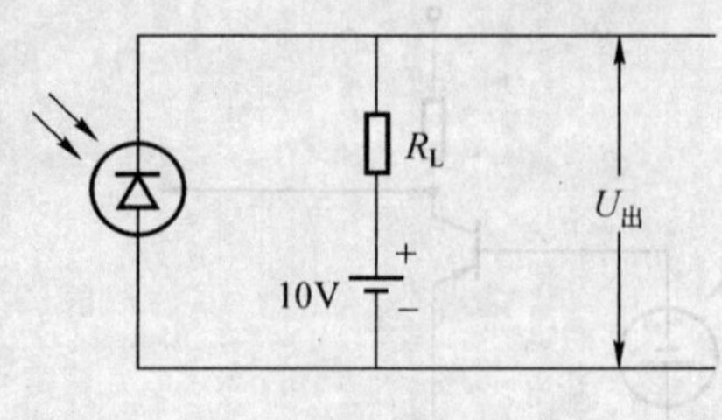

图 7-4

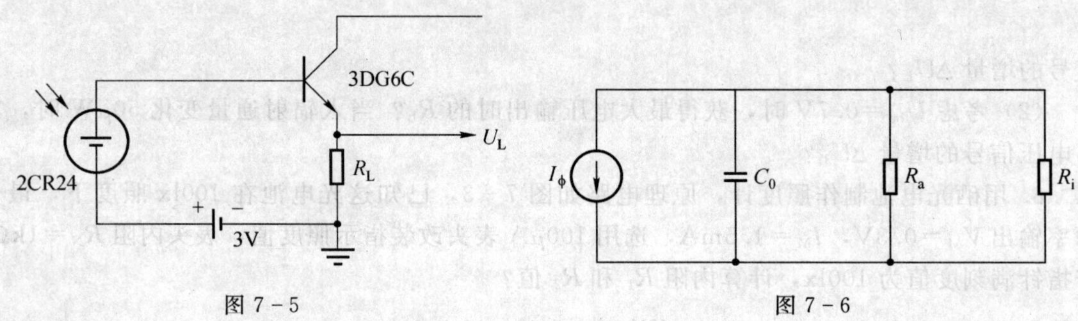

图 7-5　　　　图 7-6

（1）R_a＝？

（2）计算 $f_{上}$？

10. 欲设计一个光控继电器开关电路（如图 7-7），已知 3DU32 的灵敏度 $S=1.5\mu A/lx$，而继电器的吸合电流为 20mA，要求光照度大于等于 200lx 时继电器吸合，问需选用 β 为多少的 3DK4？

11. 有一电压灵敏度 $S_v=15V/lm$ 的光电器件组成的检测电路，若输入一幅度为 $\Phi_m=2\times10^{-4}lm$，持续时间 $t_u=10^{-3}s$，重复周期 $T_u=5\times10^{-2}s$ 的光脉冲序列。试求电路时间常数分别为 $\tau_1=10^{-5}s$ 和 $\tau_2=10^{-1}s$ 时的输出电压 U_L？它们能否再现光脉冲信号的形状？

12. 若光电检测输入电路的负载电阻 $R_L=50k\Omega$，要使噪声等效带宽 $\Delta f_e=20Hz$，问：

（1）需并联多大的电容？

（2）试计算该电路的上限截止频率 $f_{上}$？

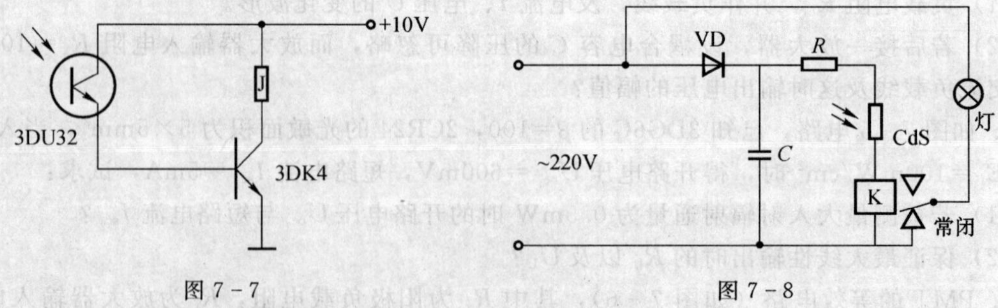

图 7-7　　　　图 7-8

13. 在如图 7-8 所示的照明灯控制电路中，将上题所给的 CdS 光敏电阻用做光电传感器，若已知继电器绕组的电阻为 5kΩ，继电器的吸合电流为 2mA，电阻 $R=1k\Omega$。求为使继

电器吸合所需要的照度。要使继电器在 3lx 时吸合，问应如何调整电阻器 R？

14. 在如图 7－9 所示的电路中，已知 $R_b=820\Omega$，$R_e=3.3k\Omega$，$U_w=4V$，光敏电阻为 R_P，当光照度为 40lx 时输出电压为 6V，80lx 时为 9V。该光敏电阻在 30～100lx 之间的 γ 值不变。试求：

（1）输出电压为 8V 时的照度为多少？

（2）若 R_e 增加到 6kΩ，输出电压仍然为 8V，求此时的照度为多少？

（3）若光敏面上的照度为 70lx，求 $R_e=3.3k\Omega$ 与 $R_e=6k\Omega$ 时的输出电压为多少？

图 7－9

（4）求该电路在输出电压为 8V 时的电压灵敏度为多少？

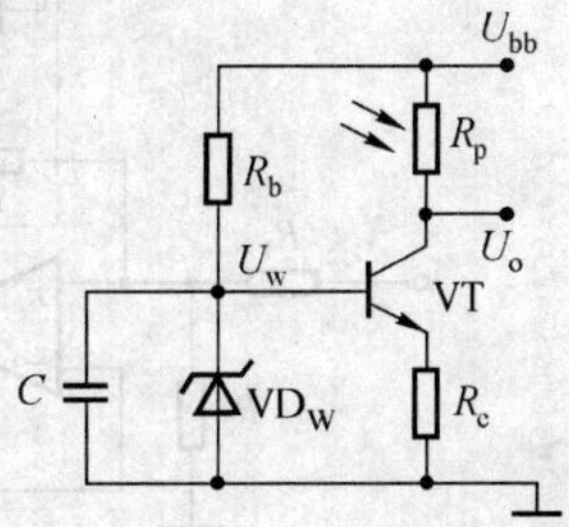

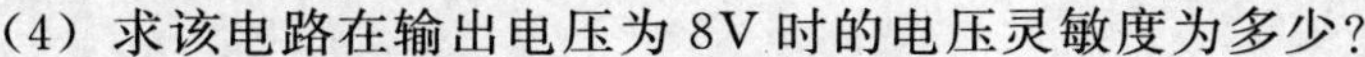

15. 试设计光敏电阻的恒压偏置电路，要求光照变化在 100～150lx 范围内的输出电压的变化不小于 2V，其电源电压为 12V，求：

（1）可用多大的光敏电阻？

（2）绘出电路？

16. 在如图 7－10 所示的火灾探测报警器电路中，设 $U_{bb}=12V$，其他电路参数如图中所示，若 PbS 光敏电阻的暗电阻值为 1MΩ，在辐照度为 $1mW/cm^2$ 情况下的亮电阻阻值为 0.2MΩ。问前置放大器 VT_1 集电极电压的变化量为多少？

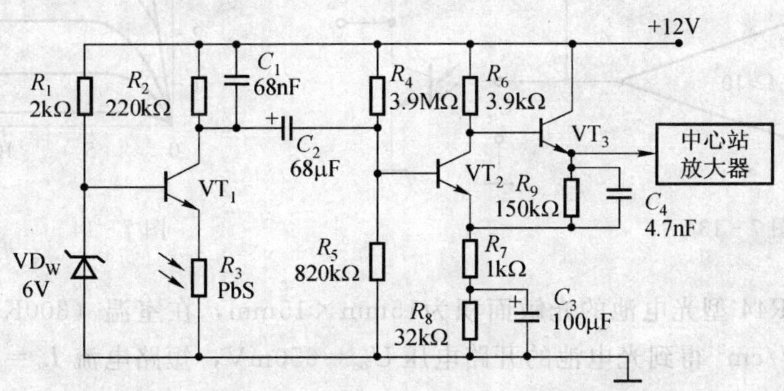

图 7－10　火灾探测报警器电路

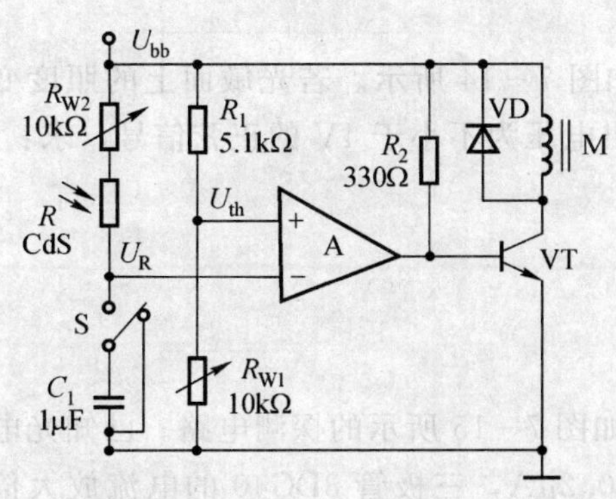

图 7－11　照相机快门自动控制电路

17. 如图 7－11 所示的照相机快门自动控制电路中，设 $U_{bb}=12V$，$R_{W1}=5.1k\Omega$，$R_{W2}=8.2k\Omega$，$C_1=1\mu F$，CdS 光敏电阻在 1lx 时的阻值约为 15kΩ。求景物照度为 1lx 时，快门的开启时间？

18. 试分析如图 7－12（a）和（b）所示的放大电路中，光敏电阻所起到的作用？

19. 在室温 300K 时，已知 2CR21 型硅光电池（光敏面积为 5mm×5mm）在辐照度为 $100mW/cm^2$ 时的开路电压为 $U_{oc}=550mV$，短路电流 $I_{sc}=6mA$。试求：

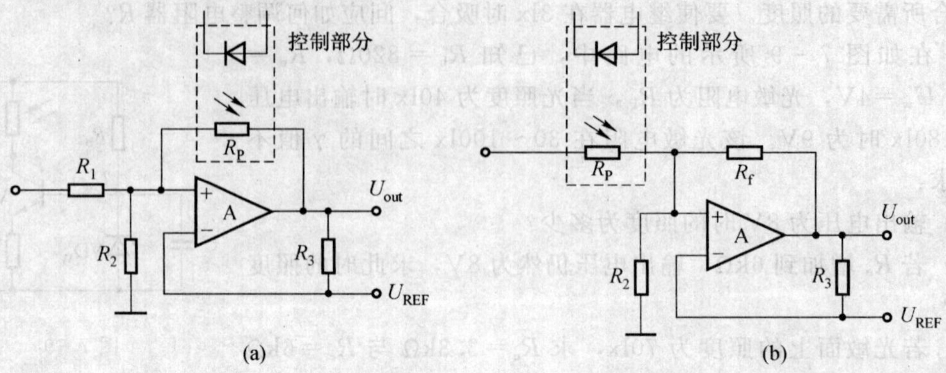

图 7-12

（1）室温情况下，辐照度降低到 $50mW/cm^2$ 时的开路电压 U_{oc} 与短路电路 I_{sc}？

（2）当将该硅光电池安装在如图 7-13 所示的偏置电路中时，若测得输出电压 $U_o=1V$，求此时光敏面上的照度？

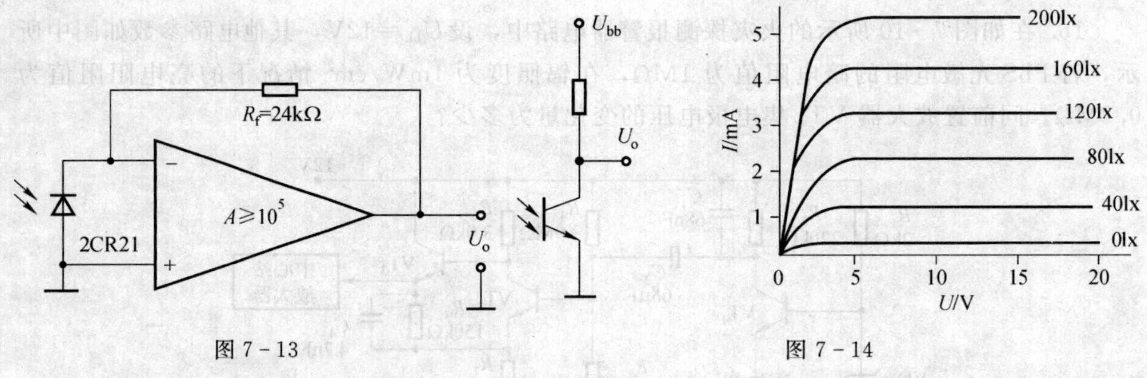

图 7-13　　图 7-14

20. 已知 2CR44 型光电池的光敏面积为15mm×15mm，在室温（300K）时，入射的辐射照度为 $150mW/cm^2$ 得到光电池的开路电压 $U_{oc}=650mV$，短路电流 $I_{sc}=48mA$。试求：

（1）辐照度为 $250mW/cm^2$ 时的开路电压 U_{oc} 与短路电流 I_{sc}？

（2）求出获得最大功率的最佳负载电阻 R_L？

（3）计算出最大输出功率 P_m 和转换效率 η_m？

21. 已知光电三极管变换电路及其伏安特性曲线如图 7-14 所示。若光敏面上的照度变化 $e=120+80\sin\omega t(lx)$，为使光电三极管的集电极输出电压为不小于 4V 的正弦信号，求：

（1）所需要的负载电阻 R_L？

（2）电源电压 U_{bb}？

（3）该电路的电流、电压灵敏度？

（4）画出光电三极管输出电压的波形？

22. 利用 2CU2 光电二极管和 3DG40 三极管构成如图 7-15 所示的探测电路。已知光电二极管的电流灵敏度 $S_i=0.4\mu A/\mu W$，其暗电流 $I_D=0.2\mu A$，三极管 3DG40 的电流放大倍率 $\beta=50$，最高入射辐射功率为 $400\mu W$ 时的拐点电压 $U_Z=1.0V$。求：

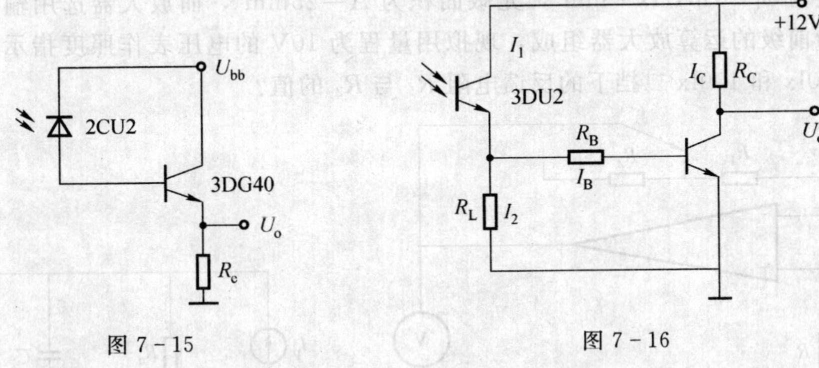

图 7-15　　　　图 7-16

（1）入射辐射功率最大时，电阻 R_e 的值与输出信号 U_0 的幅值？

（2）入射辐射变化 $50\mu W$ 时的输出电压变化量为多少？

23. 在图 7-16 所示的光电变换电路中，已知 3DU2 的电流灵敏度 $S_i=120mA/lx$，电阻 $R_L=51k\Omega$，三极管 9014 的电流放大倍数 $\beta-120$，若要求该光电变换电路在照度变化为 200lx 的情况下，输出电压 U_o 的变化不小于 2V，问：

（1）电阻 R_B 与 R_C 应为多少？

（2）试画出电流 I_1，I_2，I_B，I_C 的方向？

（3）当背景光的照度为 10lx 时，电流 I_1 为多少？输出端的电位为多少？

（4）入射光的照度为 100lx 时的输出电压又为多少？

24. 已知一光电检测系统所用的低噪声前置放大器的噪声系数图（见《光电检测技术》书第 7 章中图 7-25）。在系统带宽 $\Delta f=1kHz$，$R_s=10k\Omega$，并工作于室温下，试求：

（1）若要放大器噪声系数 NF=1dB，系统放大器要求的最小输入电压为多少？

（2）若要进一步减小噪声，使 NF=0.5dB 时，系统的源阻抗应作何变化？此时放大器要求的最小输入电压为多少？

（3）试对上述的计算结果进行简单的分析讨论？

25. 若光电检测输入电路的负载电阻 $R_L=60k\Omega$，要使其噪声等效带宽 Δf_e 为 30Hz，求：

（1）需并联多大的电容器？

（2）该电路的时间常数是多少？

（3）该电路的上限截止频率是多少？

26. 有一输出电流为 $200\mu A$ 的光电二极管，它与 $U_b=90V$ 的电源组成检测电路，若输入光通量 $\Phi_1=4\times10^{-5}lm$ 时的伏安特性曲线拐点电压 U_2 为 60V，试求：

（1）负载线建立在线性区内的最大输出电压时的负载电阻 R_L？

（2）当入射光通量 Φ_1 缓慢地变化到 $\Phi_2=2.5\times10^{-5}lm$ 时，求输出电压的变化量 ΔU 变化了多少？

27. 某内阻为 $10M\Omega$ 的 InSb 光伏探测器件，工作在 77K 下，所选用的前置放大器的负载电阻为 $10^8\Omega$，如果有 $10^{-9}A$ 光电流流过探测器，问在 1Hz 带宽内输出的噪声电压是多少？

28. 欲设计一个带放大器的照度计，其原理电路如图 7－17 所示。若已知光电池 2CR21 的电流灵敏度为 $S_I=7nA/lx \cdot mm^2$，光敏面积为 $A=25mm^2$，而放大器选用输入阻抗高的由场效应管为前级的运算放大器组成，现拟用量程为 10V 的电压表作照度指示，试计算照度分级为 1000lx 和 100lx 二挡下的反馈电阻 R_1 与 R_2 的值？

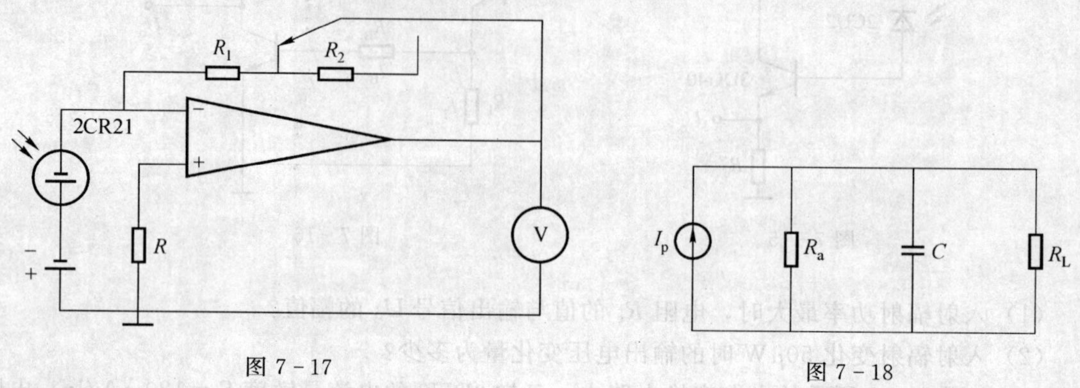

图 7－17　　图 7－18

29. 某 PMT 的阳极电流灵敏度 $S_a=15A/lm$，阳极与末级倍增极间电压为 100V，总分布电容 $C=5pF$，用此管检测输入光通量 $\Phi_v=10+5\sin\omega t(\mu lm)$ 的光信号，这时曲线的拐点电压 $U_M=60V$，要求管子工作在线性区，并满足负载 R_L 获得最大功率（PMT 的等效电路如图 7－18 所示），试计算出：

（1）获得最大电压输出时的 R_a 与 R_L 值？

（2）输出电压的幅值 U_m 与有效值 U？

（3）该 PMT 的最高上限截止频率？

30. 有一 2DU 型光电二极管，其电流灵敏度 $S_I=0.5\mu A/\mu W$，结间电导 $G=0.005S$，当输入光通量 $\Phi=5\mu W+3\mu W\sin\omega t$，曲线转折电压 $U_M=10V$ 时，若该输入电路与放大器相连，用电源电压 $U_b=40V$，试求：

（1）取得最大输出功率时的直流偏置电阻 R_b 和放大器输入电阻 R_L？

（2）计算能向放大器提供的电流、电压和功率？

31. 某光电检测输入电路的负载电阻 $R_L=100k\Omega$，电路通频带 $\Delta f=100kHz$，试计算：

（1）室温（300K）工作时负载电阻上的热噪声电压（玻尔兹曼常数 $k=1.38\times10^{-23}J/K$）？

（2）若使噪声电压不超过 $U_T=0.2\mu V$，此时的等效噪声带宽 Δf_e 应为多少？

（3）求出需并联多大的电容器？

（4）求出这一检测输入电路的时间常数和上限截止频率？

32. 有一幅度 $\Phi_m=10^{-4}lm$、持续时间 $t_u=10^{-4}s$、重复周期 $T_u=5\times10^{-3}s$ 的光脉冲序列输入到光电信号检测电路，而光电信号检测电路的电压灵敏度 $S_V=12V/lm$，试求：

（1）若时间常数 $\tau_1=10^{-5}s$ 时输出电压的形式和幅度大小？

（2）若时间常数 $\tau_2=10^{-1}s$ 时输出电压的形式和幅度大小？

33. 有一 2CR 型硅光电池的交流检测电路，其直流负载电阻 $R_b=5k\Omega$，通过耦合电容 $C_c=5\mu F$ 与负载电阻 R_L 相连而组成交流负载，若光电池在入射光照度 100lx 下可产生短路电流 0.2mA，如光电池结电容 1000pF，结区及表面漏电阻 $R_s=30k\Omega$，试计算使负载电阻 R_L 上取得最大功率输出条件下检测电路的中频段光电转换系数和上、下限截止频率？

34. 某光电倍增管的光电阴极面积 $A=80\text{mm}^2$，阴极积分灵敏度 $S_k=30\mu\text{A/lm}$，阳极积分灵敏度 $S_a=10\text{A/lm}$，阳极暗电流为 $4\mu\text{A}$。且其输入电路是电阻 $R=10^5\Omega$ 和电容 $C=0.1\mu\text{F}$ 的并联，要求信号电流为 $I_L=10^{-4}\text{A}$，试计算：

(1) 阳极噪声电流？

(2) 负载电阻上的噪声电压？

(3) 信噪比？

35. 有一零偏硅光电池，当其负载电阻 R_L 足够小时，产生与光通量成正比的电流，试设计与其连接的运算放大器？

36. 有一锑化铟光敏电阻，当工作温度为 77K 时，它的内阻 $R_s=100\text{k}\Omega$，试为它设计出一低噪声前置放大器？

37. 有一在室温下工作的光导型 PbS 探测器，其内阻范围为 $100\text{k}\Omega\sim200\text{k}\Omega$，信号的频率范围为 $0\sim1000\text{Hz}$（即 $\Delta f=1000\text{Hz}$，$f_0=500\text{Hz}$），V_{si} 为 $50\mu\text{V}\sim500\mu\text{V}$，试为其设计一低噪声前置放大器，要求：$A_{vs}\geqslant20$，等效输入噪声 $E_{ni}\leqslant10\mu\text{V}$（保证 $\frac{V_{si}}{E_{ni}}\geqslant5$）？

第 8 章　光电信号的数据采集与计算机接口

8.1　选择题（在你认为对的选项序号上打√，有几个对，就打几个）

1. 微型计算机所能识别的信号是（1）二进制；（2）八进制；（3）十进制。

光电信号的有与是否可二值化（1）是；（2）不是。

2. 简单光电信号的二值化处理的信号是（1）单元光电信号；（2）视频图像信号。

复杂光电信号的二值化处理信号是（1）单元光电信号；（2）视频图像信号。

3. 数字“0”代表的信号电平是（1）低电平；（2）高电平。

数字“1”代表的信号电平是（1）低电平；（2）高电平。

4. 单元光电信号的二值化处理方法有（1）固定阈值法；（2）微分法；（3）浮动阈值法；（4）比较法。

5. 视频图像信号的二值化处理方法有（1）固定阈值法；（2）微分法；（3）浮动阈值法；（4）比较法。

6. 固定阈值法二值化处理电路对光源的稳定性要求（1）高；（2）低。

浮动阈值法二值化处理电路对光源的稳定性要求（1）高；（2）低。

7. 用微分法实现视频图像信号的二值化主要是提取边界特征（1）是；（2）不是。

用比较法实现视频图像信号的二值化主要是提取边界特征（1）是；（2）不是。

8. 单元光电信号二值化处理的浮动阈值法的阈值电压（1）随光源的强烈而浮动；（2）随图像传感器输出信号的电压值浮动；（3）随驱动脉冲的周期而浮动。

视频信号二值化处理的浮动阈值法的阈值电压（1）随光源的强烈而浮动；（2）随图像传感器输出信号的电压值浮动；（3）随驱动脉冲的周期而浮动。

9. 视频信号二值化处理的目的是（1）将位置信息检测出来；（2）边界特征信号检测出来。

单元光电信号的量化处理是否对单元光电器件构成的光电检测电路的输出信号进行数字

化处理的过程（1）是；（2）不是。

10. A/D 转换器上的数字地与模拟地（1）要分开；（2）在板上相接；（3）在板外进行外接。

11. A/D 转换器上的数字逻辑部分与模拟部分的供电电源均为+5V 稳压电源，为降低噪声（1）要分开；（2）在板上相接；（3）在板外进行外接。

12. 通过比较器与参考电压进行比较形成数据的 A/D 转换器属于（1）高速闪存的 A/D 转换方式，转换速度极高；（2）低速闪存的 A/D 转换方式，转换速度不高。

13. 在光度测量中，尤其在光谱检测中，常要求 A/D 转换器具有（1）更高的转换精度；（2）更大的动态范围；（3）更高的转换速率；（4）高的工作频率。

14. 视频信号的量化处理过程是否按低通滤波、采样/保持、A/D 转换、数据存储并传送的过程（1）是；（2）不是。

连续的模拟视频信号经采样/保持电路变成离散模拟信号是在（1）时间上；（2）空间上。

15. 在采样/保持电路进入保持期间，由于电容器电荷的泄露，造成电路输出电平呈（1）线性下降变化；（2）线性上升变化。

增大采样/保持电路电容的容量，可使采样频率（1）上升；（2）下降。

16. 省略掉保持电路的条件是（1）被采样的模拟信号变化缓慢；（2）采用足够快的 A/D；（3）电路工作频率高；（4）电路工作频率低；（5）模拟信号变化小于一个量化单位。

17. 当输入的模拟信号是正弦信号，在 $t=0$ 时刻，输入的信号变化率（1）最大；（2）最小。

采样系统中使用的 A/D 转换器的量化单位与输入的模拟信号的峰-峰值（1）成正比；（2）成反比。

18. A/D 转换器的最大转换时间与模拟信号最高频率（1）成正比；（2）成反比。

A/D 转换器的最大转换时间与 A/D 转换器的位数（1）成正比；（2）成反比。

19. A/D 转换器的分辨能力越高，则量化误差就（1）越大；（2）越小。

A/D 转换器的位数越大，其分辨力（1）大；（2）小。

20. 逐次逼近型 A/D 转换器的转换时间取决于（1）转换器的位数；（2）输入信号值；（3）工作时钟。

21. 逐次逼近型 A/D 转换器的转换时间与输入信号值（1）有关；（2）无关。

逐次逼近型 A/D 转换器的转换时间比并行比较型 A/D 转换器的（1）长；（2）短。

22. A/D 转换器的线性误差能否补偿（1）能；（2）不能。

A/D 转换器的偏移误差误能否补偿（1）能；（2）不能。

23. A/D 转换器的增益误差能否补偿（1）能；（2）不能。

A/D 转换器的线性增益误差表示器件的增益（1）等于 1；（2）不等于 1。

24. 硬件二值化数据采集电路的主时钟脉冲 F_M 的频率是什么脉冲频率的整数倍（1）采样脉冲 SP；（2）复位脉冲 RS；（3）行同步控制脉冲 F_C。

25. 硬件二值化数据采集电路采样脉冲 SP 或复位脉冲 RS 的脉冲周期为 CCD 输出多少像元的时间（1）1 个像元；（2）2 个像元；（3）3 个像元。

硬件二值化数据采集电路采用高于采样脉冲 SP 频率 N 倍的主时钟 F_M 为时钟脉冲，能

获得细分像敏单元的效果，可使测量的精度（1）提高；（2）减小。

26. 线阵CCD的16位A/D数据采集有同步采集与异步采集。同步采集的采集命令由（1）CCD驱动器发出；（2）由计算机软件发出；（3）行同步控制脉冲发出；（4）采样脉冲发出。

异步采集的采集命令由（1）CCD驱动器发出；（2）由计算机软件发出；（3）行同步控制脉冲发出；（4）采样脉冲发出。

27. 一般计算机无法满足高速实时图像处理的要求，都在计算机外设计一个起缓冲作用的（1）场存储器；（2）帧存储器。

实时图像处理系统常用的图像输入设备（1）扫描仪；（2）数字化器；（3）固体摄像机。

28. 实时图像处理系统的图像输出设备的硬拷贝是（1）打印；（2）复印；（3）光盘；（4）印像片；（5）磁盘。

29. 实时图像处理系统的图像输出设备的软拷贝是（1）显示器显示；（2）存入计算机。

实时图像处理系统的神经中枢是（1）同步逻辑与控制；（2）CPU；（3）帧存储器。

30. 实时采集CCD图像处理系统的硬件组成是（1）视频信号预处理电路；（2）A/D转换电路；（3）帧存储器；（4）输出查找表及A/D转换；（5）时序发生器及控制电路；（6）同步锁相电路。

31. 线阵CCD输出的视频信号是（1）有与像面照度成函数关系的图像信号，并无行、场同步信号；（2）有与像面照度成函数关系的图像信号，并有行、场同步信号。

面阵CCD输出的视频信号是（1）有与像面照度成函数关系的图像信号，并无行、场同步信号；（2）有与像面照度成函数关系的图像信号，并有行、场同步信号。

32. 目前的板卡的图像采集卡有（1）基于PC总线的；（2）基于PCI总线的；（3）基于CAN总线的；（4）基于I^2C总线的；（5）USB总线；（6）1394总线。

33. 在PC总线的图像采集器卡的同步锁相电路中，当视频信号分离的行同步脉冲f_R超前图像显示控制器CRTC产生的行同步脉冲f_V时，压控振荡器的振荡频率将（1）升高；（2）下降。

使f_R与f_V保持相位同步；当f_R滞后于f_V时，压控振荡器的振荡频率将（1）升高；（2）下降。

34. 基于PCI总线的图像采集卡，其数据传输速率比PC总线的图像采集卡的（1）快些；（2）慢些。

基于PCI总线的图像采集卡，比PC总线图像采集卡的结构（1）复杂；（2）简单。

35. 基于PC总线的图像采集卡所用的存储器是（1）帧存储器；（2）场存储器；（3）先进先出的FIDO存储器。

基于PCI总线的图像采集卡所用的存储器是（1）帧存储器；（2）场存储器；（3）先进先出的FIDO存储器。

36. 使图像直接采集到VGA，实现单频工作方式的图像采集卡是（1）PC总线图像采集卡；（2）PCI总线图像采集卡。

使图像直接采集到计算机内存，图像处理可直接在内存中进行的图像采集卡是（1）PC总线图像采集卡；（2）PCI总线图像采集卡。

37. 常用的计算机的接口有（1）并行接口；（2）串行接口；（3）总线接口方式。

38. 嵌入式技术的产品的特点是（1）体积上、功耗上具有优势；（2）硬件和软件设计都必须高效，以便能在同样的硅片面积上，实现更高的性能；（3）软件一般都固化在存储器芯片或单片机本身中；（4）具备IEEE1394，USB，CAN，Bluetooth或IrDA通信接口，并同时提供相应的通信组网协议软件和物理层驱动软件；（5）有较长的生命周期。

39. 微处理器是嵌入式系统的核心，它主要分为（1）微控制器（MCU）、（2）嵌入式微处理器（MPU）、（3）数字信号处理器（DSP）。

40. 嵌入式线阵CCD图像采集系统的DSP芯片TMS320LF2407A，可产生线阵CCD的驱动脉冲（1）Φ_{SP}；（2）Φ_R；（3）Φ_1与Φ_2；（4）Φ_{SH}。

41. DSP芯片TMS320LF2407A产生的驱动脉冲是（1）周期性方波；（2）周期性正弦波；（3）周期性锯齿波。

DSP芯片TMS320LF2407A产生的驱动脉冲的周期和占空比（1）不同；（2）相同。

42. TMS320LF2407A片内有两个事件管理模块EVA和EVB。每个事件管理模块包括（1）通用定时器；（2）比较单元电路；（3）放大电路；（4）时钟电路。

43. 嵌入式面阵CCD图像采集系统是基于DSP芯片TMS320F2812的面阵CCD图像采集系统，它使CCD输出的视频信号（1）一路经视频预处理电路；（2）一路经A/D转换输入通道；（3）一路经过同步信号提取电路；（4）一路存入存储器。

44. 嵌入式系统的组成是（1）嵌入式微处理器；（2）外围硬件设备；（3）嵌入式操作系统；（4）用户的应用程序；（5）所需的外围设备。

8.2 问答题

1. 什么是二值化？如何实现单元光电信号的二值化处理？

2. 为什么要对单元光电信号进行二值化处理？单元光电信号二值化处理方法有几种？各有什么特点？

3. 试绘出固定阈值法二值化处理电路？并叙述其原理？

4. 试绘出浮动阈值法二值化处理电路？并叙述其原理？

5. 采用浮动阈值法对单元光电信号进行二值化处理的目的是什么？能否用单元光电信号自身输出的电压作为浮动阈值？若能，该怎样处理？

6. 能否采用单元光电信号的浮动阈值电路来处理序列光电信号？为什么？

7. 什么是视频信号的二值化？视频光电信号进行二值化处理的意义有哪些？

8. 用哪些方法可实现CCD视频信号的二值化处理？各有何特点？

9. 试述用微分法提取CCD视频信号边界特征，实现二值化处理的原理？

10. 试述用比较法提取CCD视频信号边界特征，实现二值化处理的原理？

11. 视频光电信号有什么特点？为什么说掌握了视频光电信号的数据采集方法就能够进行单元光电信号的二值化数据采集？

12. 试说明CCD用在尺寸测量中的二值化数据采集接口？

13. 试说明线阵CCD输出信号的浮动阈值二值化时间采集方法中阈值的产生原理？为什么要采集转移脉冲SH下降沿一定时间后的输出信号幅值的一部分作为阈值？

14. 试说明边沿送数法二值化接口电路的基本原理。如果线阵CCD的输出信号中含有10个边沿（有5个被测尺寸），还能够用边沿送数二值化接口电路采集10个边沿的信号吗？

如果认为太复杂，应采用哪种二值化接口方式？

15. 举例说明单元光电信号 A/D 数据采集的意义？怎样对单元光电信号进行 A/D 数据采集？

16. 试比较单元光电信号高速 A/D 与高分辨率 A/D 变换电路的原理及特点？

17. 试述 CCD 视频信号的量化处理过程？

18. 试述采样/保持电路的作用原理？

19. 在什么情况下采样/保持电路中的保持电路可省略？为什么？

20. A/D 转换器有哪几个重要参数？各有何意义？

21. 线阵 CCD 的 A/D 数据采集中为什么要用 Fc 和 SP 作同步信号？其中 Fc 的作用是什么？SP 在 A/D 的数据采集计算机接口电路中的作用如何？

22. 常用的计算机接口有几类？各有何特点？

23. 什么是计算机的串行接口？你知道有哪些这种接口？有何特点？

24. 什么是计算机的并行接口？你知道有哪些这种接口？有何特点？

25. 什么是计算机的总线方式接口？你知道有哪些这种接口？有何特点？

26. 试绘出用 AD0809 组成的检测某点光照度的 A/D 数据采集卡原理框图？

27. 试述基于 PC 总线的线阵 CCD 数据采集卡的原理及特点？

28. 试述基于 PCI 总线的线阵 CCD 数据采集卡的原理及特点？并绘出框图？

29. 试述基于 USB 总线的数据采集接口的原理及特点？

30. 试述一般图像数据采集系统的构成及工作原理？

31. 试述实时采集 CCD 图像处理系统的构成及工作原理？

32. 试述高分辨率视频 A/D 变换电路的原理及特点？

33. 面阵 CCD 图像传感器图像采集卡有哪几个类型？各有何特点？

34. 试述基于 PC 总线的面阵 CCD 图像采集卡的组成及特点？

35. 试述基于 PCI 总线的面阵 CCD 图像采集卡的组成及特点？并绘出框图？

36. 为什么基于 PCI 总线的面阵 CCD 图像采集卡不必在卡内设置存储器，而采用 PC 总线接口、并行接口（打印接口）等的图像采集卡内设置存储器？

37. 试述基于 DMA 技术的面阵 CCDUSB 数据采集接口的组成及特点？

38. 嵌入式系统由哪几部分组成？为什么在视频图像数据采集领域要采用嵌入式系统？

39. 试述嵌入式技术的产品有什么特点？

40. 嵌入式系统微处理器是嵌入式系统的核心，它有哪几种类型？各有何特点？

41. 什么是 DSP？为什么它应用很多？

42. 试述基于 TMS320LF2407A 芯片的线阵 CCD 图像采集系统的原理及特点？

43. 试述基于 DSP 芯片 TMS320F2812 的面阵 CCD 图像采集系统的原理及特点？

8.3　计算题

1. 已知 AD12－5K 线阵 CCD 的 A/D 数据采集卡采用 12 位的转换器 ADC1674，它的输入电压范围为 0～10V，今测得三个像素点的值分别为 4093，2121，512，并已知线阵 CCD 的光照灵敏度为 47V/(lx·s) 试计算出三个点的曝光量分别为多少？

2. 已知 RL2048DKQ（$26\times13\mu m^2$）在 250～350nm 波段的光照灵敏度为 $4.5V/(\mu J\cdot cm^2)$，用 RL2048DK 做光电探测器，采用 16 位的 A/D 数据采集卡（ADS8322 转换器，基准电压为 2.5V，满量程输入电压为 5V）对被测光谱进行探测，探测到一条谱线的幅度为 12000，谱线的中心位置在1042像元上，设RL2048DK的光积分时间为0.2s，测谱仪已被两条已知谱线标定，一条谱线为260nm，谱线中心位置在450像元，另一条谱线为340nm，谱线中心位置在1550像元。试计算该光谱的辐射出射度和光谱辐射能量？

3. 一般面阵CCD的A/D数据采集卡采用8位的A/D转换器，当某幅图像中所采集到的数据都为127时，说明出现了什么问题（正常的数据应为0～255)？

4. 试用ADC12081转换器设计TCD1500C的A/D数据计算机接口卡，要求画出接口卡原理方框图，并写出设计说明？

5. 在采样/保持电路进入保持期间，由于电容器电荷的泄露，造成电路输出电平的变化。若保持电路电容器电容量为0.01μF，电容器漏电流为2μA，试求：

(1) 电压变化率？

(2) 说明电压是呈线性下降变化还是上升变化？

6. 设有一8位的A/D转换器的输入的模拟信号的峰-峰值为1V时，试求A/D转换器的量化单位是多少？

7. 设有一8位的A/D转换器，其转换时间为2μs，试求出允许输入的模拟信号的最高变化频率为多少（其模拟信号变化小于一个量化单位)？

8. 当一8位的A/D转换器的输入的模拟信号的变化频率为2kHz时，试求出8位的A/D转换器允许的最大的转换时间为多少？

9. 设某一A/D转换器有16位，试求：

(1) 分辨力为多少？

(2) 它与12位A/D转换器相比，谁的分辨能力高？

(3) 它与12位A/D转换器相比，谁的量化误差小？

10. 若某二个A/D转换器的参考源电压均为5V，但二个A/D转换器的的位数不同，并分别为16位和12位，试计算出谁的转换精度高？

第9章 光电信号的变换与检测技术

9.1 选择题（在你认为对的选项序号上打√，有几个对，就打几个）

1. 光通量是（1）不随时间变化的量；（2）随时间缓慢变化的量；（3）随时间周期性变化的量。

2. 随时间缓慢变化的光通量可采用（1）振幅测量法；（2）频率测量法；（3）相位测量法。

随时间周期性变化或时间脉冲信号多采用（1）振幅测量法；（2）频率测量法；（3）相位测量法。

3. 振幅测量的精度比频率测量的精度（1）高；（2）低。

振幅测量的精度比相位测量的精度（1）高；（2）低。

4. 光通量幅度测量中的单通道测量的方法中有（1）直读法；（2）归零法；（3）比较法。

5. 单通道幅度测量方法中的直读法比归零法精度（1）高；（2）低；（3）一样。

双通道幅度测量方法中的比较法比差动法精度（1）高；（2）低；（3）一样。

6. 双通道幅度测量方法中有（1）差动法；（2）比较法；（3）交替比较法。

7. 光通量的频率测量中有（1）波数测量法；（2）速度测量；（3）频率测量。

8. 物体的运动速度与光通量的变化频率成（1）正比；（2）反比。

物体的位移量与波数成（1）正比；（2）反比。

9. 在光通量的相位测量中，激光所测距离 D 与激光激励电压改变了的相位差 φ 成（1）正比；（2）反比。

在光通量的时间测量中，激光所测距离 D 与激光来回传输的时间成（1）正比；（2）反比。

10. 光学调制按时空状态可分（1）时间调制；（2）空间调制；（3）时空混合调制。

11. 直流调制的载波（1）随时间变化；（2）不随时间变化；（3）随信息变化；（4）不随信息变化。

12. 交流调制的载波（1）随时间周期变化；（2）随时间变化；（3）随时间非周期变化。

13. 连续调制有（1）幅度调制；（2）频率调制；（3）相位调制；（4）时间调制。

14. 脉冲调制有（1）脉幅调制；（2）脉宽调制；（3）脉频调制；（4）脉相调制；（5）复合调制。

15. 脉冲幅度与脉宽不变，只改变脉冲的重复周期的调制，是（1）脉频调制；（2）脉宽调制；（3）脉相调制；（4）脉冲复合调制。

脉冲幅度与脉冲周期不变，只改变脉冲持续时间的调制是（1）脉频调制；（2）脉宽调制；（3）脉相调制；（4）脉冲复合调制。

16. 脉冲幅度，脉冲宽度与脉冲周期不变，只改变脉冲的位置的调制是（1）脉频调制；（2）脉宽调制；（3）脉相调制；（4）脉冲复合调制。

用两个脉幅调制的光信号，它们的脉宽不同的组合调制是（1）脉频调制；（2）脉宽调制；（3）脉相调制；（4）脉冲复合调制。

17. 当偏振光通量过糖溶液或松节油时，其偏振面的旋转角与溶液的浓度成（1）正比；（2）反比。

当偏振光通量过糖溶液或松节油时，其偏振面的旋转角与光通过溶液的路程长度成（1）正比；（2）反比。

18. 当偏振光在旋光性溶液中传输时，测量偏振角即可知道（1）该溶液的浓度；（2）溶液物质的信息；（3）溶液的水分。

19. 机电调制器有（1）机电振子；（2）旋转光闸；（3）压电振动调制器。

20. 扇形光孔光盘调制器，其通光与遮光扇形区均匀划分能得到近似（1）方波的调制光通量变化；（2）正弦波的调制光通量变化；（3）锯齿波的调制光通量变化。

利用半周透光与半周全反射的旋转圆盘可作成光束交替调制器，用于（1）双光束分光测量中；（2）单光束分光测量中。

21. 可用于激光器谐振腔长调整和激光振荡的频率稳定中的压电振动调制器有（1）压电晶体；（2）电致伸缩陶瓷；（3）石英晶体。

22. 光控调制器有时也称为光电控制器件，它主要有（1）电光调制器；（2）磁光调制器；（3）声光调制器；（4）CS_2 调制器。

23. 折射率的变化量与外电场强度的一次方成比例的电光效应是（1）泡克耳斯效应；

(2) 克尔效应。

折射率的变化量与外电场强度的二次方成比例的电光效应是 (1) 泡克耳斯效应；(2) 克尔效应。

24. 电光调制器的半波电压是 (1) 越大越好；(2) 越小越好。

电光调制器要求信号不失真时，其静态工作点设在 (1) $U=U_{\pi/4}$ 附近；(2) $U=U_{\pi/2}$ 附近；(3) $U=U_{\pi}$ 附近。

25. 电光调制器的调制带宽 Δf 与 (1) 调制器的等效电容有关；(2) 与调制器的调制功率有关；(3) 与调制信号的周期有关；(4) 与晶体的折射率有关；(5) 与晶体的长度有关。

26. 电光调制器的消光比是偏振器的最大输出 I_{max} 与最小输出 I_{min} 之比，与 I_{min} 有关的是 (1) 光束的发散角；(2) 晶体的厚度；(3) 晶体的均匀性；(4) 对偏振器的调整。

27. 没有旋光性的透明介质（如水等）放在强磁场中，可否产生旋光性 (1) 可产生；(2) 不可产生。

不同的介质，其振动面的旋转方向 (1) 相同；(2) 不相同。

28. 对于给定的磁光介质，振动面的旋转方向与光线的传播方向 (1) 有关；(2) 无关。

天然旋光性物质，它的振动面的旋转方向与光线的传播方向 (1) 有关；(2) 无关。

29. 把磁光介质放到磁场中，振动面旋转的角度与光程 (1) 成正比；(2) 成反比。

把磁光介质放到磁场中，振动面旋转的角度与磁场强度 (1) 成正比；(2) 成反比。

30. 把磁光介质放到磁场中，使振面向右旋的，其磁光介质的费尔德常数 V 为 (1) 正值；(2) 负值。

把磁光介质放到磁场中，使振面向左旋的，其磁光介质的费尔德常数 V 为 (1) 正值；(2) 负值。

31. 在磁致旋光的情况下，使光线多次通过磁光物质，可得到旋转角 (1) 累加；(2) 累乘。

磁光隔离器是属于 (1) 光的单向传输系统；(2) 光的双向传输系统。

32. 磁光调制器的频带 (1) 宽；(2) 窄。

磁光调制器的调制性能与介质的温度 (1) 有关；(2) 无关。

33. 声光调制器中，声光栅的栅距比声波的波长 (1) 大；(2) 小；(3) 相等。

声光调制器中，入射激光的衍射光强与调制信号的强度 (1) 成正比；(2) 成反比。

34. 正常的声光相互作用是介质的折射率与入射光的方向、偏振状态 (1) 有关；(2) 无关。

反常的声光相互作用是介质的折射率与入射光的方向、偏振状态 (1) 有关；(2) 无关。

35. 正常的声光相互作用是入射光的折射率、偏振状态与衍射光的折射率、偏振状态 (1) 相同；(2) 不同。

反常的声光相互作用是入射光的折射率、偏振状态与衍射光的折射率、偏振状态(1) 相同；(2) 不同。

36. 目前，大多数的声光器件制作的原理都是利用 (1) 正常的声光相互作用；(2) 反常的声光相互作用。

布拉格衍射是衍射效率（衍射光强与入射光强之比）(1) 接近 100%；(2) 大于 85%。

37. 声光调制器的偏转角与超声波的频率成 (1) 正比；(2) 反比。

声光调制器的偏转角与衍射光的频率成（1）正比；（2）反比。

38. 目前应用最广的辐射源调制器的辐射光源有（1）白炽灯；（2）气体放电灯；（3）发光二极管；（4）半导体激光器。

39. 已调制信号的解调的实现，需要利用（1）线性元件；（2）非线性元件。

在调幅信号中，通常调制频率 Ω 与载波频率 ω 的关系是（1）$\Omega \gg \omega$；（2）$\Omega \ll \omega$；（3）$\Omega \approx \omega$。

40. 相敏检波的输出信号幅度与载波信号的幅度成（1）正比；（2）反比。

相敏检波的输出信号和载波与参考信号间的相位差（1）有关；（2）无关。

41. 相敏检波的输出信号在载波与参考信号同极性时，其输出为（1）正值；（2）负值。

相敏检波的输出信号在载波与参考信号反极性时，其输出为（1）正值；（2）负值。

42. 相敏检波的输出信号在载波与参考信号同相位时，其输出为（1）正值；（2）负值。

相敏检波的输出信号在载波与参考信号反相位时，其输出为（1）正值；（2）负值。

43. 简单光学目标的几何中心检测法主要的依据是（1）像分析；（2）象限分割。

简单光学目标的亮度中心检测法主要的依据是（1）像分析；（2）象限分割。

44. 光学目标的几何中心检测法的主要的处理方法有（1）差分法；（2）调制法；（3）补偿法；（4）跟踪法。

45. 光学目标的亮度中心检测法的主要的处理方法有（1）光学像分解；（2）多象限检测法。

46. 亮度中心检测法中的多象限检测法有（1）二象限探测；（2）四象限探测；（3）八象限探测；（4）光电位置传感器 PSD。

47. 为了对复杂目标进行传真、录放、检测、处理和显示、存贮，最基本的变换方法是（1）图像数据的采集和再现；（2）图像扫描；（3）摄像。

48. 能以单个窄视场的光电检测通道实现大范围的图像拾取的技术叫（1）电子扫描技术；（2）光电扫描技术。

能以单个窄视场的分辨能力具有（1）宽广的观察测量范围；（2）较高的空间频率和灰度等级。

49. 直线扫描所使用的信号波形是（1）方波；（2）正弦波；（3）锯齿波。

图像数据的采集过程是（1）空间—时间变换；（2）光量—电量变换。

50. 取决于光电与电光变换系数等和图形光强等的因素是（1）灰度变换因子；（2）坐标变换因子。

确定扫描变换前后图像空间尺寸的比例因素是（1）灰度变换因子；（2）坐标变换因子。

51. 为保持扫描前后图形形状和光度值比例关系应该减少图形的（1）几何失真；（2）灰度失真；（3）颜色失真。

52. 正确的扫描动作，要求图像采集端和再现端的扫描动作是（1）同步进行；（2）不同步进行。

为保持图形的几何失真和灰度失真，要求坐标与灰度变换因子是（1）时间不变；（2）空间不变。

53. 扫描图像信号的频带宽度取决于（1）扫描线宽；（2）扫描频率；（3）扫描数据率；（4）扫描线密度。

54. 水平扫描方向的分辨率取决于（1）光点的大小；（2）扫描光点的截面形状；（3）扫描取样光栏；（4）扫描线间的间隔。

垂直方向的扫描分辨率取决于（1）光点的大小；（2）扫描光点的截面形状；（3）扫描取样光栏；（4）扫描线间的间隔。

55. 扫描精度表示时序电信号和空间光分布间的正确对应关系表现在（1）光—电强度；（2）时—空位置；（3）几何失真；（4）灰度失真。

56. 图像扫描的装置有（1）机械扫描；（2）电子束扫描；（3）激光束扫描。

57. 实体扫描有（1）对直线运动物体的扫描；（2）对静止物体的扫描；（3）对空间特定目标的搜索扫描。

58. 空间搜索扫描一般使用（1）行搜索扫描；（2）圆锥形扫描；（3）光纤直圆变换空间搜索扫描。

59. 直线轨迹的行搜索扫描的缺点是（1）随瞬时视场对法线偏移的加大，目标要发生几何形状畸变；（2）随目标距离增大，辐射通量逐渐减弱，从而降低了有用信号的强度；（3）图像对比度差。

60. 圆锥形扫描的结构形式有（1）反射镜倾斜安装于转轴上，绕物镜中心转动，使环形扫描地带连续投射到探测器上；（2）采用旋转光，地面景物经光楔折射到探测器上；（3）旋转凹面物镜，其物镜的光轴和转轴间的夹角，等于瞬时视场偏转角的一半；（4）采用由光导纤维组成的圆直变换器或直圆变换器。

9.2 问答题

1. 试写出时变光信号直接检测中的几类测量方法及其精度？
2. 单通道幅度测量系统中以什么测量精度高？试述其测量原理？
3. 为什么双通道幅度测量精度高？有哪些方法？
4. 双通道幅度测量系统中以什么测量精度高？试述其测量原理？
5. 除了教材中所述的双通道测量方法外，你还有不有类似的测量方法？试述其测量原理？
6. 为什么说频率测量方法精度高？你知道有哪几种方法？
7. 试述光栅莫尔条纹频率测量方法的原理？
8. 试述脉冲激光测距的工作原理？有何特点？
9. 试述相位法激光测距的工作原理？与脉冲测距法相比，有何特点？
10. 什么叫光调制？有哪几种类型？
11. 为什么要进行调制？试述其意义？
12. 什么叫连续波调制？有哪几种调制方法？试写出其调制参量？
13. 什么叫脉冲幅度调制？可以有哪几种调制方法？
14. 脉冲调制有哪几种方法？试区分脉冲频率和脉冲相位调制，并绘出其波形？
15. 什么叫光束传播方向调制？试举例说明？
16. 什么叫偏振方向调制？试述用此调制方法检测酒中糖溶液浓度的原理？
17. 什么叫光调制器？机电式光调制器常用哪几种？这类调制器有什么优缺点？
18. 什么叫光控调制器？有哪几种类型？试述它们的特点？
19. 试述电光调制器的类型？各有何特点？

20. 电光调制器的主要性能参数有哪些？试述其含义？
21. 在电光调制器中，目前为什么大多采用泡克尔斯效应的电光介质？
22. 试述磁光调制器的结构、原理及特点？
23. 声光相互作用情形如何？利用哪种情形作声光调制器？有何特点？
24. 试述声光调制器的结构及原理特点？
25. 除电光、磁光、声光调制器外，还有哪几种光控调制器？有何特点？
26. 什么叫辐射源调制器？有什么特点？
27. 什么叫解调器？有哪些解调方法？
28. 什么叫相敏检波？试述其原理和功能？
29. 什么叫简单光学目标？测量的目的是什么？有何应用？试举例说明？
30. 什么叫几何中心检测法？目前有哪几种常用方法？
31. 什么叫亮度中心检测法？目前常用哪几种方法？
32. 什么叫扫描调制？它有什么优点？
33. 试述扫描调制的原理？为什么说它是一种行之有效的光电检测技术和方法？
34. 什么是光学图像扫描？它有什么作用？
35. 试述最简单的直线扫描原理？为保持图形形状和光度值比例关系有何要求？
36. 按实现扫描的物理方法不同，可将扫描分成哪几类？
37. 描述扫描装置的基本参数有哪些？哪种参数最重要？
38. 什么是扫描精度？它对图像测量有何影响？
39. 什么是扫描分辩率？它由什么因素决定？水平和垂直方向分辩率取决于什么因素？
40. 试述滚筒式机电扫描器的原理？目前主要应用在哪些地方？
41. 激光束扫描装置有哪几种类型？各类优缺点？主要应用在何处？
42. 直线运动物体的扫描有哪几种方式？目前以哪种方式为最好？为什么？
43. 为什么说静止物体的扫描有二维或多维的扫描能力？试举出多维的扫描实例？
44. 什么是空间搜索扫描？对该扫描系统的基本要求是什么？
45. 什么是行搜索扫描与圆锥型空间扫描？各有何特点？
46. 直线型行搜索扫描有什么缺点？圆锥型空间扫描是如何克服其缺点的？
47. 圆锥型空间扫描有几种结构形式？各有何特点？
48. 试述光纤直圆变换器的原理及特点？适于什么地方应用？

9.3　计算题

1. 设直读系统照明样品的光通量为 $\varphi_0=50\text{lm}$，透过样品后为光电检测器件接收，其检测器电流灵敏度为 $S_I=30\text{A/lm}$，放大器增益为 $K=100$，电表的传递系数为 $M=0.8$，直读系统测试的转角示值 $\theta=5°$，试求被测样品的透过率 τ 值？

2. 对差动法双通道系统，两通道光电接收器的灵敏度 S_1 与 S_2 分别为 40A/lm 与 42A/lm，电表的传递系数 $M=0.8$，系统测试的转角示值 $\theta=5°$，若基准通道标准样品的透过率 τ_r 为 0.7，试求被测样品的透过率 τ_x 值？

3. 有一双通道测量系统，利用比较法测得指针转角 θ 为 3°，系统的比例因子为 5，试求被测样品透过率为多少？其比例因子与入射光通量有无关系？为什么？

4. 用迈克尔逊干涉仪进行干涉条纹计数，如果激光器的波长为 632.8nm，若测得的波

数为 1000，试计算出：

（1）其位移值 x 为多少？

（2）脉冲当量是多少？

5. 利用迈克尔逊干涉仪可用来测量安装在测量臂上物体的运动速度。如果激光器的波长为 632.8nm，若光通量的变化周期为 $2\mu s$，试求出物体的运动速度？

6. 若上题干涉仪的激光器的波长为 550nm，物体的运动速度为 0.11m/s，试求出：

（1）光通量的变化频率为多少？

（2）脉冲当量是多少？

7. 某相位激光测距仪上光电接收器接收的信号电压和激光器激励电压间产生的相位差为 30°，若激光光通量的变化频率为 150MHz，试求出：

（1）辐射光通量变化一周光波传播距离为多少？

（2）测距仪待测距离为多少？

（3）若空气折射率为 1.1，则此测距仪的测尺长度为多少？

8. 某脉冲激光测距仪的时钟脉冲频率为 200MHz，试求出：

（1）测距脉冲当量为多少？

（2）若其计数器计数脉冲为 1000，其所测距离为多少？

9. 设调制波是频率为 500Hz、振幅为 5V、初相为 0 的正弦波，载波频率为 10kHz、振幅为 50V，试求出：

（1）调幅波的表达式、带宽为多少？

（2）调制度为多少？

10. 设某一光载波幅度为 25V，当被调制波的最大幅度变化为 6V 时，其调制深度 m 是多少？

11. 设光信号频率调制的调制指数 m_f 为 3，其调制频率 F 为 60MHz，试求：

（1）频偏 Δf 为多少？

（2）带宽 B_f 为多少？

（3）该频率调制是宽带调频还是窄带调频？为什么？

12. 当光波在旋光性溶液中传播时，光通过该溶液路程的长度为 50cm，若偏振光通过该溶液后偏振面的转角为 5°，设溶液的旋光率为 1，试求出该溶液的浓度？

13. 设某机电调制器的调制盘的透光扇形数目为 20，调制盘的转速为 5m/s，试计算其调制频率为多少？

14. 设某电光调制器的电光晶体的折射率为 2，电光晶体的长度为 8cm，试求：

（1）光波在晶体中的渡越时间为多少？

（2）该电光调制器的最高调制频率可达多少？

15. 把磁光介质放到磁场中，使光线平行于磁场方向通过介质时，入射的平面偏振光的振动方向就会发生旋转。设其振动面旋转的角度 θ 为 5°，光程 l 为 10mm，光线与磁场的夹角 α 为 1°，费尔德常数是 V，试求磁场强度 H？

16. 在声光调制器中，设超声波在介质中的传播速度和频率 υ 和 f 分别为 2m/s 和 80Hz，当入射光的波长 λ 为 632.8nm 时，试求：

（1）掠射角 θ_i 与衍射角 θ_d 之和，也就是偏转角 α 为多少？

（2）超声波的波长和波数（$k=2\pi/\Lambda$）为多少？

（3）实现喇曼-纳斯衍射的条件及声光相互作用长度 L 大概是多少？

17. 双通道差分调制式像分析器将两狭缝后的各自光电接收电路差分连接，设照明光强 E_0 为 40cd，狭缝高 h 为 6mm，线像中心相对狭缝中心的偏移量 Δx 为 2mm，试求检测器的差分输出 ΔU 为多少？

18. 由声光互作用介质和激发声波的压电换能器组成的声光偏转器，入射到透明介质中的光波波长 $\lambda=632.8\text{nm}$，声波频率 $f=40\text{Hz}$，声波的相速 $v=30\text{mm/s}$，介质折射率 $n=2.1$，问声波的波阵面使入射光反射形成 1 级衍射光的偏转角 θ 为多少？

19. 在脉冲式激光测距仪中，为了得到每个脉冲 1m 的测距脉冲当量，应该选用多少频率的主时钟振荡源？如果是每个脉冲 1cm 的测距脉冲当量，其时钟频率又为多少？

20. 有一光电检测系统，采用发光二极管作照明光源，调制频率 10kHz：若被测线纹标志以 100Hz 的频率振动，试计算调幅信号的频谱分布及所需放大器的通频带？

21. 如果光电检测系统的电子束的行扫描频率为 15.62kHz，其图片宽度为 200mm，现要求空间分辨率为 200 线对/mm，试计算：

（1）扫描光点的最大直径？

（2）光电检测系统的通频带宽？

22. 试求某激光打印机：

（1）为得到 24 线对/mm 的空间分辨率所要求的激光光点的直径？

（2）为得到 500 行/分的扫描速度所需的多面体镜的转速和镜面数？

第 10 章　光电信号的变换形式与检测方法

10.1　选择题（在你认为对的选项序号上打√，有几个对，就打几个）

1. 利用几何变换的光电检测方法主要包括（1）光开关；（2）光电编码；（3）衍射测量；（4）散斑测量。

2. 利用几何变换的光电检测方法主要包括（1）光度测量；（2）色度测量；（3）准直定向；（4）成像检查。

3. 利用物理变换的光电检测方法主要包括（1）光开关；（2）光电编码；（3）衍射测量；（4）散斑测量。

4. 利用物理变换的光电检测方法主要包括（1）光度测量；（2）色度测量；（3）准直定向；（4）成像检查。

5. 光电变换的基本形式有（1）光传输信息的形式；（2）光信息量化的形式；（3）光由被测对象遮挡的形式；（4）模拟量信息变换的形式；（5）光信息模—数变换的形式。

6. 光电变换的基本形式有（1）被测对象为辐射源的形式；（2）光透过被测对象的形式；（3）光由被测对象反射的形式；（4）模拟量信息变换的形式；（5）光信息模—数变换的形式。

7. 光电变换的基本类型有（1）光传输信息的形式；（2）光信息量化的形式；（3）光透过被测对象的形式；（4）模拟量信息变换的形式；（5）光信息模—数变换的形式。

8. 被测对象为辐射源的形式主要用于（1）热成像；（2）武器制导；（3）侦察；（4）报

火警；(5) 防盗报警；(6) 光控开关。

9. 光由被测对象遮挡的形式主要用于 (1) 热成像；(2) 武器制导；(3) 侦察；(4) 报火警；(5) 防盗报警；(6) 光控开关。

10. 光透过被测对象的形式可用于 (1) 测量胶片的密度；(2) 胶片图像的判读；(3) 文字判读；(4) 激光制导；(5) 电视摄像。

11. 光由被测对象反射的形式可用于 (1) 测量胶片的密度；(2) 胶片图像的判读；(3) 文字判读；(4) 激光制导；(5) 电视摄像。

12. 光信息量化的形式可用于 (1) 精密测长；(2) 光纤通信；(3) 精密机床的自动控制；(4) 工件尺寸检测；(5) 非功能型光纤传感。

13. 光传输信息的形式可用于 (1) 精密测长；(2) 光纤通信；(3) 精密机床的自动控制；(4) 工件尺寸检测；(5) 非功能型光纤传感。

14. 光电测长的基本类型有 (1) 瞄准测长法；(2) 像点轴上偏移检测的光焦点法；(3) 实时测长法；(4) 像点轴外偏移检测的像偏移法。

15. 轴向测距的基本类型有 (1) 瞄准测长法；(2) 像点轴上偏移检测的光焦点法；(3) 实时测长法；(4) 像点轴外偏移检测的像偏移法。

16. 几何变换的光电测长法有 (1) 光度测量法；(2) 成像测量法；(3) 扫描测量法；(4) 色度测量法。

17. 成像测量法比扫描测量法的精度 (1) 高；(2) 低。

成像测量法比光度测量法的精度 (1) 高；(2) 低。

18. 轴向测距法主要用于 (1) 自动调焦；(2) 仿形测量；(3) 复杂工件的形状检测；(4) 像跟踪。

19. 像点轴上偏移检测的光焦点法可用于 (1) 扫描调制检测；(2) 双通道差分像分析器检测；(3) 离面位移检测；(4) 像点偏移量检测。

20. 像点轴外偏移检测的像偏移法可用于 (1) 扫描调制检测；(2) 双通道差分像分析器检测；(3) 离面位移检测；(4) 像点偏移量检测。

21. 单一频率的光波在传输过程中会发生 (1) 衍射；(2) 干涉。

单一频率的几束光的叠加会形成 (1) 衍射；(2) 干涉。

22. 空间分布的光波间的干涉可以形成 (1) 全息图样；(2) 散斑图样；(3) 衍射图样。

23. 不同频率光波间的干涉会形成 (1) 光学拍频；(2) 光学差频；(3) 干涉条纹；(4) 干涉图样。

24. 干涉测量实质上是待测信息对光频载波调制和解调的过程，这个过程可以是 (1) 时间性的；(2) 空间性的；(3) 时空性的；(4) 空时性的。

25. 根据相干光学信息的时空状态和调制方式，可分为 (1) 一维时间的调制；(2) 二维空间的调制；(3) 二维空间内时间的调制；(4) 局部空间内空间的调制。

26. 在相干光学信息的一维时间的调制中，单频光的调制方式有 (1) 相位调制；(2) 幅度调制；(3) 频率调制。

27. 在相干光学信息的一维时间的调制中，双频光的调制方式有 (1) 相位调制；(2) 幅度调制；(3) 频率调制；(4) 直接频率调制。

28. 在相干光学信息的二维空间的调制中，单频光的调制方式有 (1) 空间相位调制；

(2) 时间幅度调制；(3) 空间频率调制；(4) 空间相位调制＋时间幅度调制。

29. 在相干光学信息的二维空间的调制中，双频光的调制方式有 (1) 空间相位调制；(2) 时间幅度调制；(3) 空间频率调制；(4) 空间频率调制＋时间幅度调制。

30. 单频光相干的条纹检测方法有 (1) 条纹光强检测法；(2) 条纹比较法；(3) 条纹跟踪法；(4) 外差检测法。

31. 用光电接收器检测干涉条纹，光电信号的质量取决于 (1) 干涉条纹的光强对比度；(2) 接收器的光阑尺寸；(3) 干涉条纹宽度之间的比例关系；(4) 接收器的光敏面积。

32. 用光电接收器检测干涉条纹，其输出的交变信号取最大值时，干涉条纹的间距 D 与接收器的光阑宽度 d 应满足 (1) $D=d$；(2) $D=2d$；(3) $D=3d$。

为消除振动干扰和进行双向测长，干涉测量需采用 (1) 可逆计数；(2) 不可逆计数。

33. 用光电接收器检测干涉条纹，当截面上的强度呈高斯分布时，增大干涉条纹的间距 D 有利于提高 (1) 信号检测的对比度；(2) 交变分量的幅值；(3) 干涉条纹的亮度。

34. 利用干涉条纹比较法可精确测量 (1) 波长；(2) 频率；(3) 相位。

干涉条纹比较法波长计中频率比的测定，采用了 (1) 锁相振荡计数；(2) 可逆计数。

35. 采用干涉条纹跟踪法的好处是 (1) 能避免干涉测量的非线性影响；(2) 不需要精确的相位测量装置；(3) 测量较精确。

36. 双频光相干的差频检测具有的优点是 (1) 灵敏度高；(2) 输出信噪比高；(3) 精度高；(4) 探测目标的作用距离远；(5) 速度快。

37. 光外差探测的特点是 (1) 探测能力强，可获得全部信息；(2) 转换增益高；(3) 信噪比高，有利于弱光信号检测；(4) 滤波性能好；(5) 稳定可靠性高。

38. 光外差探测必须满足 (1) 空间条件；(2) 频率条件；(3) 偏振条件；(4) 相位条件。

39. 双频光相干的差频检测的类型有 (1) 自差式光学差频检测；(2) 互差式光学差频检测；(3) 外差式光学差频检测；(4) 外差检测干涉仪。

40. 自差式光学差频检测的典型实例是 (1) 光学多普勒差频检测；(2) Sagnac 效应和转动差频检测；(3) 激光陀螺仪；(4) 激光多普勒测速仪。

41. 互差式光学差频检测的典型实例是 (1) 光学多普勒差频检测；(2) Sagnac 效应和转动差频检测；(3) 激光陀螺仪；(4) 激光多普勒测速仪。

42. 外差干涉法在原理上是取用 (1) 二相干光束的强度；(2) 二相干光束的相位关系。

外差干涉法作为干涉测量技术的重大突破，是现代光电测量技术的 (1) 重要方向；(2) 重要手段。

43. 外差干涉法在干涉测量技术中主要用于 (1) 高质量光学元件的检查；(2) 干涉显微镜的测量；(3) 利用波面相位测量的能动光学系统。

44. 光电编码器从信号性质可分为 (1) 增量式；(2) 绝对式；(3) 直线式；(4) 转动式。

45. 光电编码器从转动方式可分为 (1) 增量式；(2) 绝对式；(3) 直线式；(4) 转动式。

46. 增量式光电编码器是 (1) 图案均匀；(2) 图案不均匀；(3) 光信号脉冲一样；(4) 光信号脉冲不一样。

47. 绝对式光电编码器是（1）图案均匀；（2）图案不均匀；（3）光信号脉冲一样；（4）光信号脉冲不一样。

48. 增量式光电编码器的优点是（1）零点可任意预置；（2）测量范围与光学器件无关；（3）没有误差的累积；（4）不需要方向判别和可逆计数。

49. 绝对式光电编码器的优点是（1）零点可任意预置；（2）测量范围与光学器件无关；（3）没有误差的累积；（4）不需要方向判别和可逆计数。

50. 光电开关是最简单的光电编码器，它的编码作用有（1）1bit；（2）2bit。

光电开关的类型主要有（1）透射型；（2）反射型。

51. 为增大光电开关的检测距离和灵敏度，可以（1）增强发光管的发射强度；（2）采用窄脉宽小空度比的脉冲信号驱动；（3）增大脉冲峰值电流。

52. 光电开关的发光管的驱动脉冲空度比一定时，脉宽越窄，最大允许脉冲峰值电流（1）越大；（2）越小。

最大允许脉冲峰值电流随着脉冲空度比减小而（1）增大；（2）减小。

53. 光栅莫尔条纹的优点是（1）有位移量的放大作用；（2）有误差的平均效应；（3）可进行电子细分。

54. 绝对式光电编码器的码盘使用（1）自然二进制码；（2）十进制码；（3）格雷码。

格雷码与自然二进制码转换的逻辑电路的数学关系是（1）异与；（2）异或。

55. 代码从任何值转换到相邻值时，字节各位数中仅有一位发生状态变化的码是(1) 自然二进制码；（2）十进制码；（3）格雷码。

容易引起读数的粗大误差的码是（1）自然二进制码；（2）十进制码；（3）格雷码。

56. 国际上通用的商品条形码是（1）EAN；（2）UPC；（3）5 出 2 码。

EAN－13 通用商品条形码最后 1 位是（1）制造厂商代码；（2）商品代码；（3）校验码；（4）商品的出产地区（国家）代码。

57. EAN－13 通用商品条形码前 3 位是（1）制造厂商代码；（2）商品代码；（3）校验码；（4）商品的出产地区（国家）代码。

EAN－13 通用商品条形码前 3 位后面 4 位是（1）制造厂商代码；（2）商品代码；（3）校验码；（4）商品的出产地区（国家）代码。

58. EAN－13 通用商品条形码最后 1 位前面的 5 位是（1）制造厂商代码；（2）商品代码；（3）校验码；（4）商品的出产地区（国家）代码。

放大倍数越小的条形码，印刷精度要求越（1）高；（2）低。

59. 条形码技术的优点是（1）输入速度快；（2）采集信息量大；（3）可靠性高；（4）灵活实用。

60. 条形码阅读器的类型有（1）光笔条形码阅读器；（2）CCD 条形码阅读器；（3）激光条形码阅读器。

10.2 问答题

1. 光电变换有哪几种基本形式？各举一应用实例说明？

2. 全辐射测温属于哪种形式？这种形式中应采用怎样的技术才能更好地将信息检测出来？

3. 光电变换有哪二种类型？各有何特点？

4. 举例说明测量物体边界位置的测量方法。所举的实例属于哪种光电变换方式？能否采用模-数光电变换电路？为什么在能用模-数光电变换电路时决不能采用模拟光电变换电路？

5. 模拟光电变换与模-数光电变换电路有什么区别？为什么说模拟光电变换电路受环境条件的影响要比模-数光电变换电路大？

6. 利用光电信息变换技术测量速度有几种方法？为什么说激光多普勒测速技术的精度高，可信度也高？

7. 什么是几何变换的光电方法？这种变换的检测方法有哪几种？

8. 几何变换的光电测长方法有哪几类？各类的特点和精度如何？

9. 试述激光扫描测长的原理和特点？

10. 试述光焦点法测距原理和应用？

11. 试述像点偏移法（光切法）测距原理和应用？

12. 什么是物理变换的光电方法？这种变换的检测方法有哪几种？

13. 什么是光电干涉测量技术？什么是相干光学信息？

14. 试说明干涉测量的实质是待测信息对光载波调制和解调的过程？

15. 试将相干光学信息分类？说明干涉的光学图样与检测方法？

16. 什么是干涉条纹时序变化的检测？目前有哪些光电方法？

17. 什么是干涉条纹光强检测法？试述其检测原理？

18. 为什么干涉测量需采用可逆计数？这对提高分辨率和精度有什么好处？

19. 什么是干涉条纹比较法？试述其检测原理？

20. 什么是干涉条纹跟踪法？试述其检测原理？

21. 什么是差频检测？与直接检测法相比有什么优点？

22. 差频检测可分成几类？试述各类的作用及应用？

23. 试述光外差检测的原理？它需要什么样条件？

24. 试述光外差检测的特性？它主要应用何处？

25. 什么是多普勒效应和光学多普勒频移？

26. 试说明激光多普勒测量血液流速的测量原理及系统组成？

27. 能否推导出血液流速的测量公式？并推导出来？

28. 试述双频激光干涉测长仪的原理及该系统的优点？

29. 什么是萨格纳克（Sagnac）效应？有何作用？

30. 什么是激光陀螺？试述其工作原理？

31. 什么是互差式光学差频检测？试绘出其信号流程图？

32. 什么是光零差检测？有何用处？

33. 为什么说外差干涉法是干涉测量技术的重大突破？试说明其优点？

34. 为什么说光电开关是最简单的编码器？试述其应用？

35. 如何提高光电开关的检测距离和灵敏度？试举实例说明？

36. 如何提高光电开关的响应速度？试举实例说明？

37. 什么是莫尔条纹效应？利用它进行的位移-数字变换有何优点？

38. 莫尔条纹信号检取器件一般采用什么样的器件？其前置放大器需满足什么要求？

39. 试绘出4倍频细分和20倍频细分电路的原理图？

40. 什么是增量式与绝对式编码器？有何异同特点？

41. 增量式编码器有什么重要技术指标？这种编码器有何应用？试举一例说明？

42. 绝对式编码器的主要技术指标有哪些？这种编码器有何应用？试举一例说明？

43. 什么是格雷码？绝对式光电编码器为什么不用二进制码而用格雷码？

44. 如何将格雷码转换为二进制码？试绘出其转换电路？

45. 什么是条形码中的“5出2码”？有哪几种条形码读取法？

46. 什么是条形码？它有什么优点？

47. EAN-13通用商品条形码有几部分组成？各部分代表什么意义？

48. 试述条形码识别读取系统的组成和原理？

49. 条形码阅读器有哪几种类型？各有何优缺点？

50. 试述激光条形码阅读器的组成及原理？

51. 测量物体表面粗糙度及表面疵病可采用哪种光电信息变换形式？怎样将表面粗糙度及表面疵病的信息检测出来？

10.3 计算题

1. 在被测对象为辐射源的形式中，在热力学温度 T 为400K时，光电变换系数 R 为1.8，斯芯藩-玻尔兹曼常数 σ 为 $5.67\times10^{-8}\mathrm{W}\cdot\mathrm{m}^{-2}\cdot\mathrm{K}^{-4}$，测出这种变换形式电路输出的电压信号 U_0 为4V，试求该辐射体的发射率 ε 是多少？

2. 在光透过被测对象的形式中，设入射溶液表面的通量 φ_0 为80mW，光电变换系数 R 为0.9，这种变换形式电路输出的电压信号 U_0 为5V，试求透过率 D 为多少？

3. 在光由被测对象反射的形式中，若被检测表面的照度 E 为正品（无疵病）表面的反射率 r_1 为0.9，疵病表面的反射率 r_2 为0.4，设光电接收器件有效视场内疵病所占的面积 A 为30%，光电变换系数 R 为0.8，试求这种形式变换器输出的疵病信号电压 U_0 为多少？

4. 设光电器件光敏面的宽度为 $b=20\mu\mathrm{m}$，当被测物体宽度大于 b 时，物体遮挡光的位移量为 $\Delta L=60\mu\mathrm{m}$，试求物体遮挡入射到光电器件上的光照面积的变量 ΔA 为多少？

5. 若将长度信息量 L，经光学量化后形成为 $n=10000$ 个条纹信息量，设量化单位为 $q=1\mathrm{mm}$/条纹，试求量化后的长度信息 L 为多少？

6. 设激光测长的多面反射体转速 $\omega=1\mathrm{m/s}$，透镜焦距 $F=8\mathrm{mm}$，设时钟周期为 $\Delta T=8\mu\mathrm{s}$，若脉宽 Δt 内填充的脉冲数为 $N=1000$，试求物体长度 D 为多少？

7. 当被测物表面相对理想物面前后偏移 $\pm\Delta Z=\pm5\mu\mathrm{m}$ 时，设物镜焦距为 $f=6\mathrm{mm}$，物距为 $Z_0=3\mathrm{m}$，试求：

（1）成像物镜的横向放大率 β 为多少？

（2）像点相对理想像面，同方向地前后移动 $\pm\Delta Z'$ 为多少？

8. PSD的两个输出端 I_A 和 I_B，分别接入同一电路中。设信号电极距PSD光敏区中心距离 L 为8mm，入射光点距中心距离 A 为3mm，试求 I_A 和 I_B 各为多少？

9. 采用缝状光阑，d，L 是光阑的宽度和长度，设干涉条纹的间距 D 为2mm，要使光电接收器输出端的交变信号的幅值最大，试求最佳光阑 d 的尺寸值为多少？

10. 用干涉条纹比较法精确测量波长，设激光波长 λ 为632.8nm，与基准光波 λ_r 对应的脉冲信号经 M 倍频器频率倍频，而被测光波 λ_x 对应的信号则作 N 倍分频。利用脉冲开关，

由 $N=40$ 分频信号控制 $M=60$ 倍频信号进行脉冲计数。设脉冲计数器的计数值 C 为 2000，折射率的相对变化值 $\Delta n/n$ 是 0.6，试求被测波长 λ_x 的值？

11. 若光外差探测系统中本振光的功率 $P_0=50\text{mW}$，接受到的信号光功率 $P_s=5\text{mW}$，试求光外差探测的转换增益 G？

12. 设探测系统的暗电流 $I_d=0.5\mu\text{A}$，其测量带宽 $\Delta f=10\text{Hz}$，试求外差探测的最小可探测入射功率 P_{hmin} 与直接探测最小可探测入射功率 P_{dmin} 的比值？哪一种探测可以检测到更小的入射功率而有利于弱光信号的检测？为什么？

13. 光外差检测的空间条件是要求信号光和本振光的波前必须重合。若光电探测器的尺寸 d 为 1mm，试求：

（1）当 $\lambda_s=0.63\mu\text{m}$ 时，失配角 $\theta\ll$ 多少？

（2）当 $\lambda_s=10.6\mu\text{m}$ 时，失配角 $\theta\ll$ 多少？

（3）当 $\lambda_s=0.488\mu\text{m}$ 时，失配角 $\theta\ll$ 多少？

14. 在光学多普勒频移检测中，对于波长 $\lambda=0.488\mu\text{m}$ 的氩激光，当 $\theta=6.5°$ 时，若频差值 $\Delta f=50\text{MHz}$ 时，试计算被测速度 v 为多少？

15. 利用双频激光干涉测长时，若激光波长 $\lambda=0.6328\mu\text{m}$，当计数差频信号的波数 $N=1000$ 时，试求运动物体的位移长度 L 为多少？

16. 当封闭的光路相对于惯性空间有一转动速度 $\Omega=50\text{m/s}$ 时，若封闭光路包围的面积 $A=60\text{mm}^2$，如果光路平面垂直于 Ω，试求顺时针光路和逆时针光路之间形成与转速成正比的光程差 ΔL 为多少？

17. 在环形激光器中，若激光谐振腔长 $L=10\text{mm}$，与光程差 ΔL 对应的光频差 $\Delta f=20\text{kHz}$，而激光波长 $\lambda=0.6328\mu\text{m}$，封闭光路包围的面积 $A=60\text{mm}^2$，试求环形激光器的角速度 Ω 为多少？

18. 为了比较不同位置上的相位差，可利用两个光电检测器件同时测量差频信号。设被测信号相对参考信号的时间延迟为 $\Delta T=3\mu\text{s}$，信号周期为 $T=60\mu\text{s}$，试求其相位差为多少？

19. 假设计量光栅的节距为 $d=0.1\text{mm}$，两光栅的栅线交角为 $\theta=8'$，试求：

（1）莫尔条纹的间隔（宽度）m 为多少？

（2）若计测莫尔条纹移动的个数 $n=1000$，其量化单位 $q=d$，试计算光栅的位移量 L？

20. 莫尔条纹间隔与光栅距之比，称为光栅付的放大倍数（率）α，对于微小倾角 $\theta=6'$，试求其放大倍数（率）α 为多少？

21. 光电器件接收的光信号，是进入指示光栅视场的刻线数 n 的综合平均效果。若每一刻线误差为 $\sigma_0=\pm 1\mu\text{m}$ 时，在视场内同时有 800 根线工作，则由于平均效应，光电器件输出的总误差为多少？

22. 如果两块光栅的节距为 0.2mm，两光栅的栅线夹角为 1°，求：

（1）所形成的莫尔条纹的间隔？

（2）若光电器件测出莫尔条纹走过 10 个，求两光栅相互移动的距离？

23. 设增量式光电编码器的前置运算放大器的上限频率 $f_n=500\text{kHz}$，量化单位 q 为每条纹位移 0.01mm，试求测量运动的最大速度 $v_{\max}$ 为多少？

24. 在如图 10-1 所示的激光单路干涉测位移的装置中，若用 He-Ne 激光器作为光源，问：

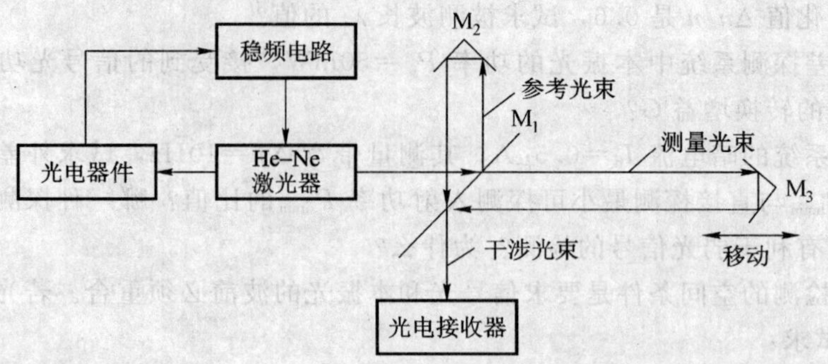

图 10－1　激光单路干涉测位移原理图

（1）反光镜 M_3 移动多少毫米时，光电器件输出的脉冲数为 100？

（2）该测位移装置的位移灵敏度为多少？

（3）若考虑数字电路具有 1 字测量误差，问此装置位移测量的最高精度为多少？

25. 有一光电探测器件用于相干探测，若入射到光混频器上的本振光功率为 10mW，光混频器上的量子效率为 0.5，入射的信号光波长为 $1\mu m$，负载电阻为 50Ω，试求出该光外差探测系统的功率转换增益为多少？

26. 设信号光波长为 λ_s，光混频器的光敏面直径为 d，为使相干探测系统的中频输出不低于最大值的 50%，本振光和信号波前之间的夹角应在多大范围内取值？

27. 有一多普勒速度计使用 CO_2 激光器，其波长为 $10.6\mu m$。设目标沿照明光束方向的运动速度为 0～15m/s，要求测速灵敏度为 1mm/s，试计算采用相干探测系统所需要的通频带宽和频率测量灵敏度？

28. 图 10－2 为光纤多普勒血液流量计原理示意图。它是专门用来测量人体血管中血液流量的装置，问：

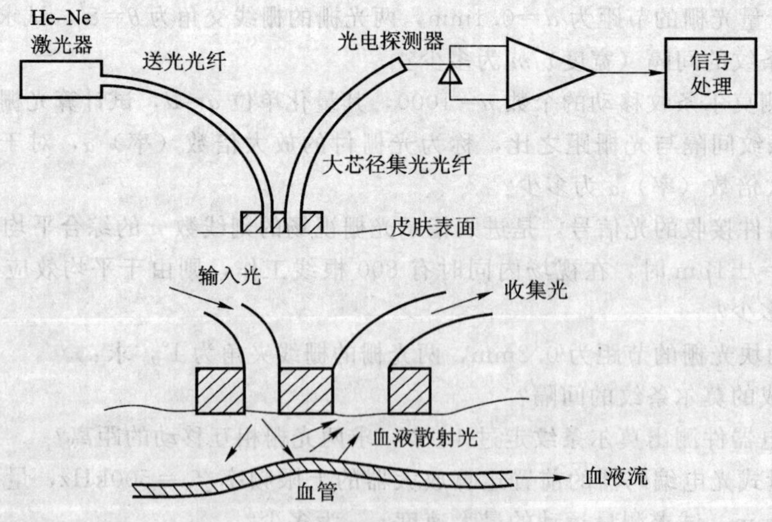

图 10－2　光纤多普勒血液流量计原理

（1）试述其结构特点。

（2）试说明激光多普勒测量血液流速的测量原理，推导出血液流速的测量公式？

29. 有一使用波长为 10.6μm 的 CO_2 激光器的多普勒速度计，若目标沿照明光束方向的运动速度为 0～15m/s，要求测速灵敏度为 1mm/s，试计算：

（1）采用外差检测系统所需要的通频带宽和频率测量灵敏度？

（2）若与采用波带宽为 1nm 的光谱滤光片相比较，试求两种情况下的带宽比？

30. 欲采用波长为 632.8nm 的 He－Ne 激光器作外差探测，若信号光受带宽为 3kHz 的信号调制，试分别计算在零差探测和用声光调制器使参考光产生 1MHz 固定频偏的外差探测情况下光电检测系统所需的通频带宽？

31. 在迈克尔逊干涉仪中，若激光源的波长 λ_0 有一带宽 $\Delta\lambda$，而光路的光程差为 ΔL。试证明，由于激光波长不纯引起的相干度数值 Γ_λ 为

$$\Gamma_\lambda = \mathrm{sinc} \cdot \frac{2\pi\Delta L}{\lambda_0^2} \cdot \Delta\lambda$$

第 11 章　光电检测技术的典型应用

11.1　选择题（在你认为对的选项序号上打√，有几个对，就打几个）

1. 利用激光方向性好所作的激光准直仪的准直精度受限的原因是（1）激光束本身特性；（2）望远镜调焦误差；（3）光电探测器件质量不好。

2. 利用激光方向性好所作的激光准直仪的准直精度比利用激光相干性好所作的激光准直仪的准直精度（1）高；（2）低。

圆形波带板的作用类似于（1）光学透镜的聚焦；（2）光栅的衍射。

3. 波带板激光准直的点光源选择的透镜焦距是（1）$f \leqslant 40s^{1/2}$；（2）$f \leqslant 30s^{1/2}$；（3）$f \leqslant 20s^{1/2}$。

波带板激光准直要求照到最近一块波带板上的光束直径是波带板孔径的（1）4 倍以上；（2）5 倍以上；（3）6 倍以上。

4. 波带板激光准直仪的光源应采用（1）非调制光源；（2）调制光源。

在高精度准直测量中，波带板制作的非对称误差应在（1）0.03mm 以内；（2）0.02mm 以内；（3）0.01mm 以内。

5. 波带板激光准直仪的光电接收装置，需具备很高的接收灵敏度和抗杂散光干扰的能力，应采用（1）调制光源；（2）选频放大器；（3）差动放大器。

6. 波带板激光准直仪的光电接收器一般可采用（1）2 象限的硅光电池；（2）4 象限的硅光电池；（3）8 象限的硅光电池。

由于光电接收装置放大倍率很高，因此要求差动放大等放大器的共模抑制比要（1）很高；（2）很低。

7. 波带板激光准直仪采用电压指零表显示零时，才是硅光电池的中心和波带板的成像中心重合，因此可以（1）用手移动硅光电池；（2）用步进电机移动硅光电池；（3）用直流电机移动硅光电池。

8. 激光准直的原理可以制成的光电测绘仪器有（1）激光铅垂仪；（2）激光导向仪；

(3) 激光水准仪；(4) 激光经纬仪；(5) 激光测距仪。

9. 光电测距就其测得光波往返时间 t 的方法，可分为 (1) 脉冲法测距；(2) 相位法测距；(3) 频率法测距；(4) 脉冲-相位测距。

10. 测距的激光脉冲要求 (1) 激光脉冲峰值高；(2) 单个脉冲宽度窄；(3) 激光脉冲对比度好。

11. 固体激光器的调 Q 方式通常有 (1) 电光晶体调 Q；(2) 饱和染料调 Q；(3) 声光调 Q；(4) 转镜调 Q。

12. 为进一步提高脉冲激光测距仪的精度，需要 (1) 进一步压缩激光脉冲的宽度；(2) 采用高速电子计数器；(3) 采用灵敏度高的光电探测器。

13. 脉冲激光测距仪的测距是直接测 (1) 光波往返时间 t；(2) 光波经过时间 t 后产生的相位移。

相位激光测距仪的测距是直接测 (1) 光波往返时间 t；(2) 光波经过时间 t 后产生的相位移。

14. 相位激光测距仪的测尺频率越高，其测量精度越 (1) 高；(2) 低。

相位激光测距仪的测尺长度越长，其测量精度越 (1) 高；(2) 低。

15. 为保证相位激光测距仪的测距精度，其基本测尺频率需选得很 (1) 高；(2) 低。

相位激光测距仪的测相，一般采用 (1) 差频测相；(2) 直接测相；(3) 高频测相。

16. 相位激光测距仪采用高频测相比差频测相要 (1) 差；(2) 好。

相位激光测距仪的精度与调制频率有关，调制频率起越高，精度越 (1) 高；(2) 低。

17. 相位激光测距仪的测相方法有 (1) 平衡式移相-鉴相法；(2) 自动数字法；(3) 高频法；(4) 差频法。

18. 能自动记录或显示角度距离高程和坐标的仪器是 (1) 电子经纬仪；(2) 电子水准仪；(3) 全站式电子速测仪。

19. 野外测绘仪器普遍采用的光电测角方法是 (1) 利用莫尔干涉条纹的增量法；(2) 利用光电编码度盘的绝对法；(3) 利用三角法的激光干涉测角仪。

20. 绝对式光电编码度盘比增量式光栅度盘 (1) 大；(2) 小。

绝对式光电编码度盘的编码采用 (1) 自然二进制码；(2) 格雷码。

21. 角度的光电测微或细分内插的方法有 (1) 编码测微器；(2) 正弦缝隙调制细分法；(3) 重复干涉小因子内插法；(4) 莫尔条纹的非调制细分法。

22. 属增量式的光电测微方法有 (1) 编码测微器；(2) 正弦缝隙调制细分法；(3) 重复干涉小因子内插法；(4) 莫尔条纹的非调制细分法。

23. 属绝对式的光电测微方法有 (1) 编码测微器；(2) 正弦缝隙调制细分法；(3) 重复干涉小因子内插法；(4) 莫尔条纹的非调制细分法。

24. 微弱光信号检测技术方法有 (1) 锁相放大器；(2) 取样积分器；(3) 光子计数器。

25. 锁相放大器的组成部分有 (1) 信号通道部分；(2) 参考通道部分；(3) 相敏检波部分；(4) 相关运算部分。

26. 取样积分器的基本类型有 (1) 测量连续光脉冲信号幅度的稳态测量方式；(2) 测量信号时序波形的扫描测量方式；(3) 测量光脉冲信号幅度的动态测量方式。

27. 取样积分器在光脉冲的测量中比锁相放大器的信噪比改善 (1) 更好；(2) 更差。

取样积分器的信噪比改善，随取样次数 N 的增大而（1）降低；（2）提高。

28. 光子计数系统的基本类型有（1）基本的光子计数系统；（2）辐射源补偿的光子计数系统；（3）背景补偿的光子计数系统。

29. 光子计数系统提供数字输出用否 A/D 转换（1）用 A/D；（2）不用 A/D。

光子计数系统适于（1）极弱光的测量；（2）许多光子的短脉冲强度测量。

30. 光学传递函数检测技术是一种新型的（1）像质评价的光电检测方法；（2）信号频谱分析方法。

光学信号和系统的频谱分析和电信号系统的不同之处在于光学信号是（1）二维空间的光强分布；（2）一维时间的时序分布。

31. 光学成像系统的分析可在（1）空间域中进行；（2）空间频域中进行；（3）时间频域中进行。

32. 光学传递函数检测装置需包含的基本环节有（1）光学目标发生器；（2）目标像检测器；（3）目标像频谱分析器；（4）目标像扫描器。

33. 光学传递函数检测方法的基本类型有（1）光学傅里叶分析法；（2）电学傅里叶分析法；（3）光电傅里叶分析法；（4）扫描调制法。

34. 视频图像检测技术是将摄影机捕捉到的图像信号通过各种处理方法，实现（1）对目标的大小与形状；（2）目标的距离；（3）目标的亮度与色度；（4）目标的运动方向和速度；进行定量的采集、分析，并将其数据化的技术。然后在此基础上，实现对目标的准确判定（即识别）或自动跟踪等。

35. 视频图像检测技术已广泛应用于（1）产品检测；（2）生物和医学图像分析；（3）机器人引导；（4）遥感图像分析；（5）生物识别；（6）国防中的目标识别和武器制导；（7）公共场所监测；（8）RFID 识别。

36. 视频图像检测技术集非接触、高速、高智能、高精度、适用范围广等优点于一身，（1）可以精确定量感知物体的大小；（2）感知 X 射线、紫外线、红外线及超声波等不可见光的图像；（3）可以在人无法接近的特殊场合工作；因此，视频图像检测具有广阔的应用前景和巨大的潜力。

37. 视频图像检测系统的基本组成是（1）图像信息的拾取采集与变换部分；（2）图像信息的处理部分；（3）输出显示与记录部分；（4）控制部分；（5）光学系统部分。

38. 扫描成像包括的方式有（1）被测物移动而摄像系统不动；（2）被测物和摄像器件不动而光学系统运动；（3）被测物和光学系统不动而摄像器件运动；（4）被测物和摄像系统均不动。

39. 视频图像检测的最基本方法是（1）光信标法；（2）电信标法；（3）视频脉冲直流分量法。

40. 视频图像检测的光信标法有（1）标尺测量法；（2）光学标卡法；（3）光纤法；（4）脉冲宽度比较法。

41. 视频图像检测的电信标法有（1）用信标脉冲数表示目标所对应的脉冲宽度的方法；（2）直接量化测量法；（3）特征信号取出量化测量法；（4）延迟比较法。

42. 视频图像检测的目标尺寸的测量方法有（1）信标测量法；（2）双摄像机信号比较法；（3）信号重合法；（4）正切计数法。

43. 目标运动参量的视频图像检测有（1）角度参量的测量；（2）目标距离的测量；（3）物体运动速度的测量。

44. 物体运动速度的视频图像测量方法有（1）利用普通电视系统的测速方法；（2）用单行扫描电视法测速；（3）利用扫描电流的非线性测量无限长物体运动速度的方法。

45. 微粒参量的视频图像检测主要是指下述参量的测量（1）微粒数目的多少；（2）微粒按其几何尺寸大小不同的分布状况。

46. 对粒子的计数测量是人类生产、生活中不可缺少的一项测量，主要用于（1）对血液中红细胞的计数，能迅速而有效地判断某些疾病；（2）在煤矿生产中，对煤粉微粒的计数，能在保证安全生产方面起到重要的作用；（3）在矿山及水泥生产中，普遍采用各种破碎机，为了评价产品质量，也需对单位体积内某一尺寸的粒子进行计数；（4）在化学工作中，确定单位质量及单位面积内的粒子数，对于催化剂的效率或决定色素多少都是十分重要的。

47. 常用的粒子计数方法有（1）人工计数法；（2）光电计数法；（3）电视计数法。

48. 视频图像计数法可采用的方法有（1）统计计数法；（2）逐个计数法。

49. 统计计数的方法有（1）缝隙孔径法；（2）计量脉冲总数法；（3）选择最大尺寸法。

50. 为克服视频图像计数法中逐个计数法内两根扫描线同时扫过电子束而不好进行判断的缺陷，目前采用较多的办法有（1）时差容限法；（2）脉冲重叠法。

51. 脉冲重叠法比时差容限法的计数精度（1）高；（2）低。

双目立体视频图像检测系统是（1）主动式三维视频图像检测系统；（2）被动式三维视频图像检测系统。

52. 主动式三维视频图像检测系统是（1）采用将结构光投射到物体表面，通过物体表面的高度不同而对结构光进行调制，从而获得三维信息；（2）采用自然光或普通照明光对物体进行照明。

被动式三维视频图像检测系统是（1）采用将结构光投射到物体表面，通过物体表面的高度不同而对结构光进行调制，从而获得三维信息；（2）采用自然光或普通照明光对物体进行照明。

53. 光纤检测技术的载体是（1）光波；（2）电波；（3）电磁波。

光纤检测技术的媒质是（1）光纤；（2）电线；（3）电缆。

54. 光纤是一种多层介质结构的对称柱体光学纤维，它的组成部分是（1）纤芯；（2）包层；（3）涂覆层；（4）护套层；（5）保护层。

55. 光纤纤芯与包层是光纤的主体，对光波的传播起着决定性作用，纤芯的折射率比包层的（1）小；（2）大。

光纤纤芯的直径一般比包层的直径（1）小；（2）大。

56. 光纤涂覆层的材料一般为硅酮或丙烯酸盐，主要用于（1）隔离杂光；（2）提高光纤的机械强度；（3）保护光纤。

光纤护套的材料一般为尼龙或其他有机材料，主要用于（1）隔离杂光；（2）提高光纤的机械强度；（3）保护光纤。

57. 裸光纤是（1）没有涂覆层和护套的光纤；（2）没有包层、涂覆层和护套的光纤。

光纤的涂覆层比护套（1）薄；（2）厚。

58. 光纤按光纤材料可分（1）石英系光纤；（2）多组分玻璃光纤；（3）氟化物光纤；（4）塑料光纤；（5）液芯光纤；（6）晶体光纤；（7）红外材料光纤；（8）紫外材料光纤。

59. 光纤按传输模式多少可分（1）单模光纤；（2）多模光纤；（3）纵横模光纤；（4）多纵模光纤。

60. 光纤按光纤横截面上折射率的分布可分（1）阶跃型光纤；（2）梯度型光纤；（3）自聚焦或渐变型光纤；（4）突变型光纤。

61. 光纤的数值孔径 NA 是衡量光纤集光性能的主要参数，NA 越大，表示光纤的集光能力（1）越强；（2）越弱。

一般，纤芯和包层的相对折射率差 Δn 越大，将光能量束缚在纤芯的能力（1）越强；（2）越弱。

62. 光纤的连接方式有（1）永久性固定连接；（2）活动连接；（3）微调架连接。

63. 永久性固定连接一般用于（1）线路中光纤与光纤的连接；（2）机器与线路的连接；（3）需要经常拆装的连接。

活动连接一般用于（1）线路中光纤与光纤的连接；（2）机器与线路的连接；（3）需要经常拆装的连接。

64. 永久性固定连接一般有（1）黏结剂连接；（2）热熔接；（3）V 形槽连接。

65. 光纤的耦合，是把光源发出的光功率最大限度地输送进光纤中去，它涉及（1）光源发出的光功率的空间分布；（2）光源发光面积；（3）光纤的收光特性；（4）光纤的传输特性。

66. 光纤的耦合方式有（1）直接耦合；（2）透镜耦合；（3）光纤全息耦合。

67. 光纤的透镜耦合方法有（1）光纤端面球透镜耦合；（2）圆柱透镜耦合；（3）凸透镜耦合；（4）圆锥形透镜耦合；（5）自聚焦光纤的耦合。

68. 传光型光纤传感器主要使用（1）多模光纤；（2）单模光纤。

功能型光纤传感器主要使用（1）多模光纤；（2）单模光纤。

69. 光纤检测中的调制技术分别有（1）强度调制；（2）相位调制；（3）频率调制；（4）偏振调制；（5）波长调制。

70. 强度调制型光纤位移传感器的基本类型有（1）反射式光纤位移传感器；（2）遮光式光纤位移传感器；（3）微弯损耗式光纤位移传感器；（4）辐射损耗式光纤位移传感器；（5）光弹效应式光纤位移传感器。

71. 相位调制型光纤位移传感器的基本类型有（1）迈克尔逊光纤干涉仪型位移传感器；（2）马赫-曾德光纤干涉仪型位移传感器；（3）萨格纳克光纤干涉仪型位移传感器；（4）法布里-珀罗光纤干涉仪型位移传感器。

72. 相位调制型光纤温度传感器最为典型的有（1）马赫-曾德光纤干涉仪型温度传感器；（2）法布里-珀罗光纤干涉仪型温度传感器；（3）折射率变化的光纤温度传感器。

73. NFF 型光纤温度传感器有（1）半导体光吸收型光纤温度传感器；（2）马赫-曾德光纤干涉仪型温度传感器；（3）法布里-珀罗光纤干涉仪型温度传感器；（4）折射率变化的光纤温度传感器。

74. FF 型光纤温度传感器有（1）半导体光吸收型光纤温度传感器；（2）马赫-曾德光纤干涉仪型温度传感器；（3）法布里-珀罗光纤干涉仪型温度传感器；（4）折射率变化的光

纤温度传感器。

75. 光纤压力传感器的基本类型有（1）强度调制型光纤压力传感器；（2）相位调制型光纤压力传感器；（3）偏振型光纤压力传感器；（4）单光纤干涉仪型光纤压力传感器。

76. 用光纤检测表面粗糙度是以光在粗糙度表面的什么理论为基础（1）散射理论；（2）反射理论；（3）衍射理论。

77. 光纤表面粗糙度检测技术的优点是（1）结构简单；（2）测量省时；（3）精度高；（4）能实现快速自动测量。

11.2 问答题

1. 什么是光电测绘技术？为什么说现代测绘技术是光电测绘技术？

2. 什么是光电准直？有哪几类激光准直的方法？

3. 试述波带板激光准直的原理及应用？

4. 什么是激光经纬仪？与光学经纬仪相比有何优点？

5. 什么是光电测距？有哪几类光电测距的方法？

6. 试述脉冲激光测距仪的工作原理以及提高测量精度的途径？

7. 试述相位激光测距仪的工作原理以及提高测量精度的途径？

8. 什么是脉冲—相位测距？试述这种测距仪的工作原理？

9. 什么是光电测角？有哪几类光电测角的方法？

10. 试述绝对式光电编码度盘测角原理及应用？

11. 试述增量式光电编码度盘测角原理及应用？

12. 有几种角度的光电测微方法？哪些是属增量式的光电测微？哪些是属绝对式的光电测微？

13. 什么是弱光信号检测技术？目前有哪几种主要方法？

14. 什么是锁相放大器？试述用锁相放大器检测弱光信号的原理？

15. 什么是取样积分器？试述用取样积分器检测弱光信号的原理？

16. 用什么可进行光子计数？试述用光子计数系统检测弱光信号的原理？

17. 什么是光学传递函数 OTF？为什么说 OTF 的检测在光电信号变换与检测技巧上有典型意义？

18. 检测 OTF 的装置需哪些最基本的环节？

19. 试述利用扫描调制法检测 OTF 的原理？

20. 试述光电傅里叶分析 OTF 测试仪的原理？

21. 绘图说明光学传递函数的测试原理与方法。为什么说线阵 CCD 图像传感器出现为光学传递函数的测试带来了极大的方便？

22. 什么是视频图像检测技术？为什么说它具有广阔的应用前景和巨大的潜力？

23. 视频图像检测系统的组成如何？试说明各部分的作用？

24. 视频图像检测系统如何分类？有哪几类？

25. 视频图像检测的基本方法有哪些？各有何特点？

26. 什么是光信标法？具体方法有哪些？有何特点？

27. 什么是电信标法？具体方法有哪些？有何特点？

28. 除光信标法与电信标法外，还有哪些基本的检测方法？有何特点？

29. 试述目标几何尺寸的测量法？各有何特点？
30. 试述目标面积的测量原理？有何特点？
31. 试述目标周长的测量原理？有何特点？
32. 什么是目标运动参量？如何进行视频图像检测？
33. 物体运动速度的视频测量有哪些方法？各有何特点？
34. 什么是微粒参量？为什么要进行微粒参量的视频图像检测？
35. 常用的微粒粒子计数方法有哪些？各有何特点？
36. 视频图像微粒粒子计数法有哪些？各有何特点？
37. 统计计数法有哪些？试以计量脉冲总数法为例，说明统计计数法的计数原理？
38. 试述逐个计数法的原理？有何不足之处？如何解决？
39. 试述一维尺寸视频图像检测的原理？有何优点？
40. 试述二维尺寸视频图像检测的原理？有何特点？
41. 什么是三维尺寸视频图像检测？试述其检测原理？
42. 三维尺寸视频图像检测有几类？各有何特点？
43. 什么是双目立体视频图像检测？试述其检测原理？
44. 试述光纤的结构和传光原理？
45. 什么是单模光纤和多模光纤？各有何特点？
46. 光纤有何特点？有哪些用途？
47. 光纤与光纤的连接有哪些方法？各有何特点与用途？
48. 光纤与光源耦合前需对光纤作何处理？如何处理？
49. 光纤与光源的耦合有哪些方法？各有何特点？
50. 透镜耦合有哪些方法？各有何特点？
51. 什么是光纤全息耦合？有何特点？
52. 与传统的检测技术相比，光纤检测技术有什么优点？用于何处？
53. 试述光纤在检测系统中的作用？FF 型与 NFF 型各有何特点？
54. 光纤检测中有哪些调制技术？各有何特点？
55. 强度调制型光纤位移传感器有哪些？各有何特点？
56. 试述反射式强度调制型光纤位移传感器的工作原理？实际应用注意哪些问题？
57. 什么是 Y 形光纤传传感器？可用来作些什么检测？
58. 相位调制型光纤位移传感器有哪些？各有何特点？
59. 相位调制型光纤温度传感器有哪些？各有何特点？
60. 哪些是 FF 型与 NFF 型光纤温度传感器？各有何特点？
61. 试述半导体光吸收型光纤温度传感器的组成及工作原理？
62. 试述强度调制型光纤压力传感器的组成及工作原理？
63. 试述相位调制型光纤压力传感器的组成及工作原理？
64. 试述单光纤偏振干涉型光纤压力传感器的组成及工作原理？
65. 用光纤检测表面粗糙度有何优点？试述其检测原理？
66. 试述如何应用光电信息变换技术测量工件的表面粗糙度？试设计一系统？
67. 试述实用的表面粗糙度光纤检测系统的组成？如何进行在线定标？

11.3 计算题

1. 已知波带板激光准直仪的点光源到波带板的距离 p 为 10m，波带板至点光源影像的距离 q 为 1m，试求波带板的焦距 F 为多少？

2. 当波带板中心相对于光源中心和坐标中心的连线偏移一段距离 δ 为 5mm 时，则波带板所形成的像点中心将向同一方向偏移 Δ 为多少？

3. 已知波带板激光准直仪的激光波长 λ 为 632.8nm，光束在透镜上的光斑半径 r_0 为 3mm，聚焦光点的半径 r'_0 为 0.5mm，试求透镜焦距 f 为多少？

4. 波带板激光准直仪采用圆形波带板，其点光源选择的透镜焦距为 8mm，试求 s 为点光源至最近的波带板的距离 s 为多少米？

5. 设波带板激光准直仪的圆形波带板的第 3 个半周期带的半径 R_n 为 30mm，若激光波长 λ 为 632.8nm，试求波带板焦距 F 为多少？

6. 由于脉冲激光测距仪的精度基本上取决于测距系统总的时间分辨率 Δt。若 Δt 为 6.7ns，而与脉冲前沿的持续时间相当，试求其测距误差 Δt 为多少？

7. 相位法激光测距是间接地测定调制光波经过时间 t 后产生的相位移 φ 而求得被测距离 D 的，设 D 为 10km，调制频率 f 为 60MHz，试求其相位移 φ 为多少？

8. 设相位法测距仪的测相误差 $\Delta\varphi=\pm 1°$，当调制频率 $f=10\text{MHz}$ 时，测相精度 $\Delta D\approx \pm 4\text{cm}$；当 $f=1000\text{MHz}$ 时，测相精度 ΔD 为多少 mm？

9. 设等效噪声带宽 $\Delta f_e=0.0083\text{Hz}$，若中心频率 f_r 为 100MHz 时，试求品质因数 Q 为多少？

10. 由于锁相放大器有良好的改善信噪比的能力，因而将锁相放大器的输出信噪比与输入信噪比的比称为信噪比改善。设输入的噪声带宽 $\Delta f_i=10\text{kHz}$，输出的噪声带宽 $\Delta f_0=0.25\text{Hz}$ 时，求锁相放大器的信噪比的改善为多少？是多少 dB?

11. 对于单次取样的积分器，若其信噪比改善为 200 倍，当输入的噪声带宽为 100kHz 时，试求：

（1）输出的噪声带宽为多少？

（2）对于 16 次取样的积分器，若单次取样信噪比为 SNR_1 为，试求 16 次取样的信噪比 SNR_{16} 为多少？

12. 光子脉冲由计数器累加计数，这是一个可预置的减法计数器。事先由预置开关置入计数值 N 为 1000，设时钟脉冲频率 R_C 为 100kHz，试求计时器预置的计数时间 t 是多少？

13. 转鼓的线性扫描，完成了信号的空间-时间变换，设转鼓转速 n 为 10cm/s，半径 r 为 10cm，试求鼓面上的线速度为多少？

14. 当图像测量系统荧光屏对角线尺寸 $D=355.6\text{mm}$（14 英寸管①），摄像器件成像面对角线尺寸 $d=15.86\text{mm}$ 及光学镜头的焦距为 $F=50\text{mm}$ 时，试求出目标物距 L 为多少？

15. 某图像测量系统监视器荧光屏上实际测得的像高 $D_y=6\text{mm}$，电视图像系统的放大率 $N=30$，目标物距 L 为 60m，光学镜头的焦距为 $F=50\text{mm}$ 时，可求出物体的高度 Y 为多少？

---

① 1英寸=25.4毫米

16. 某图像测量系统所用摄像器件1英寸的摄像管，其水平有效扫描尺寸 $X=12.7\text{mm}$，若水平有效扫描期间所占的量化脉冲的总数 N_x 为2000，目标所相应的脉冲宽度内所占的量化脉冲数 n_x 为900，目标物距及所用透镜的焦距分别为20m及8mm时，试求目标物体在水平方向上尺寸 x 为多少？

17. 正切计数法测量长度的系统如图11－1所示。摄像机光轴垂直于物体所在的平面，且离此平面的距离为 $L=0.1\text{mm}$，测量时，需沿物体长度方向转动摄像机，使物体A端面成像于荧光屏的光栅中心处，其偏转角 $\alpha=40°$，然后使摄像机转向被测物体的右端，又使B端面成像于荧光屏上光栅的中心处，偏转角 $\beta=60°$，试求出被测物体的长度？

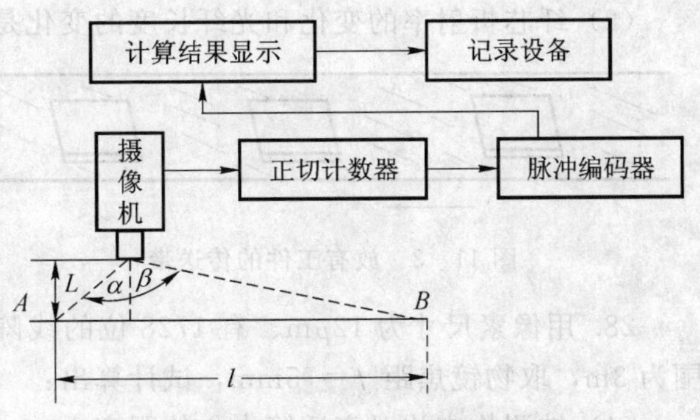

图11－1 正切计数法测长系统

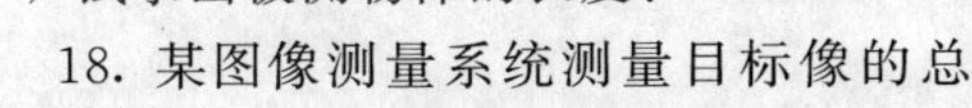

18. 某图像测量系统测量目标像的总面积 $A=4\text{mm}^2$，透镜的焦距 $F=25\text{mm}$，物距 $L=30\text{m}$，试求出目标物体的面积 A_W 为多少？

19. 某图像测量系统测量目标像的总面积 $A=3\text{mm}^2$，目标物体的面积 $A_W=9\text{m}^2$，若透镜的焦距 $F=25\text{mm}$，试求出目标物体的距离 L 为多少？

20. 用图像测量系统测出法向速度（即沿光轴的速度）$v_{IN}=3\text{m/s}$，切向速度 $v_{IT}=4\text{m/s}$，试求出目标的瞬时速度 v 为多少？

21. 用像素间距为 $5\mu\text{m}$ 的5000像元线阵CCD检测物体的尺寸，该物体经放大倍数 $M=10$ 的物镜成像于线阵CCD上，试求出物体的尺寸 L？并写出物体尺寸公式？

22. 用像素间距 P 为 $10\mu\text{m}$ 的面阵CCD进行检测，对于 R_s 为 $0.1\mu\text{m}$ 的表面，其取样长度 l 为0.25mm。若光学系统的放大倍数为 $M=8$，试求：

（1）在CCD光敏面处，一个取样长度被放大为 $L=$？

（2）在取样方向上的CCD的像元数 N 应该为多少？

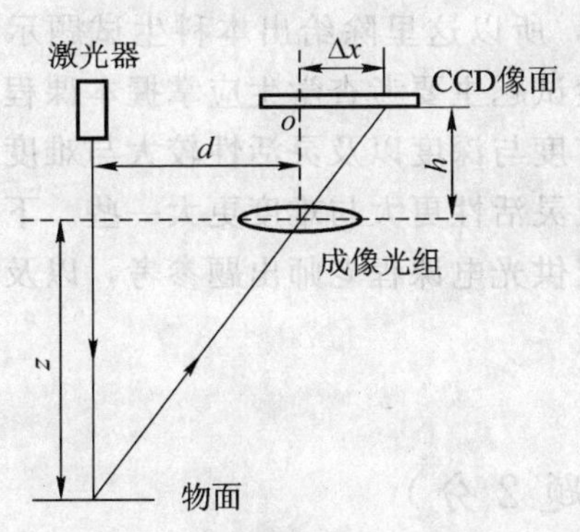

图11－2 激光三角法原理图

23. 主动式三维视频图像检测系统是基于三角法测量原理，如图11－2所示。设光点偏移量 $\Delta x=10\mu\text{m}$，CCD成像面与透镜距离 $h=5\text{mm}$，激光器与透镜中心距离 $d=80\text{mm}$，试求与物面的空间深度 z（即透镜中心与物面的距离）为多少？

24. 已知一光纤中纤芯的折射率为 n_1，包层的折射率为 n_2，试求数值孔径NA为多少？

25. 光纤的耦合，是把光源发出的光功率最大限度地输送进光纤中去。把一根端面的光纤直接靠近光源发光面放置，当NA＝0.24时，试求出：

（1）这种直接耦合效率为多少？

（2）若在光源和光纤端面之间插入一块透镜耦合，当发光面积 S_e 大于光纤接收面积 S_f 时，加透镜有没有用？其耦合效率是否比直接耦合效率高？为什么？

（3）当发光面积 S_e 小于光纤接收面积 S_f 时，加透镜有没有用？其耦合效率是否比直接耦合效率高？为什么？

26. 当波长为$\lambda_0=632.8$nm 的光入射到长度为$L=1$km 的光纤时，若以其入射端面为基准，试求出：

（1）出射光的相位为多少？

（2）纤芯折射率的变化和光纤长度的变化是否会引起光波相位的变化？为什么？

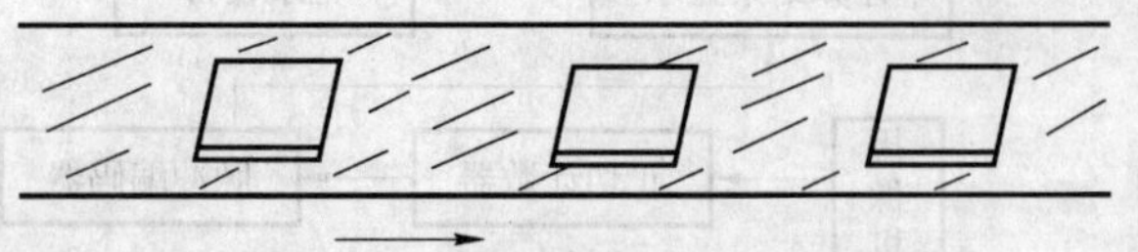

图 11-3　放有工件的传送带

27. 如图 11-3 所示，某生产线上的一传送带上有工件运行，现要求用光纤传感器实现对工件的自动控制计数，试给出设计方案，画出原理图，并加以说明。（传送带与工件材料不同）

28. 用像素尺寸为 12μm、有 1728 位的线阵 CCD 进行图像尺寸检测，设被测物最大范围为 3m，取物镜焦距$f=75$mm，试计算出：

（1）被测物应放置离透镜中心的距离L？

（2）最小可测的尺寸值？

29. 某一光电检测电路中的光电倍增管的负载电阻$R_L=1\text{M}\Omega$，并联杂散电容为 25pF。现将光电倍增管和噪声等效带宽为 0.01Hz 的锁相放大器相连接，试计算其信噪比改善？

30. 有一采用 He-Ne 激光器作光源的光纤温度传感器，若石英玻璃光纤的热膨胀系数为 0.5/℃，折射率为 1.456，且折射率的温度系数为10^{-5}/℃，试计算在 1m 长光纤上温度变化 1℃时，干涉条纹移动的数目？

第 12 章　光电检测技术试题

光电技术与光电检测技术试题，可根据各学校各专业重点要掌握的知识中，从前面各章习题中选取。题目名称可同前面一样，或变换形式内容一样，或几题综合一大题等。由于《光电检测技术》教材虽主要是本科生的教材，有的学校也列入了硕士研究生的教材，因而很多学校均将本教材列入了硕士与博士生入学考试书目，所以这里除给出本科生试题示例外，也给出了硕士生与博士生入学考试试题示例。本科生试题主要考查学生应掌握本课程的基本的重点的基础知识；硕士生入学题则选一部分知识广度与深度以及灵活性较大与难度大一些的题；博士生入学题则有一部分知识广度与深度以及灵活性更大与难度更大一些。下面就分别举出作者过去命过题的各层次具体的试题实例，仅供光电课程老师出题参考，以及各层次学生应试参考。

12.1　本科生试题

一、选择题（20 分，每题 2 分）

（在你认为对的题号上打√，有几个对，就打几个）

1. 频率特性好、线性好的光电探测器件有（1）PMT；（2）光敏电阻；（3）光电池；（4）光电二极管；（5）光电三极管。

2. 光敏电阻一般采用（1）P 型材料；（2）N 型材料；（3）E_g 较大材料；（4）E_g 较小材料。

3. 零偏的器件有（1）光敏电阻；（2）光电池；（3）光电二极管；（4）光电三极管；（5）热电偶；（6）热释电探测器件。

4. 光电二极管工作在（1）正偏压；（2）反偏压；（3）零偏压。

发光二极管工作在（1）正偏压；（2）反偏压；（3）零偏压。

5. 2DU 型光电二极管的引脚是（1）二支；（2）三支；（3）四支。

3DU 型光电三极管的引脚是（1）二支；（2）三支；（3）四支。

6. 杂质光电导比本征光电导（1）强；（2）弱；（3）差不多。

发射光电子的最大动能与光强（1）成正比；（2）成反比；（3）强；（4）弱。

7. CCD 的工作频率越高，其电荷转移损失率越（1）高；（2）低；（3）不变。

三相 CCD 的一位，代表电荷转移的栅电极是（1）一个；（2）二个；（3）三个；（4）四个。

8. 聚焦型 PMT 的电子渡越时间散差 Δt 比非聚焦型 PMT 的（1）大；（2）小；（3）相同。

PMT 的主要噪声是（1）热噪声；（2）散粒噪声；（3）$1/f$ 噪声；（4）光子噪声。

9. CMOS 图像传感器比 CCD 的暗电流（1）大；（2）小；（3）差不多。

CMOS 图像传感器比 CCD 抗晕光及拖尾能力（1）好；（2）差。

10. 激光的产生是（1）电子与空穴复合发光；（2）受激辐射。

要产生激光，必须使总发射比总吸收（1）大；（2）小；（3）一样。

二、问答题（35 分）

1. 2CU 型光电二极管与 2DU 型光电二极管有何区别？（4 分）

2. 试述热释电探测器件的结构及工作原理？（6 分）

3. 为什么说光电耦合器件的抗干扰强？（4 分）

4. 试述影响 SCCD 转移效率的原因及提高的方法？（6 分）

5. 试述发光二极管的发光原理？其发光波长与什么因素有关？（4 分）

6. 什么是激光的阈值？影响阈值有哪些因素？（6 分）

7. 什么是噪声等效带宽 Δf_e？其物理意义何在？（5 分）

三、计算题（45 分）

1. 有一光敏面积为 $3mm^2$ 的光电二极管，其输出电流为 20μA，电流灵敏度为 2μA/μW，总的噪声电流为 2nA，若测量系统带宽为 2Hz 时，试求探测率 D 与比探测率 D^*？（7 分）

2. 已知一光电控制继电器开关电路中的光敏电阻的灵敏度为 0.2mA/lx，开关晶体管 3DK4 的电流放大倍数 $\beta=100$，而继电器的吸合电流为 20mA，试求：

（1）继电器吸合动作时，光敏电阻所需的照度 E_v 为多少 lx？（3.5 分）

（2）试画出这一光电控制继电器开关电路？（3.5 分）

3. 某 PMT 的阳极灵敏度 $S_a=50$A/lm，其阳极电流 I_a 要求限制在 200μA 内，试求：

（1）阴极面上最大允许的光通量为多少？（3 分）

（2）若该 PMT 有 10 个倍增极，其电子收集效率均为 1，而其二次发射系数 δ 均为 8，试求出该 PMT 的放大倍数 M？（3 分）

(3) 若该 PMT 接收持续时间为 2μs 的光脉冲，当电源电压的稳定度为 0.01%时，求 PMT 的总增益的稳定度为多少？(3 分)

(4) 若该 PMT 各分压电阻上的极间电压为 100V 时，求其最后三级分压电阻上并联的三个电容值 C_1，C_2，C_3 各为多少？(6 分)

4. 若光电检测输入电路的负载电阻 $R_L=60\text{k}\Omega$，要使其噪声等效带宽 Δf_e 为 30Hz，求：

(1) 需并联多大的电容器？(3 分)

(2) 该电路的时间常数是多少？(3 分)

(3) 该电路的上限截止频率是多少？(3 分)

5. 有一输出电流为 200μA 的光电二极管，它与 $U_b=90$V 的电源组成检测电路，若输入光通量 $\Phi_1=4\times10^{-5}$lm 时的伏安特性曲线拐点电压 U_2 为 60V，试求：

(1) 负载线建立在线性区内的最大输出电压时的负载电阻 R_L？(3.5 分)

(2) 当入射光通量 Φ_1 缓慢地变化到 $\Phi_2=2.5\times10^{-5}$lm 时，求输出电压的变化量 ΔU 变化了多少？(3.5 分)

12.2 硕士研究生入学试题

一、选择题 (20 分，每题 2 分)

(在你认为对的题号上打√，有几个对，就打几个)

1. 无暗电流 I_d 的光电器件有 (1) PMT；(2) 光敏电阻；(3) 光电池；(4) 光电二极管；(5) 光电三极管；(6) 热电偶；(7) 热释电探测器件；(8) 热敏电阻。

2. 光谱响应范围宽的光电探测器件有 (1) PMT；(2) 光敏电阻；(3) 光电池；(4) 光电二极管；(5) 光电三极管。

3. 3CU 型光电三极管属于 (1) PNP 型；(2) NPN 型；(3) PN 结型；(4) MOS 型。

3DU 型光电三极管属于 (1) PNP 型；(2) NPN 型；(3) PN 结型；(4) MOS 型。

4. 测光电器件或电路的频率特性需输入 (1) 正弦波；(2) 方波；(3) 锯齿波；(4) 钟形波。

测光电器件或电路的时间特性需输入 (1) 正弦波；(2) 方波；(3) 锯齿波；(4) 钟形波。

5. 硅 CCD 正面光照时的光谱响应灵敏度最差的是 (1) 绿光；(2) 黄光；(3) 蓝光；(4) 紫光；(5) 橙光。

n 型沟道 CCD 比 p 型沟道 CCD 的工作频率 (1) 高；(2) 低；(3) 差不多。

6. 与硅光电接收器件波长配对使用的发光二极管最好是 (1) GaP；(2) GaAs；(3) GaAlAs。

半导体硅的光谱响应范围是 (1) 0.3～1.1μm；(2) 0.4～1.1μm；(3) 0.3～1.2μm；(4) 0.4～1.2μm。

7. 可实现最短的快门时滞的图像传感器是 (1) CCD；(2) CMOS；(3) LBCAST。

具有瞬时启动功能最好的图像传感器是 (1) CCD；(2) CMOS；(3) LBCAST。

8. 动态范围大的 CMOS 图像传感器是 (1) CMOS - PPS；(2) CMOS - APS；(3) CMOS -DPS。

工作速度最快的CMOS图像传感器是（1）CMOS－PPS；（2）CMOS－APS；（3）CMOS－DPS。

9. 激光器中功率最高的是（1）半导体激光器；（2）气体激光器；（3）液体激光器；（4）固体激光器。

有直接调制能力的激光器是（1）半导体激光器；（2）气体激光器；（3）液体激光器；（4）固体激光器。

10. 光纤激光器比其他激光器的能量转换效率（1）高；（2）低；（3）一样。

光纤激光器比其他激光器的激光阈值（1）高；（2）低；（3）不相上下。

二、问答题（35分）

1. 光电导的弛豫时间与光强有没有关？为什么？弛豫时间与载流子寿命有何区别？（5分）

2. 背面光照与正面光照的硅CCD的光谱曲线有何不同？为什么？（4分）

3. 一个器件、电路或仪器的最高截止频率与什么因素有关？试述提高上限截止频率的方法？（4分）

4. 什么是等效噪声输入ENI？什么是噪声等效功率NEP？探测时一般需输入光通量Φ_{in}为NEP的多少倍？能否探测到小于NEP的辐射功率信号？为什么？（6分）

5. 光电池接反偏电压使用时，会带来哪些优缺点？（5分）

6. 试述CMOS图像传感器的总体结构及工作原理？并绘出原理框图？（6分）

7. 试述白光LED的原理？为什么说白光LED灯是节能和环保的？（5分）

三、计算题（45分）

1. 某光电倍增管的阳极电流灵敏度为$S_a=100\text{A/lm}$，当阴极面上输入的光通量为$5\times10^{-6}\text{lm}$时，试求：

（1）阳极电流I_a为多少μA？（2分）

（2）若该光电倍增管的阴极电流灵敏度为$S_k=50\mu\text{A/lm}$，求该管的放大倍数M？（2分）

（3）若各倍增极为同一材料制成，其二次发射系数δ均为5，设电子收集效率均为1，试求出该PMT有多少个倍增极？（2分）

（4）若该PMT的负载电阻$R_L=50\Omega$，当接收上升时间为30ns的光脉冲时，求其最高的工作频率为多少？（2分）

（5）当该PMT工作在上一问求出的最高工作频率时，若PMT输出端接1m长的同轴电缆，问这时负载电阻R_L应选多大？（2分）

（6）若该PMT接收持续时间为3μs的光脉冲，当PMT的总增益的稳定度为0.1%时，求PMT的电源电压的稳定度为多少？（2分）

（7）若该PMT上各分压电阻上的极间电压为100V时，求其最后三级分压电阻上并联的三个电容值C_1，C_2，C_3各为多少？（3分）

2. 某三相线阵CCD有2048位光敏元，若光敏元中心间距为8μm，求：

（1）该线阵CCD光敏阵列总长度为多少？（2分）

（2）该线阵CCD有多少个栅电极？（2分）

(3) 当少数载流子寿命为10^{-6}s，两电极间电荷包转移的时间为5×10^{-8}s时，求出该线阵CCD的时钟频率的上、下限？(3分)

(4) 若该CCD的转移损失率为10^{-5}，试计算出转移效率为多少？(2分)

3. 有一内阻为100Ω，工作面积为$4mm^2$的热释电探测器件，当接一输入电阻为1kΩ的放大器时，若放大器输入端电压为1V，该器件的温度变化率为2℃/s，求该器件的热释电系数P为多少？(6分)

4. 某光电二极管的结电容为5pF，要求带宽为10MHz，试求：

(1) 允许的最大负载电阻为多少？(2分)

(2) 已知玻尔兹曼常数$k=1.38\times10^{-23}$J/K，若输出信号电流为10μA，当只考虑电阻的热噪声时，求室温（$T=300$K）时信号电流与噪声电流有效值之比？(3分)

(3) 若该光电二极管的电流灵敏度为0.6A/W，试求其噪声等效功率NEP？(2分)

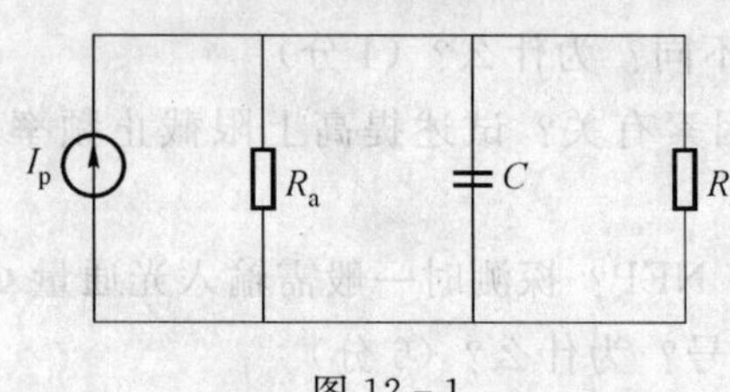

图12-1

5. 某PMT的阳极电流灵敏度$S_a=15$A/lm，阳极与末级倍增极间电压为100V，总分布电容$C=5$pF，用此管检测输入光通量$\Phi_v=10+5\sin\omega t$（μlm）的光信号，这时曲线的拐点电压$U_M=60$V，要求管子工作在线性区，并满足负载R_L获得最大功率（PMT的等效电路如图12-1所示），试计算出：

(1) 获得最大电压输出时的R_a与R_L值？(3分)

(2) 输出电压的幅值U_m与有效值U？(3分)

(3) 该PMT的最高上限截止频率？(2分)

12.3 博士研究生入学试题

一、选择题（20分，每题2分）

（在你认为对的题号上打√，有几个对，就打几个）

1. 响应速度快、线性好的光电探测器件有 (1) PMT；(2) 光敏电阻；(3) 光电池；(4) 光电二极管；(5) 光电三极管。

2. 图像扫描的方法是一种 (1) 时间域—空间域转换；(2) 空间域—时间域转换；(3) 空间频率域—时间频率域转换；(4) 空间频率域—时间域转换。

图像显示的方法是一种 (1) 时间域—空间域转换；(2) 空间域—时间域转换；(3) 空间频率域—时间频率域转换；(4) 空间频率域—时间域转换。

3. 不能用万用表检查的光电器件是 (1) 光敏电阻；(2) 光电池；(3) 光电二极管；(4) 光电三极管；(5) 热电偶；(6) 热释电探测器件。

帧传输结构面阵CCD的光照 (1) 只能正面；(2) 只能反面；(3) 可以正、反面。

4. 确定扫描变换前后图像空间尺寸的比例因素是 (1) 灰度变换因子；(2) 坐标变换因子。

为保持图形的几何失真和灰度失真，要求坐标与灰度变换因子是 (1) 时间不变；(2) 空间不变。

5. 电子技术研究的信息传送变换是 (1) 时间域⟺时间频率域；(2) 空间域⟺空间频率域；(3) 时间域⟺时间频率域

⇓　　　　⇓

空间域⟺空间频率域

光学技术研究的信息传送变换是（1）时间域⟺时间频率域；（2）空间域⟺空间频率域；（3）时间域⟺时间频率域

⇓　　　　⇓

空间域⟺空间频率域

6. 光电技术研究的信息传送变换是（1）时间域⟺时间频率域；（2）空间域⟺空间频率域；（3）时间域⟺时间频率域

空间域⟺空间频率域

激光的出现，使光的亮度有了（1）成亿倍的提高；（2）成千万倍的提高；（3）成百万倍的提高。

7. 双频光相干的差频检测的类型有（1）自差式光学差频检测；（2）互差式光学差频检测；（3）外差式光学差频检测；（4）外差检测干涉仪。

8. 使激光器的阈值电流达到了亚毫安的材料是（1）硅材料；（2）量子阱超晶格材料；（3）半导体超晶格材料。

用量子阱结构做成的垂直腔面发射激光器可使得在 $1cm^2$ 的芯片上制作激光器达（1）1万个；（2）10 万个；（3）100 万个；（4）1000 万个。

9. 利用光子晶体能否实现无阈值激光振荡（1）能；（2）不能。

光子晶体光纤产生的宽带超连续谱可获得超高分辨率的层析成像，对生物组织层析成像纵向分辨率达（1）$0.08\mu m$；（2）$1.3\mu m$；（3）$1.5\mu m$；（4）$2\mu m$。

10. 可见光的波长范围是（1）300～700nm；（2）350～780nm；（3）380～780nm。

本征硅的光谱响应范围是（1）300～1200nm；（2）400～1300nm；（3）400～1100nm。

二、问答题（35 分）

1. 什么是极限分辨率？有哪两种表示方法？相互如何转换？(5 分)

2. 光电探测器件与热电探测器件各有何特点？试说明热释电探测器件的工作原理？(6 分)

3. 光电信号的变换有哪些基本形式？试分别说明各种变换形式的简单应用？(6 分)

4. 什么是 SCCD 与 BCCD？它们各有何特点？(4 分)

5. 光纤与光源的耦合有哪些方法？各有何特点？(4 分)

6. 什么是 Y 形光纤传传感器？可用来作些什么检测？试利用 Y 形光纤传传感器设计一光纤粗糙度检测系统？(6 分)

7. 什么是视频图像检测技术？为什么说它具有广阔的应用前景和巨大的潜力？(4 分)

三、计算题（45 分）

1. 现有一个 11 级倍增极的光电倍增管，试求：

（1）画出具有 11 级倍增极、1200V 负高压供电、均匀分压的光电倍增管的工作原理图，分别写出各部分的名称，并标出阳极电流、阴极电流及分压器电流的方向？(5 分)

(2) 若该倍增管的阴极有效面积为 $2cm^2$，阴极灵敏度为 $20\mu A/lm$，阴极入射光照度为 0.1lx，且各倍增极的二次发射系数均等于 4，光电子收集率为 98%，各倍增极电子收集率为 95%，试计算该管的放大倍数和阳极电流？(4 分)

(3) 试设计输出信号电压为 200mV 的前置放大电路？求出放大器的有关参数？并画出其原理图？(6 分)

2. 已知 2CR 太阳能光电池参数为 $U_{oc}=0.54V$，$I_{sc}=50mA$，要求设计一能向设备提供 0.5A、6V 的太阳能光电池的蓄电池充电电路。若 24h 中仅有 12h 的太阳光照，光电池正好得出前述的 U_{oc} 与 I_{sc} 值，试求出：

(1) 需要这种 2CR 太阳能光电池的单元总数为多少？(3 分)

(2) 画出这种太阳能光电池的蓄电池充电电路图？(3 分)

3. 某三相线阵 CCD 有 2048 位光敏元，若光敏元中心间距为 $10\mu m$，试求：

(1) 该线阵 CCD 光敏阵列总长度为多少？(2 分)

(2) 用此 CCD 作一尺寸测量系统，设待测物尺寸小于线阵 CCD 光敏阵列总长度，试作出系统光路图与 CCD 输出示意图？并导出待测长度 L 的表达式？(3 分)

(3) 采用本系统进行测量，其最大待测长度 L_{max} 是多少？(2 分)

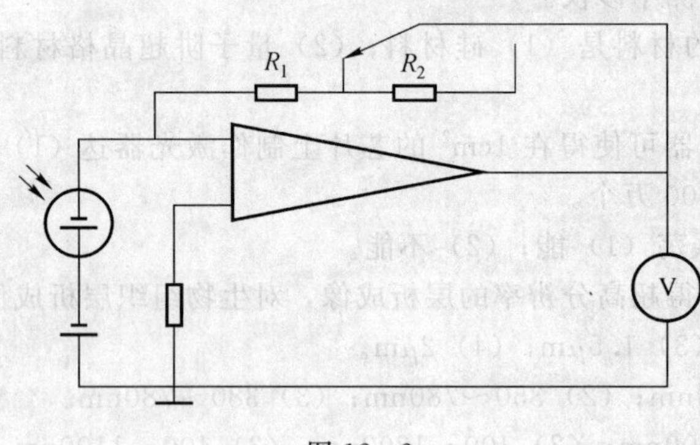

图 12-2

4. 欲设计一个带放大器的照度计，其原理电路如图 12-2 所示。若已知光电池 2CR21 的电流灵敏度为 $S_I=7nA/lx\cdot mm^2$，光敏面积为 $A=25mm^2$，而放大器选用输入阻抗高的由场效应管为前级的运算放大器组成，现拟用量程为 10V 的电压表作照度指示，试计算照度分级为 1000lx 和 100lx 二挡下的反馈电阻 R_1 与 R_2 的值？(7 分)

5. 光电二极管电路与伏安特性如图 12-3 所示，设 $E=10V$，若光二极管的照度 $E=75+75\sin\omega t(lx)$，要使输出电压的变化幅值为 3V，试求：

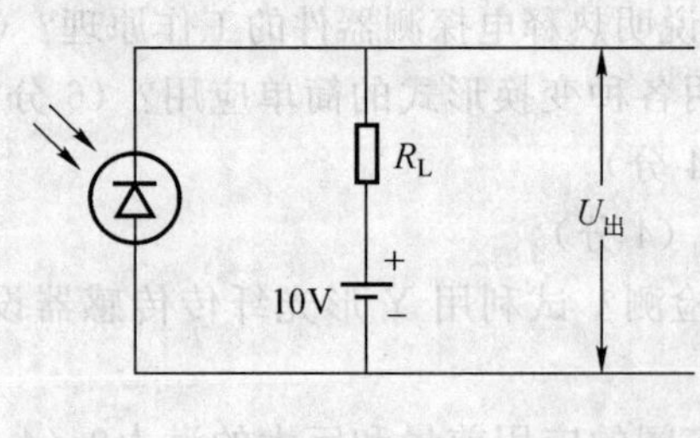

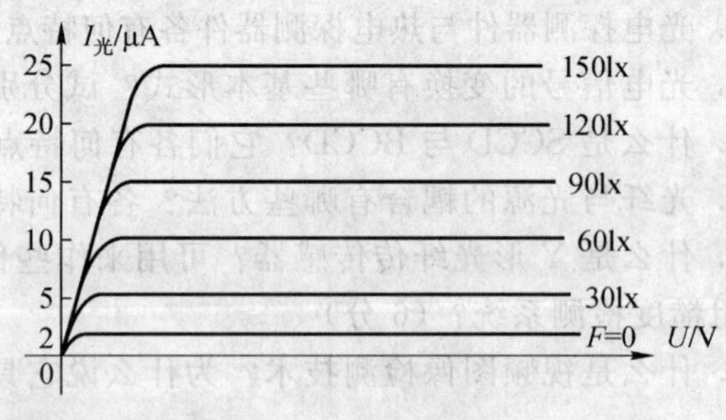

图 12-3

(1) 求 R_L，并作负载线，及电流 I、电压 U 的变化波形。(5 分)

(2) 若后接一放大器，设耦合电容 C 的压降可忽略，而放大器输入电阻 $R_\lambda=100k\Omega$，试作交流负载线及这时输出电压的幅值？(5 分)

第 13 章 部分习题解答与题解示例

本书习题的内容，全部是根据《光电检测技术》一书各章节中的内容编制的。因此，只要认真而仔细地阅读了《光电检测技术》书，都可以找到选择题与问答题的答案，其目的是为了加深理解与巩固所学的知识，培养积极思维，善于动脑提问和解决问题的独立工作的能力。至于计算题也都是根据各章节中的公式编制的，其目的是为了加深理解、巩固所学的公式，并掌握各基本参量单位之间的变换关系，达到能定量地灵活运用各公式的能力。下面列出部分习题解答，并举出一些习题题解的示例，供读者参考。

13.1 部分习题解答

第 1 章 选择题

1. (1)；(1)；

33. (1)；(2)；

34. (3)；

35. (1)；(2)；(3)；(4)；

第 2 章 计算题

1. E=1250lx；

2. E=115.2lx；

3. λ_0=27.6μm；ΔE=0.0886eV；

28. λ_{01}=1.13μm；；λ_{02}=27.6μm；

37. V_D=0.73V；

38. t≈3ms；

39. g=0.0198S

第 3 章 计算题

5. NEP=0.2pW；

6. D=0.83T/W；D^*=1.18cm·$Hz^{1/2}W^{-1}$；

10. Φ_v=1μlm；

11. δ≈3.3；

12. (1) 0.1%；(2) C_1=1875pF；C_2=568pF；C_3=172pF；

13. f_M=700MHz；

14. R_L=3.18kΩ；

17. P_{min}=1.34nW；

18. E_m=0.5lx；

30. E=200lx；

35. g=0.825μs/lx；

40. R_M=350kΩ；

41. n=150 个；

42. R_L=31.8kΩ；

43. (1) R_L=3.18kΩ；(2) I_s/I_N=1385；(3) NEP=8.69pW；

第 4 章　计算题

1. $P_{min}=0.25\mu W$；

2. $f_M=31.8MHz$；

3. $\Delta T=0.67K$；

11. $P=1100C/m^2\cdot℃$；

23. $U_m=9.4V$；$I_m=0.7mA$；

第 5 章　计算题

3. （1）4096 个；（2）总长度 30.72mm；

4. （1）$f_上\leqslant 6.7MHz$；$f_下\geqslant 0.3MHz$；（2）$\varepsilon=0.1\%$；

5. $f_上\leqslant 1.88MHz$；

6. （1）$f_s=143$ 线对/mm；（2）2500 线对；（3）$f_{max}=72$ 线对/mm；

21. $S/N=33dB$；

第 6 章　计算题

3. $E_g=1.35eV$；

4. （1）$R=162\Omega$；（2）$R=95\Omega$；

6. （1）$\eta_P=0.75lm/W$；（2）$\eta_L=75lm/W$；

13. $I_c=0.6A$；

第 7 章　计算题

1. （1）$U_{oc2}=570.5mV$；$I_{sc2}=61.6mA$；（2）$R_M=6.5\Omega$；（3）$P_{max}=24.6mW$；$\eta=11.2\%$；

2. （1）$R_L=120k\Omega$；（2）$\Delta U=1.8V$；

3. $n=1800$ 片；

4. $\Delta U=3V$；

5. （1）$R_L=980\Omega$；$\Delta U=1V$；（2）$R_L=895\Omega$；$\Delta U=913mV$；

6. $R_1=2k\Omega$；$R_2=214\Omega$；

7. （1）$R_L=261k\Omega$；（2）$U=0.83V$；

8. （2）不考虑 U_{be} 时，$R_L=332\Omega$，$U_L=3.35V$；考虑 $U_{be}=0.7V$ 时，$R_L=262\Omega$，$U_L=2.65V$；

9. （1）$R_a=57k\Omega$；（2）$f_上=279kHz$；

10. $\beta=67$；

11. 当 $\tau_1=10^{-5}s$ 时，$U_L=3mV$，能再现光脉冲的形状；$\tau_2=10^{-1}s$ 时，$U_L=60\mu V$，不能再现光脉冲的形状；

12. （1）$C=0.25\mu F$；（2）$f_上=12.73Hz$；

28. $R_1=57.1k\Omega$；$R_2=514\ k\Omega$；参见 13.2 的题解 4。

30. （1）$R_b=R_L=9M\Omega$；（2）$U_{lm}=6.5V$；$I_{lm}=0.7\mu A$；$P_L=2.3\mu W$；参见 13.2 的题解 1。

31. （1）$U_T=12.9\mu V$；（2）$\Delta f_e=25Hz$；（3）$C=0.1\mu F$；（4）$\tau=10^{-2}s$；$f_上=15.9Hz$；参见 13.2 的题解 2。

32. （1）$U_{lm1}=1.2mV$，能再现光脉冲的形状；（2）$U_{lm2}=24\mu V$，不能再现光脉冲的形状；参见 13.2 的题解 3。

33. W_M （$j\omega$） $=4.3\text{mV/lx}$；$f_{HC}=63.7\text{kHz}$；$f_{LC}=3.2\text{Hz}$；

34. （1） $I_N=2.58\times10^{-8}\text{A}$；（2） $U_N=2.58\times10^{-3}\text{V}$；（3） $S/N=72$；

37. 参见13.2的题解6。

第11章　计算题

28. （1） $L=10.926\text{m}$；（2） $Y_{min}=1.74\text{mm}$；参见13.2的题解5。

13.2 计算题解题示例

题1（7.3中的第30题）　有一2DU型光电二极管，其电流灵敏度 $S_I=0.5\mu\text{A}/\mu\text{W}$，结间电导 $G=0.005\text{S}$，当输入光通量 $\Phi=5\mu\text{W}+3\mu\text{W}\sin\omega t$，曲线转折电压 $U_M=10\text{V}$ 时，若该输入电路与放大器相连，用电源电压 $U_b=40\text{V}$，试求：

（1）取得最大输出功率时的直流偏置电阻 R_b 和放大器输入电阻 R_L？

（2）计算能向放大器提供的电流、电压和功率？

解：（1） $\because S_eE=S_I\Phi$，而 $\Phi_0=5\mu\text{W}$，$\Phi_m=3\mu\text{W}$，由此得

$$R_b=\frac{2(U_b-U_M)}{S_e(E_m+2E_0)+2GU_M}=\frac{2(40-10)}{0.5(3+2\times5)+2\times0.005\times10}=9\text{M}\Omega$$

$\therefore G_b=1/R_b-1/9\text{M}\Omega-0.11\mu\text{S}$

$G_L=G_b+G=0.11+0.005=0.115\text{S}$

$\because$ 输出功率最大时，$R_L=R_b$　$\therefore R_L=9\text{M}\Omega$

（2） $U_{lm}=\dfrac{S_e\cdot E_m}{2\ (G_b+G)}=\dfrac{0.5\times3}{2\ (0.11+0.005)}=6.5\text{V}$（峰值）

$$I_{lm}=\frac{U_{lm}}{R_L}=\frac{6.5}{9\times10^6}=0.7\mu\text{A}\ \text{（峰值）}$$

$$P_L=\frac{G_L}{2}\ (U_{lm})^2=\frac{0.115}{2}\ (6.5)^2=2.3\mu\text{W}\ \text{（有效值）}$$

题2（7.3中的第31题）　某光电检测输入电路的负载电阻 $R_L=100\text{k}\Omega$，电路通频带 $\Delta f=100\text{kHz}$，试计算：

（1）室温(300K)工作时负载电阻上的热噪声电压（玻尔兹曼常数 $k=1.38\times10^{-23}\text{J/K}$）？

（2）若使噪声电压不超过 $U_T=0.2\mu\text{V}$，此时的等效噪声带宽 Δf_e 应为多少？

（3）求出需并联多大的电容器？

（4）求出这一检测输入电路的时间常数和上限截止频率？

解：（1） $\because \overline{U_T}^2=4kTR\Delta f$

$$\therefore U_T=\ (4kTR_L\Delta f)^{\frac{1}{2}}=1.29\times10^{-10}\ \ (R_L\Delta f)^{\frac{1}{2}}$$

$$=1.29\times10^{-10}\cdot(10^5\times10^5)^{\frac{1}{2}}=12.9\mu\text{V}$$

（2） $\Delta f_e=\dfrac{U_T^2}{4kTR_L}=\dfrac{(2\times10^{-7})^2}{1.6\times10^{-20}\times10^5}=25\text{Hz}$

（3） $C=\dfrac{1}{4R_L\Delta f_e}=\dfrac{1}{4\times10^5\times25}=0.1\mu\text{F}$

（4）时间常数 $\tau=R_LC=10^5\times10^{-7}=10^{-2}\text{s}$

$$f_{上}=1/(2\pi R_LC)\ =1/(6.28\times10^{-2})\ =15.9\text{Hz}$$

题3（7.3中的第32题）　有一幅度 $\Phi_m=10^{-4}\text{lm}$、持续时间 $t_u=10^{-4}\text{s}$、重复周期 $T_u=5\times10^{-3}\text{s}$ 的光脉冲序列，若光电检测电路的电压灵敏度 $S_V=12\text{V/lm}$，试求：

(1) 若时间常数 $\tau_1=10^{-5}$s 时输出电压的形式和幅度大小?

(2) 若时间常数 $\tau_2=10^{-1}$s 时输出电压的形式和幅度大小?

解: (1) 若是时间常数 $\tau_1=10^{-5}$s 的电路，则满足 $\tau_1 \ll t_u$ 的条件，因而电路的输出能再现输入光信号的形状。其输出电压的幅度为

$$U_{lm1}=S_V\Phi_m=12\times10^{-4}=1.2\text{mV}$$

(2) 若是时间常数 $\tau_2=10^{-1}$s 的电路，则 $\tau_2 \gg t_u$ 与 $\tau_2 \gg T_u$，因而电路的输出不能再现输入光信号的形状，只能检测光信号的平均值。其幅度为

$$U_{lm2}=S_V\Phi_m t_{u/}t_u=12\times10^{-4}\times10^{-4}/(5\times10^{-3}\text{s})=24\mu\text{V}$$

题 4 (与 7.3 中的第 28 题类似) 欲设计一个带放大器的照度计，其原理电路如图 7-17 所示，只是在 R_2 后再同样串接一个 R_3。已知光电池 2CR21 的电流灵敏度为 $S_I=7\text{nA/lx}\cdot\text{mm}^2$，光敏面积为 $A=25\text{mm}^2$，而放大器选用输入阻抗高的由场效应管为前级的运算放大器组成。现拟用量程为 10V 的电压表作照度指示，试计算照度分级为 1000lx、100lx、10lx 三挡下的反馈电阻 R_1，R_2，R_3 的取值?

解: ∵场效应管为前级的运算放大器的输入阻抗高

∴光电流 I_p 通过反馈电阻 R_f 作负载，于是有

$$U_L=R_fI_p=R_f\times S_I\Phi=R_f\times S_IEA$$

对 1000lx 挡：有 $10\text{V}=R_1\times7\text{nA/lx}\cdot\text{mm}^2\times25\text{mm}^2\times1000\text{lx}$

∴$R_1=57.1\text{k}\Omega$

对 100lx 挡：有 $10\text{V}=(R_1+R_2)\times7\text{nA/lx}\cdot\text{mm}^2\times25\text{mm}^2\times100\text{lx}$

∴$R_1+R_2=571\text{k}\Omega$，因此

$R_2=571\text{k}\Omega-57.1\text{k}\Omega=514\text{k}\Omega$

对 10lx 挡：有 $10\text{V}=(R_1+R_2+R_3)\times7\text{nA/lx}\cdot\text{mm}^2\times25\text{mm}^2\times10\text{lx}$

∴$R_1+R_2+R_3=5714285\Omega=5.7\text{M}\Omega$，因此

$R_3=5714285\Omega-571000\Omega=5.1\text{M}\Omega$

题 5 (11.3 中的第 28 题) 用像素尺寸为 12μm、有 1728 位的线阵 CCD 进行图像尺寸检测，设被测物最大范围为 3m，取物镜焦距 $f=75$mm，试计算出:

(1) 被测物应放置离透镜中心的距离 L?

(2) 最小可测的尺寸值?

解: (1) ∵光学放大倍数 $\beta=\dfrac{f}{L-f}$，设物高为 Y，则像高 $y=\beta Y$。

若已知被测物体最大范围为 Y_{max}，则像方 $y_{max}=\beta Y_{max}$，由此可求出被测物应放置离透镜中心的距离 L

$$\therefore L=f\left(1+\frac{1}{\beta}\right)=f\left(1+\frac{Y_{max}}{y_{max}}\right)=75\text{mm}\left(1+\frac{3\text{m}}{1728\times12\mu\text{m}}\right)=10.926\text{m}$$

(2) $$\beta=\frac{f}{L-f}=\frac{75\times10^{-3}}{10.926-75\times10^{-3}}=\frac{0.075}{10.851}=0.0069$$

而像素尺寸为 $y_{min}=12\mu$m，因而可得最小可测尺寸值为

$$Y_{min}=y_{min}/\beta=12\mu\text{m}/0.0069=1739\mu\text{m}=1.74\text{mm}$$

题 6 (7.3 中的第 37 题) 有一在室温下工作的光导型 PbS 探测器，其内阻范围为

$100k\Omega \sim 200k\Omega$，信号的频率范围为 $0 \sim 1000Hz$（即 $\Delta f = 1000Hz$，$f_0 = 500Hz$），V_{si} 为 $50\mu V \sim 500\mu V$，试为其设计一低噪声前置放大器，要求：$A_{vs} \geqslant 20$，等效输入噪声 $E_{ni} \leqslant 10\mu V$（保证 $\frac{V_{si}}{E_{ni}} \geqslant 5$）？

解：（1）考虑对 PbS 探测器的偏置电路

PbS 探测器的偏置电路如图 13-1 所示。

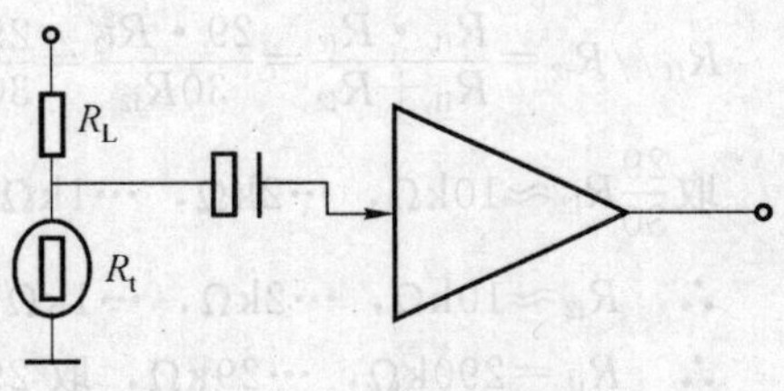

图 13-1　PbS 的偏置

电源电压要综合考虑，即偏置电路的电压和放大器的电源电压尽量一致，以减少电源种类。

（2）根据实际的源电阻（包括偏置电路在内）来选择有源器件

由于 PbS 的室温下的电阻值为 $100k\Omega \sim 200k\Omega$，假定采用匹配偏置的话，$R_s = R_t // R_L \approx \frac{1}{2}R_L = \frac{1}{2}R_t$（恒流偏置 $R_L \gg R_t$，恒压偏置 $R_L \ll R_t$）。$R_s = \frac{1}{2}R_t = 50 \sim 100k\Omega$。而双极晶体管的适用范围是从几百欧到 1 兆欧，故可以选用双极型晶体管，也可以选用集成运放和结型场效应管，最终要查手册选型号购买。

现选择集成运放 OP07 作为有源器件，其原因是：OP07 在源电阻为 $50k\Omega$ 时，NF 为 3dB，实际源电阻可能在 $50k\Omega \sim 100k\Omega$ 之间。如果源电阻为 $100k\Omega$ 时，OP-07 的 NF 可达 1dB，比其他低噪声运放（经过比较）要低，而且 OP07 易于购买，价格适中；同时，$E_{ni}/(\Delta f)^{1/2} = 30.46 \times 10^{-9} V/(\Delta f)^{1/2}$，因此对于 1000Hz 带宽来说，有

$$E_{ni} = \sqrt{\Delta f} \cdot \left(\frac{E_{ni}}{\sqrt{\Delta f}}\right) = (1000Hz)^{1/2} \times 30.46 \times 10^{-9} V/(\Delta f)^{1/2} = 0.96\mu V$$

$\therefore E_{ni} = 0.96\mu V \ll 10\mu V$，均满足要求。

有源器件选择原则除了噪声要求之外，还有其他多种因素，如性能价格比等。

（3）选择电路形式，进行参数选择设计

采用 OP07 作第一低噪声放大，因为其开环放大倍数很大。因此，必须采用具体的运算电路，形成闭环电路，从模拟电路知道，可供选择的电路形式有如下几种：

同相比例放大，这属于电压串联负反馈，如图 13-2 所示。

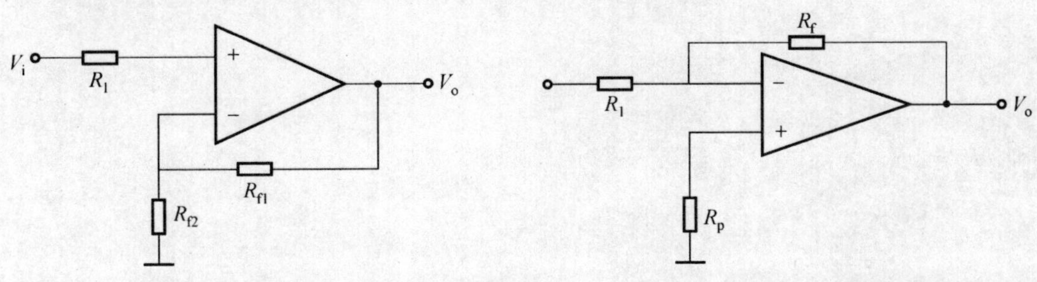

图 13-2　同相比例放大电路　　　图 13-3　反相比例放大电路

反向比例放大，这属于电压并联负反馈，如图 13-3 所示。

对于电压串联负反馈，为了使反馈网络所产生的噪声可以忽略不计，必须满足 $(R_{f1} // R_{f2}) \ll \frac{E_n}{I_n} = 80k\Omega$（由 OP07 数据算出），而同相比例放大器的放大倍数

$$A_{vs}=\frac{V_o}{V_s}=\left(1+\frac{R_f}{R_e}\right)\geqslant 20 \qquad (13-1)$$

∴由（13－1）式得 $R_{f1}\geqslant 19R_{f2}$

取 $R_{f1}\geqslant 29R_{f2}$，（此时 $A_v=30$），再根据不等式条件

$$R_{f1}//R_{f2}=\frac{R_{f1}\cdot R_{f2}}{R_{f1}+R_{f2}}=\frac{29\cdot R_{f2}^2}{30R_{f2}}=\frac{29}{30}R_{f2}\ll 80\text{k}\Omega$$

取 $\frac{29}{30}R_{f2}\approx 10\text{k}\Omega$，…$2\text{k}\Omega$，…$1\text{k}\Omega$，均可

∴　$R_{f2}\approx 10\text{k}\Omega$，…$2\text{k}\Omega$，…$1\text{k}\Omega$，取 $1\text{k}\Omega$。

∴　$R_{f1}=290\text{k}\Omega$，…$29\text{k}\Omega$，取 $29\text{k}\Omega$。

这样，可得到所需设计的具体电路如图 13－4 所示。图中，R_{f1} 采用线绕多圈电位器，从而使第 1 级增益可以调节。

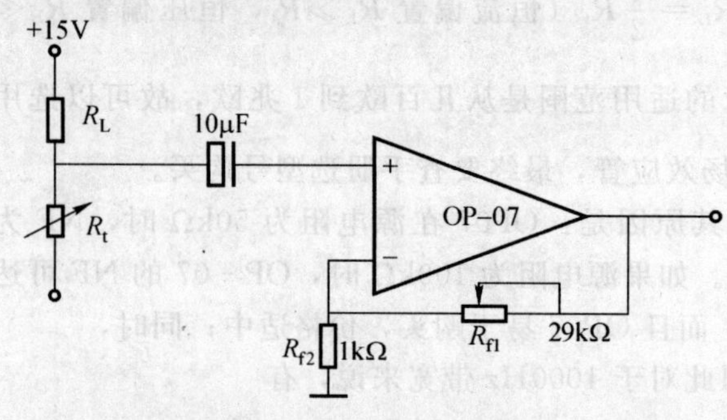

图 13－4　PbS 低噪声前放

如果选择反相比例放大器，就必须满足，$R_f\gg\frac{E_n}{I_n}$的低噪声条件。

由于 $R_f\gg\frac{E_n}{I_n}=80\text{k}\Omega$，故 R_f 可取到 $1\text{M}\Omega$。但高阻值的电阻，容易引入外界干扰，因此不宜选用这种电路形式。而由模拟电路中知，反相比例放大器也有它的优点，即不会引入共模干扰，第一级功率增益比较大等，R_f 阻值较小时也可采用。而在这里的低噪声前置放大器的设计中，看到了同相比例放大器优于反相比例放大器的地方。

第二篇　光电检测技术实验

第1部分　光电检测技术实验须知

1.1　实验的目的和意义

众所周知，实验是促进科学技术发展的重要手段，而科学技术的发展又离不开实验。光电技术与光电检测技术的实验也是如此，因为一方面光电技术与光电检测技术基本理论的建立有许多是从实验中得到启示，并通过实验得到验证的；另一方面，通过实验可以揭示光电世界的奥秘，并可以发现现有理论存在的问题，如近似性和局限性等，从而促进光电技术与光电检测技术理论的发展。

光电技术与光电检测技术是一门实践性很强的学科，而实验又是整个教学活动中的一个重要环节，它在培养学生工程素质和实践能力方面有其特有的作用。实验教学具有自身的教学特点和规律，既要求教授严格的实验规范、格式和培养实验操作的能力，还要传授进行科学实验研究所必需的创造能力，培养创新意识和开拓精神。

实验教学是理论课教学无法完成也替代不了的。实验教学的基本任务是系统地传授科学实验的理论和基础知识、实验技术、实验方法和实验设计思想。在此基础上，通过实验训练，培养学生的综合实践能力，以及严肃的科学态度、严格的科学工作作风、严谨的科学思维习惯和强烈的创新意识。通过综合性实验和设计性实验，开拓学生视野、培养学生的光电工程设计能力、解决实际问题的能力和创新思维能力。

本实验的教学目标和任务，是通过大量的基本实验使学生加深理解光电技术与光电检测技术的基本理论，熟练掌握光电检测技术的基本测试原理、实验思想、操作技能、基本仪器原理及使用、实验数据处理、实验现象分析和误差分析，并能撰写出合格的实验报告。从而，培养和提高光电技术与光电检测技术的设计能力，以及解决光电技术与光电检测技术中的实际问题的能力和创新能力。因此，要求同学们要重视所能开设的每个实验。

现有的实验也可使同学们进一步理解光电检测器件、光电信号的变换与检测技术和方法的基本原理、特性和一般的使用方法，并掌握简单光电与光电检测装置的安装和测试等。以便为今后在实际工作中，运用光电技术与光电检测技术中的方法，解决实际中的光电工程问题而打好基础。

1.2　实验的操作规程及注意事项

为确保实验的顺利进行，保障人身安全和避免国家财产遭到不必要的损失。要求同学们必须严格地遵守实验室的实验规则，听从实验指导老师的指导，有秩序有步骤地做好实验。

在实际工作中，尽管进行科学技术的实验目的和内容不同，但进行实验的基本方法和步骤是类似的，这些方法和步骤也可以作为光电技术与光电检测技术实验的基本规程。一般，一个完整的光电技术与光电检测技术实验，均可按以下的规程进行：

1. 实验前的准备工作

实验前的准备，是保证实验顺利进行，并能取得满意结果的重要步骤。一般，在明确了实验目的和要求后，主要做到以下三个方面：

① 要认真阅读实验教材和有关书籍，以充分理解实验的理论依据和条件。

② 了解所用实验的仪器设备的工作原理、工作条件和操作规范；了解实验为什么选用这样的仪器和装置。

③ 充分掌握实验原理、方法、步骤和注意事项，并估计可能出现的问题，确定处理这些问题的方法。必要时还需设计既便于记录，又便于整理数据的记录表格。

在上述准备的基础上，写出预习报告，其内容包括实验名称、实验目的、仪器、原理（包括原理图）、步骤（或内容）和记录表格等。

2. 进入实验室的实验工作

学生进入实验室上课，必须携带实验教材、预习报告及记录本等，经过指导教师讲解后才可开始实验。在实验室进行实验，一定要注意做到以下几点：

① 在实验正式进行之前，首先要熟悉一下所用仪器、设备、量具等的性能，以及正确的操作规程和仪器正常的工作条件（水平、铅直、工作电压、光照等），切勿盲目操作。并且，要全面地想一想实验操作程序，怎样做更为合理。否则，误解一步或调错一次，都可能使整个实验前功尽弃。

② 在安装实验装置前，先断开电源和光信号源。实验装置安装完毕应认真检查，确定无误后，再请实验指导老师检查。检查完毕后，方可按要求（将电源调到所须数值，光源远离光器件等）合上电源。然后，即可按实验步骤进行实验。实验完毕，即将电源切断。

③ 实验时，要集中精力，尽量排除外界干扰。当从各种仪表的刻度上读数时，一定要进行估读，一般要估读到最小分度的1/10或1/5。并切实记录好实验原始数据，注意现象的观测和分析。

④ 实验时，切勿随意触摸裸露导线以免触电。当一步实验完成或更换元件，应切断电源后再做下一步实验。在使用高压电源时，应注意高压电容的放电需要一定的时间，待留有一定时间放电结束后再做下一步实验。

⑤ 实验时，还要注意光电检测器件等的极性，并避免强光照。实验中一旦发生事故或异常，应立即切断电源。经指导老师查明故障后，方可继续实验。尚未查明原因前，不要改变现状，以便分析原因吸取教训。

⑥ 在实验室不许触动与自己实验无关的仪器设备。实验中使用的仪器和元件都必须倍加爱护。如有损坏，将按学校有关规定处理。

⑦ 实验时必须保持安静、整洁，并集中精力。不许高声谈笑、乱抛纸屑和随地吐痰。

⑧ 实验完毕，有时间要尽快地整理好数据，以便及时发现问题，做出必要的补充测量，待教师认为测量数据及计算结果符合要求而签字后，再将实验装置恢复原状，并整理清洁卫生，经指导老师同意后，方可离开实验室。

1.3　实验报告的写法

实验报告是实验工作的全面总结，要用简明的形式，将实验结果完整和真实地表达出来。

1. 对实验报告的要求

① 要求文理通顺、简明扼要、字迹端正、图标清晰、结论正确、分析合理。

② 实验报告书写用纸，应力求格式正规化、标准化，曲线绘制用坐标纸，曲线必须注明坐标、量纲、比例。

③ 必须填好实验日期、班级、组别、学号、姓名及同组者姓名。

④ 要将实验数据结果加以分析整理，并进行讨论和分析，按上述要求与下面的实验报告内容写出报告后，交指导老师批改。

2. 实验报告的内容

① 实验题目和实验目的

其中实验目的指的是实验所希望得到的结果，也就是该实验的任务。

② 实验原理

实验原理包括实验的理论根据，假说的提出，必要的公式和必要的原理示意图。当实验目的是测量某个物理量时，原理内容就是将此待测量化为可直接测量量的依据和推导过程。

③ 实验装置和器件

包括实验装置布置，测量仪器和测试物。

④ 实验步骤

实验报告中的实验步骤主要写出实验过程中实验的测试方法，测试步骤和发现的现象，特别要注意新的现象。它与实验教科书的实验步骤有所区别，实验教科书的实验步骤一般写得较详细，便于学生理解。

⑤ 实验数据处理

实验数据必须详细、准确、必须有原始数据。数据记录要求列成表格，计算过程应写出计算公式，代入数值的第一步以及计算结果等。不论数据记录、计算过程、最后结果，除特殊需要外，都不应存在无效数。必须给结果以合理评价，估算出结果的误差范围。

⑥ 实验结论和讨论

实验结论要说明实验目的是否达到。例如欲测某物理量，测出结果是多少，误差有多大，有多大使用价值。又如验证某个假说，是否收到预期效果，能否验证，由实验得出什么结论，等等。实验中出现的异常现象、特殊发现，以及进一步改进此实验的看法等，都应写入实验报告的讨论中，并予以分析。

⑦ 答思考题

思考题是为扩大实验的教学效果而拟的。实验思考题必须用实验的观点来回答，不能单纯从理论上给予回答。答案中所提出的方案和办法应该是在实验中行得通、做得到的方案和方法。最简便、最经济的方法是最好的答案。

上述实验报告的内容，重点应放在实验指导书中没有的⑤、⑥、⑦三项。

1.4　实验项目

30个实验项目见目录，各校可根据自己专业的需要和条件选取。

第2部分 光电检测器件的特性参数测试

实验1 光电发射效应检测器件——光电倍增管特性测试

1.1 实验目的

(1) 通过对光电倍增管典型特性参数的测量，使同学们进一步掌握光电倍增管的特性参数及其测试方法。

(2) 掌握光电倍增管的供电与输出电路，学会怎样选用倍增管及在使用倍增管时所要注意的要点与事项。

1.2 实验内容

(1) 测量暗电流

(2) 测量放大倍数

(3) 测量阳极光照灵敏度

1.3 实验原理

光电倍增管主要由光入射窗、光电阴极、电子光学系统（光电阴极到第一个倍增极 D_1 之间的系统）、二次发射倍增系统及阳极等部分组成。

图1-1所示为光电倍增管工作原理示意图。从图中可以看出，当光子入射到光电阴极面K上时，只要光子能量高于光电发射阈值，光电阴极就将产生电子发射。发射到真空中的电子在电场和电子光学系统的作用下，经电子限束器电极F（相当于孔径光阑）会聚并加速运动到第一倍增极 D_1 上，第一倍增极发射出的电子在高动能电子的作用下，将发射比入射电子数目更多的二次电子（即倍增发射电子）。第一倍增发射出的电子在第一与第二倍增之间电场的作用下高速运动到第二倍增极。同样，在第二倍增极上产生电子倍增。依次类推，经过 n 级倍增极倍增后，电子被放大 n 次。最后，被放大 n 次的电子被阳极收集，形成阳极电流 I_a，I_a 将在负载电阻 R_L 上产生电压降，从而形成输出电压 U_o。

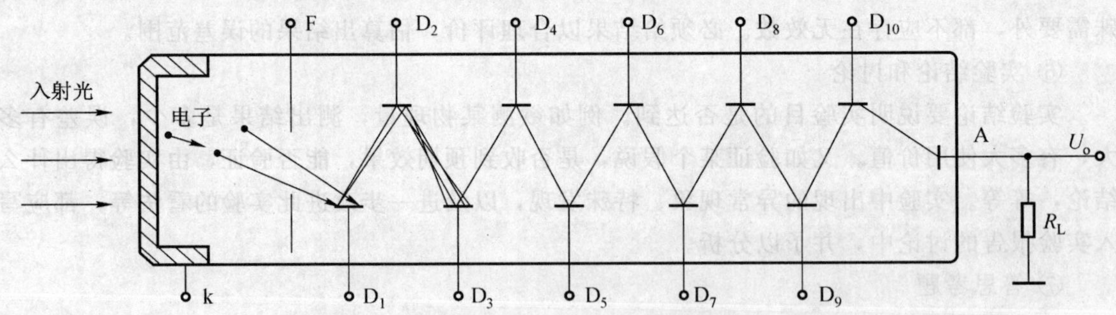

图1-1 光电倍增管工作原理示意图

下面介绍本实验涉及的特性参数。

1. 放大倍数（电流增益）

在一定的工作电压下，光电倍增管的阳极电流和阴极电流之比称为管子的放大倍数 M 或电流增益 G。

$$M(\text{或} G)=\frac{I_a}{I_k} \tag{1-1}$$

式中，I_a 为阳极电流；I_k 为阴极电流。显然，放大倍数也可以按一定工作电压下的阳极响应度和阴极响应度的比值来确定。

2. 阳极光照灵敏度

由阴极灵敏度 $S_k=\frac{I_k}{\Phi_k}=\frac{I_k}{E_k}$，可知阳极灵敏度为

$$S_a=\frac{I_a}{\Phi_k}=\frac{I_a}{E_k} \tag{1-2}$$

由式（1-1），又可得阳极灵敏度为

$$S_a=MS_k \tag{1-3}$$

图 1-2 所示的是某光电倍增管阳极灵敏度和放大倍数随工作电压而变化的函数关系曲线。

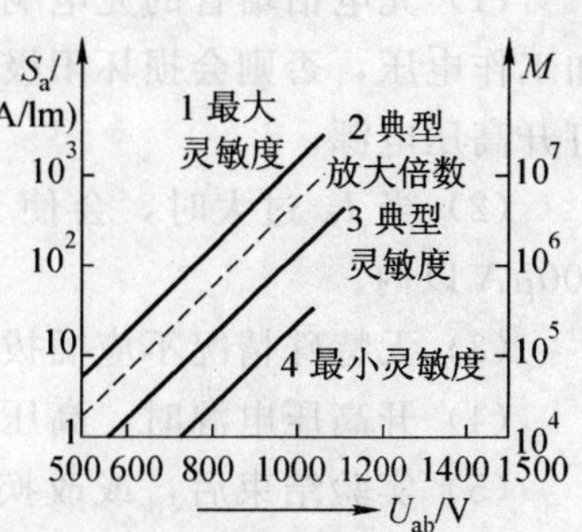

图 1-2　光电倍增管阳极灵敏度和放大倍数随工作电压而变化的函数关系曲线

3. 暗电流 I_d

光电倍增管的暗电流是指无光照时，加有电源的光电倍增管的输出电流。

（1）引起暗电流的因素

引起暗电流的因素有如下几点：

① 光电阴极和第一倍增极的热电子发射。在室温下，即使无光照也会有部分电子逸出表面，并经倍增放大到达阳极成为暗电流。这是 PMT 的主要暗电流。

② 极间漏电流。由于光电倍增管各级绝缘强度不够，或极间灰尘放电而引起的漏电流。

③ 离子和光的反馈作用。由于抽真空技术限制，管内总存在一些残余气体，它们被运动电子碰撞电离，这种电离的电子经放大而形成暗电流。并且，这些离子打在管壁上产生荧光，再反射至阴极而造成光反馈，也可形成暗电流。

④ 场致发射。场致发射是一种自持放电。其原因是因为电极上的尖端、棱角、粗糙边缘在高电压下（一般场强达 10^5 V/cm 或极间电压 $U_D \geqslant 200$V）才发生。

⑤ 放射性同位素和宇宙射线的影响。因 PMT 的光窗材料含 K^{40}（钾），它衰变产生一种发光的 β 粒子；宇宙射线中的 μ 介子穿过窗而成为光子。它们射到光电阴极上，又可产生一种暗电流。通常，可采用一种无钾的石英窗来大大减弱这种暗电流。

（2）减少暗电流 I_d 的方法

减少暗电流 I_d 的方法主要是选好 PMT 的极间电压。有了合适的极间电压可避开光反馈、场致发射及宇宙射线等造成的不稳定状态的影响。其余还可按下述方法来减少：

① 在阳极回路中加上与暗电流相反的直流成分来补偿；

② 在倍增输出电路中加一选频或锁相放大滤掉暗电流；

③ 利用冷却法减小热电子发射等。

1.4　实验所用仪器设备

（1）光电倍增管　GDB—23 及其供电与输出电路；

（2）光点检流计；

（3）光电倍增管高压直流电源；

(4) 数字电压表或万用表；

(5) 暗箱或黑布等。

1.5 实验注意事项

(1) 光电倍增管的光电响应极高，在没有完全隔离光辐射作用的情况下，切勿对管子施加工作电压，否则会损坏阳极和最后几级倍增极。为此，一定要注意必须先检查好后，才能打开高压电源。

(2) 当 I_A 过大时，会使光电倍增管老化和衰老，做实验时，应控制阳极电流 I_A 在 100μA 以内。

(3) 无特殊情况不应插拔或更换倍增管。

(4) 开高压电源时，高压电源需预热 2 分钟，开高压前一定要对电路及光路进行检查。

(5) 实验结束后，或改换实验项目时，一定要关掉高压电源和光源，并把检流计置于"短路"位置。最后把实验装置恢复原样。

1.6 实验步骤

1. 暗电流的测量步骤

(1) 将光电倍增管按图 1-3 所示连接到电路中，并将光点检流计串接在阳极电路中。

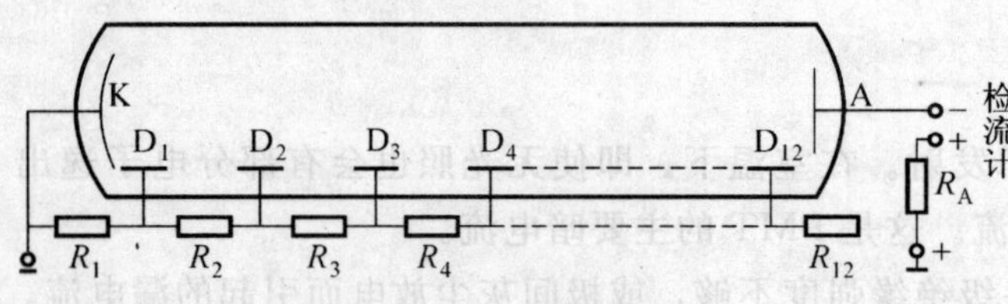

图 1-3 暗电流测量电路

(2) 将暗箱盖好，待一段时间后，合上直流高压电源。再经过一分钟预热后，把电源电压从 500V 开始逐渐升高，每升高 100V 测量并记录暗电流。找出分析暗电流随电源电压的变化关系。

2. 放大倍数的测量步骤

(1) 将光电倍增管按图 1-4 接入电路。阴极电路中串入光点检流计，而阳极电路中串入微安表。

(2) 先将光源打开，在暗室情况下将光路调好（光斑完全落到光电倍增管的阴极面上），再将光路中加上适当的中性密度片，后将光源关掉。

(3) 将暗箱盖好，待一段时间后，先开光源，再开高压电源，使高压电源由 500V 开始，每升 100V 记录阳极电流 I_a 和阴极电流 I_k。再求出倍增管的放大系数 $M=\frac{I_a}{I_k}$，并作出 M 随电源电压的变化曲线。分析 M 与电压之间的关系。

3. 阳极光照灵敏度的测量

测量电路也如图 1-4 所示。

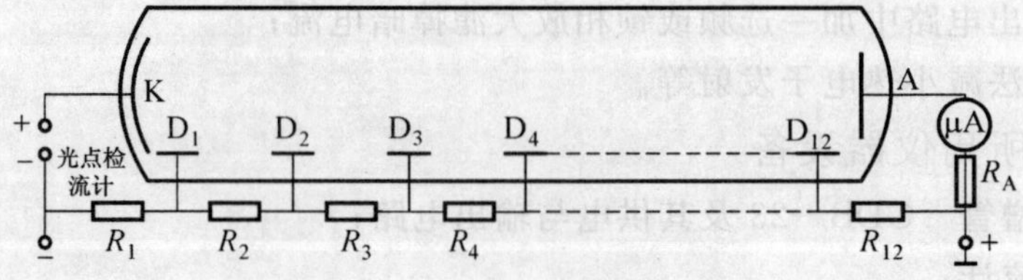

图 1-4 PMT 放大倍数测量电路

将倍增管的电源电压稳定在某一确定的工作电压值上（如 1000V），用密度片改变倍增管阴极面上的照度 E_k，测出不同照度下倍增管输出的阳极电流 I_a。并一一记录下来。然后，便可以根据下面公式，得出所测试的光电倍增管的阳极光照灵敏度 S_a。

$$S_a=\frac{\Delta I_a}{\Delta E_k}$$

1.7　实验报告

（1）按第一部分实验报告的要求写出。

（2）画出实验所用管子的接线图，并注上所用参数。

（3）作出某一光强下阳极电流与阳极电压之间的关系曲线。

（4）作出暗电流与阳极电压之间的关系曲线。

（5）作出不同照度与阳极电流之间的的关系曲线。

（6）算出 PMT 的放大倍数与阳极电压之间的关系，并画出曲线。

1.8　思考题

（1）产生 PMT 暗电流的最主要原因是什么？如何更好地减小暗电流？

（2）为什么说 PMT 的阳极灵敏度高？如何提高？

实验 2　光电导效应检测器件——光敏电阻的特性测试

2.1　实验目的

（1）通过对光敏电阻基本参数的测量实验，掌握研究光敏电阻特性的基本方法。

（2）通过光敏电阻电路的基本连接，掌握光敏电阻的使用方法。

2.2　实验内容

（1）测量暗电阻和无光照射时的伏安特性曲线。

（2）测量亮电阻和一定光照下的伏安特性曲线。

（3）作出光电特性曲线，求出光照灵敏度。

（4）求出光电导灵敏度、电阻灵敏度与比灵敏度。

2.3　实验原理

图 2-1 所示为光敏电阻的原理图与光敏电阻的符号。由上所述，在均匀的具有光导效应的半导体材料的两端加上电极，便构成光敏电阻。当光敏电阻的两端加上适当的偏置电压 U_{bb}（如图 2-1 所示的电路）后，便有电流 I_p 流过，用检流计可以检测到该电流。改变照射到光敏电阻上的光度量（如照度），发现流过光敏电阻的电流 I_p 将发生变化，说明光敏电阻的阻值随照度变化。

当入射光子使电子由价带跃升到导带时，导带中的电子和价带中的空穴均参与导电，因此电阻显著减小，电导增加。若连接电源和负载电阻，即可输出电信号。一般有光照时的光敏电阻的阻值称为亮电阻。此时可得出光电导 g 与光电流 I_p 的表达式为

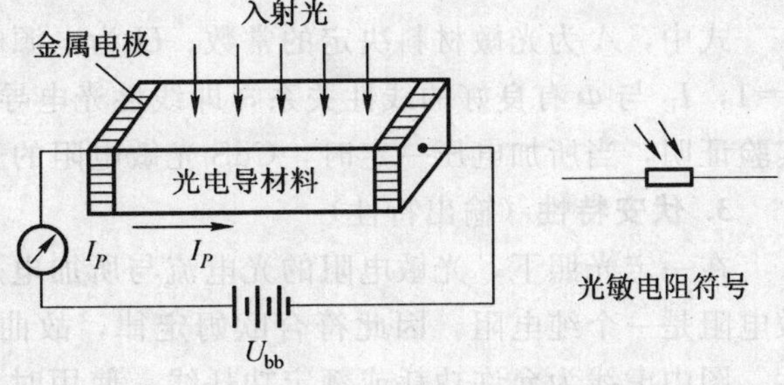

图 2-1　光敏电阻的原理图与光敏电阻的符号

$$g = g_L - g_d$$

$$I_p = I_L - I_d \tag{2-1}$$

式中，g_L 为亮电导；g_d 为暗电导；I_L 为亮电流；I_d 为暗电流。

根据半导体材料的分类，光敏电阻有两大基本类型：本征型半导体光敏电阻与杂质型半导体光敏电阻。由《光电检测技术》教材第 2 章中式（2-60）与式（2-61）可以看出，本征型半导体光敏电阻的长波限要短于杂质型半导体光敏电阻的长波限。

因此，本征型半导体光敏电阻常用于可见光波段的探测，而杂质型半导体光敏电阻常用于红外波段甚至于远红外波段辐射的探测。

下面介绍本实验涉及到的有关特性参数。

1. 灵敏度

除了常用的电流灵敏度 S_I 与电压灵敏度 S_V 以外，光敏电阻还有下列几个灵敏度。

（1）光电导灵敏度 S_g

光敏电阻的光电导 g 与输入光照度 E 之比，即为光电导灵敏度。即

$$S_g = \frac{g}{E} = \frac{g \cdot A}{\Phi} \tag{2-2}$$

式中，A 为光敏面积；Φ 为入射的通量。由欧姆定律，电流 I 与电压 U 的关系为 $I = gU$，将式（2-2）中 $g = S_g E$ 代入得

$$I = S_g E U \tag{2-3}$$

此即弱光照时的线性关系。

（2）电阻灵敏度 S_R

暗电阻 R_d 与亮电阻 R_L 之比，称为电阻变化倍数，即 $K_R = \frac{R_d}{R_L}$。而电阻灵敏度为

$$S_R = \frac{R_d - R_L}{R_d} = \frac{\Delta R}{R_d} \tag{2-4}$$

其中 $\Delta R = R_d - R_L$。显然差别越大越好。

（3）比灵敏度 S_B

比灵敏度 S_B 也称积分比灵敏度。即单位通量 Φ 与电压 U 下所产生的光电流 I_L。即

$$S_B = \frac{I_L}{\Phi U} = \frac{S_I}{U} \tag{2-5}$$

2. 光电特性

光敏电阻的光电流 I_L 与输入辐射通量 Φ 有下列关系式：

$$I_L = AU\Phi^{\gamma} \tag{2-6}$$

式中，A 为光敏材料决定的常数；U 为电源电压；γ 为 0.5～1 之间的系数。弱光照时，$\gamma=1$，I_L 与 Φ 有良好的线性关系，即线性光电导；强光照时，$\gamma=0.5$，即抛物线性光电导。实验证明，当所加电压一定时，CdS 光敏电阻的光电特性曲线如图 2-2 所示。

3. 伏安特性（输出特性）

在一定光照下，光敏电阻的光电流与所加电压关系即为伏安特性。如图 2-3 所示。光敏电阻是一个纯电阻，因此符合欧姆定律，故曲线为直线，具有与普通电阻相似的伏安特性。图中虚线为允许功耗或额定功耗线。使用时，应不使光敏电阻的实际功耗超过额定值。在设计负载电阻时，应不使负载线与额定功耗线相交。即使光敏电阻的工作电压、电流控制

在额定功耗线之内。

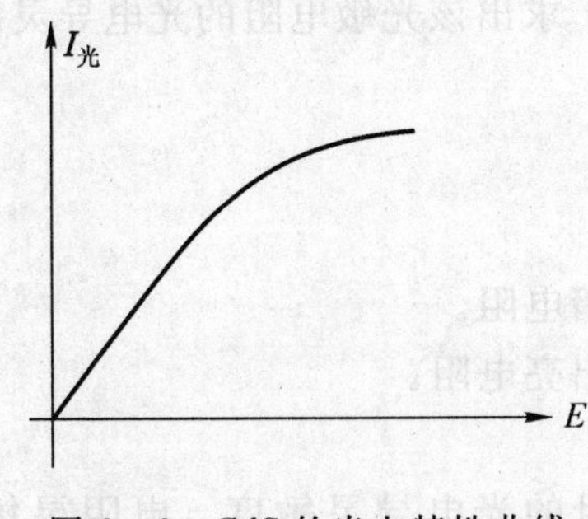

图 2－2　CdS 的光电特性曲线

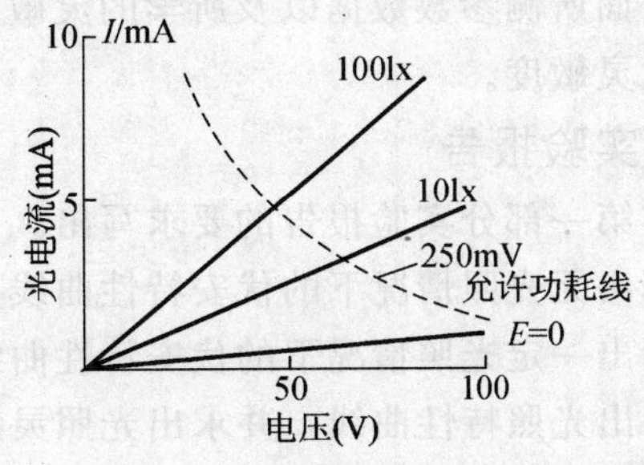

图 2－3　光敏电阻的伏安特性

2.4　实验所用仪器设备

(1) 直流稳压电源

(2) 万用表

(3) 微安表、毫安表

(4) 照度计

(5) 标准光源

(6) 滑线电阻器，电阻箱

(7) 滤光片

(8) 中性密度片

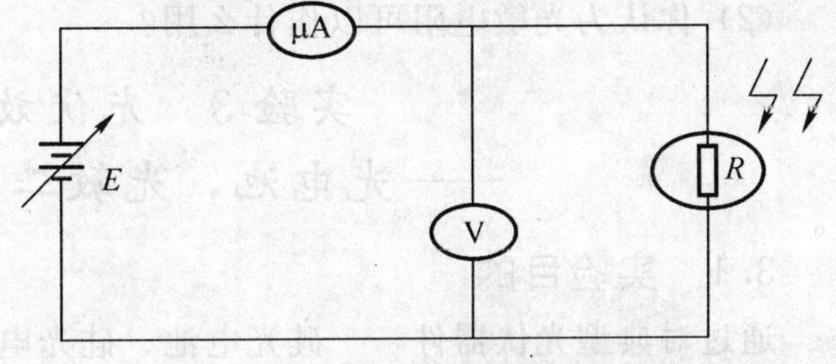

图 2－4　光敏电阻特性测试电路

2.5　光敏电阻特性测试电路

不打开电源，将光敏电阻接入图 2－4 所示的电路中，并连接好测试仪表。

2.6　特性测试实验步骤

光电导效应器件—光敏电阻的几个特性参数测试分步如下：

1. 测量暗电阻和无光照射时的伏安特性曲线

将光敏电阻置于暗箱内，或将其严密遮蔽，使其不受外界光线照射。打开电源后，改变加在光敏电阻两端上的电压 V，测出相应的电流 I，并一一记录下来。

然后，根据 $V—I$ 值，可画出无光照射时的伏安特性曲线。并且，根据该曲线的斜率，即可求出其暗电阻。

2. 测量亮电阻和一定光照下的伏安特性曲线

将光敏电阻置于一定的光照下，（先用照度计测出光敏面上的照度，然后装好光敏电阻)。打开电源后，改变加在光敏电阻两端的电压 V，读流过电流表的电流 I，并一一记录下来。

然后，根据 $V—I$ 值，可画出一定光照射时的曲线（做出一组曲线），即为一定光照下的伏安特性曲线。同样，也可以求出亮电阻。

3. 作出光照特性曲线，求出光照灵敏度

将加在光敏电阻两端的电压固定，使用中性密度片，改变入射到光敏电阻上的光照度，测出相应的亮电流值，并一一记录下来。

然后，根据 $E—I$ 值，作出该器件的光照特性曲线。并可求出光照灵敏度。

4. 求出光电导灵敏度、电阻灵敏度与比灵敏度

根据前面所测参数数据以及所学的灵敏度公式，求出该光敏电阻的光电导灵敏度、电阻灵敏度与比灵敏度。

2.7 实验报告

(1) 按第一部分实验报告的要求写出。

(2) 画出无光照情况下的伏安特性曲线，求出暗电阻。

(3) 画出一定光照情况下的伏安特性曲线，求出亮电阻。

(4) 画出光照特性曲线，并求出光照灵敏度。

(5) 根据前面所测参数数据，求出该光敏电阻的光电导灵敏度、电阻灵敏度与比灵敏度。

2.8 思考题

(1) 通过实验对光敏电阻有什么新的认识？什么样的光敏电阻最好？

(2) 你认为光敏电阻可以作什么用？

实验 3　光伏效应检测器件
——光电池，光敏二、三极管特性测试

3.1 实验目的

通过对典型光伏器件——硅光电池、硅光电二极管和光电三极管的特性参数的测量，使同学们进一步理解硅光伏器件的原理、特性及其基本使用方法。

3.2 实验内容

(1) 作出光电池的 V_{LS}、I_{LS} 及 P 随 R_L 变化的曲线，找出其最佳负载电阻。

(2) 画出典型光伏器件——硅光电池、硅光电二极管和光电三极管的输出特性曲线。

(3) 画出硅光电池、硅光电二极管和光电三极管的光照特性曲线。

3.3 实验原理

半导体光伏检测器件的核心是 PN 结的光电效应，PN 结光电池与光电二极管是最简单的半导体光电检测器件。

图 3-1 (a) 所示是一个未加电压的 PN 结，它是一个由不可移动的带正、负电荷的离子组成的耗尽层，或称作势垒区。当以适当波长的光照射 PN 结时，P 型和 N 型半导体材料将吸收光能。如果光子能量 $hf \geqslant E_g$ 时，则光子将被吸收，使价带中的电子受激跃迁到导带中，而在价带中留下空穴，如图 3-1 (b) 所示。这一过程称为光吸收。因光照射而在导带和价带中产生的电子和空穴称为光生载流子。

产生在耗尽层的光生载流子在内建场的作用下作漂移运动：空穴向 P 区方向运动；电子向 N 区方向运动，它们在 PN 结的边缘被收集。另外，耗尽层外的光生少数载流子会发生扩散运动：P 区中的光生电子向 N 区扩散；N 区中的光生空穴向 P 区扩散。在扩散的同时，一部分光生少数载流子将被多数载流子复合掉。由于这些区域的电场很小，甚至可以称为无场区，光生少数载流子在这些区域扩散速率较慢，只有小部分能扩散到耗尽层，继而在内建场的作用下分别快速漂移到对方区域。这样，在 P 区就出现了过剩空穴的积累，N 区出现了过剩电子的积累，于是在耗尽层的两侧就产生了一个极性如图 3-1 (c) 所示的光生

电动势。这一现象称为光生伏特效应。产生于耗尽层的电子和空穴也要产生光生伏特效应。基于这一效应，如果将 PN 结的外电路构成回路，则外电路中会出现信号电流。这种由光照射激发的电流称为光电流。

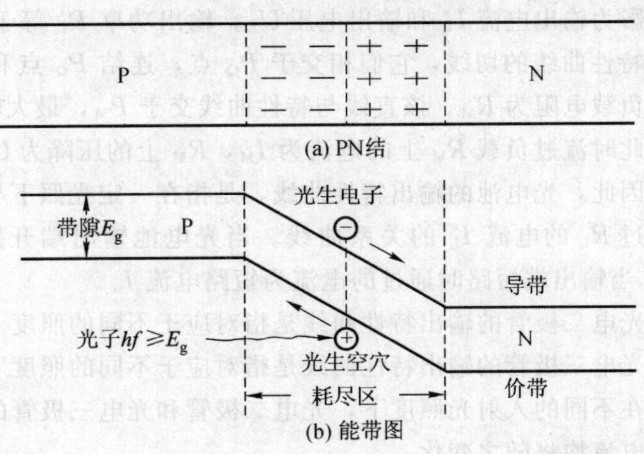

当光电池两端接某一负载 R_L 时，设流过 R_L 的电流为 I_{LS}，其上的电压降为 U_{LS}，则 R_L 上产生的电功率为

$$P_L = U_{LS} \cdot I_{LS}$$

P_L 与入射光功率之比称为光电池的转换效率 η。图 3-2 表示输出电压 U_{LS}、输出电流 I_{LS}、输出功率 P_{LS}随负载 R_L 变化关系的曲线。

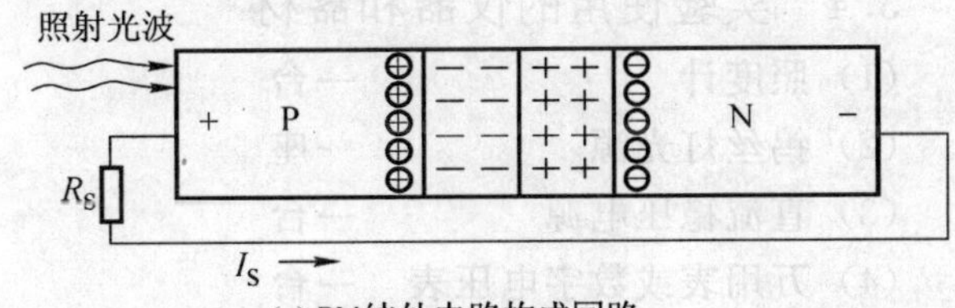

图 3-1　PN 结光电池

从图 3-2 看出，U_{LS}随 R_L 加大而升高。当 R_L 为∞时，U_{LS}等于开路电压 U_{oc}；R_L 为低阻时，I_{LS}趋近于短路电流 I_{sc}，当 $R_L=0$ 时，$I_{LS}=I_{sc}$。随着 R_L 变化，输出功率 P_L 也变化，当 $R_L=R_M$ 时，P_L 为最大值 P_M，即在负载电阻上获得最大功率输出，此时的负载电阻 R_M 称为最佳负载电阻。在把光电池作为换能器件时，应按此点考虑。但值得注意的是，即使对同一光电池，如照度不同，R_M 也会不同。

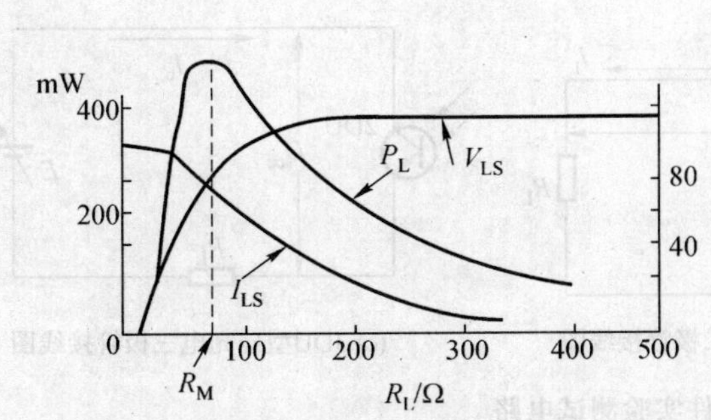

图 3-2　输出电压 U_{LS}（mV）、输出电流 I_{LS}（mA）、输出功率 P_L（mW）随负载电阻 R_L（Ω）变化关系曲线

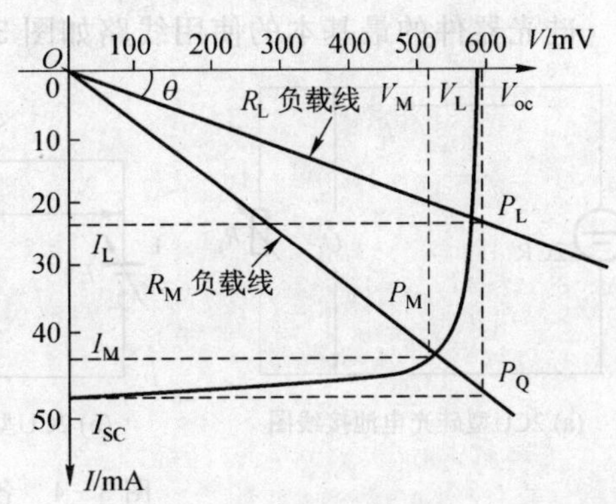

图 3-3　伏安特性曲线

此外，从图 3-3 光电池的伏安特性曲线上，也可表示出输出功率的大小。R_L 负载线就是过原点斜率为 $\tan\theta=\frac{I_L}{U_L}=\frac{1}{R_L}$的直线，该直线与特性曲线交于 P_L 点，P_L 点在 I 轴和 U 轴

上投影为输出电流 I_L 和输出电压 U_L，输出功率 P_L 等于矩形 $OI_LP_LU_L$ 的面积。若过 U_{oc} 和 I_{sc} 作特性曲线的切线，它们相交于 P_Q 点，连结 P_Q 点和原点 O 的直线也就是最佳负载线，最佳负载电阻为 R_M。该直线与特性曲线交于 P_M，最大输出功率 P_M 等于矩形 $OI_MP_MU_M$ 面积，此时流过负载 R_M 上的电流为 I_M，R_M 上的压降为 U_M。

因此，光电池的输出特性曲线，是指在一定光照下与它所连接的负载 R_L 两端的电压 U_L 和通过 R_L 的电流 I_L 的关系曲线。当光电池输出端开路时测得两端输出电压为开路电压 U_{oc}；当输出端短路时通过的电流为短路电流 I_{sc}。

光电二极管的输出特性曲线是指对应于不同的照度下，U_L 与 I_L 的变化关系曲线。

光电三极管的输出特性曲线是指对应于不同的照度下，U_{ce} 与 I_c 的变化关系曲线。

在不同的入射光照度下，光电二极管和光电三极管的光电流。以及光电池的开路电压和短路电流均将随之变化。

3.4 实验使用的仪器和器材

(1) 照度计　一台
(2) 钨丝灯光源　一座
(3) 直流稳压电源　一台
(4) 万用表或数字电压表　一台
(5) 微安表　一个
(6) 标准光源箱
(7) 标准电阻箱
(8) 硅光电池（2CR 型）、硅光电二极管（2CU 型）、硅光电三极管（3DU 型）各一个。
(9) 电阻 100Ω、510Ω、3kΩ 各一支。

3.5 实验线路

硅光器件的最基本的使用线路如图 3-4 所示。

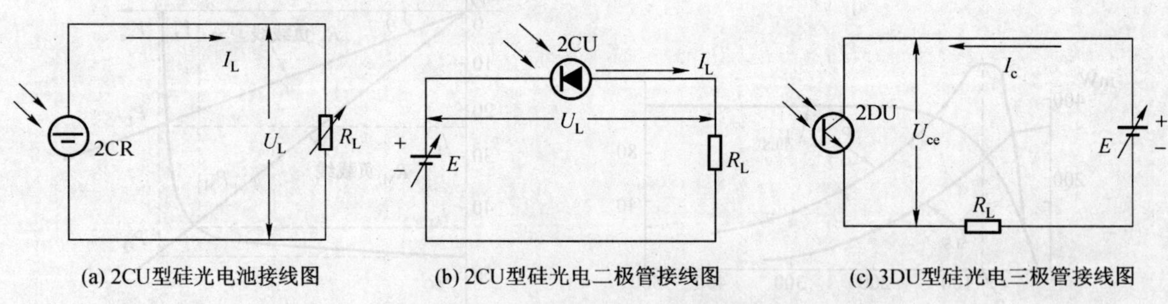

图 3-4　各光伏器件实验测试电路

在不同的入射光照度下，光电二极管和光电三极管的光电流。以及光电池的开路电压和短路电流均将随之变化。

3.6 实验步骤

1. 测量硅光电池最佳负载电阻及输出特性与光照特性

(1) 根据图 3-5 认识器件，分辨管脚，以便引线。

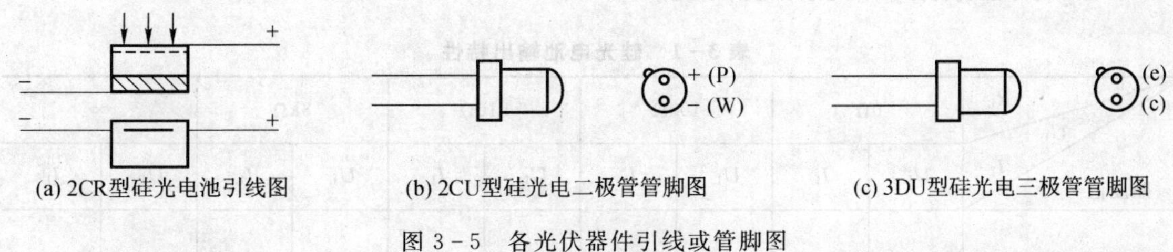

(a) 2CR型硅光电池引线图　(b) 2CU型硅光电二极管管脚图　(c) 3DU型硅光电三极管管脚图

图 3－5　各光伏器件引线或管脚图

（2）按照图 3－4（a）连接电路与图 3－6 安装夹好器件与测试装置。适当调整，使光电器件的受光面能获得均匀照明。

（3）固定照射到硅光电池灵敏面上的某一较小光照度，改变负载电阻 R_L 的值，测出 R_L 两端的电压 V_{LS} 与流过的负载电阻 R_L 的电流 I_{LS} 值，填入表 3－1 所示的表格中；同样，按一定间隔增大硅光电池灵敏面上的照度值，测出 V_{LS} 与 I_{LS} 值；如此类推，测出 5 组即可。然后，以 U_{LS} 为横坐标，以 I_{LS} 为纵坐标，便可以作出在一定照度下硅光电池的输出特性曲线。

（4）计算硅光电池的输出功率 P，作出 V_{LS}、I_{LS} 及 P 随 R_L 变化的曲线，并找出最佳负载电阻。

（5）以照度 E 为横坐标，以 I_{LS} 为纵坐标，作出硅光电池的光照特性曲线。

2. 测量硅光电二极管的输出特性与光照特性

（1）根据图 3－5 认识器件，分辨管脚，以便引线。

（2）按照图 3－4（b）连接电路与图 3－6 安装夹好器件与测试装置。适当调整，使光电器件的受光面能获得均匀照明。

（3）在某一较小值照度下，调节负载电阻 R_L 值，测出相应的 U_L 与 I_L 值；同测硅光电池一样，再增大光敏面上的照度，测出 5 组值填入表 3－2 所示的表格中。

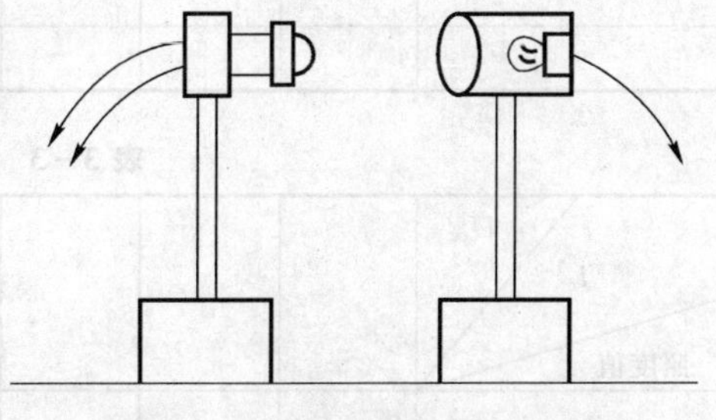

图 3－6　光伏器件测试装置安装图

（4）以 U_L 为横坐标，以 I_L 为纵坐标，作出硅光电二极管的输出特性曲线。

（5）以照度 E 为横坐标，以 I_L 为纵坐标，作出硅光电二极管的光照特性曲线。

3. 测量硅光电三极管的输出特性与光照特性

（1）根据图 3－5 认识器件，分辨管脚，以便引线。

（2）按照图 3－4（c）连接电路与图 3－6 安装夹好器件与测试装置。适当调整，使光电器件的受光面能获得均匀照明。

（3）在某一较小值照度下，调节负载电阻 R_L 值，测出相应的 U_{ce} 与 I_c 值；同测硅光电池一样，再增大光敏面上的照度，测出 5 组值填入表 3－3 所示的表格中。

（4）以 U_{ce} 为横坐标，以 I_c 为纵坐标，作出硅光电三极管的输出特性曲线。

（5）以照度 E 为横坐标，以 I_c 为纵坐标，作出硅光电三极管的光照特性曲线。

3.7　实验数据表格及绘制曲线

表 3-1　硅光电池输出特性

R_L / U_L / I_L / 照度值	0Ω		100Ω		510Ω		3kΩ		∞	
	U_L	I_L	U_L	I_L	U_L	I_L	U_L	I_L	U_L	I_L

表 3-2　硅光电二极管输出特性

U_L / I_L / 照度值										

表 3-3　硅光电三极管输出特性

U_{ce} / I_c / 照度值										

3.8　实验报告

(1) 按第一部分实验报告的要求写出。

(2) 画出硅光电池的 V_{LS}、I_{LS}及 P 随 R_L 变化的曲线，并找出最佳负载电阻。

(3) 画出硅光电池、硅光电二极管和光电三极管的输出特性曲线。

(4) 画出硅光电池、硅光电二极管和光电三极管的光照特性曲线。

3.9　思考题

(1) 光伏型检测器件工作于零偏下有哪些主要优点？若工作于反向偏压下应注意哪些

问题？

（2）试比较光伏型检测器件硅光电池、硅光电二极管和光电三极管的输出特性与光照特性有何异同？

实验 4　PIN 与 APD 光电二极管特性测试

由于 PIN 光电二极管响应速度快，频带宽；噪声小；线性好，保真度高；因而适合于光纤通信系统使用。而雪崩光电二极管是一种具有内部雪崩增益的光电二极管，在系统应用中前置放大器的噪声就不会成为影响接收系统性能的主要噪声源。尤其在激光器作光源的光电检测系统中，由于激光器具有很窄的光谱范围，接收时可采用窄带光谱滤光片抑制信号光以外光谱范围的背景辐射，使雪崩光电二极管所组成的接收系统有可能达到背景限。因此，它也已广泛应用于光纤通信，脉冲激光测距等系统中。所以，这里专门开设对此二管的特性测试实验。

4.1　实验目的

（1）验证和掌握 PIN 光电二极管和雪崩光电二极管（APD）的工作原理和相关特性；

（2）掌握 PIN 和 APD 光电检测器件的特性参数的测量方法及使用方法；

（3）学会使用雪崩光电二极管的一般方法，确定最佳偏置电压。

4.2　实验内容

（1）测量 PIN 的暗电流、响应度及其线性范围，画出光电特性曲线；

（2）测量 PIN 的击穿电压，画出伏安特性曲线；

（3）确定在某温度下 APD 的最佳工作电压与击穿电压；

（4）测量 APD 输出背景噪声与外加偏压的关系。

4.3　实验基本原理

1. PIN 光电二极管

由于材料的吸收等原因使照射到半导体材料上的光，随着深入材料的深度的增加而逐渐减弱。半导体内部距入射表面 d 处的光功率为

$$P(d)=P(0)\exp(-\alpha d) \tag{4-1}$$

式中：$P(0)$为照射到材料表面的平均光功率；α 为半导体材料的光吸收系数，α 决定了入射光深入材料内部的深度，如果 α 很大，则光子只能进入半导体表面的薄层中。

吸收入射光子并产生光生载流子的区域称为光吸收区；耗尽层及其两侧宽度为载流子扩散长度的区域称为作用区。在吸收区产生的光生少数载流子只有一部分进入作用区，这一部分光生载流子以较慢的速度扩散至耗尽层，进入耗尽层后在内建电场作用下作快速漂移运动，从而产生光生伏特效应。由于在作用区内，光生少数载流子的扩散速度较慢，从而影响了产生光生伏特效应的速度，导致 PN 结对光信号响应速度减慢。如果输入的光信号为光脉冲；则输出的光电脉冲会产生较长的拖尾。

由此知，光在耗尽层外被吸收使得光电转换效率降低、光电响应速度变慢。为此，必须设法加宽耗尽层，使照射光子尽可能被耗尽层吸收。显然，给 PN 结加负偏压有助于加宽耗尽层。但除加负偏压的方法外，还可以通过减小 P 区和 N 区的厚度来减小载流子的扩散时间、减少在 P 区和 N 区被吸收的光能以及降低半导体的掺杂浓度来加宽耗尽层的方法来提

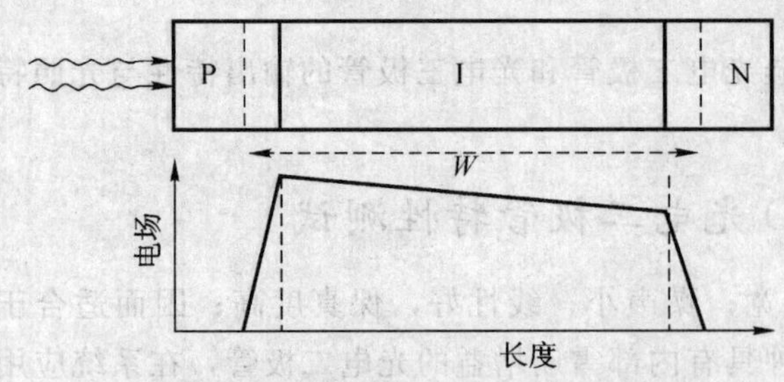

图 4－1　PIN 光电二极管的结构和它在反向偏压下的电场分布

高器件的响应速度。这种结构就是常用的 PIN 光电二极管。

图 4－1 是 PIN 光电二极管的结构和它在反向偏压下的电场分布。在高掺杂 P 型和 N 型半导体之间生长一层本征半导体材料或低掺杂半导体材料，称为 I 层。在半导体 PN 结中，掺杂浓度和耗尽层宽度有如下关系：

$$L_P/L_N = D_N/D_P \qquad (4-2)$$

式中，D_P 和 D_N 分别为 P 区和 N 区的掺杂浓度；L_P 和 L_N 分别为 P 区和 N 区的耗尽层的宽度。在 PIN 中，如对于 P 层和 I 层（低掺杂 N 型半导体）形成的 PN 结，由于 I 层近于本征半导体，有 $D_N \ll D_P$，$L_P \ll L_N$，即在 I 层中形成很宽的耗尽层。由于 I 层有较高的电阻，因此电压基本上降落在该区，使得耗尽层宽度 W 可以得到加宽，并且可以通过控制 I 层的厚度来改变。对于高掺杂的 N 型薄层，产生于其中的光生载流子将很快被复合掉，因此这一层仅是为了减少接触电阻而加的附加层。

要使入射光功率有效地转换成光电流，首先必须使入射光能在耗尽层内被吸收，这要求耗尽层宽度 W 足够宽。但是随着 W 的增大，在耗尽层的载流子渡越时间 τ_{cr} 也会增大，τ_{cr} 与 W 的关系为

$$\tau_{cr} = W/v \qquad (4-3)$$

式中：v 为载流子的平均漂移速度。由于 τ_{cr} 增大，PIN 的响应速度将会下降。因此耗尽层宽度 W 需在响应速度和量子效率之间进行优化。

如采用类似于半导体激光器中的双异质结构，则 PIN 的性能可以大为改善。在这种设计中，P 区、N 区和 I 区的带隙能量的选择，使得光吸收只发生在 I 区，完全消除了扩散电流的影响。在光纤通信系统的应用中，常采用 InGaAs 材料制成 I 区和 InP 材料制成 P 区及 N 区的 PIN 光电二极管，图 4－2 为它的结构。InP 材料的带隙为 1.35eV，大于 InGaAs 的带隙，对于波长在 1.3～1.6μm 范围的光是透明的，而 InGaAs 的 I 区对 1.3～1.6μm 的光表现为较强的吸收，几微米的宽度就可以获得较高响应度。在器件的受光面一般要镀增透膜以减弱光在端面上的反射。InGaAs 的光探测器一般用于 1.3μm 和 1.55μm 的光纤通信系统中。

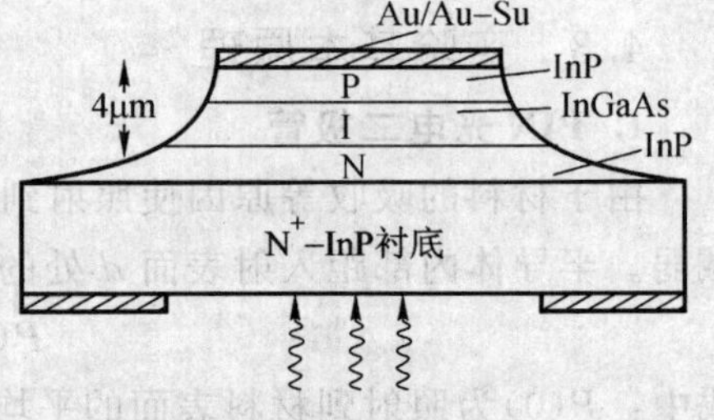

图 4－2　InGaAs PIN 光电二极管的结构

PIN 光电二极管的主要特性包括波长响应范围、响应度、量子效率、响应速度、线性饱和、击穿电压和暗电流等。

对于不同的半导体材料，均存在着相应的下限频率 f_c 或上限波长 λ_c，λ_c 亦称为光电二极管的截止波长。只有入射光的波长小于 λ_c 时，光电二极管才能产生光电效应。Si－PIN 的截止波长为 1.1μm，故可用于 0.85μm 的短波长光检测；Ge－PIN 和 InGaAs－PIN 的截止波长为 1.7μm，所以它们可用于 1.3μm、1.55μm 的长波长光检测。

当入射光波长远远小于截止波长时，光电转换效率会大大下降。因此，PIN 光电二极管

是对一定波长范围内的入射光进行光电转换，这一波长范围就是PIN光电二极管的波长响应范围。

响应度和量子效率表征了二极管的光电转换效率。响应度R定义为

$$R=I_P/P_{in} \tag{4-4}$$

式中，P_{in}为入射到光电二极管上的光功率；I_P为在该入射功率下光电二极管产生的光电流；R的单位为A/W。

响应速度是光电二极管的一个重要参数。响应速度通常用响应时间来表示。响应时间为光电二极管对矩形光脉冲的响应——电脉冲的上升或下降时间。响应速度主要受光生载流子的扩散时间、光生载流子通过耗尽层的渡越时间及其结电容的影响。

光电二极管的线性饱和指的是它有一定的功率检测范围，当入射功率太强时，光电流和光功率将不成正比，从而产生非线性失真。PIN光电二极管有非常宽的线性工作区，当入射光功率低于mW量级时，器件不会发生饱和。

无光照时，PIN作为一种PN结器件，在反向偏压下也有反向电流流过，这一电流称为PIN光电二极管的暗电流。它主要由PN结内热效应产生的电子—空穴对形成。当偏置电压增大时，暗电流增大。当反偏压增大到一定值时，暗电流激增，发生了反向击穿（即为非破坏性的雪崩击穿，如果此时不能尽快散热，就会变为破坏性的齐纳击穿）。发生反向击穿的电压值称为反向击穿电压。Si-PIN的典型击穿电压值为100多伏。PIN工作时的反向偏置都远离击穿电压，一般为10～30V。

2. 雪崩光电二极管APD

雪崩光电二极管APD（Avalanche Photodiode）是具有内部增益的光电检测器件，它可以用来检测微弱光信号并获得较大的输出光电流。雪崩光电二极管能够获得内部增益是基于碰撞电离效应。当PN结上加高的反偏压时，耗尽层的电场很强，光生载流子经过时就会被电场加速，当电场强度足够高（约3×10^5V/cm）时，光生载流子获得很大的动能，它们在高速运动中与半导体晶格碰撞，使晶体中的原子电离，从而激发出新的电子—空穴对，这种现象称为碰撞电离。碰撞电离产生的电子—空穴对，在强电场作用下同样又被加速，重复前一过程，这样多次碰撞电离的结果，使载流子迅速增加，电流也迅速增大，这个物理过程称为雪崩倍增效应。

图4-3为APD的一种结构。外侧与电极接触的P区和N区都进行了重掺杂，分别以P^+和N^+表示；在I区和N^+区中间是宽度较窄的另一层P区。APD工作在大的反偏压下，当反偏压加大到某一值后，耗尽层从N^+—P结区一直扩展（或称拉通）到P^+区，包括了中间的P层区和I区。图4-3的结构为拉通型APD的结构。从图中可以看到，电场在I区分布较弱，而在N^+—P区分布较强，碰撞电离区即雪崩区就在N^+—P区。尽管I区的电场比N^+—P区低得多，但也足够高（可达2×10^4V/cm），可以保证载流子达到饱和漂移速度。当入射光照射时，由于雪崩区较窄，不能充分吸收光子，相当多的光子进入了I区。I区很宽，可以充分吸收光子，

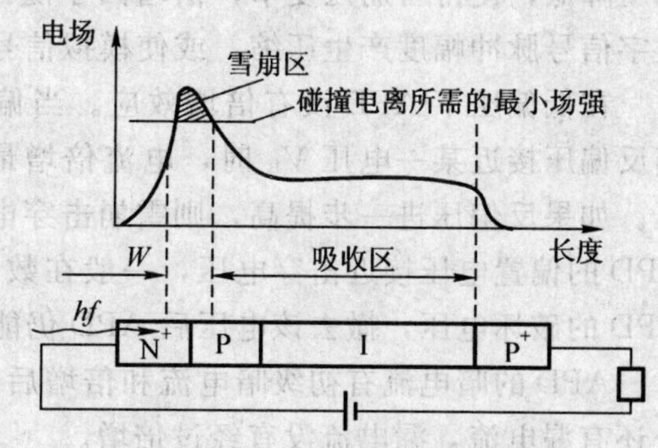

图4-3　APD的结构及电场分布

提高光电转换效率。我们把I区吸收光子产生的电子—空穴对称为初级电子—空穴对。在电场的作用下，初级光生电子从I区向雪崩区漂移，并在雪崩区产生雪崩倍增；而所有的初级空穴则直接被P^+层吸收。在雪崩区通过碰撞电离产生的电子—空穴对，称为二次电子—空穴对。可见，I区仍然作为吸收光信号的区域并产生初级光生电子—空穴对，此外它还具有分离初级电子和空穴的作用，初级电子在N^+—P区通过碰撞电离形成更多的电子—空穴对，从而实现对初级光电流的放大作用。

碰撞电离产生的雪崩倍增过程本质上是统计性的，即为一个复杂的随机过程。每一个初级光生电子—空穴对在什么位置产生，在什么位置发生碰撞电离，总共碰撞出多少二次电子—空穴对，这些都是随机的。因此与PIN光电二极管相比，APD的特性较为复杂。与PIN光电二极管相比，APD的主要特性也包括：波长响应范围、响应度、量子效率、响应速度等，除此之外，由于APD管中雪崩倍增的存在，APD的特性还包括了雪崩倍增特性、噪声特性、温度特性等。

APD的雪崩倍增因子M定义为

$$M = I_P / I_{P0} \tag{4-5}$$

式中，I_P是APD的输出平均电流；I_{P0}是平均初级光生电流。从定义可见，倍增因子是APD的电流增益系数。由于雪崩倍增过程是一个随机过程，因而倍增因子是在一个平均值之上随机起伏的量，雪崩倍增因子M的定义应理解为统计平均倍增因子。M随反偏压的增大而增大，随W的增加按指数增长。

APD的噪声包括量子噪声、暗电流噪声、漏电流噪声、热噪声和附加的倍增噪声。倍增噪声是APD中的主要噪声。

倍增噪声的产生主要与两个过程有关，即光子被吸收产生初级电子—空穴对的随机性和在增益区产生二次电子—空穴对的随机性。这两个过程都是不能准确测定的，因此APD倍增因子只能是一个统计平均的概念，是一个复杂的随机函数。

由于APD具有电流增益，所以APD的响度比PIN的响应度大大提高。而量子效率只与初级光生载流子数目有关，不涉及倍增问题，故APD的量子效率值总是小于1。

APD的线性工作范围没有PIN宽，它适宜于检测微弱光信号。当光功率达到几μW以上时，输出电流和入射光功率之间的线性关系变坏，能够达到的最大倍增增益也降低了，即产生了饱和现象。

APD的这种非线性转换的原因与PIN类似，主要是器件上的偏压不能保持恒定。由于偏压降低，使得雪崩区变窄，倍增因子随之下降，这种影响比PIN的情况更明显。它使得数字信号脉冲幅度产生压缩，或使模拟信号产生波形畸变，因而应设法避免。

在低偏压下APD没有倍增效应。当偏压升高时，产生倍增效应，输出信号电流增大。当反偏压接近某一电压V_B时，电流倍增最大，此时称APD被击穿，电压V_B称作击穿电压。如果反偏压进一步提高，则雪崩击穿电流使器件对光生载流子变的越来越不敏感。因此APD的偏置电压接近击穿电压，一般在数十伏到数百伏。提出注意的是，击穿电压并非是APD的破坏电压，撤去该电压后APD仍能正常工作。

APD的暗电流有初级暗电流和倍增后的暗电流之分，它随倍增因子的增加而增加；此外还有漏电流，漏电流没有经过倍增。

APD的响应速度主要取决于载流子完成倍增过程所需要的时间，载流子越过耗尽层所

需的渡越时间以及二极管结电容和负载电阻的 RC 时间常数等因素。而渡越时间的影响相对比较大，其余因素可通过改进结构设计使影响减至很小。

目前，Si 雪崩光电二极管有三种结构：

① 斜边角型。是 P^+N 结，雪崩击穿电压非常高，约 1800V～2600V，它具有较低的雪崩暗电流。在短波长区（$\lambda<0.9\mu m$）响应速度低、增益高；在长波长区（$\lambda>0.9\mu m$）相应速度快、增益低。

②“保护环”结构。这种器件在 0.9μm 处量子效率较高为 30%；在 1.06μm 处较低只有 1%～2%。

③“达通型”。这种结构的耗尽区有两部分：一部分是漂移区，在那里光子被吸收；另一部分是窄的倍增区，在那里载流子得到倍增。这种器件响应速度快、增益高，噪声相对来说较低。在室温下，在波长 0.9μm 处量子效率可达 90%；在波长 1.06μm 处约为 20%。工作偏压小于 500V。

本实验采用“达通型”雪崩光电二极管。它的倍增因子 M（或称倍增系数）与外加电压关系如图 4－4 所示。由图可以看出，当电压达到一定值时，电流得到倍增。电压到达击穿电压 V_B，电流急剧上升。此外也可以看出，倍增因子 M 是随温度变化而变化的。不同温度下有不同的 M—V 曲线。

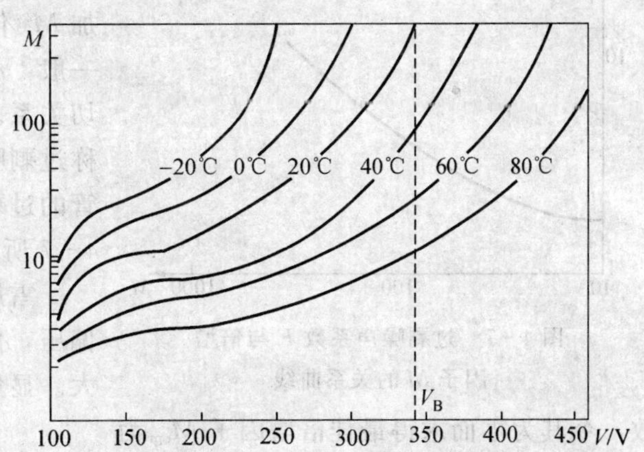

图 4－4　雪崩增益 M 与电压 V 和温度 T 关系曲线（耗尽层厚 100μm）

使用雪崩光电二极管的要点，就是要根据实际使用情况，选取最佳偏置电压，使管子工作在最佳倍增因子状态。所谓最佳倍增因子，就是系统得到最大信噪比时所对应的倍增因子。为此，需要首先简述一下最佳倍增因子与哪些因素有关。

雪崩光电二极管通常应用电路如图 4－5 所示。雪崩光电二极管 APD 与负载电阻 R_L 串连后外加反偏压，输出信号由前置放大器放大后输出。这一电路的信号噪声等效电路如图 4－6 所示。图中，i_s 为无增益时光电流。

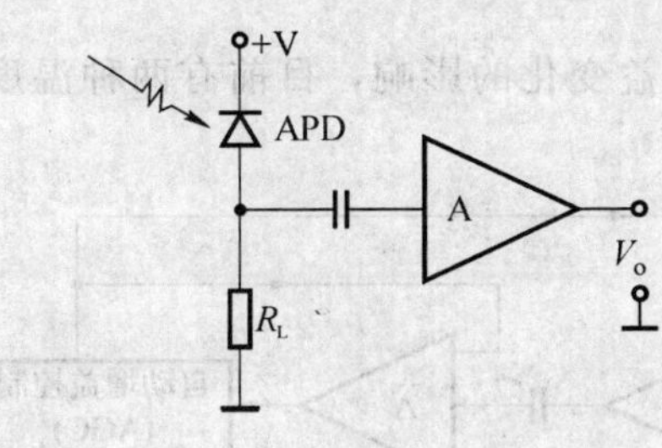

图 4－5　APD 应用电路

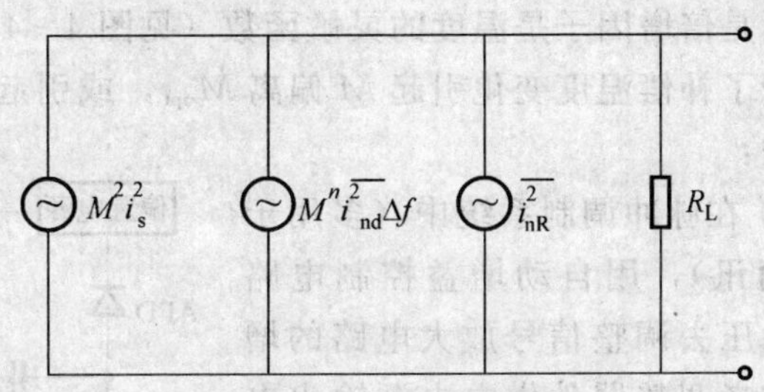

图 4－6　信号噪声等效电路

$$Mi_s = R_i M P_s \tag{4-6}$$

式中，R_i 为器件无增益时的响应度；M 为器件的倍增因子；P_s 为器件得到的信号光功率。

在图 4－6 中，$\overline{i_{nd}^2}$为散粒噪声功率谱密度（单位赫兹带宽中的均方噪声电流），它通常由信号光、背景光引入的散粒噪声和器件暗电流引入的散粒噪声所组成。若忽略信号光引入的散粒噪声，$\overline{i_{nd}^2}$可表示为

$$\overline{i_{nd}^2}=2q(i_d+R_iP_b) \tag{4-7}$$

式中，q 为电子电荷；P_b 为器件接收到的背景功率。i_d 为器件暗电流。

在图 4－6 中，$\overline{i_{nR}^2}$为热噪声功率谱密度。它是放大器产生的热噪声折合到输入端的等效热噪声和负载电阻 R_L 产生的热噪声均方电流值的和。

雪崩光电二极管经放大器后输出的信号噪声功率比为

$$SNR=\frac{\overline{i_s^2}M^2}{\overline{i_n^2}\Delta f}=\frac{R_i^2M^2P_s^2}{[2q(i_d+R_iP_b)M^n+\overline{i_{nR}^2}]\Delta f} \tag{4-8}$$

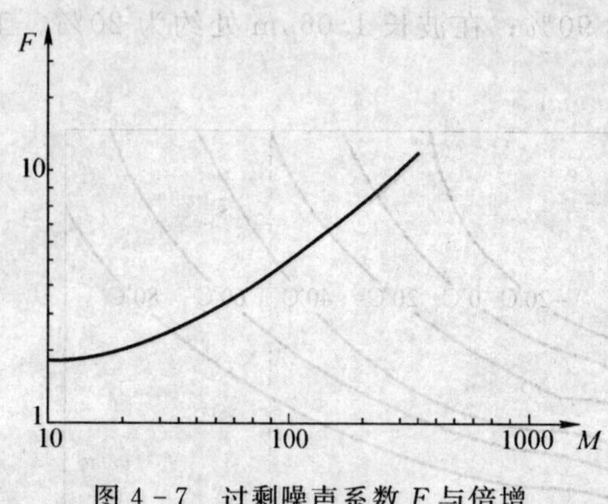

图 4－7　过剩噪声系数 F 与倍增因子 M 的关系曲线

在碰撞电离过程中，信号光电流平均增加 M 倍，而载流子倍增有起伏量，也就是噪声功率不是增加 M^2 倍，而是有附加噪声，所以用 M^n 表示。一般，$n>2$，n 值的大小与器件材料、结构有密切关系。有时，M^n 也表示为 $M^n=M^2F$。其中 F 称过剩噪声系数。实测"达通型"雪崩光电二极管的过剩噪声系数 F 与倍增因子 M 的关系如图 4－7 所示。

雪崩光电二极管的工作点应该是选择外加负偏压，使器件获得的倍增因子达到输出信噪比最大。显然，我们可以取式（4－8）对 M 求一阶导数，令其为零而求得最佳倍增因子 M_{opt} 为

$$M_{opt}=\left[\frac{\overline{i_{nR}^2}}{(n-2)q(i_d+R_iP_b)}\right]^{\frac{1}{n}} \tag{4-9}$$

由式（4－9）可以看出，最佳倍增因子与器件暗电流、背景功率、负载电阻 R_L 和放大器热噪声谱密度有关。在这些条件中，只要有某一项不同，M_{opt} 也就不同。但是，在放大器和负载电阻已定，背景功率确定条件下，可以通过实验分别测出信号和噪声均方根电压与器件外加反偏压的关系，从中找到对应于最大信噪比时的偏压值。实验得出结果是，最佳偏压通常略小于雪崩光电二极管的击穿电压 V_B。然而在实用中仅此还不能使器件处于最佳状态。其原因是倍增因子是温度的灵敏函数（见图 4－4）。

为了补偿温度变化引起 M 偏离 M_{opt}，或引起信号增益变化的影响，目前有两种温度补偿方法：

① 在脉冲调制系统中（多用于光纤通讯），用自动增益控制电路输出电压去调整信号放大电路的增益，或者调整器件供电电源输出电压，以保持输出信号之稳定，其原理如图4－8 所示。

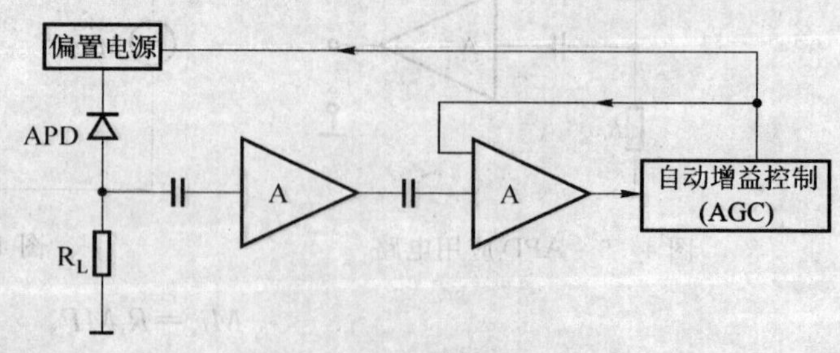

图 4－8　温度补偿原理之一

② 选择温度系数适合的二极

管，作为温度敏感元件去敏感环境温度的变化，在对雪崩光电二极管的偏压电源电路进行控制，调整其输出偏压。例如 RCA 公司生产的 C30817 型管其击穿电压的温度系数是 1.8V/℃，采用温度补偿的二极管 1N94 的温度系数约为 1.8mV/℃。所以，把补偿管用硅橡胶粘在被用的器件上，把补偿光的变化量放大 1000 倍，就可控制偏压的自动温度补偿。如图 4－9 为温度补偿之一例。图中，补偿管 D 的电压降和可调基准电压，一起输入到运算放大器 A 组成的比较放大器中，A 输出电压，控制电源第一级调整管 Q。室温下定好电路参数，使输出偏压达到所需值。当温度改变后，补偿管电压变化对输出偏压进行自动调整。

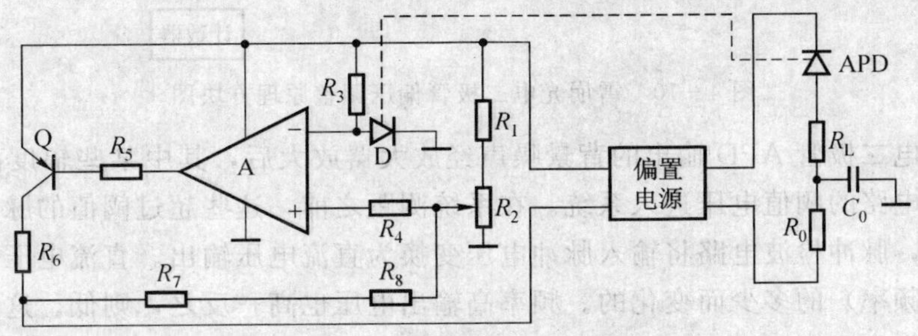

图 4－9　温度补偿原理之二

温度补偿在背景辐射较低或者背景辐射恒定的情况下是很合适的。如果系统是野外工作，例如，激光脉冲测距或卫星跟踪等系统工作时，背景亮度很高、变化很大。探测器因背景辐射对 M_{opt} 的影响要比温度影响更为显著。而系统为了作用距离远，还必须要求器件使用在最佳状态。在这种情况下，只有采用与背景辐射产生的散粒噪声有关的量，去自动调整偏压，才能达到 M_{opt} 的要求。

在脉冲系统中，噪声影响系统品质的衡量标准，通常不采用信号功率与噪声功率之比（或信号电压与均方根噪声电压之比），而是用误码率来衡量更为实用。例如，目前激光脉冲测距系统，就成功地使用了按虚警率要求自动调整雪崩光电二极管偏压的方法。下面简述一下这一方法的原理。

激光测距原理简单地说，是该机对目标发射一个光脉冲，然后接收目标对此光脉冲反射后的回波脉冲，测出发、收两脉冲所经时间 Δt。因光速 c 是常数，于是可算出目标距离 $L=\frac{1}{2}c\Delta t$。本机所测最大距离对应于最长测距时间 Δt_m。由 Δt_m 可知每秒可测次数 $n\left(=\frac{1}{\Delta t_m}\right)$。如果在测量时间 Δt 以内有噪声脉冲超过接收电路阈值电压，系统将误认为是信号脉冲来到，系统就误测一次。如果在 n 次测量中，误测率为 α，则虚警率 P 为

$$P=\alpha n$$

α 为百分数。例如 $\alpha=1\%$，$P=0.01n$。虚警率就是每秒误测次数（频率）。如果要求虚警率低，则探测器偏压应该低些，也就是 M 取低些，这时测距的极限距离会小些。反之就把偏压提高些。所以虚警率是根据系统实际要求而定的。

实验证明，雪崩光电二极管在发生碰撞电离时，输出散粒噪声脉冲的分布不服从泊松分布律，前面图 4－7 曲线也说明这一问题。所以，不能采用通常方法，例如用泊松分布或正态分布规律去估算噪声脉冲超过某一阈值的概率，然后确定偏压调整所需参数。目前是根据器件实验参数所得经验公式和系统对背景辐射实测结果，来确定偏压调整参数的。

由虚警率要求自动调整雪崩光电二极管偏压的原理可由图 4-10 来说明。

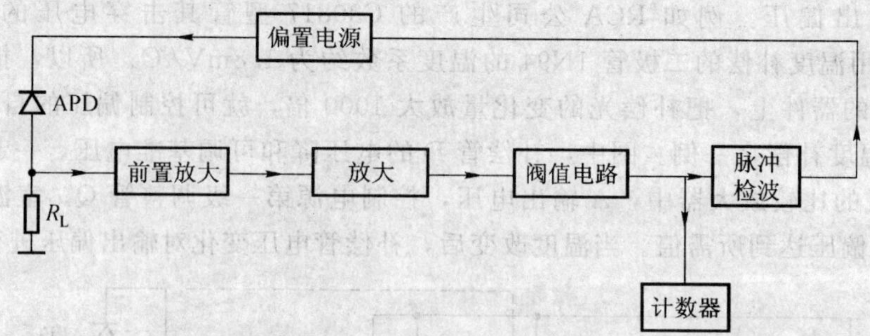

图 4-10 雪崩光电二极管偏压调整原理方块图

由雪崩光电二极管 APD 输出的背景噪声经放大器放大后，其中某些辐度高的噪声脉冲将会超过阈值电路的阈值电压进入系统。在系统测距之前，这些超过阈值的脉冲不断进入脉冲检波电路中，脉冲检波电路将输入脉冲电压变换为直流电压输出。直流电压的幅度是随着输入脉冲数（频率）的多少而变化的。频率高输出电压也高，反之，则低。这个直流电压送到偏压电源中去作为调整电压，以调整电源输出电压，使超过阈值电压的噪声脉冲限制在所要求的频率以下。

4.4 实验装置与设备

1. PIN 实验线路与设备器材

PIN 光电二极管的实验线路也可如图 3-4(b)所示那样简单连接。所用设备器材有：

① 照度计 一台

② 钨丝灯光源 一座

③ 直流稳压电源 一台

④ 万用表或数字电压表 一台

⑤ 微安表 一个

⑥ InGaAs PIN 光电二极管与 510Ω 电阻各一个。

2. APD 的实验装置

APD 的实验装置与设备布置如图 4-11 所示。

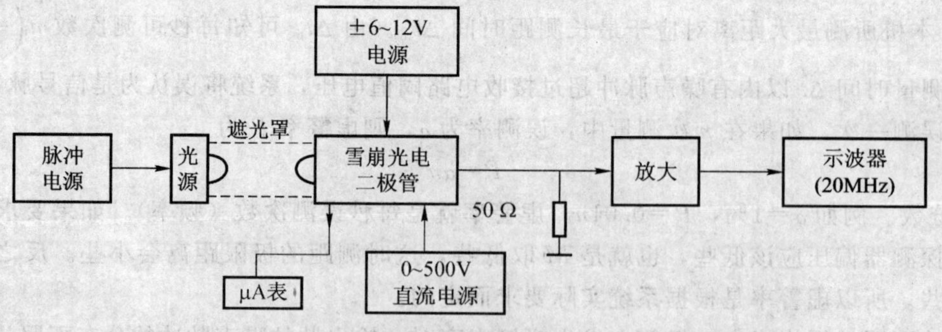

图 4-11 实验装置与设备布置图

本实验采用带有前置放大器（跟随器）的雪崩光电二极管，如图 4-12 中虚线所示。实验电路中外接负载电阻 R_L=50Ω，后接自制放大器（放大倍数 40 倍，带宽 10MHz）。雪崩

光电二极管的击穿电压在350～500V之间，电流不超过50μA。实验时用0～500V直流稳压电源供电，串接μA表（100μA）测量APD的电流。

用高频毫伏表测量信号和噪声均方根电压；用示波器观察波形；用自制脉冲光源（3kHz）作信号光源。

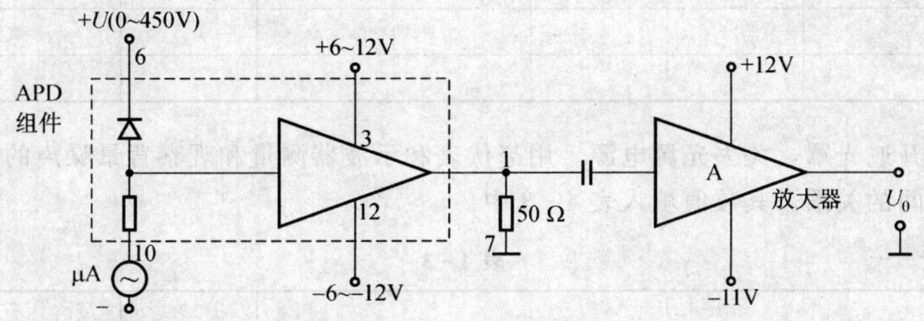

图 4-12　实验电路图

4.5　实验步骤

1. PIN 特性测试步骤

（1）PIN 光电二极管伏安特性与反向击穿电压测量

① 先不打开电源，按图 3-4（b），连接 InGaAs PIN 光电二极管。并在线路中串接好电流表，在 PIN 光电二极管两端并接好电压表。

② 使光源均匀照射 PIN 光电二极管的光敏面，用照度计量测光敏面一定的照度值。

③ 打开电源，由电压表 0V 开始，慢慢增加电压，每隔 2V 测一个点，至 56V 结束（一一记录下来）。作 $I_L \sim V_L$ 伏安特性曲线，并求 PIN 光电二极管反向击穿电压。注意，偏压不可以大于 56V，否则 PIN 管容易烧毁。

（2）PIN 光电二极管光电特性与暗电流、响应度与线性范围的测量

① 同上①一样连接。

② 打开电源，将 InGaAs PIN 光电二极管的端电压调整到一定的工作电压。

③ 先将 PIN 管用黑布遮盖起来，测量 PIN 管的暗电流值。

④ 拿开黑布，调整光源由小到大以一定间隔逐一记录 PIN 管光敏面的照度值与输出光电流 I_P 值，直到电流开始的饱和值，画出光电特性曲线，找出线性范围。

⑤ 根据曲线，可计算 PIN 光电二极管的响应度或灵敏度。

2. APD 特性测试步骤

（1）按照图 4-11 和图 4-12 接好实验所需连线（注意图中标号）。可调电压的旋钮放到最低位置。

（2）盖好遮光罩。不接通光源电源，接通其他部分电源。测量雪崩光电二极管暗电流和暗噪声与偏压间的关系，并记录于表 4-1 中（注意：当电流近最大值时不能再加偏压）。最后使偏压回零。

表 4-1

E/V								
i/μA								
U_n/mV								

(3) 开启光源。用示波器和毫伏表分别测量信号与噪声，并记录于表 4－2 中，在击穿点附近要细调偏压，最后偏压回零。

表 4－2

E/V								
U_s/mV								
U_n/mV								

(4) 打开遮光罩，关去光源电源。用毫伏表和示波器测量和观察背景噪声的均方根电压与偏置电压间的关系。其数值填入表 4－3 中。

表 4－3

E/V								
U_n/mV								

（注意：μA 表电流不超载，测噪声时为避免干扰可暂时短接 μA 表）。

(5) 打开光源的电源，用示波器观察输出信号、噪声与偏压的关系。

4.6 实验报告

(1) 画出 PIN 的伏安特性，求出击穿电压。

(2) 画出 PIN 的光电特性，求出暗电流、响应度与线性范围。

(3) 记下室温。从实验结果中确定此温度下 APD 的暗电流、击穿电压；从实验结果中找出最佳偏压。

(4) 对背景光下的输出现象作分析说明

① 暗电流和暗噪声与偏压间的关系；

② 背景噪声的均方根电压与偏置电压间的关系；

③ 输出信号、噪声与偏压的关系等。

4.7 思考题

(1) 经此实验，试全面说明，PIN 光电二极管有何主要特点？

(2) 试与前面实验中用过的几种光电探测器作比较，说明雪崩光电二极管在使用上有何特点？

实验 5 光电探测器件频率特性与时间特性的测试

5.1 实验目的

(1) 使学生进一步了解和掌握光电探测器件的响应度不仅与信号光的波长有关，而且与信号光的调制频率有关；

(2) 掌握发光二极管的电流调整法；

(3) 熟悉测量探测器件时间特性与频率特性的方法。

5.2 实验内容

(1) 输入正弦波信号测量光电探测器件的频率特性。

(2) 输入脉冲方波信号测量光电探测器件的时间特性。

(3) 熟悉线路连接，掌握发光二极管的电流调整方法。

5.3　实验使用的仪器和器材

(1) 信号发生器　　1台
(2) 双踪示波器　　1台
(3) 晶体管毫伏表　　1台
(4) 直流稳压电源　　1台
(5) 万用表　　1只
(6) 毫伏表　　1只
(7) 发光二极管（GaAs与可见光发光二极管）与光敏电阻、硅光电二、三极管（3DU型）各一支。
(8) 普通晶体二极管1支。晶体三极管3支（3DK2支，3DG121支）。
(9) 电解电容器（100μF/16V）3支，线路图中所示阻值的电阻12支。

5.4　实验原理

通常，光电探测器件输出的电信号都要在时间上落后于作用在其上的光信号，即光电探测器件的输出相对于输入的光信号要发生沿时间轴上的扩展，这种响应落后于作用信号的特性称为惰性。由于惰性的存在，会使先后作用的信号在输出端相互交叠，从而降低了信号的调制度。如果探测器观测的是随时间快速变化的物理量，则由于惰性的影响会造成输出严重畸变。因此，深入了解探测器的时间响应特性是十分必要的。

而光电探测器件的频率特性，是指该器件对交变入射光的响应能力。并且，它与器件响应的时间常数有关，时间常数越小，上限频率越高，响应时间越快。下面就介绍一下它们的原理。

1. 脉冲响应

我们将响应落后于作用信号的现象称为弛豫。对于信号开始作用时的弛豫称为上升弛豫或起始弛豫；信号停止作用时的弛豫称为衰减弛豫。

这种弛豫时间的具体定义是，如果阶跃信号作用于器件，则起始弛豫定义为探测器的响应从零上升为稳定值的（$1-1/e$）（即63%）时所需的时间；衰减弛豫定义为信号散去后，探测器的响应下降到稳定值的$1/e$（即37%）所需的时间。这类探测器有光电池、光敏电阻及热电探测器等。另一种定义弛豫时间的方法是：起始弛豫为响应值从稳态值的10%上升到90%所用的时间；衰减弛豫为响应从稳态值的90%下降到10%所用的时间。这种定义多用于响应速度很快的器件，如光电二极管，雪崩光电二极管和光电倍增管等。

若光电探测器在单位阶跃信号作用下的起始阶跃响应函数为［$1-\exp(-t/\tau_1)$］，衰减响应函数为$\exp(-t/\tau_2)$，则根据第一种定义，起始弛豫时间为τ_1，衰减弛豫时间为τ_2。

此外，如果测出了光电探测器件的单位冲激响应函数，这可直接用其半值宽度来表示时间特性。为了得到具有单位冲激函数形式的信号光源，即δ函数光源，可以采用脉冲式发光二极管、锁模激光器以及火花源等光源来近似。在通常的测试中，更方便的是采用具有单位阶跃函数形式亮度分布的光源。从而得到单位阶跃响应函数，进而可确定响应时间。

2. 幅频特性

由于光电探测器惰性的存在，使得其响应度不仅与入射辐射的波长有关，而且还是入射辐射调制频率的函数。这种函数关系，还与入射光强信号的波形有关。通常定义光电探测器件对正弦光信号的响应幅值同调制频率间的关系为它的幅频特性。许多光电探测器件的幅频特性具有如下形式

$$A(\omega)=\frac{1}{(1+\omega^2\tau^2)^{1/2}} \tag{5-1}$$

式中，$A(\omega)$ 表示归一化后的幅频特性；$\omega=2\pi f$ 为调制圆频率；f 为调整频率；τ 即为响应时间常数。

在实验中，可以测得探测器的输出电压 $U(\omega)$ 为

$$U(\omega)=\frac{U_0}{(1+\omega^2\tau^2)^{\frac{1}{2}}} \tag{5-2}$$

式中，U_0 为探测器在入射光调制频率为零时的输出电压。这样，如果测得调制频率为 f_1 时的输出信号电压 U_1 和调制频率为 f_2 时的输出信号电压 U_2，就可由下式确定响应的时间常数

$$\tau=\frac{1}{2\pi}\sqrt{\frac{U_1^2-U_2^2}{(U_2f_2)^2-(U_1f_1)^2}} \tag{5-3}$$

为减小误差，U_1 和 U_2 的取值应相差 10%以上。

由于许多光电探测器件的幅频特性都可由式（5-1）描述，人们为了更方便地表示这种特性，引出上限截止频率 f_m。它的定义是当输出信号功率降至超低频一半时，即信号电压降至超低频信号电压的 70.7%时的调制频率。故 f_m 频率点又称为三分贝点或拐点。由式（5-1）可知

$$f_m=\frac{1}{2\pi\tau}=\frac{1}{2\pi R_L C_j} \tag{5-4}$$

式中，时间常数 $\tau=R_LC_j$，其中，R_L 为负载电阻，C_j 为光电池或光电二极管的结电容。实际上，用截止频率描述时间特性是由式（5-1）定义的 τ 参数的另一种形式。

3. 频率特性与时间特性常用测试方式

一般，评价某一光电器件的频率特性与时间特性常分别用下面两种方式：

（1）当光器件用于接收正弦信号时，随着频率的增加，输出的光电流会减小。在输出光的相对幅值下降至零频的 0.707（-3dB）时，对应的入射光交变频率就称为光电器件的最高工作频率 f_m（或称截止频率或上限频率）。如图 5-1 所示。

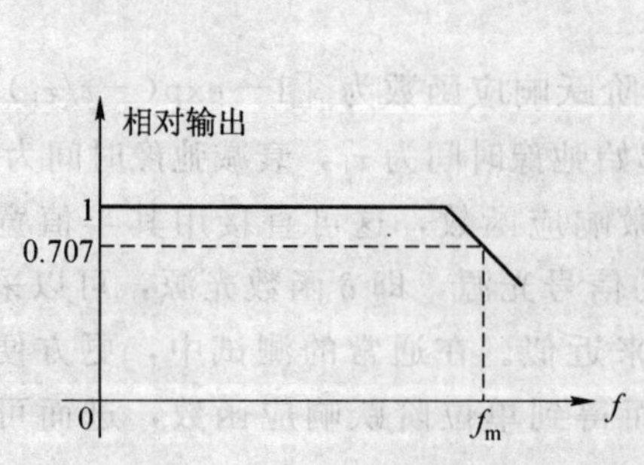

图 5-1　光电器件频率响应特性

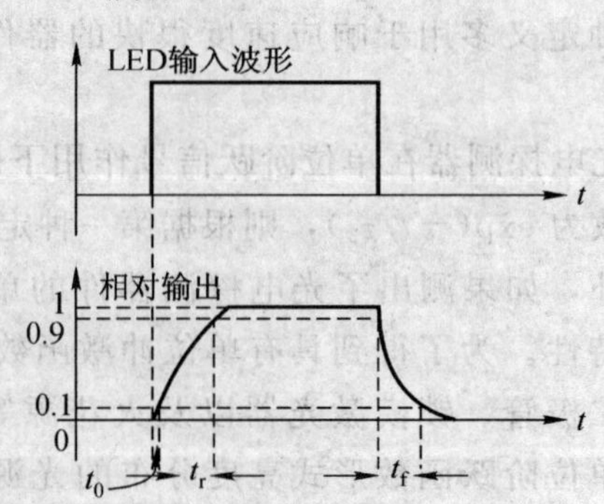

图 5-2　光电器件脉冲响应特性

（2）当光器件用于接收方波信号时，常使用响应时间 τ_{resp} 来表示光电器件对入射光信号的反应速度，如图 5－2 所示。

由图 5－2 可见，当入射光信号是一个矩形脉冲时，光电器件的输出波形将有延迟。响应时间 τ_{resp} 包括了开通延迟时间 t_o、脉冲上升时间 t_r 和脉冲下降时间 t_f。这些参数的定义（见图 5－2）分别为：在规定的工作条件下（即一定的反向电压和一定的负载电阻值），硅光电器件输出电脉冲对输入光脉冲的延迟称为开通延迟时间 t_o（即从脉冲开始点到前沿的 10％计算）；输出电脉冲前沿所需的时间称为脉冲上升时间 t_r（即脉冲前沿幅度 10％到 90％所需时间）；输出电脉冲后沿所需时间为脉冲下降时间 t_f（即输出电脉冲的后沿幅度 90％到 10％所需的时间）。显然，响应时间 τ_{resp} 越小的光电器件，其工作截止频率越高。由式（5－4）知，对某一光电器件来说，其截止频率主要由结电容和负载电阻来决定。

5.5　实验线路

1. 测定频率特性的实验线路

测定 f_m 的实验线路如图 5－3 所示。这里使用 GaAs 红外发光二极管 HG412 作为快速光源（其截止频率为 1MHz）。由光电器件手册上查出其正向压降 $U_F=1.2V$，最大工作电流为 50mA，反向耐压≤4V。与发光二极管并联的普通二极管 D，用来保护发光二极管不会被击穿。

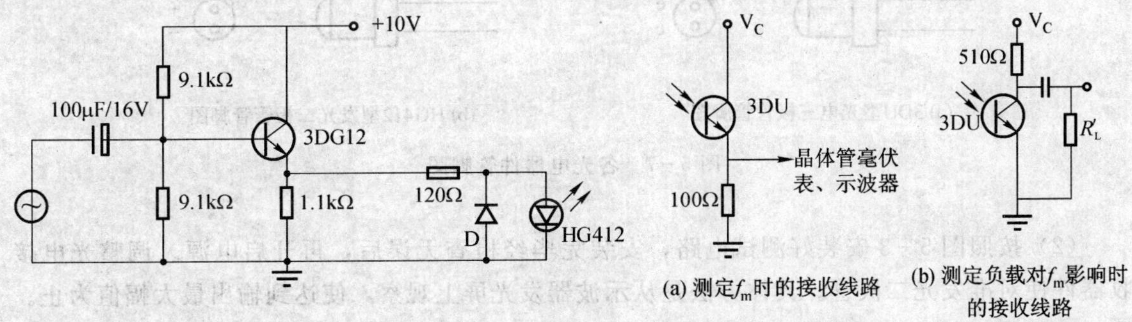

图 5－3　测量上限频率 f_m 的实验线路图

2. 测定时间特性的实验线路

测定响应时间 τ_{resp} 的实验线路如图 5－4 所示。与图 5－3 不同的是，发光二极管的驱动是一个方波脉冲。

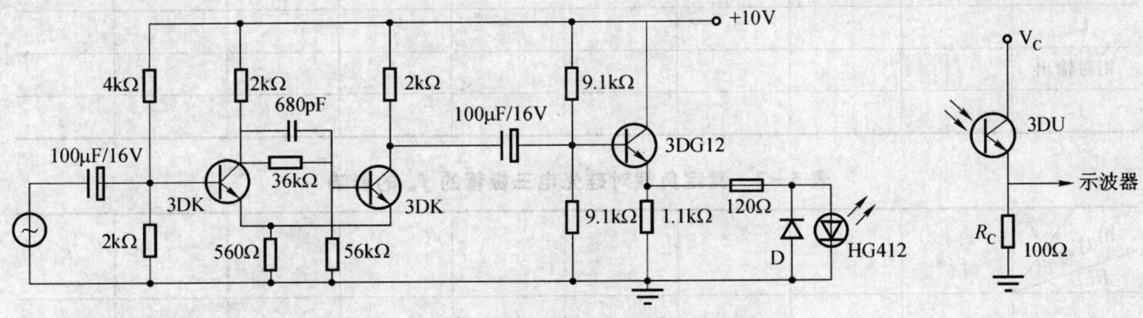

图 5－4　测量响应时间 τ_{resp} 的实验线路图

需要说明的是，使用上述测试电路是为了使学生熟悉线路的连接。如果直接有脉冲信号源，也可采用下列简单线路。如测硅光电池等光伏型器件的时间特性可用图 5-5 所示的线路（测光电二、三极管则需加偏压）；测光导型器件—光敏电阻时间特性可用图 5-6 所示线路。

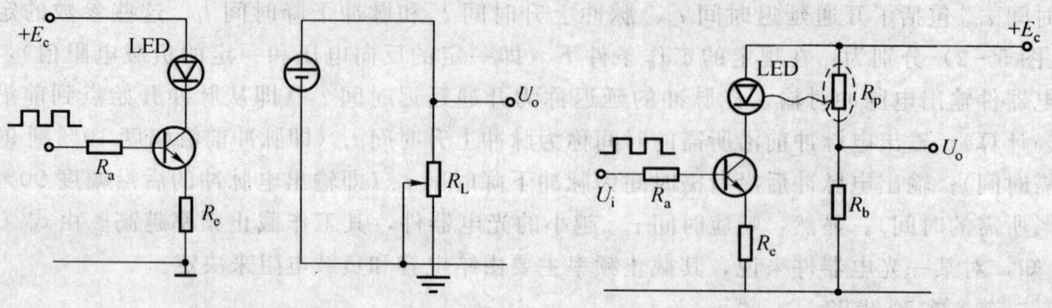

图 5-5　硅光电池时间特性测量　　　　图 5-6　光敏电阻时间特性测量

5.6　实验步骤

1. 频率特性测试

（1）认识器件，分辨管脚引线（见图 5-7）。

(a) 3DU型光电三极管管脚图　　(b) HG412型发光二极管管脚图

图 5-7　各光电器件管脚图

（2）按照图 5-3 安装好测试电路，安装完毕经检查无误后，再开启电源。调整光电接收器件使对准发光二极管。具体方法是从示波器发光屏上观察，使达到输出最大幅值为止。

（3）在测定 f_m 时，调整信号发生器的频率刻度，测出不同频率下的输出值记入表 5-1 中。

（4）选取不同的 R_L 值，调整信号发生器的频率，在表 5-2 中记录不同频率下的输出值，以测定硅光电三极管在不同负载电阻下的 f_m。

表 5-1　测定硅光电三极管的截止频率 f_m

f										
U_L										
相对输出										
f_m										

表 5-2　测定负载对硅光电三极管的 f_m 的影响

相对输出 f / R_L										f_m

2. 时间特性测试

（1）按图 5-4 安装好测试线路，安装完毕经检查无误后，再开启电源。

（2）使光电接收器件对准发光二极管。利用双路示波器，一路观察发光二极管输入的矩形脉冲，一路观察光电器件的输出脉冲信号。

（3）调整信号发生器的频率刻度，在 f_m 处观察 t_r 和 t_f 的数值。

值得说明的是，如果采用的是 CS—1022 型示波器，每个 0%，10%，90%和 100%测量点都标记在示波器屏幕上。这时可使用公式：

上升响应时间 t_r = 水平距离(div)×t/div 挡位×“×10 扩展”的倒数(1/10)。

例如，水平距离为 4div，t/div 是 2μs（见图 5-8）。代入给定值，则

上升响应时间 = 4.0(div)×2(μs) = 8μs

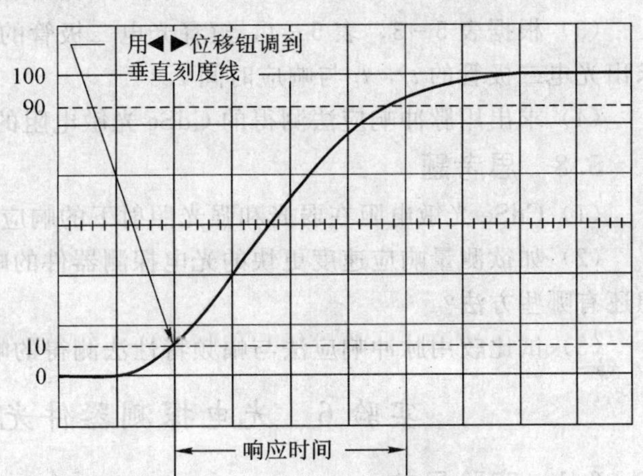

图 5-8　上升响应时间测量举例

下面再具体以硅光电二极管与光敏电阻为例，看测量其时间特性的方法。

（1）硅光电二极管的时间特性测量

① 将信号发生器调到方波输出挡。调节信号发生器的输出，使 GaAs 发光二极管的工作电流不超过额定工作电流。

② 调节示波器的扫描时间和触发同步，使光电二极管对光脉冲的响应在示波器上得到清晰的显示。

③ 在光电二极管的负载为 1kΩ 时，改变其偏置电压。观察并记录在零偏及不同反偏下光电二极管的响应时间，并填入表 5-3 中。

表 5-3　硅光电二极管的响应时间与偏置电压的关系

偏置电压 E/V	0	5	12	15
响应时间 t_r/s				

④ 在反向偏压为 15V 时，改变探测器的偏置电阻，观察探测器在不同偏置电阻时的脉冲响应时间。记录填入表 5-4 中。

表 5-4　硅光电二极管的响应时间与负载电阻的关系

负载电阻 R_L	51Ω	100Ω	1kΩ	10kΩ	100kΩ
响应时间 t_r/s					

（2）CdSe 光敏电阻的时间特性测量

将 GaAs 发光二极管换为可见光发光二极管，在偏置电压为 15V，负载电阻为 10kΩ 的条件下，用脉冲信号源驱动发光二极管，使其发出一定重复频率的脉冲光，照射到光敏电阻上。然后，用示波器观察其输出波形，即可测量 CdSe 光敏电阻的响应时间，计算出光敏电

阻的时间常数。

其具体测量方法同上。

光敏电阻的时间特性与输入光的照度、工作温度有明显的依赖关系。当照度 $E=0.11\text{lx}$ 时，光敏电阻的上升时间 $t_r=1.4\text{s}$；当 $E=10\text{lx}$ 时，$t_r=66\text{ms}$；当 $E=1000\text{lx}$ 时，$t_r=6\text{ms}$。

5.7 实验报告

(1) 根据第一部分对实验报告的要求写出实验报告。

(2) 用方格纸画出硅光电三极管的频率特性曲线及 f_m 随负载变化的曲线，求出 f_m。

(3) 根据表 5-3、表 5-4，解释光电二极管的响应时间与负载电阻和偏置电压的关系。求出光电二极管的 t_r，t_f 与响应时间 τ_{resp}。

(4) 求出用脉冲响应法测得的 CdSe 光敏电阻的 t_r，t_f 与时间常数 τ。

5.8 思考题

(1) CdSe 光敏电阻在弱光和强光照射下的响应时间是否相同？为什么？

(2) 如欲测量响应速度更快的光电探测器件的响应时，则必须提高光源的调制频率，试想还有哪些方法？

(3) 试比较用脉冲响应法与幅频特性法测得的响应时间的特点？

实验 6 光电探测器件光谱响应特性测试

6.1 实验目的

(1) 使学生加深对光谱响应概念的理解；

(2) 掌握光谱响应的测试方法；

(3) 熟悉热释电探测器件以及硅光电二极管的使用。

6.2 实验内容

(1) 用热释电探测器测量钨丝灯的光谱辐射特性曲线；

(2) 用比较法测量硅光电二极管的光谱响应曲线。

6.3 实验基本原理

光谱响应是光电探测器件的基本性能参数之一，它表征了光电探测器对不同波长入射辐射的响应，通常热探测器的光谱响应较平坦，而光子探测器的光谱响应却具有明显的选择性。一般情况下，以波长为横坐标，以探测器接收到的等能量单色辐射所产生的电信号的相对大小为纵坐标，绘出光电探测器的相对光谱响应曲线。典型的光子探测器和热探测器的光谱响应曲线如图 6-1 所示。

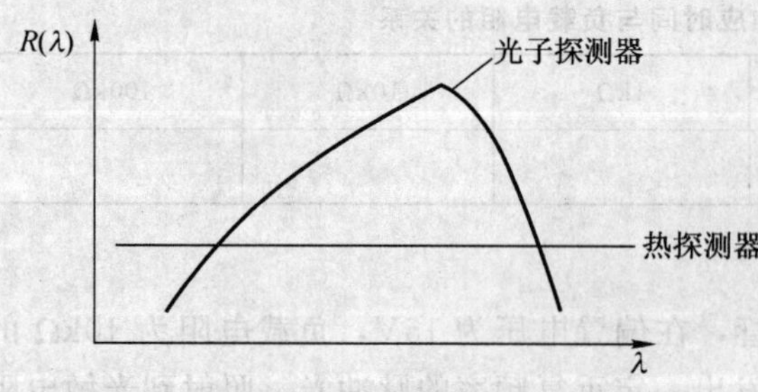

图 6-1 典型光电与热电探测器件的光谱响应

光谱响应是光电探测器对单色入射辐射的响应能力。电压光谱响应度 $R_v(\lambda)$，定义为在波长为 λ 的单位入射辐射功率的照射下，光电探测器输出的信号电压。用公式表示则为

$$R_v(\lambda)=\frac{U(\lambda)}{P(\lambda)} \tag{6-1}$$

式中，$P(\lambda)$ 为波长为 λ 时的入射光功率，

$U(\lambda)$ 为光电探测器在入射光功率 $P(\lambda)$ 作用下的输出信号电压。而光电探测器的电流光谱响应度，是在波长为 λ 的单位入射辐射功率的作用下，所输出的光电流。同样，用公式表示为

$$R_i(\lambda)=\frac{I(\lambda)}{P(\lambda)} \tag{6-2}$$

式中，$I(\lambda)$ 则为输出用电流表示的输出信号电流。为简单起见，$R_v(\lambda)$ 和 $R_i(\lambda)$ 均可以用 $R(\lambda)$ 表示。但在具体计算时应区分 $R_v(\lambda)$ 和 $R_i(\lambda)$，显然，二者具有不同的单位。

通常，测量光电探测器件的光谱响应，多用单色仪对辐射源的辐射功率进行分光，来得到不同波长的单色辐射，然后测量在各种波长的辐射照射下光电探测器输出的电信号 $U(\lambda)$。但由于实际光源的辐射功率是波长的函数，因此在相对测量中要确定单色辐射功率 $P(\lambda)$ 需要利用参考探测器（基准探测器）。即使用一个光谱响应为 $R_f(\lambda)$ 的探测器为基准，用同一波长的单色辐射分别照射待测探测器和基准探测器。由参考探测器的电信号输出（例如为电压信号）$U_f(\lambda)$ 可得单色辐射功率 $P(\lambda)=U_f(\lambda)/R_f(\lambda)$，再通过式（6－1）的计算，即可得到待测探测器的光谱响应。其测量原理框图如图 6－2 所示。

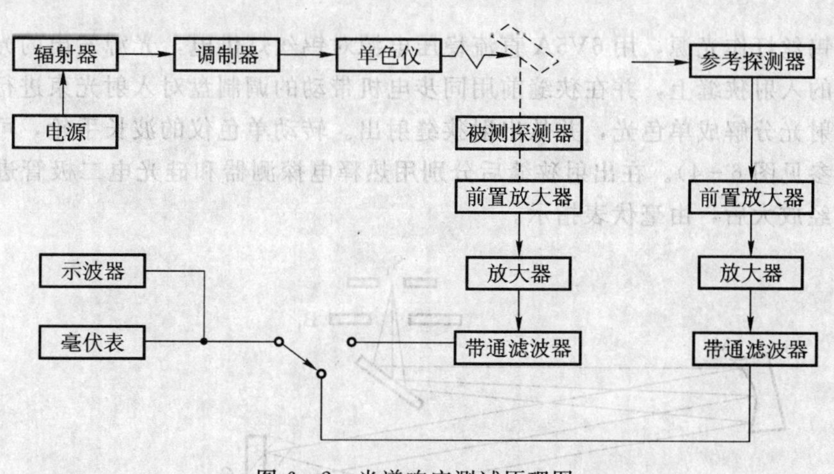

图 6－2　光谱响应测试原理图

在这里，用响应度和波长无关的热释电探测器件作参考探测器，则可测得 $P(\lambda)$ 入射时的输出电压为 $U_f(\lambda)$。若用 R_f 表示热释电探测器的响应度，则显然有

$$P(\lambda)=\frac{U_f(\lambda)}{R_f K_f} \tag{6-3}$$

式中，K_f 为热释电探测器前放和主放放大倍数的乘积，即总的放大倍数，在本实验中 $K_f=100\times330$；R_f 为热释电探测器的响应度，在本实验中所用的调制频率下，$R_f=900\text{V/W}$。

然后，采用硅光电二极管测量相应的单色光，得到输出电压 $U_b(\lambda)$，从而得到光电二极管的光谱响应度为

$$R(\lambda)=\frac{U(\lambda)}{P(\lambda)}=\frac{U_b(\lambda)/K_b}{U_f(\lambda)/R_f K_f} \tag{6-4}$$

式中，K_b 为硅光电二极管测量时总的放大倍数，这里 $K_b=150\times330$。

6.4　实验装置

本实验采用图 6－3 所示的实验装置。它用单色仪对钨丝灯辐射进行分光，从而可得到

单色光功率 $P(\lambda)$。

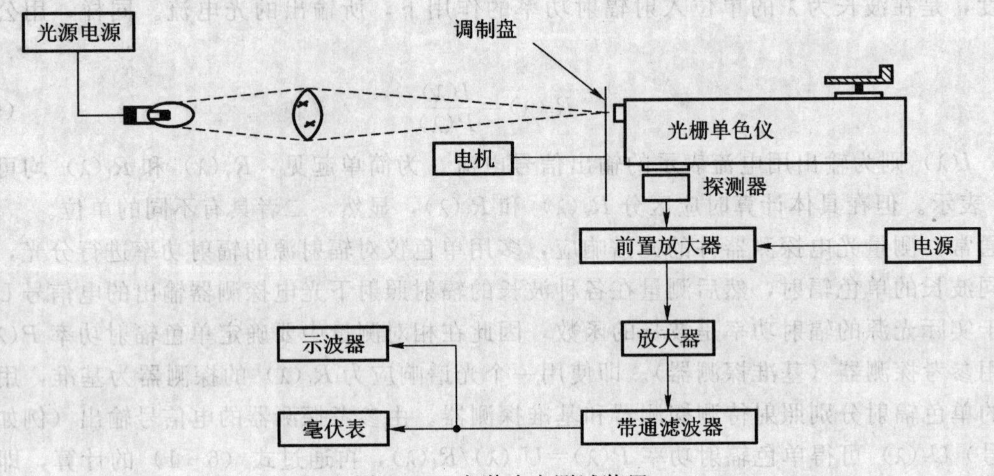

图 6-3　光谱响应测试装置

实验用钨丝灯作光源，用6V5A直流稳压电源对钨丝灯供电，光源发出的光由聚光镜会聚于单色仪的入射狭缝上，并在狭缝前用同步电机带动的调制盘对入射光束进行调制。光栅单色仪把入射光分解成单色光，并从出射狭缝射出。转动单色仪的波长手轮，可以改变出射光的波长（参见图6-4）。在出射狭缝后分别用热释电探测器和硅光电二极管进行测量，所得光电信号经放大后，由毫伏表指示。

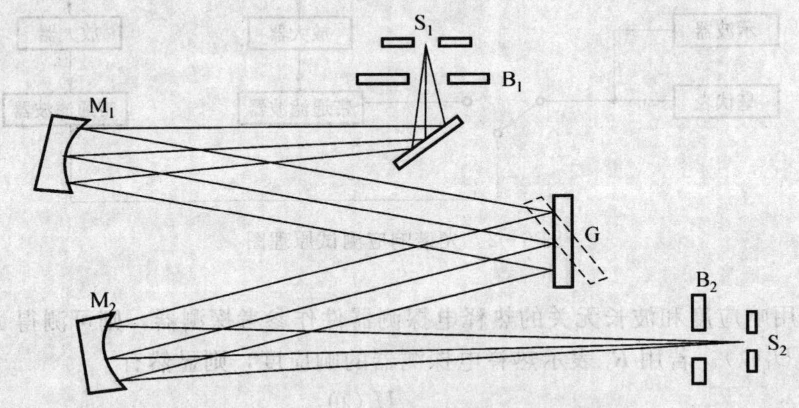

图 6-4　WD30 光栅单色仪光学系统图

下面简要介绍实验装置的各个部分。

1. WD30 光栅单色仪的光学系统

图6-4是单色仪光学系统的示意图，聚光镜把光源发出的光会聚于单色仪入射狭缝 S_1 上，光束经狭缝 B_1 射向球面反射镜 M_1。由于 S_1 位于 M_1 的焦面上，因此，经球面镜 M_1 反射后的光束为平行光束。平行光束经平面光栅 G 分光后，不同的波长以不同的入射角投向球面反射镜 M_2。球面镜 M_2 把分光后的光，聚焦在焦面上，并形成波长不同的一系列光谱线。出射狭缝 S_2 位于球面镜 M_2 的聚焦面上。狭缝 S_1 和 S_2 开得很窄，测量时转动手轮使光栅转动，在出射狭缝 S_2 处，就会得到各个光谱分量的输出。输出光的波长，可在手轮计数

器上读出。仪器备有四块光栅，分别对应着可见光和红外区四个光谱段。本实验采用1200线/mm光栅。此时的输出波长为手轮计数器读数的二倍（单位：Å，1Å=0.1nm）。

2. 热释电探测器

本实验所用的热释电探测器件是钽酸锂热释电器件，前置放大器与探测器装在同一屏蔽壳里。这种前置放大器工作时，需要供给正12V电压。为减小噪声，用干电池供电。热释电探测器件的典型调制特性，如图6-5所示。

3. 选频放大器

由于分光后的光谱辐射功率很小，通常都要将信号放大。虽然，热释电探测器件和光电二极管都带有前置放大器，但仍需要接选频放大器放大。选频放大器的频率特性如图6-6所示。其中心频率 f_0 与调制频率一致（这里为25Hz）。

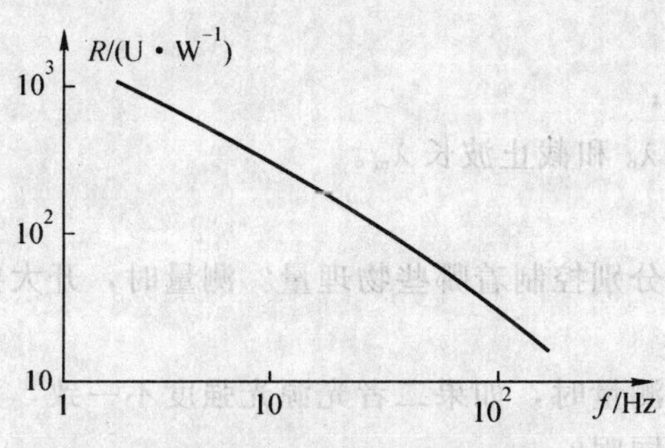

图6-5 热释电探测器的典型调制特性

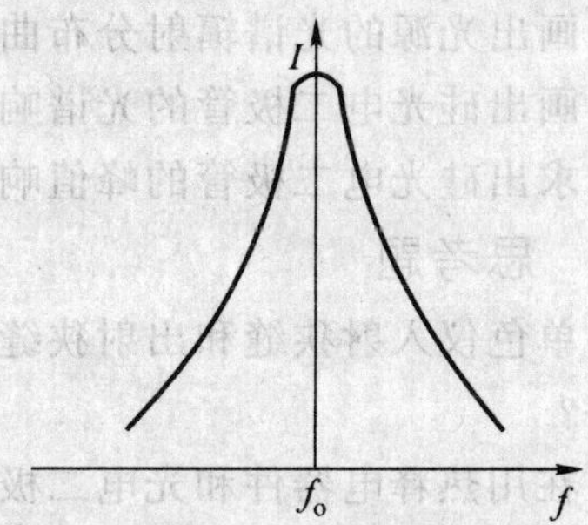

图6-6 选频放大器的频率特性

4. 钨丝灯

实验用光源为钨丝灯，它的电源电压在0～6V可调。本实验，用6V5A直流稳压电源对钨丝灯供电。

5. 调制盘

由于光源发出的光由聚光镜会聚于单色仪的入射狭缝上，需要在狭缝前用同步电机带动调制盘对入射光束进行调制。该调制盘的电机，使用220V电压。

6.5 实验步骤

（1）打开光源开关，调整光源位置，使灯丝通过聚光镜成像在单色仪入射狭缝 S_1 上，S_1 的缝宽调整在0.2mm。把出射狭缝 S_2 开到1mm左右，人眼通过 S_2 能看到与波长读数相应的光，然后逐渐关小 S_2，最后开到 S_2=0.2mm。

注意：狭缝开大时不能超过3mm，关小时不能超过零位，否则将损坏仪器！

（2）在光路中靠近 S_1 的位置，放入调制器，并接通电机电源。

（3）把热释电器件的灵敏面对准出射狭缝 S_2，并连接好放大器和毫伏表，然后为探测器加上电池电压正12V。

（4）转动光谱手轮，记下探测器的入射波长及毫伏表上相应波长的输出电压值，并填入表6-1中。

（5）用光电二极管换下热释电器件，给光电二极管加上正12V电压，重复步骤4，将所测数据也记入表6-1中。

表 6-1　光谱响应测试实验数据

入射光波长 $\lambda/\mu m$	用热释电时毫伏表输出 U_f	硅光电二极管经放大后输出 U_b	光谱功率 $P(\lambda)$	响应度 $R(\lambda)$
0.5				
1.2				

6.6　实验报告

(1) 按第一部分对实验报告的要求写出实验报告。

(2) 画出光源的光谱辐射分布曲线；

(3) 画出硅光电二极管的光谱响应曲线；

(4) 求出硅光电二极管的峰值响应波长 λ_p 和截止波长 λ_m。

6.7　思考题

(1) 单色仪入射狭缝和出射狭缝的宽度分别控制着哪些物理量？测量时，开大些好还是开小些好？

(2) 在用热释电器件和光电二极管进行测量时，如果二者光源光强度不一致，是否仍能保证结果的正确性？如果二者的调制频率不同呢？

(3) 在测量光谱响应度 $R(\lambda)$ 时，如果实验室没有参考（基准）探测器，能否想办法测得 $R(\lambda)$？

实验 7　光电探测器件噪声测试及频谱分析

7.1　实验目的

研究一种测量光电探测器件噪声，以及分析其频谱的方法。

7.2　实验内容

(1) 测量光电导型探测器的噪声。

(2) 绘出 $U_{nd}^2 \sim f$ 曲线，分析频谱。

7.3　实验使用的仪器和器材

(1) 前置放大器　　1 台

(2) 频谱分析仪　　1 台

(3) 标准信号发生器　　1 台

(4) 直流稳压电源　　1 台

(5) 万用表　　1 台

(6) 光敏电阻及各种电阻元件等。

7.4　实验基本原理

大家知道，光电探测器件的最小可检测功率，受噪声限制。因此，了解光电探测器件的噪声及其频谱，对于使用光电探测器件进行弱信号的测量是十分重要的。光电探测器件噪声

的测量，是指在无输入信号的情况下对探测器的电输出所进行的一种测量，在测量的过程中，往往需要在探测器与测量仪之间加一放大器，这就不得不考虑光电探测器件的影响。仪器所测量的是放大器的输出噪声，扣除负载电阻和放大器的噪声之后，才是光电探测器件本身的噪声。

本实验测量光电导型探测器的噪声，下面就以此为例说明其测量的基本原理。光电导探测器可以等效为一个电阻和一个噪声等效电压源串联，或一个电阻与一个噪声等效电流源并联的电路。如图 7-1 所示。

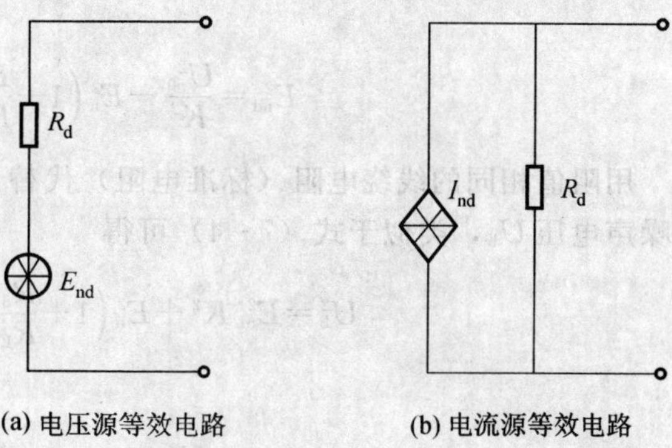

图 7-1 探测器噪声等效电路

图 7-1 中，R_d 是光电导探测器的等效电阻，E_{nd}是等效噪声电压源，其等效噪声电流源为

$$I_{nd}=\frac{E_{nd}}{R_d} \tag{7-1}$$

图 7-2 放大器的噪声等效电路

若连接有负载电阻 R_L，同样可用图 7-1 等效，只不过噪声等效电压源为 E_{nL}，即

$$E_{nL}^2=4kTR_L\Delta f \tag{7-2}$$

放大器的噪声等效电路，如图 7-2 所示。

在图 7-2 中，E_n 和 I_n 则分别表示放大器的噪声电压源和噪声电流源。

测量系统的噪声等效电路，如图 7-3 所示。

在图 7-3 中，E_s 为信号源。由图 7-3，可写出下列电路方程式为

$$U_0^2=E_s^2K_x^2+E_{nd}^2K^2+E_n^2\left(1+\frac{R_d}{R_L}\right)^2K^2+(I_n^2+I_{nL}^2)R_d^2K^2 \tag{7-3}$$

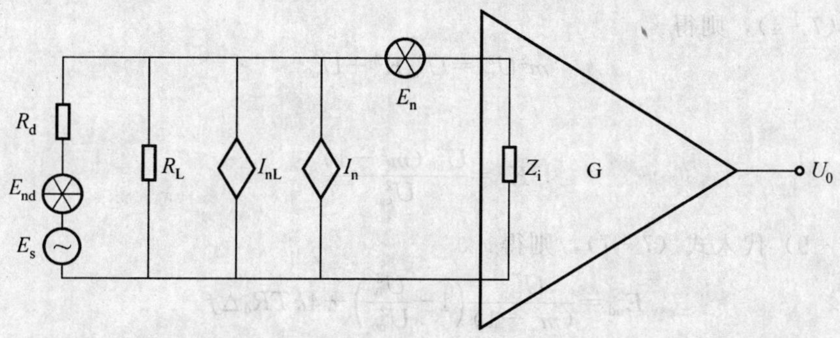

图 7-3 测量系统的噪声等效电路

式中，K 是从探测器到放大器输出端的传递函数，也就是系统的增益。当输入信号 $E_s=0$，由式（7-3），可得

$$U_{n0}^2=E_{nd}^2K^2+E_n^2\left(1+\frac{R_d}{R_L}\right)^2K^2+(I_n^2+I_{nL}^2)R_d^2K^2 \tag{7-4}$$

或

$$E_{nd}^2=\frac{U_{n0}^2}{K^2}-E_n^2\left(1+\frac{R_d}{R_L}\right)^2-(I_n^2+I_{nL}^2)R_d^2 \tag{7-5}$$

用阻值相同的线绕电阻（标准电阻）代替光电导探测器，在放大器的输出端又可得到一个噪声电压 U_b，类似于式（7-4）可得

$$U_b^2=E_{nL}^2K^2+E_n^2\left(1+\frac{R_d}{R_L}\right)^2K^2+(I_n^2+I_{nL}^2)R_d^2K^2$$

或

$$E_{nL}^2=\frac{U_b^2}{K^2}-E_n^2\left(1+\frac{R_d}{R_L}\right)^2-(I_n^2+I_{nL}^2)R_d^2 \tag{7-6}$$

比较式（7-6）与式（7-5），则可得

$$\begin{aligned}E_{nd}^2&=\frac{U_{n0}^2}{K^2}-\frac{U_b^2}{K^2}+E_{nL}^2\\&=\frac{U_{n0}^2}{K^2}-\frac{U_b^2}{K^2}+4kTR_d\Delta f\end{aligned} \tag{7-7}$$

式中，$E_{nL}^2=4kTR_d\Delta f$。

由式（7-7）可见，只要知道图 7-3 所示系统的增益 K，并测出 U_{n0}^2、U_b^2，即可算出探测器的噪声 E_{nd}。

系统增益 K 的测量方法如下：

将信号发生器产生的标准信号 U 通过衰减器加到校准电阻 R_{cal} 上，调节信号发生器的频率与选频放大器的中心频率相同（R_{cal} 与探测器串接，其阻值很小，因此本身的热噪声可以忽略）。然后调节衰减器使放大器的输出为 mU_{no}，此时根据衰减器及标准信号，即可算出降至 R_{cal} 上的标准信号 U_{cal}，一般 m 取为 100。

根据式（7-3），以 U_{cal} 代替式中的 E_s，则得

$$m^2U_{n0}^2=U_{cal}^2K^2+E_{nd}^2K^2+E_n^2\left(1+\frac{R_d}{R_L}\right)^2K^2+(I_n^2+I_{nL}^2)R_d^2K^2 \tag{7-8}$$

再考虑到式（7-4），则得

$$m^2U_{n0}^2=U_{cal}^2K^2+U_{n0}^2$$

或

$$K^2=\frac{U_{n0}^2(m^2-1)}{U_{cal}^2} \tag{7-9}$$

将式（7-9）代入式（7-7），则得

$$E_{nd}^2=\frac{U_{cal}^2}{(m^2-1)}\left(1-\frac{U_b^2}{U_{n0}^2}\right)+4kTR_d\Delta f \tag{7-10}$$

令 $\delta=\dfrac{U_b}{U_{no}}$，则

$$U_{nd}^2=\frac{(1-\delta^2)}{(m^2-1)}U_{cal}^2+4kTR_d\Delta f \tag{7-11}$$

由式（7－11）可见，只要在放大器无输入信号的情况下测出其输出电压 U_{no}，用线绕电阻代替探测器，测出 U_b，便可求得 δ，再测出 U_{cal}，由式（7－11），便可计算出光电探测器件的噪声 U_{nd}。

7.5　实验装置

测量光电导探测器的噪声谱，所用实验测量装置如图 7－4 所示。

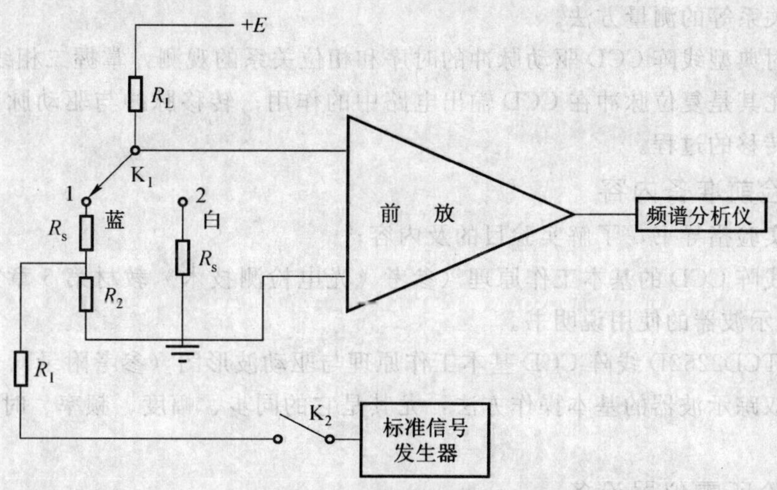

图 7－4　探测器噪声谱的测量

由图 7－4 可见，当将开关 K_1 掷“1”时，测光电探测器的噪声；将开关掷“2”时，则测标准电阻 R_s 噪声。当开关 K_2 合上时，则送入标准信号。衰减器由图中 R_1 与 R_2 组成。

7.6　实验步骤

实验测试步骤如下：

（1）打开频谱分析仪电源，预热 10min（本实验可用英产 455 型波分仪代替频谱分析仪），然后按仪器说明书进行频率校准；

（2）给光电探测器加 15～20V 偏压，并打开前置放大器电源；

（3）在 10～16kHz 的范围内，测量探测器的噪声，每选定一个频率，都要测一次 U_{no}、U_{nL}和使 U_{no} 增至 mU_{no}时的信号电压 U_{cal}，从而根据式（7－11），计算得到光电探测器件的噪声 U_{nd}；

（4）在坐标纸上绘出 $U_{nd}^2 \sim f$ 曲线，并进行频谱分析。

7.7　实验报告

（1）按第一部分实验报告的要求马写出实验报告。

（2）求出所测光电探测器件的噪声 U_{nd}。

（3）绘出 $U_{nd}^2 \sim f$ 曲线，并进行频谱分析。

7.8　思考题

（1）从所测噪声实验，说明光电导探测器件的主要噪声是什么样的噪声？

（2）从绘出的 $U_{nd}^2 \sim f$ 曲线，所进行的频谱分析中，你得到什么启示？

第3部分　光电成像检测器件的驱动、特性及应用

实验8　线阵CCD的原理及驱动

8.1　实验目的

(1) 掌握用双踪示波器观测二相线阵CCD驱动脉冲的频率、幅度、周期和各路驱动脉冲之间的相位关系等的测量方法。

(2) 通过对典型线阵CCD驱动脉冲的时序和相位关系的观测，掌握二相线阵CCD的基本工作原理，尤其是复位脉冲在CCD输出电路中的作用；转移脉冲与驱动脉冲间的相位关系，以及电荷转移的过程。

8.2　实验前准备内容

(1) 阅读实验指导书，了解实验目的及内容；

(2) 学习线阵CCD的基本工作原理（参考《光电检测技术》教材第5章第4节有关内容），阅读双踪示波器的使用说明书。

(3) 学习TCD2252D线阵CCD基本工作原理与驱动波形图（参考附录）。

(4) 掌握双踪示波器的基本操作方法，尤其是它的同步、幅度、频率、时间与相位的测量方法。

8.3　实验所需仪器设备

(1) 双踪同步示波器（带宽50MHz以上）一台。

(2) 彩色线阵CCD多功能实验仪YHLCCD-IV一台。

(3) 万用表一台。

8.4　实验内容

1. 驱动脉冲相位的检测

根据线阵CCD的基本工作原理，观测转移脉冲SH与F1（CR1）、F2（CR2）的相位关系，理解线阵CCD的并行转移过程；观测F1与F2及F1与CP、SP、RS间的相位关系，理解线阵CCD的串行传输过程和复位脉冲RS的作用。

2. 驱动频率和积分时间的检测

测量CCD在不同驱动频率的情况下的F1与F2、F1、RS的周期与频率值，以及它的行周期（FC）值，理解线阵CCD的驱动频率、周期与积分时间的关系。

3. CCD输出信号的检测

检测CCD的输出信号，观测积分时间、SH与FC信号波形等同CCD的输出信号间的关系。

8.5　实验基本原理

CCD的基本结构是MOS（金属—氧化物—半导体）电容结构。它是在半导体P型硅(Si)作衬底的表面上用氧化的办法生成一层厚度约100nm～150nm的SiO_2，再在SiO_2表面蒸镀一层金属（如铝），在衬底和金属电极间加上一个偏置电压（称栅电压），就构成了一个MOS电容器。所以，CCD是由一行行紧密排列在硅衬底上的MOS电容器阵列构成的。其

基本工作原理有如下的三个过程：

1. 光电转换

当有光线投射到 MOS 电容上时，光子穿过透明电极及氧化层，进入 P 型硅（Si）衬底，衬底中处于价带的电子将吸收光子的能量而跃入导带，从而形成电子—空穴对，这种电子—空穴对在外加电场的作用下，就会分别向电极两端移动，因而产生光生电荷，即将光信号转换为电信号。

对于 Si 材料来说，因其 $E_g=1.12\text{eV}$，所以其上限截止波长为 $\lambda_c=1.11\mu\text{m}$。也就是说，波长小于和等于 $1.11\mu\text{m}$ 的光子能使硅衬底中的价带电子跃入导带，产生电子—空穴对；而大于 $1.11\mu\text{m}$ 波长的光子则会穿透半导体层而不起作用。对于不同的衬底材料，将具有不同的 E_g 值，因而器件将具有不同的光谱特性，从而可适用于不同的场合。

2. 电荷存储

由上述知，构成 CCD 的基本单元是 MOS 结构。如图 8-1（a）所示，在栅极 G 施加正偏压 U_G 之前，P 型半导体中的空穴（多数载流子）的分布是均匀的。当栅极施加正偏压 U_G（此时 U_G 小于 P 型半导体的阈值电压 U_{th}）后，空穴被排斥，产生耗尽区，如图 8-1（b）所示。如偏压继续增加，耗尽区将进一步向半导体体内延伸。当 $U_G>U_{th}$ 时，半导体与绝缘体界面上的电势（常称为表面势，用 Φs 表示）变得如此之高，以致于将半导体体内的电子（少数载流子）吸引到表面，形成一层极薄的（约 $10^{-2}\mu\text{m}$）但电荷浓度很高的反型层，如图 8-1（c）所示。反型层电荷的存在表明了 MOS 结构存储电荷的功能。

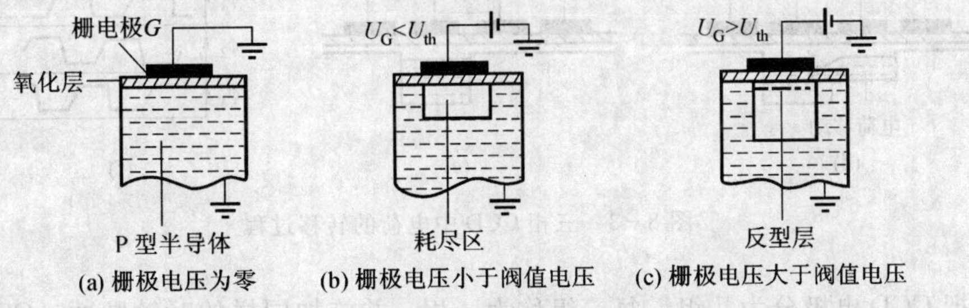

图 8-1 单个 CCD 栅极电压变化对耗尽区的影响

电子之所以被加有栅极电压 U_G 的 MOS 结构吸引到氧化层与半导体的交界面处，是因为那里的势能最低。在没有反型层电荷时，势阱的“深度”与栅极电压 U_G 的关系恰如 ϕ_S 与 U_G 的线性关系（如图 8-2（a）空势阱的情况）。图 8-2（b）为反型层电荷填充 1/3 势阱时，表面势收缩。当反型层电荷足够多，使势阱被填满时，ϕ_S 降到 $2\phi_F$，此时，表面势不再束缚多余的电子，电子将产生“溢出”现象。这样，表面势可以作为势阱深度的量度，而表面势又与栅极电压 U_G、氧化层的厚度 d_{OX} 有关，即与 MOS 电容容量 C_{OX} 与 U_G 的乘积有关。因此，势阱的横截面积取决于栅极电极的面积 A，所以 MOS 电容存储信号电荷的容量为：

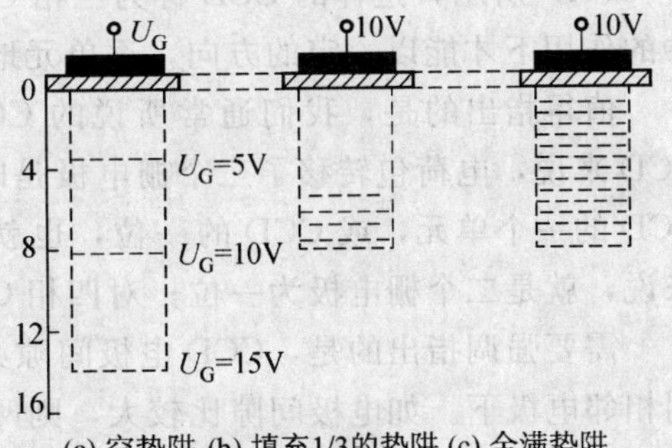

图 8-2 势阱

$$Q=C_{OX}U_G \cdot A \tag{8-1}$$

3. 电荷转移

为了理解在CCD中势阱及电荷如何从一个位置移到另一个位置，可参见图8-3。取CCD中四个彼此靠得很近的电极来观察。若开始有一些电荷存储在偏压为10V的第二个电极下面的深势阱里，其他电极上均加有大于阈值的较低电压（例如2V）。设图8-3（a）为零时刻（初始时刻），过t_1时刻后，各电极上的电压变为如图8-3（b）所示，第二个电极仍保持为10V，第三个电极上的电压由2V变到10V，因这两个电极靠得很近（间隔只有几微米），它们各自的对应势阱将合并在一起。即原来在第二个电极下的电荷变为这两个电极下势阱所共有，如图8-3（b）和（c）。若此后电极上的电压变为图8-3（d）所示，第二个电极电压由10V变为2V，第三个电极电压仍为10V，则共有的电荷转移到第三个电极下面的势阱中，如图8-3（e）。由此可见，深势阱及电荷包向右移动了一个位置。

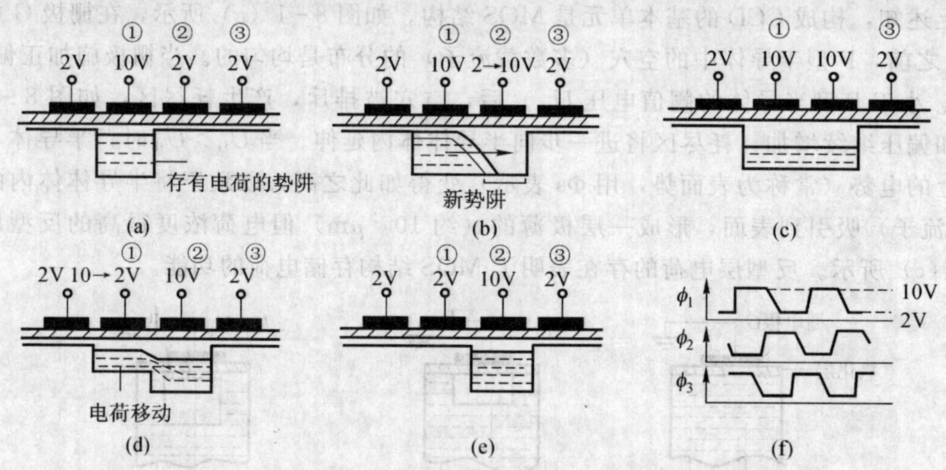

图8-3 三相CCD中电荷的转移过程

通常把CCD电极分为几组，每一组称为一相，并施加同样的时钟脉冲。CCD的内部结构决定了使其正常工作所需的相数。图8-3所示的结构需要三相时钟脉冲，其波形图如图8-3（f）所示，这样的CCD称为三相CCD。三相CCD的电荷传输方式必须在三相交迭脉冲的作用下才能以一定的方向，逐单元地转移。

值得指出的是，我们通常所说的CCD的位数的位，不是这里的一个栅电极。对三相CCD来说，电荷包转移了三个栅电极是时钟脉冲的一个周期，我们把这三个栅电极称之为CCD的一个单元，或CCD的一位，也就是我们通常所说的一个像元；显然，对二相CCD来说，就是二个栅电极为一位；对四相CCD则一位是四个栅电极了，所以千万不能混淆。

需要强调指出的是，CCD电极间隙必须很小，电荷才能不受阻碍地自一个电极下转移到相邻电极下。如电极间隙比较大，则两相邻电极间的势阱将被势垒隔开，而不能合并，电荷也不能从一个电极向另一个电极平滑地转移。这样，CCD便不能在外部脉冲作用下正常工作。能够产生电荷完全耦合（这就是电荷耦合器件名称的由来）条件的最大间隙一般由具体电极结构、表面态密度等因素决定。理论计算和实验证实，为了不使电极间隙下方界面处出现阻碍电荷转移的势垒，间隙的长度应小于3μm，这大致是同样条件下半导体表面深耗

尽区宽度的尺寸。当然，如果氧化层厚度、表面态密度不同，结果也会不同。但对绝大多数CCD，1μm 的间隙长度是足够小的。

以电子为信号电荷的 CCD 称为 N 型沟道 CCD，简称为 N 型 CCD。而以空穴为信号电荷的 CCD 称为 P 型沟道 CCD，简称为 P 型 CCD。由于电子的迁移率（单位场强下的运动速度）远大于空穴的迁移率，因此，N 型 CCD 比 P 型 CCD 的工作频率高得多。

实际上，目前的 CCD 器件均采用光敏二极管代替过去的 MOS 电容器。空间电荷区（即耗尽区）对带负电的电子而言、是一个势能特别低的区域，因此也称之为势阱。投射光产生的光生电荷就储存在这个势阱之中，势阱能够储存的最大电荷量又称之为势阱容量，势阱容量与所加栅压近似成正比。

光敏二极管和 MOS 电容器相比，光敏二极管具有灵敏度高，光谱响应宽，蓝光响应好，暗电流小等特点。如果将一系列的 MOS 电容器或光敏二极管排列起来，并以两相、三相或四相工作方式把相应的电极并联在一起，并在每组电极上加上一定时序的驱动脉冲，这样就具备了 CCD 的基本功能。

4. CCD 的外围驱动电路

CCD 需要外围驱动电路才能工作，现以日本东芝生产的线阵 2048 位 TCD142D 为实例作一介绍。TCD142D 器件为二相 CCD：需要相差 180°的二路驱动脉冲 ϕ_1 与 ϕ_2，一路转移控制脉冲 ϕ_{sh}，一路复位脉冲 ϕ_R。其驱动脉冲的波形如图 8－4 所示。

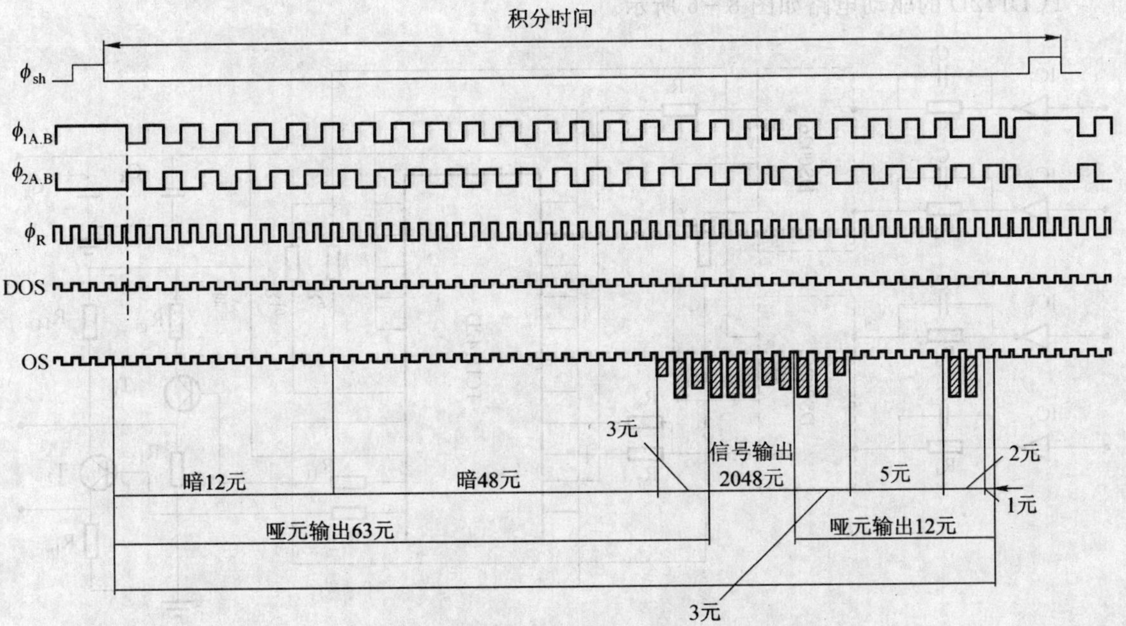

图 8－4　TCD142D 摄像器驱动时钟脉冲

值得注意的是，由于结构上的安排，器件的 OS 输出端首先输出 12 个虚设单元的脉冲，再输出 51 个暗信号脉冲后才连续输出 2048 个信号脉冲，最后输出 11 个暗电流脉冲，接下去输出多余无信号脉冲。由于该器件是两列并行传输，所以在一个 ϕ_{sh}周期中至少要有 1061 个 ϕ_1 脉冲，即 $T_{SH}>1061T_1$。图 8－4 中的 ϕ_R 是复位脉冲，复位一次输出一个光信号。器件的补偿输出 DOS 端，用于检取驱动脉冲（尤其复位脉冲）对输出电路的容性干扰信号，若

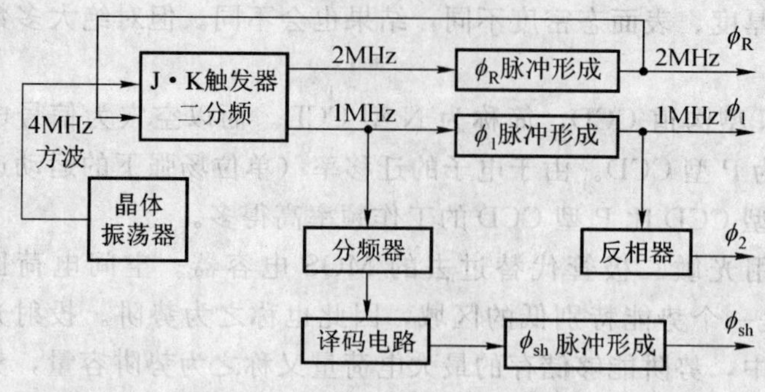

图 8-5　TCD142D 外围电路框图

将 OS 端与 DOS 端的输出分别送到差分放大器的两个输入端，则在输出端将得到被放大的没有驱动脉冲干扰的光电信号。

TCD142D 的外围驱动电路原理框图如图 8-5 所示。

由图 8-5 可知，由晶体振荡器输出频率为 4MHz 的方波脉冲，经 J·K 触发器分频得到频率为 2MHz 的方波脉冲，将 4MHz 与 2MHz 脉冲相与即经 ϕ_R 脉冲形成电路而形成脉冲占空比为 1∶3 的频率为 2MHz 的 ϕ_R 脉冲；将 ϕ_R 脉冲再经 J·K 触发器分频而产生频率为 1MHz 的脉冲；经 ϕ_1 脉冲形成电路而形成脉冲为 1MHz 的 ϕ_1 脉冲；将 ϕ_1 脉冲经反相器反相后而形成 ϕ_2 脉冲（1MHz）；将 1MHz 的脉冲送入分频器，经译码电路而由 ϕ_{SH} 脉冲形成电路而产生周期 $T_{SH} \geqslant 1061\mu s$ 的转移控制脉冲 ϕ_{sh}。至此，TCD142D 所需的四路脉冲均已产生。这四路脉冲经反相器反相，再经阻容加速电路送至 DS0026 驱动器以驱动 TCD142D 进入正常工作。DS0026 驱动器实际是一驱动门电路，它将电平由 5V 转为 12V，并反相。

TCD142D 的驱动电路如图 8-6 所示。

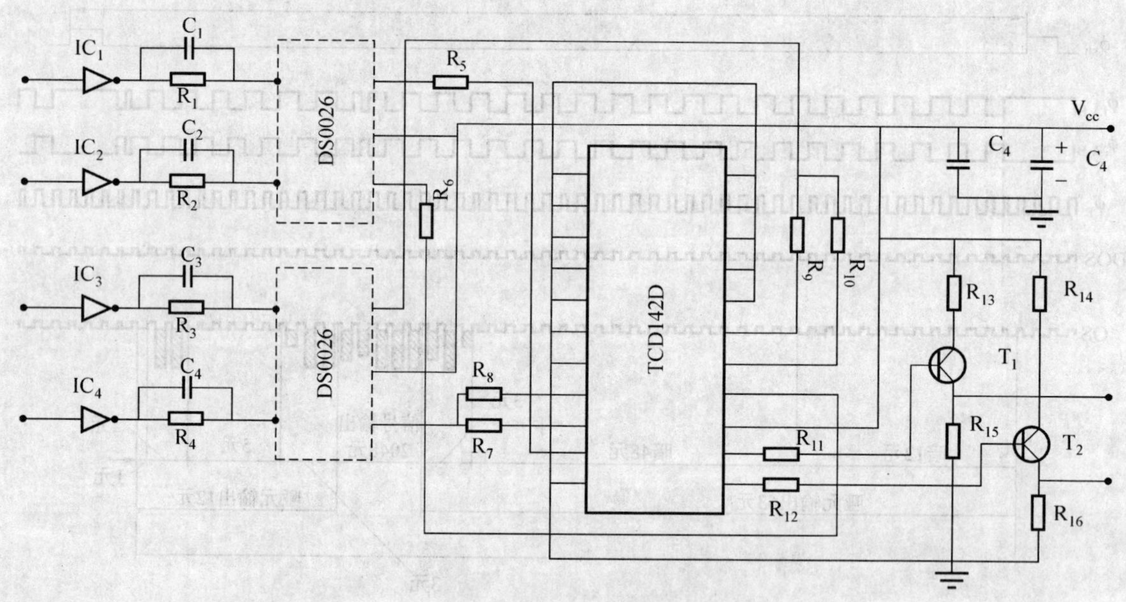

图 8-6　TCD142D 驱动电路

8.6　实验步骤

1. 实验预备的步骤

(1) 首先将示波器地线与实验仪上的地线连接良好，并确认示波器和实验仪的电源插头均已插入交流 220V 的电源插座上；

(2) 取出双踪迹同步示波器，将电源线插入交流 220V 的电源插座上，测试笔（或称探

头）分别接入测试输入端口；打开示波器的电源开关，选择自动测试方式，调整显示屏上出现的扫描线处于便于观察的位置；

（3）将示波器的两个测试笔分别接到示波器的标准输出信号输入端子上进行校准；

（4）打开 YHLCCD－IV 的电源开关，观察仪器面板显示窗口，数字闪烁表示仪器初始化，闪烁结束后显示为“00　0”字样，前两位数表示积分时间档次值，末位数表示 CCD 的驱动频率档位值。积分时间共分为 32 挡，显示数值范围由“00”～“31”，数值越大表示积分时间越长。积分时间的设置由仪器数值显示板下方的四个按键开关控制，分为十位键与个位键控制，按标有“＋”号的键将使对应的显示积分时间的挡位加一操作，按动标有“－”号的键将使对应的显示积分时间的挡位减一操作；CCD 的驱动频率档位值共有 4 挡，分别显示数值为“0”～“3”，“0”挡位下的驱动频率最高，“1”挡位数下的驱动频率是“0”挡位下的驱动频率的一半，显然，“3”挡位数下的驱动频率是“0”挡位下的驱动频率的 1/8。

2. 驱动脉冲相位测量的步骤

（1）将示波器测试笔 CH1 和 CH2 的扫描线调整至适当位置后，用 CH1 为同步信号输入端。对照“附录”TCD2252D 的驱动波形进行下面的实验。

（2）用测试笔 CH1 接到仪器表面上（转移脉冲）上，仔细调节触发脉冲电平旋钮使显示波形稳定（同步），使 SH 脉冲宽度适当（将示波器的扫描频率调至 2μs 左右）以便于观察。用测试笔 CH2 分别接到仪器表面标有“F1”与“F2”（驱动脉冲）字样的测试端口，观测 SH 与 F1、F2 的相位关系；

（3）再用测试笔 CH1 测量 F1 信号，CH2 探头分别测量 F2，RS，CP，SP 信号，观测 F1 与 F2，RS，CP，SP 信号之间的相位关系。

（4）用测试笔 CH1 探头测量 CP 信号，CH2 探头分别测量 RS，SP，观测 CP 与 RS，SP 信号之间的相位关系。

（5）将以上所测的波形、相位关系与“附录”所示 TCD2252D 的驱动波形相对照，有无不同。如有不同，试分析其原因。

3. 驱动频率和积分时间测量的步骤

（1）用示波器分别测量 4 挡位下的驱动脉冲 F1，F2，复位 RS 信号的周期、幅度，并计算出它们的频率值，填入表 8－1 中。

表 8－1　驱动频率与周期

驱动频率	项　目	F1	F2	RS
0 挡	周期（μs）			
	频率（kHz）			
1 挡	周期（μs）			
	频率（kHz）			
2 挡	周期（μs）			
	频率（kHz）			
3 挡	周期（μs）			
	频率（kHz）			

（2）将 CCD 的驱动频率设置为“0”挡，积分时间也设置为“00”挡。用测试笔 CH1 测 FC（以它作同步），用测试笔 CH2 测量 SH，观察两者的周期是否相同，记录 FC 信号的周期。通过实验仪面板上的积分时间和驱动频率的调整按钮进行调节，并将不同驱动频率挡和积分时间挡次下的 FC 周期填入下表 8－2 中。表 8－2 只列出 16 挡，其余挡次可以自行添加测量。

表 8－2　积分时间的测量

驱动频率 0 挡		驱动频率 1 挡		驱动频率 2 挡		驱动频率 3 挡	
积分时间（挡）	FC 周期（ms）	积分时间（挡）	FC 周期（ms）	积分时间（挡）	FC 周期（ms）	积分时间（挡）	FC 周期（ms）
00		00		00		00	
01		01		01		01	
02		02		02		02	
03		03		03		03	
04		04		04		04	
05		05		05		05	
06		06		06		06	
07		07		07		07	
08		08		08		08	
09		09		09		09	
10		10		10		10	
11		11		11		11	
12		12		12		12	
13		13		13		13	
14		14		14		14	
15		15		15		15	

4. CCD 输出信号测量的步骤

（1）将实验仪积分时间设置为“00”挡，驱动频率设置在“0”挡。

（2）用示波器 CH1 探头测量 FC 信号，调节示波器显示至少 2 个 FC 周期；CH2 探头测量实验仪的 U_G 输出端子，打开实验仪顶部盖板，调节镜头光圈。观察 U_G 输出是否有变化，如没有任何变化，请通知实验指导教师调整。

（3）逐步缩小镜头光圈，观测 U_G 的波形变化，当 U_G 的输出在小于 3V 时停止调整镜头光圈，盖上仪器盖板。

（4）保持 CH1 探头不变，增加积分时间，用 CH2 探头分别测量 U_G、U_R 和 U_B 信号，观测这三个信号在积分时间改变时的信号变化。

（5）调节示波器扫描速度，展开 SH 信号，观测 SH 波形和 CCD 输出波形之间的相位关系。重复上述步骤观测 FC 波形和 CCD 输出波形之间的相位关系。

(6) 打开实验仪上盖板，将测量片夹B插入到后端片夹夹具中，适当开大镜头光圈，通过示波器观测CCD输出波形的变化。

5. 实验结束关机顺序

(1) 关闭实验仪。

(2) 关闭示波器。

(3) 关闭电源。

8.7　实验报告

(1) 按第一部分对实验报告的要求，写出实验总结报告。

(2) 注意说明TCD2252D的基本工作原理。

(3) 说明RS脉冲、SP脉冲和CP脉冲的作用，输出信号与F1，F2周期的关系。

(4) 解释为何在同样的光源亮度下会出现U_R，U_G，U_B信号的幅度差异。

8.8　思考题

(1) 为什么线阵CCD不像其他光电器件一样，一加电源就能工作？

(2) 为什么在同样的光源亮度下，会出现U_R，U_G，U_B信号的幅度差异？

实验9　线阵CCD的基本特性测试

9.1　实验目的

(1) 通过对典型线阵CCD在不同驱动频率和不同积分时间下输出信号的测量，进一步掌握线阵CCD的基本特性；

(2) 加深认识积分时间对CCD输出信号的影响，掌握驱动频率和积分时间设置与改变的意义；

(3) 正确理解线阵CCD器件的光照灵敏度的概念与饱和“溢出”的效应。

9.2　实验准备内容

(1) 阅读实验指导书，了解实验目的、内容及原理；

(2) 学习掌握线阵CCD的基本工作原理（参考《光电检测技术》教材第5章第4节中有关内容）。

(3) 学习掌握TCD2252D线阵CCD基本工作原理（参考附录中的特性参数表）。

9.3　实验所需仪器设备

(1) 双踪同步示波器（带宽50MHz以上）一台。

(2) 彩色线阵CCD多功能实验仪YHLCCD-IV一台。

9.4　实验内容

通过对典型线阵CCD的输出信号和驱动脉冲相位关系的测量，掌握线阵CCD的基本特性。特别注意对积分时间、驱动频率、输出信号幅度等的测量结果的分析。找出积分时间、驱动频率、输出信号幅度间的关系，FC脉冲与输出信号的相位关系，说明FC脉冲的作用。具体实验作下列2项检测：

1. 驱动频率变化对CCD输出波形影响的测量

观测不同驱动频率情况下的输出信号波形，了解它们之间的关系，掌握驱动频率变化对CCD输出波形的影响。

2. 积分时间与输出信号的测量

观测不同积分时间情况下的输出信号波形，了解它们之间的关系，掌握积分时间变化对CCD输出波形的影响。

9.5 实验基本原理

线阵CCD的特性参数很多，这里只介绍一下同实验有关的驱动脉冲电压的频率，即CCD的工作频率。

1. 工作频率的下限 $f_{下}$

CCD是一种非稳态器件，如果驱动脉冲电压变化太慢，则在电荷存贮时间内，MOS电容已向稳态过渡，即热激发产生的少数载流子不断加入到存贮的信号电荷中，会使信号受到干扰，如果热激发产生的少数载流子很快填满势阱，则注入电荷的存贮和转移均成泡影。因此，驱动时钟脉冲电压必须有一个下限频率的限制。为了避免由于热产生的少数载流子对于注入信号的干扰，注入电荷从一个电极转移到下一个电极所用的转移时间 t，必须小于少数载流子的平均寿命 τ，即

$$t<\tau$$

在正常工作条件下，对于三相CCD，t 为

$$t=\frac{T}{3}=\frac{1}{3f}<\tau$$

式中 T 为时钟脉冲的周期，于是可得工作频率的下限为：

$$f_{下}>\frac{1}{3\tau} \tag{9-1}$$

对二相与四相CCD有

$$f_{下}>\frac{1}{2\tau} \tag{9-2a}$$

$$f_{下}>\frac{1}{4\tau} \tag{9-2b}$$

由此可见，CCD的工作频率的下限与少数载流子的寿命 τ 有关。τ 愈长，$f_{下}$ 愈低。

2. 工作频率的上限 $f_{上}$

由于CCD的电极长度不是无限小，信号电荷通过电极需要一定的时间。若驱动的时钟的脉冲变化太快，在转移势阱中的电荷全部转移到接收势阱中之前，时钟脉冲电压的相位已经变化了，这就使部分剩余电荷来不及转移，引起电荷转移损失。即当工作频率升高时，若电荷本身从一个电极转移到另一个电极所需要的转移时间 t 大于驱动脉冲使其转移的时间 $T/3$，那么，信号电荷跟不上驱动脉冲的变化，将会使转移效率大大下降。为此，若要电荷有效地转移，对三相CCD来说，必须使转移时间 $t\leqslant T/3$，即

$$f_{上}\leqslant\frac{1}{3t} \tag{9-3}$$

同样，对二相与四相CCD有

$$f_{上}\leqslant\frac{1}{2t} \tag{9-4a}$$

$$f_{上}\leqslant\frac{1}{4t} \tag{9-4b}$$

这就是电荷自身的转移时间对驱动脉冲频率上限的限制。由于电荷转移的快慢与载流子迁移率、电极长度、衬底杂质浓度和温度等因素有关，因此，对于相同的结构设计，n沟CCD比p沟CCD的工作频率高。

3. 驱动脉冲频率 f 与损失率 ε 间的关系

三相多晶硅n沟道SCCD实测驱动脉冲频率 f 与损失率 ε 之间的关系曲线，如图9-1所示。由曲线可以看出，表面沟道CCD的驱动脉冲频率的上限为10MHz。高于10MHz后，CCD的转移损失率将急骤增加。这是因为工作频率高于 $f_上$，信号电荷来不及转移所致。

如果信号电荷的转移时间 t 不知道，工作频率的上限 $f_上$ 也可通过电荷的转移损失率 ε 得到。一般，CCD的势阱中的电量因热扩散作用的衰减的时间常数为 $\tau_D=10^{-8}$ s（与所用材料和栅极结构有关）。若使 ε 不大于要求的转移损失率 ε_0 值，则对三相CCD有 $f_上$ 为

$$f_上 \leqslant \frac{1}{3\tau_D \ln\varepsilon_0} \qquad (9-5)$$

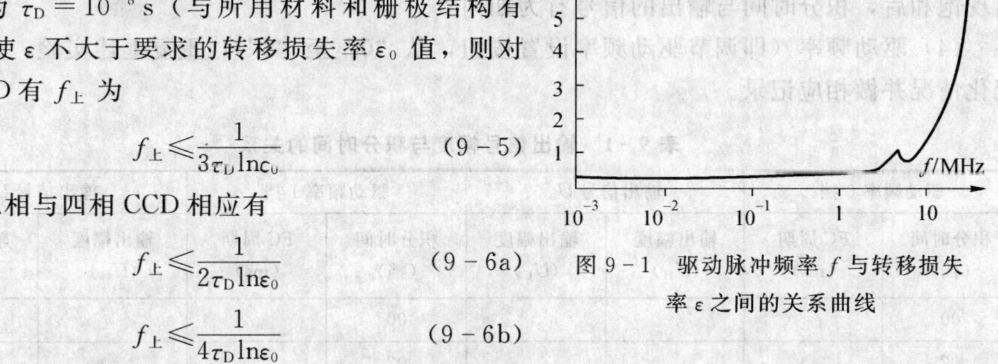

图9-1　驱动脉冲频率 f 与转移损失率 ε 之间的关系曲线

对二相与四相CCD相应有

$$f_上 \leqslant \frac{1}{2\tau_D \ln\varepsilon_0} \qquad (9-6a)$$

$$f_上 \leqslant \frac{1}{4\tau_D \ln\varepsilon_0} \qquad (9-6b)$$

显然，如果上述CCD驱动频率发生变化，将会对CCD的积分时间与输出信号波形产生影响。下面进行的实验，将会对此作出验证。

9.6　实验步骤

1. 实验预备的步骤

（1）首先将示波器的地线与多功能实验仪上的地线连接好，并确认示波器和多功能实验仪的电源插头均插入交流220V插座上。

（2）打开示波器电源开关，调整好示波器。

（3）打开YHLCCD-IV的电源开关，测量F1，F2，FC，RS，SP，CP各路驱动脉冲信号的波形，并与本书“附录”中所示波形对比。应该与附图所示的波形基本相符，表明仪器工作正常，继续进行下面实验；否则，应请指导教师检查。

2. 驱动频率变化对CCD输出波形影响测量的步骤

（1）将示波器CH1和CH2的扫描线调整至适当位置，设置CH1所测信号为同步信号。

（2）将实验仪CCD的驱动频率设置为“0”挡，积分时间设置为“00”挡。

（3）用CH1探头测量FC脉冲，仔细调节使之同步稳定，调节示波器使示波器显示至少2个稳定的FC周期，用测试笔CH2测量 U_o（泛指 U_R，U_G，U_B）信号。

（4）调整CCD成像物镜镜头的光圈，观测 U_o 信号幅度的变化，将光圈调整至 U_G 信号接近“0V”位置处停止调整光圈，将测量片夹B插入后端片夹夹具中，盖上盖板。

（5）维持示波器探头不动，使FC脉冲始终保持显示至少2个周期，改变驱动频率，设置为“1”挡，观测CCD输出信号的变化。

(6) 继续调节驱动频率至“2”挡和“3”挡，观测输出信号 U_G 的变化。并做相应记录。

3. 积分时间与输出信号测量的步骤

(1) 保持实验仪其他设置不变，只将实验仪驱动频率设置恢复为“0”挡，并确认积分时间设置处于“00”挡。

(2) 用 CH1 探头测量 FC 脉冲，调节示波器使之同步稳定，并至少显示两个周期。用 CH2 探头测量 U_o 信号。

(3) 调节积分时间设置按钮逐步增加积分时间，测出输出信号 U_o 的幅度（U_H 是高电平，U_L 是低电平）值，添入表 9-1。表 9-1 添满后，以积分时间为横坐标，以输出信号 U_o 的幅度为纵坐标，画输出特性曲线，观察 CCD 的输出信号与积分时间的关系，当 CCD 出现饱和后，积分时间与输出的信号有为如何？

(4) 驱动频率（即调节驱动频率设置按钮，从“0”至“3”），重复上述实验，观测波形变化情况并做相应记录。

表 9-1 输出信号幅度与积分时间的关系

驱动频率 0 挡		输出信号 U_o		驱动频率 1 挡		输出信号 U_o	
积分时间（挡）	FC 周期（ms）	输出幅度（U_H）	输出幅度（U_L）	积分时间（挡）	FC 周期（ms）	输出幅度（U_H）	输出幅度（U_L）
00				00			
02				02			
04				04			
06				06			
08				08			
10				10			
12				12			
14				14			
驱动频率 2 挡		输出信号 U_o		驱动频率 3 挡		输出信号 U_o	
00				00			
02				02			
04				04			
06				06			
08				08			
10				10			
12				12			
14				14			

4. 实验结束关机顺序

(1) 关闭实验仪。

(2) 关闭示波器。

(3) 关闭电源。

9.7　实验报告

(1) 按第一部分对实验报告的要求写出实验报告。

(2) 以积分时间为横坐标，以输出信号 U_o 的幅度为纵坐标，画出 CCD 的输出特性曲线。

(3) 说明 CCD 输出信号与积分时间的关系。

(4) 说明驱动频率对积分时间的影响。

9.8　思考题

(1) 为什么驱动频率对积分时间会有影响？

(2) 为什么在入射光不变的情况下，积分时间的变化会对输出信号有影响？这对 CCD 的应用有何指导意义？进一步增加积分时间以后，输出信号的宽度会变宽吗？为什么？这对 CCD 的应用又有何指导意义？

实验 10　面阵 CCD 的原理及驱动

10.1　实验目的

(1) 掌握面阵 CCD 实验仪的基本操作和各个部件的功能；

(2) 掌握隔列转移型面阵 CCD 的基本工作原理；

(3) 掌握面阵 CCD 各路驱动脉冲波形及其所涉及部分的功能；

(4) 掌握面阵 CCD 输出的视频信号与 PAL 电视制式的关系。

10.2　实验所需仪器设备

(1) 双踪迹（或四踪迹）同步示波器（带宽 50MHz 以上）一台；

(2) 彩色面阵 CCD 多功能实验仪 YHACCD－Ⅱ型一台。

10.3　实验准备内容

(1) 学习面阵 CCD 的基本工作原理（可参看《光电检测技术》教材第 5 章中第 3 节有关内容）；

(2) 学习隔列转移型面阵 CCD 的基本工作原理；

(3) 仔细阅读“彩色面阵 CCD 多功能实验仪”说明书，并对照《面阵实验仪器》实物对其进行初步了解，尤其注意各个开关、接线柱、连接线的功能，找到内置面阵 CCD 摄像机与外置面阵 CCD 摄像机及其转换开关。

10.4　实验内容

(1) 面阵 CCD 的垂直与水平驱动脉冲的驱动波形、频率、周期、相位的测量与分析；

(2) 面阵 CCD 行、场自扫描电视制式的测量；

(3) 视频输出信号的测量。

10.5　实验基本原理

按一定的方式将一维线阵 CCD 的光敏单元及移位寄存器排列成二维阵列，即可以构成二维面阵 CCD。由于排列和组成方式不同，面阵 CCD 主要有下述三种。

1. 帧转移型面阵 CCD（FT—CCD）

图 10－1 为三相面阵帧转移型摄像器的结构图。它由成像区（光敏区）、暂存区和水平

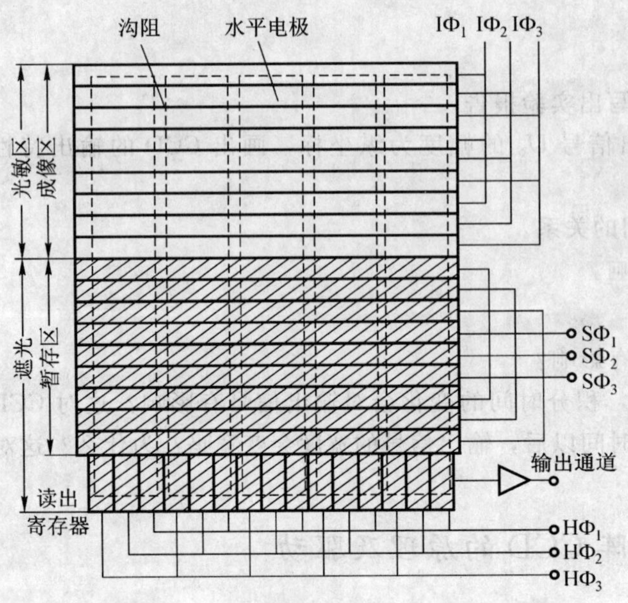

图 10－1　三相帧转移面阵 CCD 结构图

读出寄存器三部分构成。成像区由并行排列的若干电荷耦合沟道组成（图中的虚线方框），各沟道之间用沟阻隔开，水平电极横贯各沟道。假定有 M 个转移沟道，每个沟道有 N 个成像单元，整个成像区共有 $M\times N$ 个单元。暂存区的结构和单元数都和成像区相同。暂存区与水平读出寄存器均被遮蔽。

FT—CCD 的工作过程是：当光学图像经物镜成像到光敏区时，若光敏区的某一相电极（如 I_{Φ_1}）加有适当的偏压，则光生电荷将被收集到这些电极下方的势阱里。这样就将被摄光学图像变成了光积分电极下的电荷包图像。当光积分周期结束时，加到成像区和存储区电极上的时钟脉冲使所收集到的信号电荷迅速转移到存储区中。然后，依靠加在存储区和水平读出寄存器上的适当脉冲，并由它经输出级输出一帧信息。当第一场读出的同时，第二场信息通过光积分又收集到势阱中。一旦第一场信息被全部读出，第二场信息马上就传送给寄存器，使之连续地读出。

这种面阵 CCD 的特点是：结构简单，可正、反两面光照，灵敏度较高，光敏单元的尺寸可以很小，容易做成高分辨率的器件，并使其模传递函数 MTF 较高。但光敏面积占总面积的比例小，图像有拖影发晕现象。

2. 行间转移型面阵 CCD（IT—CCD）

行间转移型面阵 CCD 的结构如图 10－2（a）所示。它的像敏单元（图中虚线方块）呈二维排列，每列像敏单元被遮光的读出寄存器及沟阻隔开，像敏单元与读出寄存器之间又有转移控制栅。由图可见，每一像敏单元对应于二个遮光的读出寄存器单元（图中斜线表示被遮蔽，斜线部位的方块为读出寄存器单元）。读出寄存器与像敏单元的另一侧被沟阻隔开。由于每行像敏单元均被读出寄存器所隔，因此，这种面阵 CCD 称为行间转移型 CCD。图中最下面是二相时钟脉冲 Φ_1，Φ_2 驱动的水平读出寄存器。

IT—CCD 的工作过程是：在光积分期间，光生电荷包存储在像敏单元的势阱里，转移栅为低电位，转移栅下的势垒将像敏单元的势阱与读出寄存器的变化势阱隔开。当光积分时间结束，转移栅上的电位由低变高，其下形成的势阱将像敏单元的势阱与此刻读出寄存器某单元（此刻该单元上的电压为高电平）的势阱沟通，像敏单元中的光生电荷便经过转移栅转移到读出寄存器。转移的过程为并行的，即各行光敏单元的光生电荷同时转移到对应的读出寄存器中。转移过程很快，转移控制栅上的电位很快变为低电平。转移过程结束后，光敏单元与读出寄存器又被隔开，转移到读出寄存器中的光生电荷在读出脉冲的作用下一行行地向水平读出寄存器中转移，水平读出寄存器快速地将其经输出端输出。在输出端得到与光学图像对应的一行行视频信号。

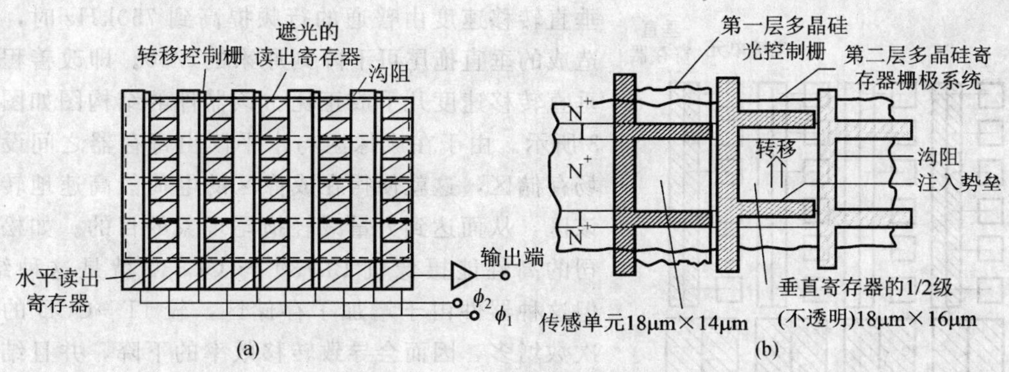

图 10－2　行间转移型面阵 CCD 结构图

图 10－2（b）是隔行转移面阵 CCD 的二相注入势垒器件的像敏单元和寄存器单元的结构图。采用两层多晶硅，第一层提供像敏单元上的 MOS 电容器电极，又称为多晶硅光控制极。第二层基本上是连续的多晶硅，选择掺杂后得到二相转移电极系统，称为多晶硅寄存器栅极系统。转移方向用离子注入势垒造成，使电荷只能按规定的方向转移，其沟阻常用来阻止电荷向外扩散。

这种 IT—CCD 的特点是：因为电荷转移距离比 FT—CCD 的距离短，所以工作频率高些；由于行间转移器件小些，有些受光面小些，产生的固定图案噪声小些；由于是隔行转移，可以与棋盘图案的滤色片配用，多为彩色摄像机所选用；由于 IT—CCD 总的转移次数较少，拖影效应不严重。但它只能正面光照，且结构比较复杂，工艺难度大，价格相对较高。

3. 帧行间转移型面阵 CCD（FIT—CCD）

对于 FT—CCD 而言，由于光敏区兼有垂直移位寄存器件的功能。在场消隐期间，所有成像区的电荷都要向下转移。在这一过程中，如强光继续照射某区域，这就使得凡是向下通过该区的各像素单元的电荷数都会因此而受到强光的影响，而产生高亮度垂直拖尾现象。

对于 IT—CCD 而言，在场消隐期间，成像区中的各像素的电荷快速地向垂直移位寄存器中转移。而在场正程期的行逆程时间内，以逐行并行的方式以行频的速度向输出移位寄存器中转移。由于在垂直存储条上面的光屏蔽层的不严密性，使入射光的一部分将通过这些缝隙照射到光屏蔽层下面的存储条中的垂直移位寄存器，形成强光对邻近存储条的“污染”。所以凡是在垂直转移过程中通过被强光污染了的存储条时，也会产生类似于 FT—CCD 的高亮度垂直拖尾现象。

根据以上分析，显然 IT—CCD 比 FT—CCD 由于强光而引起的垂直拖尾现象要轻一些，并且也比较容易采取克服措施：措施之一是增加光屏蔽层的密封性，尽量挡住强光对垂直存储条的污染；措施之二是提高电荷在垂直移位寄存器中的转移速度，使转移电荷尽量少受强光的影响。

根据以上想法，松下公司于 1983 年推出了 FIT—CCD 器件。它是在 IT—CCD 的基础上，增加了一个场存储器，以存储由垂直移位寄存器快速转移来的电荷。并且改进了光屏蔽层的结构，所以使得该器件具有极好的抗拖尾性能。如有一种 39 万个像素的这种器件，当

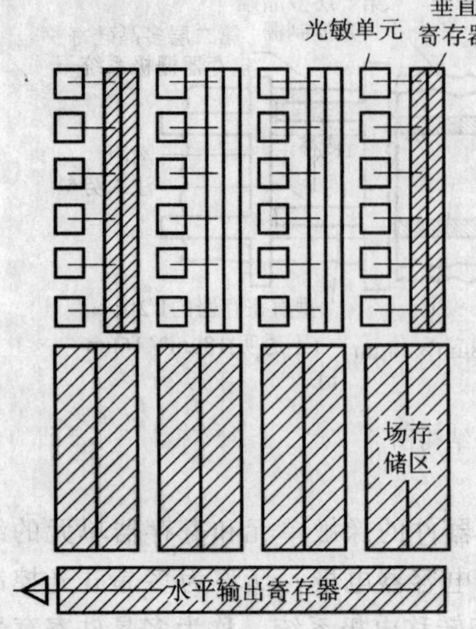

图 10－3　FIT—CCD 结构图

垂直转移速度由普通的行频提高到 750kHz 时，强光造成的垂直拖尾可下降到原来的1/50。即改善程度与垂直转移速度几乎成正比。该器件的结构图如图 10－3 所示。由于在成像区与水平读出寄存器之间设备了场存储区，这就使得在成像区的电荷能高速地转移到该区，从而达到大量减轻拖尾现象的目的。如松下公司的高性能摄像机 BL730 与 CL830 就是这种结构。但这种器件由于增加了存储区，较 IT—CCD 的转移次数增多，因而会导致转移效率的下降，并且结构也较复杂，成本较高。

上述的任何一种面阵 CCD 图像传感器都是摄像机的核心，它完成光电图像的转换、存贮与传输的作用功能。但不管是哪一种面阵 CCD，都需要外围驱动电路才能工作。这种驱动电路，产生二相或三相时钟脉冲，以及转移控制脉冲、复位脉冲、行频、场频、消隐以及处理电路所需的同步和校正等脉冲信号。当光学图像经镜头到 CCD 图像传感器，它才能按驱动脉冲的驱动而输出随时间变化的视频图像信号。这种时序的视频信号包含了图像信号、复位电平和干扰脉冲。为了取出图像信号，消除干扰，必须要将图像信号作适当的处理与放大，恢复其直流分量，混入同步、消隐信号，达到输出具有一定幅度、一定负载能力的全电视信号。

视频处理电路中包含了 AGC（自动增益控制）放大、γ 校正电路、自动黑电平箝位、混同步信号、消隐信号以及为了与负载匹配联接设置的功率放大等视频输出级。这些处理、放大电路大都已集成化，所以调试方便、性能稳定可靠。为了保证在监视器上显示的图像与 CCD 摄像机摄取的图像完全一致（即要求送往监视器的视频信号与摄像机送出的视频信号完全同步），必须在视频信号中包含有同步信息，并使这些同步信息以同步脉冲的形式加在行、场消隐期间传送。含有行、场同步信息和行、场消隐信息的黑白全电视信号的波形如图 10－4 所示。其中，图（a）为场正程期间的行信号波形；图（b）为场逆程期间的信号波形。

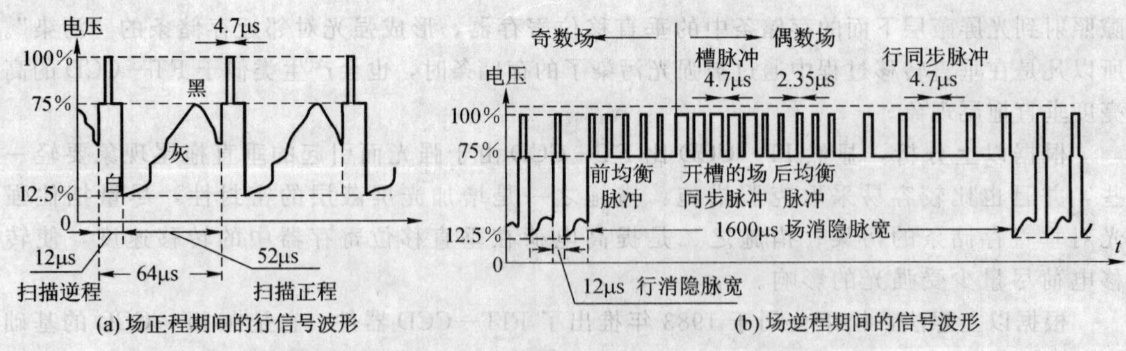

图 10－4　黑白全电视信号波形

10.6 实验步骤

1. 实验准备的步骤

① 首先将示波器地线与实验仪上的地线连接好，并确认示波器的电源和实验仪的电源插头均已插在交流 220V 插座上；

② 打开示波器电源开关；

③ 打开 YHACCD—Ⅱ的电源开关；

④ 将内置与外置面阵 CCD 摄像机的转换开关设置到“内置”。

2. 驱动脉冲波形测量的步骤

① 将示波器的 CH1 和 CH2 扫描线调整至适当位置，同步设置为 CH1，对照图 10-5 及图 10-6 所示的波形图进行下面的实验测量；

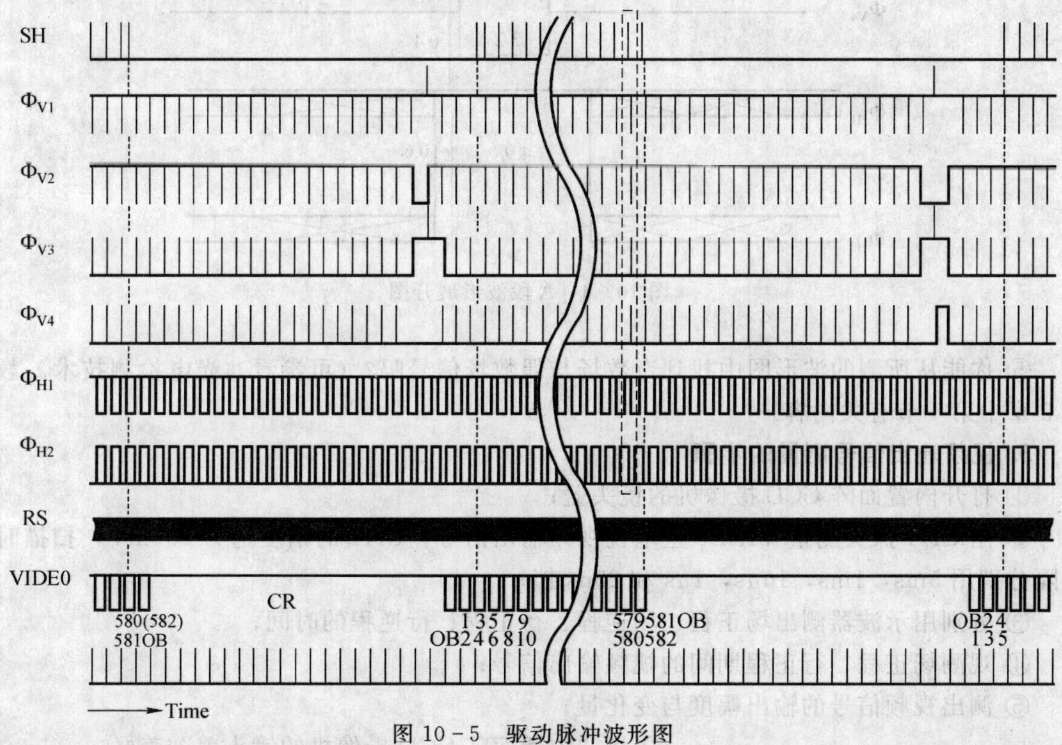

图 10-5 驱动脉冲波形图

② 用 CH1（幅度选为 10.0V，扫描时间间隔为 50μs 挡）探头测量内部控制脉冲 SH，仔细调节使之同步稳定，然后用 CH2（幅度选为 5.0V，扫描的时间间隔为 50μs 挡）探头分别观测 Φ_{V1}，Φ_{V2}，Φ_{V3}，Φ_{V4} 脉冲，画出这些脉冲的波形图并与图 10-5 的波形相比较，分析它们的相位关系；

③ 用 CH1 探头测量 Φ_{V1} 脉冲，用 CH2 探头测量 Φ_{V2}，Φ_{V3}，Φ_{V4} 脉冲，画出这四个脉冲的波形图。通过实测波形图测出它们的频率、周期与它们的相位关系；说明 Φ_{V1}，Φ_{V2}，Φ_{V3}，Φ_{V4} 脉冲在信号电荷垂直转移过程中的作用。通过上述测试，应能够理解信号电荷的垂直转移原理；

④ 用 CH1、CH2（幅度选为 2.0V，扫描时间间隔为 100ns 挡）探头分别测量 Φ_{H1}，Φ_{H2} 脉冲。比较二者的相位关系，分析信号电荷沿水平方向转移的原理；

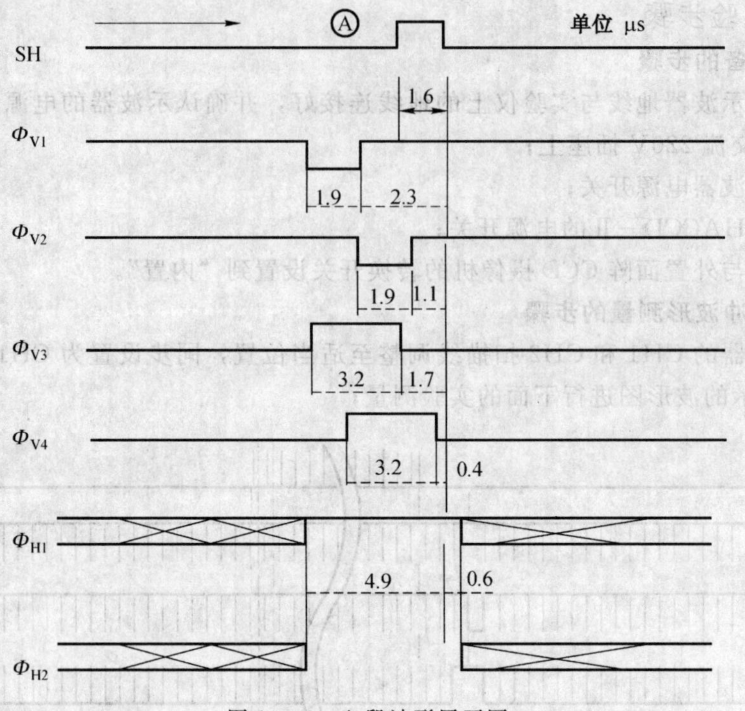

图 10－6　A 段波形展开图

⑤ 你能从所测的波形图中找到奇数场与偶数场信号吗？(可参看《光电检测技术》教材第 5 章中第 4 节有关内容)

3. 视频输出信号测量的步骤

① 打开内置面阵 CCD 摄像机的镜头盖；

② 用 CH1 探头测量 VIDE0 全电视视频输出信号，CH1 的幅度选为 200mV，扫描时间间隔分别用 5ms，1ms，10μs，1μs 和 25ns 挡；

③ 分别用示波器测出场正程、场逆程、行正程、行逆程的时间；

④ 观测场正程、行正程期间的视频输出信号；

⑤ 测出视频信号的输出幅度与变化量；

图 10－7　实验图像

⑥ 将“内置面阵 CCD 摄像机的镜头盖”盖好；

⑦ 将内置与外置面阵 CCD 摄像头的转换开关设置到“外置”；

⑧ 将如图 10－7 所示的图放置到“被测物夹持架”上，并将其至于仪器的最右端，将“外置面阵 CCD 摄像机”至于仪器的最左端，打开镜头盖；

⑨ 用示波器观测“外置面阵 CCD 摄像机”获取的视频信号（包括不同的行信号、场信号并观测行、场信号）的输出幅度及其在不同时间位置上的变化。

4. 实验结束关机顺序

① 盖好所有的镜头盖；

② 关闭实验仪的电源；

③ 关闭示波器的电源；

④ 整理好所有的连接线及部件。

10.7　实验报告

(1) 按第一部分对实验报告的要求写出实验总结报告；

(2) 用自己的语言结合所观测的驱动脉冲波形图说明隔列转移面阵 CCD 的基本工作原理。

(3) 讨论面阵 CCD 的各路驱动脉冲与 PAL 电视制式的关系。

10.8　思考题

(1) 试述 IT—CCD 的工作原理？说明驱动脉冲与 PAL 制式的关系？

(2) 试比较 FT—CCD、IT—CCD 与 FIT—CCD？

实验 11　光电成像器件的应用——十字标尺摄像机及应用

11.1　实验目的

(1) 通过实验，了解光电成像器件 CCD 的成像应用。

(2) 通过检测，基本了解十字标尺摄像机的应用。

11.2　实验内容

(1) 观察十字标尺摄像机的输出图像；

(2) 用十字标尺摄像机进行水准测量（最好在室外不平坦地方进行）；

(3) 用十字标尺摄像机进行定向与定位（最好在室外不平坦地方进行）；

(4) 用十字标尺摄像机进行图像测量。

注：根据条件可选择室外 1，2，3 或室内 1，4 进行。

11.3　实验所用设备器材

(1) 武汉乐通光电公司的十字标尺摄像机及摄像机电源与摄像镜头 1 套；

(2) 带同轴电缆线的小型轻便监视器 1 台（含 220V 交流电源插座线板 1 支）；

(3) 水准仪三角架或照相机等三角架 1 个（最好带垂线）；

(4) 圆形水准气泡 2～4 个；

(5) 黑白相间的水准标尺或黑白相间的标杆（最好有放圆形水准气泡的垂直于标杆的支架）2～4 根；

(6) 已经过校验的钢卷尺 1 个；

(7) 手拿的小型计算器 1 个；

(8) 记录的纸与书写笔若干等。

11.4　实验基本原理

近年来，随着光电技术、计算机技术、网络以及图像处理、传输技术的飞速发展，光电成像器件应用于摄像机也在迅速地发展。并且，对拾取视频图像的摄像机的功能要求也越来越高。先后出现了如黑白型、彩色型、超低照度型、超动态型、高清型、日夜转换型、红外夜视型、无线移动型、网络型、自动聚焦型、高速球型、带十字丝型以及各种超小型与隐蔽型等摄像机。

为了满足图像测量与目标瞄准等的需要，目前有一种性能优越的高、中清晰度的十字标尺摄像机。所谓十字标尺摄像机，即带刻度十字丝的摄像机，其十字标尺，是用字符图形视频叠加而成。这种十字标尺摄像机的组成及工作原理框图，如图 11-1 所示。

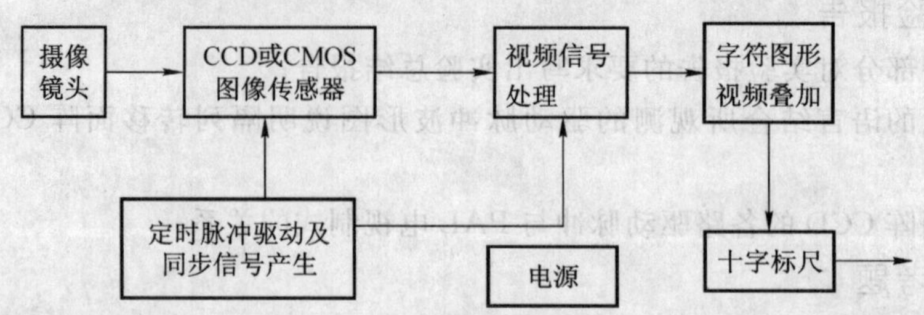

图 11-1　十字标尺摄像机的组成及工作原理框图

由图 11-1 可看出，这种摄像机除由摄像镜头、一般摄像机的 CCD 或 CMOS 固体图像传感器部分、定时脉冲驱动及同步信号产生部分、视频信号处理（含预处理、切割、压缩、校正、混消隐、AGC、视频放大与输出等）部分、以及电源等五大组成部分外，还加有十字标尺形成的字符图形视频叠加与十字标尺视频信号部分等。

由此看出，只要在任一黑白或彩色普通摄像机上，加上十字标尺形成的字符图形视频叠加与十字标尺视频信号部分的单独模块板，即可形成十字标尺摄像机。

这种十字标尺摄像机的十字标尺有白色或黑色两种，由用户自行选定。十字标尺摄像机的这种白色或黑色的十字标尺，如图 11-2 (a) 与 (b) 所示。

显然这样，就可以方便地用来进行检测，如可根据目标所占水平与垂直丝的刻度的多少，可估算出目标的尺寸；根据目标所在的象限等，可估算出目标运动的速度和方向等。

这种十字标尺摄像机可作如下的应用：

1. 十字标尺摄像机在测量方面的应用

(1) 可用于建筑、道路、水渠等建设测量中的水准及水准面测量；

(2) 可作下沉、变形与倾斜等的位移测量；

(3) 是进行图像测量最好的工具；

(4) 可作定向与定位；

(5) 可作物体的表面形貌与立体测量。

2. 十字标尺摄像机在军事方面的应用

(1) 可用于对目标的瞄准；

(2) 可估测出目标的距离与大小；

(3) 可估算出移动目标的运动速度和方向。

此外，十字标尺摄像机还可用于预报各种灾害等。

11.5　实验步骤

1. 用十字标尺摄像机观察视频图像

① 将摄像镜头轻轻旋进十字标尺摄像机上，将同轴电缆线一端 BNC 头也装入十字标尺摄像机的尾部视频输出端，另一端装入监视器后面的视频输入端；

② 将监视器电源插头插入 220V 交流接线板上，将十字标尺摄像机专用 12V 小直流电

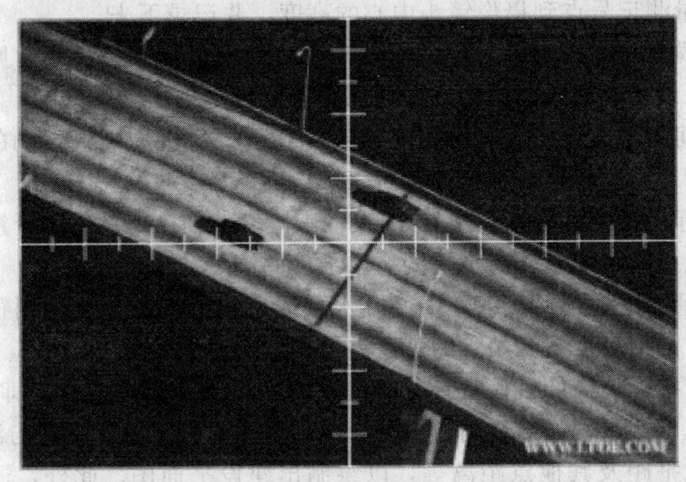

(a) 白色的十字标尺

(b) 黑色的十字标尺

图 11-2 白色或黑色的十字标尺

源也插入接线板上，其输出插入十字标尺摄像机的尾部电源输入端；

③ 打开 220V 交流接线板上电源开关，此时摄像机与监视器均通电，将摄像机对准某一观测物，调整摄像镜头直到监视器上图像清晰为止。

④ 此时用十字标尺对准目标，可作下述测量，或测目标大小与距离均可。你将如何测目标大小与距离？

2. 用于建筑、道路、水渠等建设测量中的水准及水准面测量

用十字标尺摄像机作水准测量与水准面测量的具体测量方法与步骤如下：

① 选择欲建筑楼房、道路、水渠的若干平坦点，并作上记号；

② 将水准仪三角架或照相机等三角架中心，用垂线安置在比较靠近中间的 1 个记号点上；

③ 将十字标尺摄像机安置在水准仪三角架或照相机等三角架上，并连接好摄像机电源；

④ 将水准气泡放摄像机上调气泡居中，并使三角架稳固；

⑤ 用钢卷尺量测记号点到摄像镜头中心的高度，并记录下来；

⑥ 用同轴电缆连接好摄像机与监视器，并调整到使目标图像清晰，则监视器所显示的十字丝中心或水平线所对之景物的高度即为三脚架上摄像机的已知高度；

⑦ 将黑白相间的水准标尺或黑白相间的标杆立于摄像机周围的欲测的记号点上，并将圆形水准气泡调中，这时标尺或标杆即垂直于水准面上；

⑧ 若将十字标尺摄像机沿三脚架转一圈，则十字丝中心或水平线所视标杆或景物的高度即为与三脚架上摄像机的已知高度是同一水准面的高度；

⑨ 用钢卷尺量测记号点到十字丝中心或水平线所视标杆的高度，则很快算出水准标尺或标竿所立的地方的记号点与测站点的高度差等。

据此，利用十字标尺摄像机代替专业的贵重的光学或激光水准仪，即可用于房屋建筑、道路、水渠等的建设测量。如欲绘制建房平面图，可用卷尺量测标杆点与测站点的斜距，通过三角函数计算水平距及其他点距离等，以绘制出建设平面图。此外，还可根据各点的高差，计算出所需施工的土方的工程量等。

3. 作定向与定位

利用十字标尺摄像机，还可作道路、隧道、涵洞等建设的方向以及大型机械与自动生产线等的安装定位。其具体方法与步骤是：

首先，安置十字标尺摄像机于直立的三角架上，并将十字标尺摄像机用水准气泡调水平；

其次，连接好监视器与电源，用十字标尺摄像机对准道路、隧道、涵洞等建设的方向以及大型机械与自动生产线等的安装的方向；

最后，将十字标尺摄像机的十字标尺垂直丝所对准的标杆点在实地作上记号，并记录下来。

显然，在实地上的一序列的记号点，即是道路、隧道、涵洞等建设的方向以及大型机械与自动生产线等的安装定位点。

当然，根据十字标尺十字中心或水平丝对准的标杆点的高度，亦可知道各个记号点的高差。据此可知，欲修建的道路、隧道、涵洞等建设所需的坡度，以及计算工程施工的土方量等。

4. 进行图像测量

十字标尺摄像机，是进行图像测量最好的工具。因为在图像上有十字标尺，比无十字标尺的摄像机能最醒目最直观地最快速地检测出所检物的尺寸。这里不叙述理论计算法，只告之简单易行的比较检测法如下：

首先，架好一垂直对准一水平板或平台的十字标尺摄像机（即摄像机镜头中心轴与平板垂直）；

其次，连接好监视器与电源，调整摄像机高度，使之能合适地观测到平板上的整个待测物体；

再次，拿掉待测物体，在平台上的水平或垂直方向放上一个经校验过的精密尺子，在监视器的水平或垂直丝上看其一刻度是精密尺子上的多少毫米等，并记录下来；

最后，放上待测物体，看待测物体欲测量部分在监视器所显示的十字标尺上占多少刻度，即可测量出来其尺寸等。

显然，利用这种方法的好处是，不需考虑监视器屏幕与摄像镜头的尺寸的大小。

11.6　实验报告

(1) 按第一部分对实验报告的要求写出实验报告。
(2) 写出水准测量结果，画出测量图。
(3) 写出定向与定位的结果，并标于定向线路图上。
(4) 写出对某工件的测量过程及结果。

11.7　思考题

(1) 将十字标尺摄像机对准目标，你将如何测出目标的大小与目标离测站的距离？
(2) 根据十字标尺摄像机的优点，你能用什么软件使其测量自动化智能化？

第4部分　发光与耦合器件的特性测试

实验12　发光二极管的特性测试

12.1　实验目的

(1) 通过实验，了解发光二极管（LED）的发光原理和相关特性；
(2) 掌握发光二极管（LED）的特性参数的测量方法。

12.2　实验内容

(1) 测试LED的P—I特性；
(2) 测试LED的模拟调制特性；
(3) 测试LED的调制带宽。

12.3　实验设备器材

(1) 正弦波信号发生器　　1台
(2) 方波脉冲发生器　　1台
(3) 直流稳压电源　　1台
(4) 光功率计　　1台
(5) 毫安表　　1只
(6) 万用表　　1只
(7) 带尾纤的发光二极管　　1只
(8) 可变电阻、阻容元件及晶体管等元件多只（按图中所示）。

12.4　实验原理

光纤通信中的有源光电子器件主要涉及光的发送和接收，发光二极管（LED）和半导体激光二极管（LD）是最重要的光发送器件，PIN光电二极管和APD光电二极管则是最重要的光接收器件。

发光二极管（LED）是一种直接注入电流的电致发光器件，其半导体晶体内部受激电子从高能级回复到低能级时发射出光子，属自发辐射跃迁。LED为非相干光源，具有较宽的谱宽（30～60nm）和较大的发射角（≈100°），常用于低速、短距离光传输系统。

1. LED的结构与原理

发光二极管由P型和N型半导体组合而成。其结构示意如图12-1所示。实际是将PN

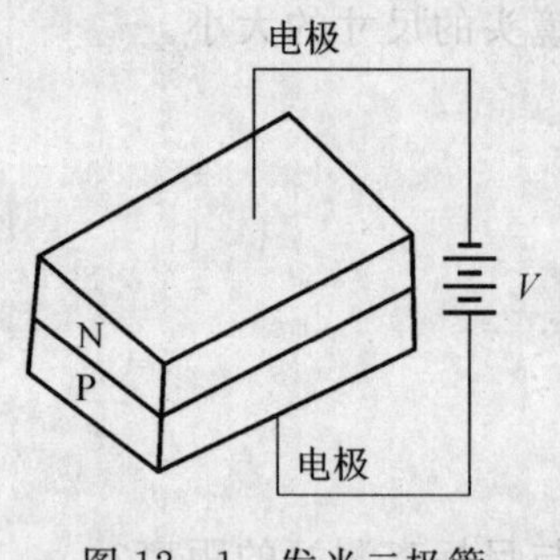

图 12-1 发光二极管结构示意图

结管芯烧结在金属或陶瓷底座上，然后用透明环氧树脂封装而成。

其工作原理是，当 PN 结加上正向电压时，结区势垒降低，P 区的空穴载流子 p 向 N 区扩散，N 区的电子 n 向 P 区扩散，p 与 n 在 PN 结区相遇复合，从而释放能量而发光。

制作发光二极管的材料很多，主要有直接带（直接跃迁）材料 GaAs、GaN 和 ZnSe，间接带（间接跃迁）材料 GaP 以及利用窄禁带的直接带材料 GaAs 与宽禁带的间接材料 GaP 生长的混晶 $GaAs_{1-x}P_x$。这种混晶的好处是可以得到比原来直接带更宽的禁带，同时仍然保持直接带性质的新三元化合物材料。显然，E_g 越宽，释放能量越大，发光波长越短。但当某种材料具有不同掺杂时，可发出不同颜色的光。如 GaP 掺 Zn 与氧时可发出 0.7μm 的红光，而 GaP 掺 Zn 与氮时则发出 0.56μm 的绿光。

2. LED 的 *P—I* 特性与发光效率

图 12-2 是 LED 的 *P—I* 特性曲线。LED 是自发辐射光，所以 *P—I* 曲线的线性范围较大。

发光效率是描述 LED 电光能量转换的重要参数，发光效率可分为功率效率和量子效率。功率效率定义为发光功率和输入电功率之比，以 η_ω 表示。量子效率分为内量子效率和外量子效率。内量子效率定义为单位时间内辐射复合产生的光子数与注入 PN 结的电子—空穴对数之比。外量子效率定义为单位时间内输出的光子数与注入到 PN 结的电子—空穴对数之比。

3. LED 的光谱特性

LED 没有光学谐振腔选择波长，它的光谱是以自发辐射为主的光谱，图 12-3 为 LED 的典型光谱曲线。发光光谱曲线上发光强度最大处所对应的波长为发光峰值波长 λ_P，光谱曲线上两个半光强点所对应的波长差 $\Delta\lambda$ 为 LED 谱线宽度（简称谱宽），其典型值在 30～40nm 之间。由图 12-3 可以看到，当器件工作温度升高时，光谱曲线随之向右移动，从 λ_P 的变化可以求出 LED 的波长温度系数。

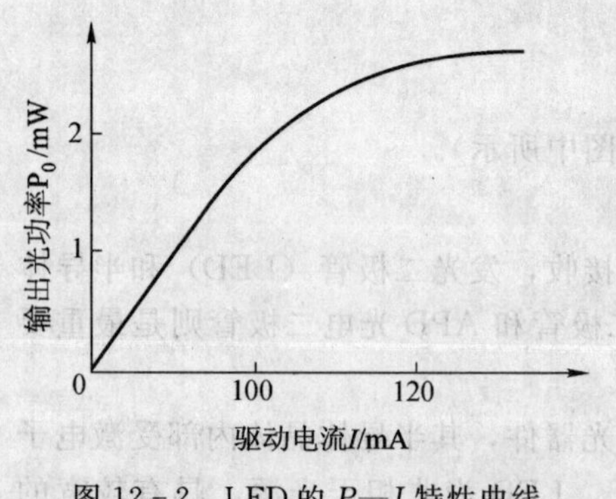

图 12-2 LED 的 *P—I* 特性曲线

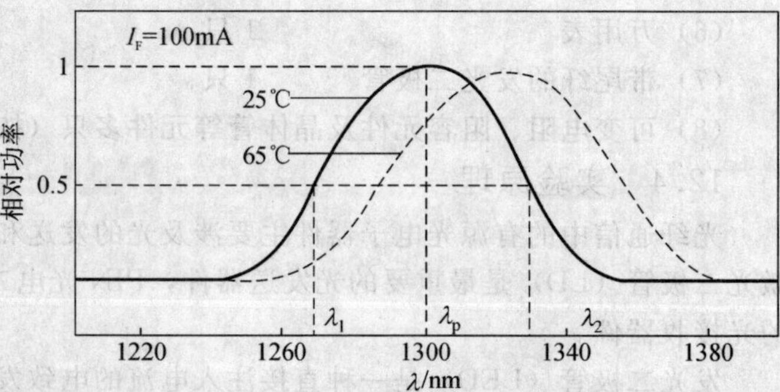

图 12-3 LED 光谱特性曲线

4. LED 的调制特性

当在规定的直流正向工作电流下，对 LED 进行数字脉冲或模拟信号电流调制，便可实

现对输出光功率的调制。LED有两种调制方式，即数字调制和模拟调制，图12-4示出这两种调制方式。调制频率或调制带宽是光通信用LED的重要参数之一，它关系到LED在光通信中的传输速度大小，LED因受到有源区内少数载流子寿命的限制，其调制的最高频率通常只有几十兆赫兹，从而限制了LED在高比特速率系统中的应用。但是，通过合理设计和优化的驱动电路，LED也有可能用于高速光纤通信系统。调制带宽是衡量LED的调制能力，其定义是在保证调制度不变的情况下，当LED输出的交流光功率下降到某一低频参考频率值的一半时（-3dB）的频率，就是LED的调制带宽。

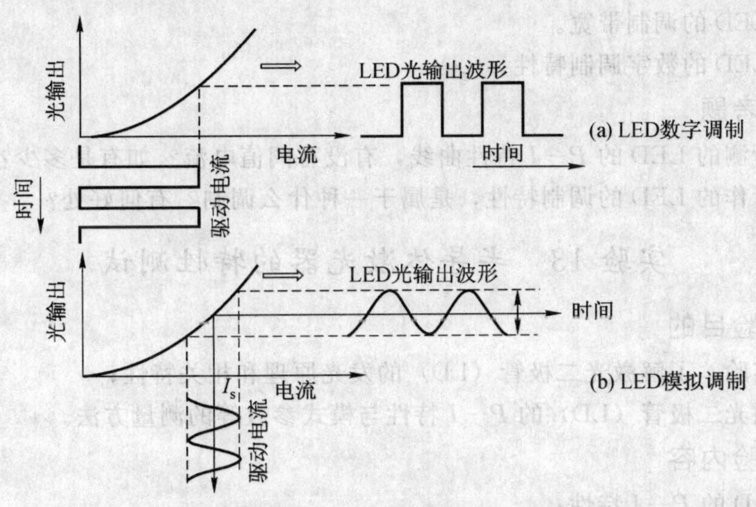

图12-4　LED调制特性

12.5　实验步骤

1. LED的P—I特性曲线测量步骤

(1) 按照图12-5最简单的发光二极管的驱动电路，将带尾纤的发光二极管与毫安电流表串接入线路；

(2) 将尾纤接入光功率计，电路连接检查无误后，再打开电源；

(3) 调节可变电阻，缓慢增加发光二极管驱动电流，从0开始，每隔0.2或0.5mA测一个点，并逐个记录光功率计的光功率P值。

(4) 根据记录的电流与功率值，画出P—I特性曲线。

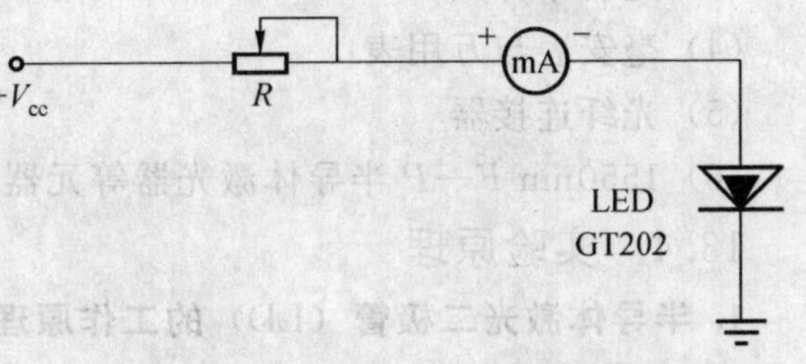

图12-5　最简单的LED驱动电路

2. LED的调制特性测量步骤

(1) 按照实验5图中5-3连接好线路，将上面实验使用的LED接入线路中；

(2) 将尾纤接入光功率计，电路连接检查无误后，再打开电源；

(3) 由低到高调节正弦波信号发生器的频率，并逐一记录光功率P值，直到光功率值下降到一定值为止；

(4) 根据记录值，求出调制带宽；

(5) 根据所测的该管的 $P-I$ 曲线，参考图 12-4，绘出该 LED 的模拟调制特性；

(6) 再根据实验 5 中图 5-5，输入方波脉冲，还可绘出 LED 的数字调制特性。

12.6 实验报告

(1) 按第一部分对实验报告的要求写出实验报告。

(2) 画出 LED 的 $P-I$ 特性曲线。

(3) 绘出该 LED 的模拟调制特性。

(4) 求出 LED 的调制带宽。

(5) 绘出 LED 的数字调制特性。

12.7 思考题

(1) 根据所测的 LED 的 $P-I$ 特性曲线，有没有阈值电流？如有是多少？为什么？

(2) 这里所作的 LED 的调制特性，是属于一种什么调制？有何好处？

实验 13 半导体激光器的特性测试

13.1 实验目的

(1) 通过实验，了解激光二极管（LD）的发光原理和相关特性；

(2) 掌握激光二极管（LD）的 $P-I$ 特性与模式参数等的测量方法。

13.2 实验内容

(1) 测试 LD 的 $P-I$ 特性；

(2) 测量 LD 的阈值电流；

(3) 测试 LD 的模式参数。

13.3 实验设备器材

(1) 1550nm $F-P$ 半导体激光器光发射主机

(2) 光谱分析仪

(3) 光功率计

(4) 毫安表与万用表

(5) 光纤连接器

(6) 1550nm $F-P$ 半导体激光器等元器件

13.4 实验原理

1. 半导体激光二极管（LD）的工作原理

LD 通过受激辐射发光，是一种阈值器件。LD 不仅能产生高功率（≥10mW）辐射，而且输出光发散角窄，与单模光纤的耦合效率高（约 30%～50%），辐射光谱线窄（$\Delta\lambda=0.1\sim1.0$nm），适用于高比特工作，载流子复合寿命短，能进行高速（>20GHz）直接调制，非常适合于作高速长距离光纤通信系统的光源。

使粒子数反转从而产生光增益是激光器稳定工作的必要条件，对于处于泵浦条件下的原子系统，当满足粒子数反转条件时，将会产生占优势的（超过受激吸收）受激辐射。在半导体激光器中，这个条件是通过向 P 型和 N 型限制层重掺杂，使费米能级间隔在 PN 结正向偏置下超过带隙实现的。当有源层载流子浓度超过一定值（称为透明值），就实现了粒子数

反转，由此在有源区产生了光增益，在半导体内传播的输入信号将得到放大。如果将增益介质放入光学谐振腔中提供反馈，就可以得到稳定的激光输出。

2. LD的 *P—I* 特性与阈值电流

LD的 $P—I$ 特性曲线如图13-1所示。LD有一阈值电流 I_{th}，当 $I>I_{th}$ 时才发出激光。在 I_{th} 以上，光功率 P 随 I 线性增加。

阈值电流是评定半导体激光器性能的一个主要参数，本实验采用两段直线拟合法对其进行测定。如图13-2所示，将阈值前与后的两段直线分别延长并相交，其交点所对应的电流即为阈值电流 I_{th}。

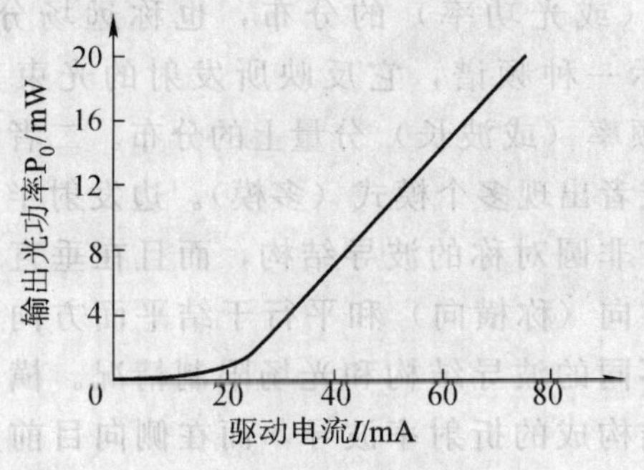

图13-1　LD的 $P—I$ 特性曲线

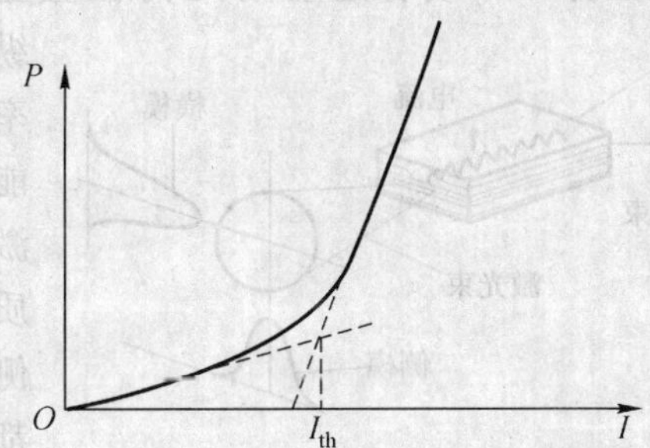

图13-2　两段直线拟合法测量LD阈值电流

3. LD的光谱特性

激光二极管的发射光谱取决于激光器光腔的特定参数，大多数常规的增益或折射率导引器件具有多个峰的光谱，如图13-3所示。激光二极管的波长可以定义为它的光谱的统计加权。在规定输出光功率时，光谱内若干发射模式中最大强度的光谱波长被定义为峰值波长 λ_P，对诸如DFB、DBR型LD来说，它的 λ_P 相当明显。一个激光二极管能够维持的光谱线数目取决于光腔的结构和工作电流。

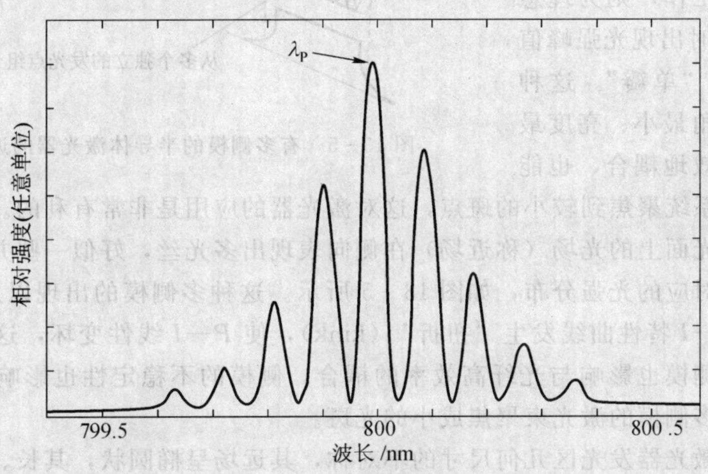

图13-3　LD光谱特性曲线

4. LD的调制特性

在LD的调制过程中存在以下两种物理机制影响其调制特性：

（1）增益饱和效应。当注入电流增大，因而光子数 P 增大时，增益 G 出现饱和现象，饱和的物理机制源于空间烧孔、谱烧孔、载流子加热和双光子吸收等因素。谱烧孔也称带内增益饱和。这些因素导致 P 增大时 G 的减小。

（2）线性调频效应。当注入电流为时变电流对激光器进行调制时，载流子数、光增益和有源区折射率均随之而变，载流子数的变化导致模折射率五和传播常数的变化，因此产生了相位调制，它导致了与单纵模相关的光（频）谱加宽，又称线宽增强因子。

5. LD的模式参数

半导体激光器的模式分为空间模和纵模（轴模）。空间模描述围绕输出光束轴线某处的光强分布，或者是空间几何位置上的光强（或光功率）的分布，也称远场分布；纵模则表示一种频谱，它反映所发射的光束其功率在不同频率（或波长）分量上的分布。二者都可能是单模或者出现多个模式（多模）。边发射半导体激光器具有非圆对称的波导结构，而且在垂直于异质结平面方向（称横向）和平行于结平面方向（称侧向）有不同的波导结构和光场限制情况。横向上都是异质结构成的折射率波导，而在侧向目前多是折射率波导，但也可采取增益波导，因此半导体激光器的空间模式又有横模与侧模之分。图 13-4 表示这两种空间模式。

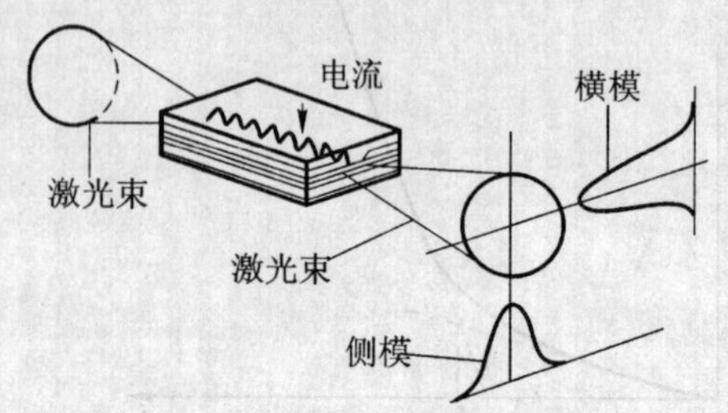

图 13-4　半导体激光器横模与侧模

由于有源层厚度很薄（约为 0.15μm），都能保证在单横模工作；而在侧向，则其宽度相对较宽，因而视其宽度可能出现多侧模。如果在这两个方向都能以单模（或称基模）工作，则为理想的 TEM_{00} 模，此时出现光强峰值在光束中心且呈“单瓣”。这种光束的光束发散角最小、亮度最高，能与光纤有效地耦合，也能通过简单的光学系统聚焦到较小的斑点，这对激光器的应用是非常有利的。相反，若有源区宽度较宽，则发光面上的光场（称近场）在侧向表现出多光丝，好似一些并行的发光丝，在远场的侧向则有对应的光强分布，如图 13-5 所示。这种多侧模的出现以及它的不稳定性，易使激光器的 $P—I$ 特性曲线发生“扭折”（kink），使 $P—I$ 线性变坏，这对信号的模拟调制不利；同时多侧模也影响与光纤高效率的耦合，侧模的不稳定性也影响出纤功率的稳定性；不能将这种多侧模的激光束聚焦成小的光斑。

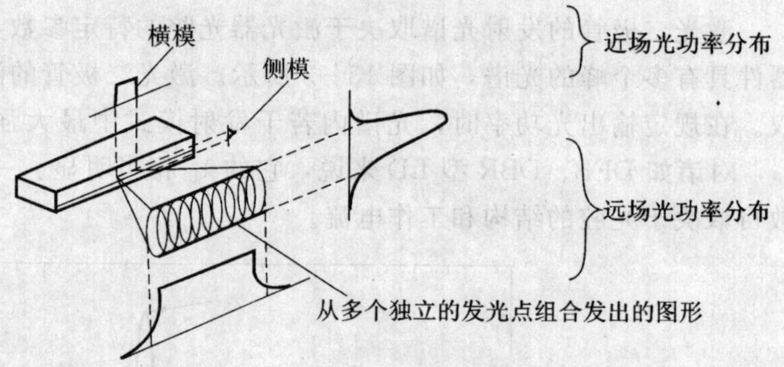

图 13-5　有多侧模的半导体激光器的近场和远场

由于半导体激光器发光区几何尺寸的不对称，其远场呈椭圆状，其长、短轴分别对应于横向与侧向。在许多应用中需用光学系统对这种非圆对称的远场光斑进行圆化处理。

如果半导体激光器发射的是理想的高斯光束，应有如下的光强分布：

$$I(r)=I_{\max}\exp[-2(r/w)^2] \tag{13-1}$$

式中，$I(r)$ 是在半径为 w 的高斯光束束腰内径向尺寸为 r 处的光强，$I_{\max}$ 为束腰内的最大

光强。显然，当$r=w$时，该处的光强为$I_{\max}$的$1/e^2$（即光强峰值的13.5%），如图13-6所示。高斯光束峰值光强之半处的发散角全角（FM-HW）为

$$\theta=4\lambda/\pi w=1.27\lambda/w \quad (13-2)$$

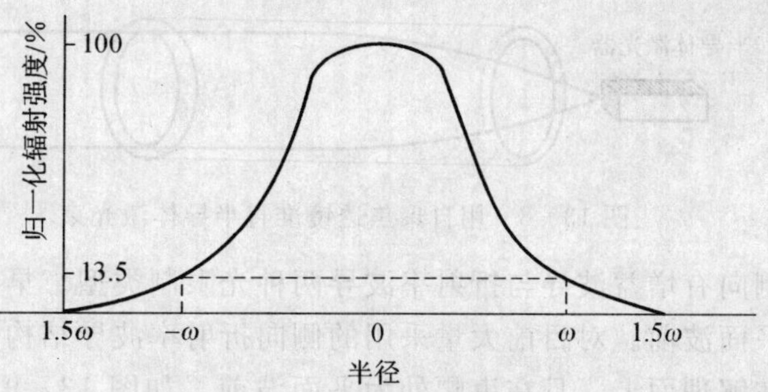

图13-6　理想的高斯场强分布

半导体激光器的远场并非严格的高斯分布，有较大的在横向和侧向不对称的光束发散角，由于半导体激光器有源层较薄，因而在横向有较大的发散角$\theta_{\perp}$，可表示为

$$\theta_{\perp}=4.05(n_2{}^2-n_1{}^2)d/\lambda/[1+4.05(n_2{}^2-n_1{}^2)(d/\lambda)^2/1.2] \quad (13-3)$$

式中，n_2和d分别为激光器有源层的折射率和厚度；n_1为限制层的折射率；λ为激射波长。显然，当d很小时，可忽略式（13-3）分母中的第二项，则有

$$\theta_{\perp}\approx 4.05(n_2{}^2-n_1{}^2)d/\lambda \quad (13-4)$$

由式（13-4）可见，$\theta_{\perp}$随d的增加而增加，这可解释为随着d的减少，光场向两侧有源层扩展，等效于加厚了有源层，而使$\theta_{\perp}$减少。当有源层厚度能与波长相比拟，但仍工作在基横模时，可以忽略式（13-3）分母中的1而近似为

$$\theta_{\perp}\approx 1.2\lambda/d \quad (13-5)$$

式（13-5）与式（13-2）的一致性，说明在一定的有源厚度范围内，横向光场具有较好的高斯光束特点。在此范围内，$\theta_{\perp}$随d的增加而减少，可用衍射理论解释。

在量子阱半导体激光器中，由于有高的微分增益dg/dN，允许适当放松对有源层与波导模之间耦合的要求而允许模场的适当扩展，因而有比厚有源层半导体激光器小的$\theta_{\perp}$。

可以通过外部光学系统来压缩半导体激光器的发散角以实现相对准直的光束，但这是要以一定的光功率损耗为代价的。如果将从半导体激光器发出的激光近似视为有高斯分布的点光源，可以采取图13-7所示的准直光学系统。

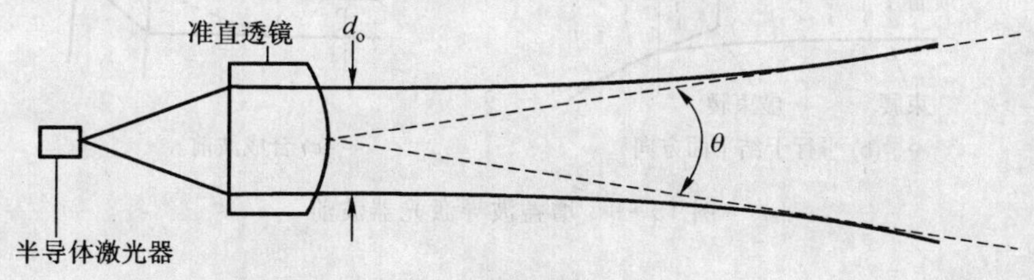

图13-7　高斯光束的准直

6. LD光斑的圆化处理

准直透镜的数值孔径应大于半导体激光器的有效数值孔径$(n_2{}^2-n_1{}^2)^{1/2}$，经准直出来的激光束乃至聚焦后的焦斑仍是椭圆。如需得到小而圆的光点，尚需对准直后的光束进行圆化处理。用节距（pitch）为1/4的自聚焦透镜可方便地对半导体激光器出射光进行准直，如图13-8所示。

半导体激光器存在像散，像散是像差的一种。当用光学系统对半导体激光器解理面上的

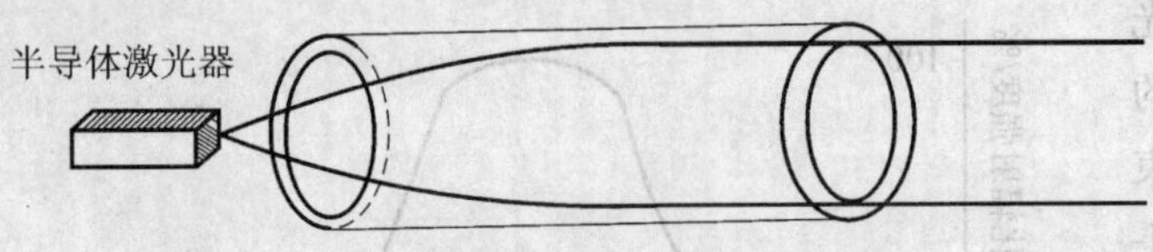

图 13-8 用自聚焦透镜准直半导体激光束

近场成像时，就会发现，由于像散的存在会在焦线上出现两个像点。半导体激光器在横向都是利用有源层两边折射率差所形成的光波导效应对有源区光子进行限制的，而在侧向有增益波导与折射率波导两种光限制类型。早期的条形激光器是增益波导型的，都有非平面波前。对目前大量采用的侧向折射率波导结构，在垂直于结平面方向的高斯光束的束腰在解理面上，且在束腰处为平面波前，如图 13-9（a）所示。而当侧向的波导机构是由复折射率的虚数部分起主要作用时（即增益波导），则在该方向的光场分布如图 13-9（b）所示，在腔内距腔面为 D（称像散量）的地方出现虚腰，这也是外部观察者所能看到的最小近场宽度，真正的束腰在腔中心。因此，从传播方向看去，两个方向的合成波前呈圆柱面，如图 13-9（c）所示。这种输出光是像散的。其影响是用球透镜对解理腔面成像时，虚腰的像面与腔面的像面（即横向光场束腰的像面）不对应同一处。其后果是远场分布出现“兔耳”状，在早期的氧化条形激光器中出现这种远场情况。同时，像差的存在使侧向模式增多，光谱线宽加宽。这给应用带来很大困难，除非采取消像差的措施，否则很难用一般的光学系统聚焦到很小的光斑，焦斑上光场分布不均匀，也很难使激光器与单模光纤高效率地耦合。即使是侧向有折射率波导限制的情况，由于载流子侧向分布的影响，也很难使上述表征像散大小的 D 值为零，一般在 $2\mu m$ 以上。

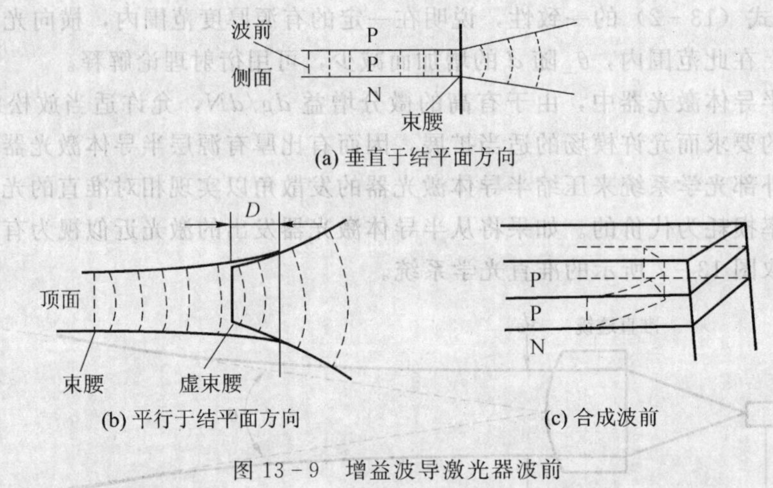

图 13-9 增益波导激光器波前

半导体激光器的激射波长是由禁带宽度 E_g 决定的，然而这一波长也必须满足谐振腔内的驻波条件，谐振条件决定着激光激射波长的精细结构或纵模模谱。因为不同振荡波长间不存在损耗的差别，而它们的增益差又小，故除了由禁带宽度 E_g 所决定的波长能在腔内振荡外，在它周围还有一些满足谐振腔驻波条件的波长也可能在有源介质的增益带宽内获得足够的增益而起振。因而有可能存在一系列振荡波长，每一波长构成一个振荡模式，称之为腔模或纵模，并由它构成一个纵模谱，如图 13-10 所示。这些纵模之间的间隔 $\Delta\lambda$ 和 $\Delta\nu$ 为：

$$\Delta\lambda=\lambda^2/2n_gL \tag{13-6}$$

$$\Delta\nu = c/2n_g L \quad (13-7)$$

式中，λ 为激射波长；c 为光速；n_g 为有源材料的群折射率。

一般的半导体激光器其纵模间隔为 0.5～1nm，而激光介质的增益谱宽为数十纳米，因而有可能出现多纵模振荡。然而传输速率高（如大于 622Mb/s）的光纤通信系统，要求半导体激光器是单纵模的。这一方面是为了避免由于光功率在各个纵模之间随机分配所产生的所谓模分配噪声；另一方面纵模的减少也是得到很窄的光谱线宽所必须的，而窄的线宽有利于减少在高数据传输速率光纤通信系统中光纤色散的影响。即使有些激光器连续工作时是单纵模的，但在高速调制下由于载流子的瞬态效应，而使主模两旁的边模达到阈值增益而出现多纵模振荡，因此必须考虑纵模的控制。为了得到单纵模，应弄清纵模的模谱，影响单纵模存在的因素，才能设法得到所要求的单纵模激光器。

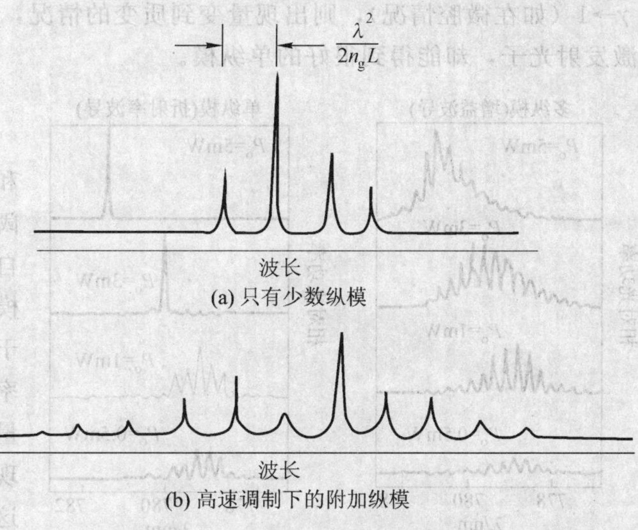

(a) 只有少数纵模

(b) 高速调制下的附加纵模

图 13－10　激光器的纵模谱

7. 影响 LD 纵模谱的因素

半导体激光器的有源区材料特性和器件结构都对纵模谱产生影响，以下就一些主要影响因素进行分析。

（1）自发发射因子的影响

自发发射对半导体激光器的主要影响是：

① 使 P—I 特性曲线“变软”；

② 在稳态条件下振荡模的噪声谱和光谱加宽；

③ 阈值以上的边模抑制比下降；

④ 在直接调制下张弛振荡频率降低。

一般来说，半导体激光器有比气体和固体激光器高约 5 个数量级的自发发射因子（10^{-4}）。由图 13－11 看出，纵模谱随 γ 变化很大。当 $\gamma=10^{-5}$ 时，几乎所有的激光功率集中在一个纵模内，即单纵模工作；当 $\gamma=10^{-4}$ 时，只有约 80％的光功率集中在主模上，而其余的由旁模所分配；当 $\gamma=10^{-3}$ 时，则有更多的纵模参与功率分配。另一方面，若自发发射因

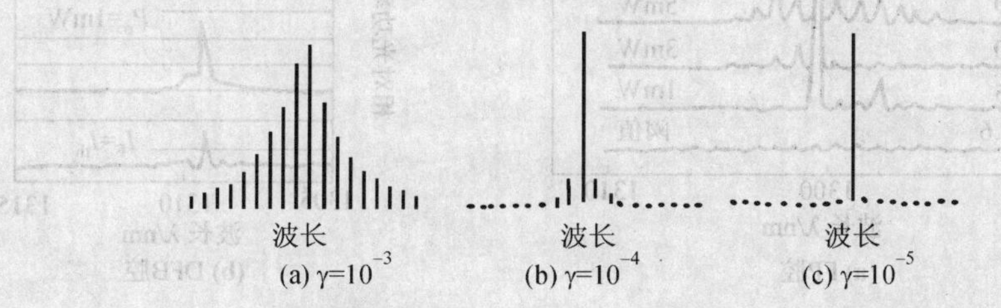

(a) $\gamma=10^{-3}$　(b) $\gamma=10^{-4}$　(c) $\gamma=10^{-5}$

图 13－11　腔长 250μm，输出功率 2mW 的激光器的模谱

子 $\gamma\to1$（如在微腔情况），则出现量变到质变的情况，此时每一个自发发射光子引发出一个受激发射光子，却能得到很好的单纵模。

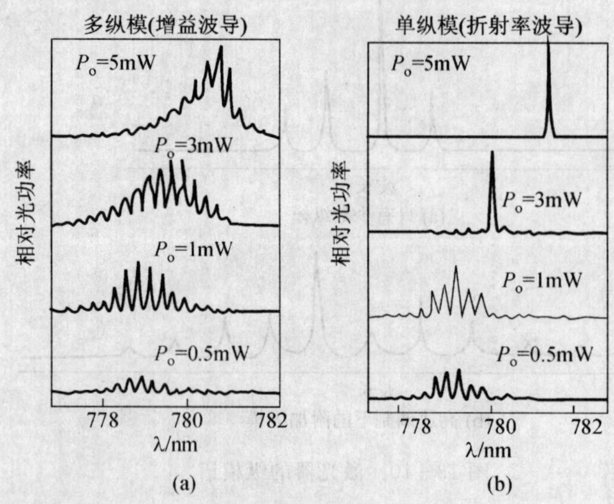

图 13-12　折射率波导与增益波导纵模谱的比较

（2）模谱与电流密度的关系

若激光器具有标准腔长（250μm）和典型的 $\gamma=10^{-4}$，实验发现，在小于阈值的低注入电流时，模谱的包络宛如自发发射谱；当电流增加到阈值以上，模谱包络变窄，各纵模开始竞争，对应于增益谱中心的主模（$q=0$）的增长速率比邻近纵模快。随电流增加，激光能量向主模转移，而且峰值波长发生红移现象。根据不同结构的半导体激光器，这种红移量约为 0.1nm/mA 左右。

（3）器件结构对模谱的影响

侧向有折射率波导的激光器比增益波导结构的激光器表现出更好的纵模特性。图 13-12 表示的是波长为 780nm 的两种侧向波导结构的纵模谱。这说明对有源区内载流子限制能力越强，腔内的微分增益越高，不但横模（包括侧模）特性得到改善，纵模特性同样向单纵模方向转化。

在一般的法布里—珀罗（FP）谐振腔中，各个纵模分量在腔内得到反馈的量是相同的。在分布反馈（DFB）、分布布拉格反射（DBR）和有外部光栅谐振腔的结构中，谐振腔具有对某一波长选择反馈的作用，因而有好的纵模特性。图 13-13 比较的是在 1300nm 波长、侧向折射率波导的 FP 腔和 DFB 腔的纵模特性。若谐振腔长很短，则纵模间隔很大。其 3dB 增益带宽内允许振荡的纵模数减少。当主模两边的次模随着腔长的缩短而移出 3dB 增益带宽之外，则可出现单纵模振荡。

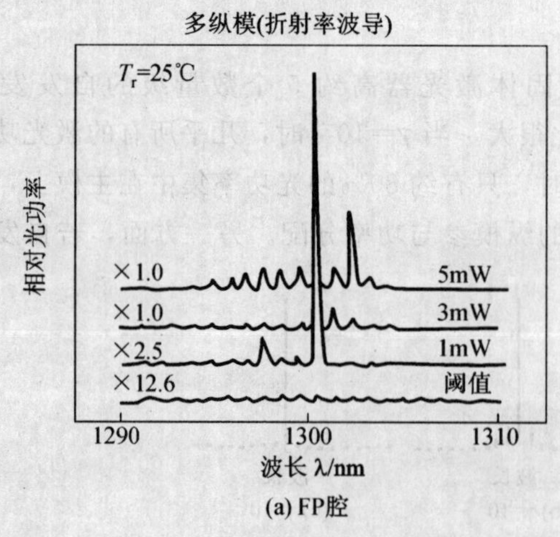

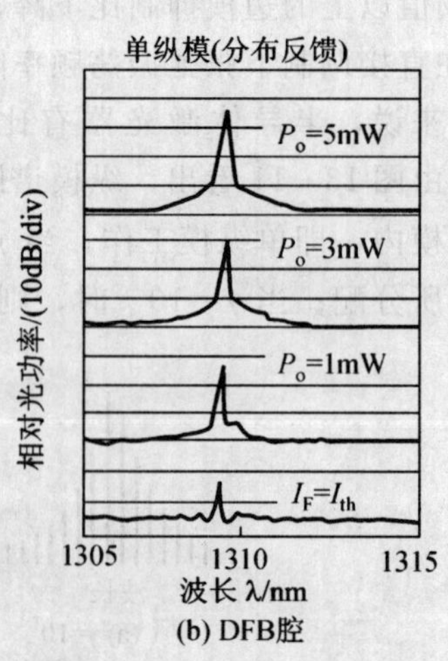

图 13-13　不同谐振腔结构的纵模谱

（4）温度对纵模谱的影响

由于有源层材料的禁带宽度 E_g 随温度增加而变窄，使激射波长发生红移，其红移量约为 0.2～0.3nm/℃，与器件的结构和有源区材料有关。借此特性，可以用适当的温度控制来微调激光的峰值激射波长，以满足对波长要求严格的一些应用。和稳定输出功率一样，如需要有稳定的工作波长，对半导体激光器需进行恒温控制。图 13－14 表示温度对峰值波长的影响。

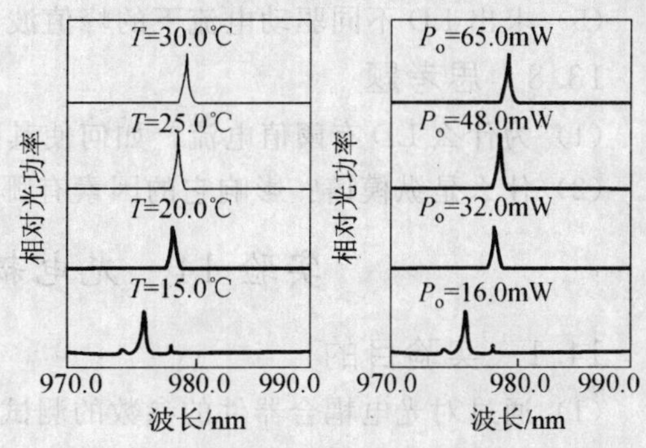

图 13－14　温度和功率引起波长红移

13.5　实验步骤

1. 1550nm *F—P* 半导体激光器 *P—I* 特性曲线测量

（1）将 1550nm 半导体激光器控制端口连接至主机 LD1，光输出连接至主机 OPM 端口，检查无误后打开电源；

（2）设置 OPM 工作模式为 OPM/mW 模式，量程（RTO）切换至 1mW；

（3）设置 LD1 工作模式（MOD）为恒流驱动（ACC），1550nm 激光器为恒定电流工作模式，驱动电流（I_c）置为 0；

（4）缓慢增加激光器驱动电流，0～30mA 每隔 0.5mA 测一个点，并记录下来，然后作出 *P—I* 曲线。

2. 求 1550nm *F—P* 半导体激光器阈值电流

根据 *P—I* 特性曲线，即可找出该管的阈值电流。

3. 测量半导体激光器纵模模谱

（1）将 1550nm FP—LD 控制信号连接至 LD1，设置 LD1 工作模式（MOD）为恒流模式（ACC），驱动电流（I_c）置为 0。

（2）将 1550nm FP—LD 光信号连接至光谱分析器，输出狭缝置于 0.1mm。

（3）调节 1550nm FP—LD 驱动电流（I_c），从 10～40mA 每隔 5mA 测一次 1550nm FP—LD 输出光谱，并记录下来。其波长范围 1500～1600nm，波长间隔 0.1nm。并且，读取不同驱动电流下的峰值波长、线宽、边模抑制比。

13.6　注意事项

（1）系统上电后禁止将光纤连接器对准人眼，以免灼伤。

（2）光纤连接器陶瓷插芯表面光洁度要求极高，除专用清洁布外，禁止用手触摸或接触硬物。空置的光纤连接器端子必须插上护套。

（3）所有光纤均不可过于弯曲，除特殊测试外，其曲率半径应大于 30mm。

13.7　实验报告

（1）按第一部分对实验报告的要求写出实验报告。

（2）画出 LD 的 *P—I* 特性曲线。

（3）求出该管的阈值电流。

（4）画出 LD 的纵模谱。

(5) 求出 LD 不同驱动电流下的峰值波长、线宽、边模抑制比。

13.8 思考题

(1) 为什么 LD 有阈值电流？如何使其减小？

(2) 什么是纵模谱？影响它的因素有哪些？如何减少其影响？

实验 14 光电耦合器件的特性测试

14.1 实验目的

(1) 通过对光电耦合器件的参数的测试，达到进一步掌握发光二极管的特性，以及光电耦合器件的特性（输入与输出间的隔离特性，电流传输比，动态特性等）。

(2) 掌握发光二极管及光电耦合器的驱动电路，达到能够使用光电耦合器的目的。

14.2 实验内容

(1) 验证光电耦合器件原理，画出 I_F 与 I_D 关系曲线；

(2) 测试光电耦合器件的隔离电阻；

(3) 测试光电耦合器件的电流传输特性，求出电流传输比；

(4) 测试光电耦合器件的输出特性，并绘出曲线。

14.3 实验所用仪器设备

(1) 磷砷化镓发光二极管。

(2) PIN 硅光电二极管 2CU101A 型。

(3) JT—1 晶体管图示仪。

(4) 光电耦合器件 GD312。

(5) 晶体管稳压电源。

(6) 双脉冲信号发生器。

(7) 0～100MHz 双线示波器。

(8) 晶体三极管，电阻，集成电路等元器件。

14.4 实验基本原理

在工业检测、电信号的传送处理的计算机系统中，常用继电器、脉冲变压器或复杂的电路来实现输入、输出端装置与主机之间的隔离、开关、匹配、抗干扰等功能。而继电器动作慢、有触点工作不可靠；变压器体积大、频带窄，所以它们都不是理想的部件。随着光电技术的发展，20 世纪 70 年代以后出现了光电耦合器件。它是将发光器件（LED）和光敏器件（光敏二、三极管等）密封装在一起形成的一个电—光—电器件。如图 14－1 所示。这种器件在信息的传输过程中是用光作为媒介把输入边和输出边的电信号耦合在一起的，在它的线性工作范围内，这种耦合具有线性变化关系。由于输入边和输出边仅用光来耦合，在电性能上完全是隔离的。因此，光电耦合器件的电隔离性能、线性传输性能等许多特性，都是从“光耦合”这一基本特点中引申出来的。故有的人把光电耦合器件也称为光隔离器或光耦合器。这些名称的共同点都是为了突出“光耦合”这一基本特征，这也是它区别于其他器件的根本特征。由于这种器件是一个利用光耦合做成的电信号传输器件，所以一般称为光电耦合器件。

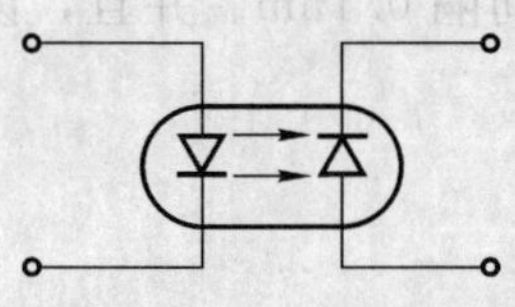

图 14－1 把发光器件与光敏器件封装在一起构成光电耦合器件

1. 传输特性

光电耦合器件的传输特性就是输入—输出间特性，它用下列几个性能参数来描述。

(1) 电流传输比 β

在直流工作状态下，光电耦合器件的集电极电流 I_c 与发光二极管的注入电流 I_F 之比，称为光电耦合器件的电流传输比，用 β 表示。如图 14-2 所示的输出特性曲线，在其中部取一工作点 Q，它所对应的发光电流为 I_{FQ}，对应的集电极电流为 I_{cQ}，因此该点的电流传输比为

$$\beta_Q=\frac{I_{cQ}}{I_{FQ}}\times 100\% \qquad (14-1)$$

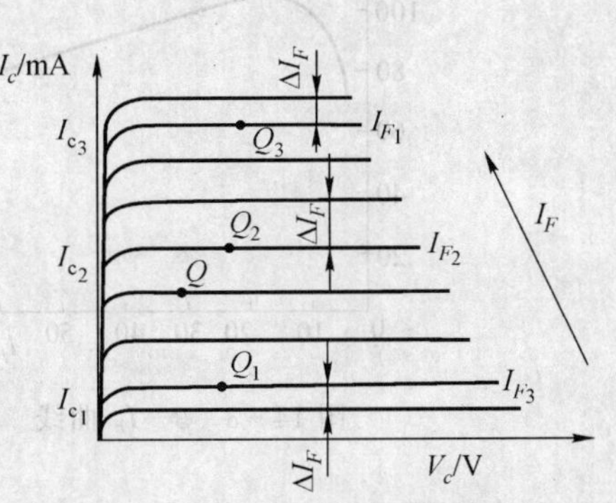

图 14-2 电流传输比示意图

如果工作点选在靠近截止区的 Q_1 点时，虽然发光电流 I_F 变化了 ΔI_F，但相应的 ΔI_{c1} 变化量却很小。这样，β 值很明显地要变小。同理，当工作点选在接近饱和区 Q_3 点时，β 值也要变小。这说明工作点选择在输出特性的不同位置时，就具有不同的 β 值。因此，在传送小信号时，用直流传输比是不恰当的，而应当用所选工作点 Q 处的小信号电流传输比来计算。这种以微小变量定义的传输比称为交流电流传输比。它用 β 来表示。即

$$\beta=\frac{\Delta I_c}{\Delta I_F}\times 100\% \qquad (14-2)$$

对于输出特性线性度做得比较好的光电耦合器件，β 值很接近 $\bar{\beta}$ 值。在一般的线性状态使用中，都尽可能地把工作点设计在线性工作区。对于开关使用状态，由于不关心交流与直流电流传输比的差别，而且在实际使用中直流传输比又便于测量，因此通常都采用直流电流传输比 β。

这里需要指出的是，光电耦合器件的电流传输比与晶体三极管的电流放大倍数都是输出与输入电流之比值，从表面上看是一样的，但它们却有本质的差别。在晶体三极管中，集电极电流 I_c 总是比基极电流 I_b 大许多倍，甚至几十、几百倍，因此把晶体三极管的输出与输入电流之比值称为电流放大倍数。而光电耦合器件的基区内，从发射极发射过来的电子是光激发出的空穴相复合而称为光复合电流，可用 αI_F 表示，其中 α 是与发光二极管的发光效率、光敏三极管的光敏效率及二者之间距离有关的系数，通常称为光激发效率。而激发效率一般比较低，所以 I_F 一般大于 I_c。所以光电耦合器件在不加复合放大三极管时，其电流传输比都小于 1，通常用百分数来表示。

图 14-3 示出了光电耦合器件的电流传输比 β 随发光电流 I_F 的变化曲线。在 I_F 较小时，耦合器件处于截止区，因此 β 值较小；当 I_F 变大后，耦合器件处于线性工作状态，虽然 I_F 增大，β 变小，但其变化量是较小的。

图 14-4 是 β 随外界温度的变化曲线。在 0℃以下时，β 值随温度 T 的升高而上升；在 0℃以上时，β 值随 T 的增加而下降。

(2) 输入—输出间绝缘耐压 BV_{CFO}

这是指输入与输出端之间的绝缘耐压值。一般低压使用时都能满足要求。当用于高压控制时，就要注意这一参数。由于绝缘耐压与电流传输比都与发光二极管和光敏三极管之间的

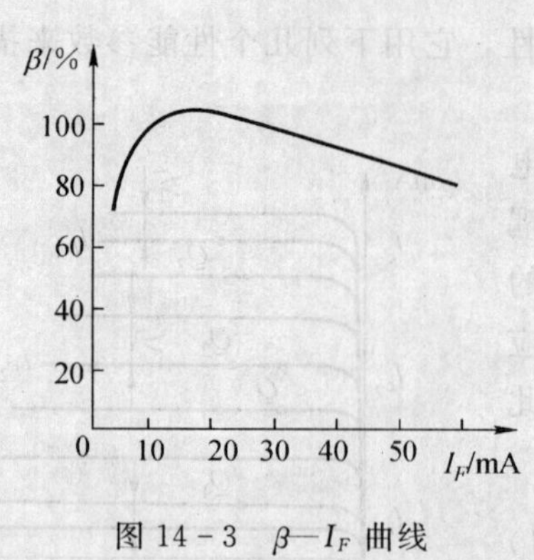

图 14-3　β—I_F 曲线

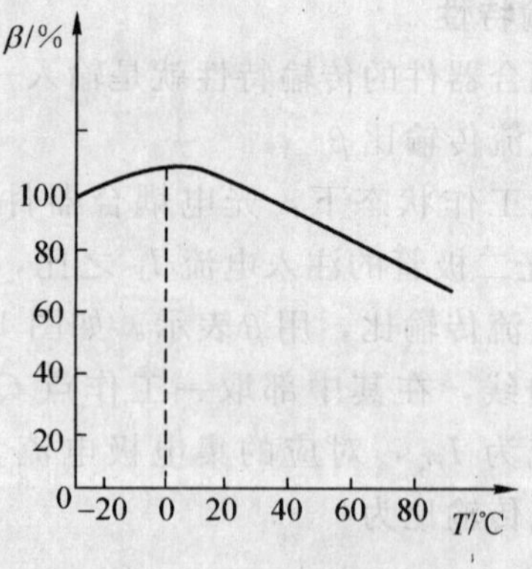

图 14-4　β的典型温度特性

距离有直接关系，当二者距离增大时，绝缘耐压提高了，但电流传输比却降低了；反之，当二者距离减小时，虽增大了β，但 BV_{CFO} 却降低了。这是一对矛盾，可根据实际使用要求来挑选不同种类的光电耦合器件。如果制造工艺得到改善，可得到既具有高的β又具有高耐压的光电耦合器件。目前，北京光电器件厂生产的光电耦合器件 $BV_{VFO}=500V$，采用特殊的组装方式，可制造用于高压隔离线路等方面的耐压达几千伏或上万伏的光电耦合器件。

（3）输入—输出间的绝缘电阻 R_{FC}

这是输入与输出端之间的绝缘电阻，一般在 $10^9\sim10^{13}\,\Omega$ 之间。它是与耐压密切相关的参数，它与β的关系和耐压与β的关系是一样的。

R_{FC} 的大小意味着光电耦合器件的隔离性能如何。光电耦合器件的 R_{FC} 一般要比变压器原付边绕组之间的绝缘电阻大几个数量级，因此它的隔离性能要比变压器好得多。北京光电器件厂生产的 R_{FC} 值一般达到 $10^{11}\,\Omega$。

（4）输入—输出间的寄生电容 C_{FC}

这是输入与输出端之间的寄生电容。当 C_{FC} 变大时，会使光电耦合器件的工作频率下降，也能使其共模抑制比 CMRR 下降，故后面的系统噪音容易反馈到前面系统中。对于一般的光电耦合器件，其 C_{FC} 仅仅为几个 pF，一般在中频范围内都不会影响电路的正常工作，但在高频电路中就要予以重视了。

（5）最高工作频率 f_M

图 14-5 给出测量光电耦合器件的频率特性的电路图。向发光二极管送入幅度相等而频率变化的交流小信号，在光电耦合器的输出端用交流电压表测其交流输出电压值。随着频率的增高，虽然输入电压幅度不变，而输出幅度却下降了，当输出电压相对幅值降至 0.707 时，所对应的频率就称为光电耦合器件的最高工作频率（或称截止频率），用 f_M 来表示。图 14-6 示出了一个光电耦合器件的频率特性示意图。最高工作频率 f_M 也会随着外电路负载的变化而改变，图 14-7 示出了在不同负载电阻 R_C 时的 f_M 值，图中 $R_{C1}>R_{C2}>R_{C3}$。由图可知，当负载电阻 R_C 减小时，f_M 增高。

（6）脉冲上升时间 t_r 和下降时间 t_f

图 14-8 是测量脉冲响应时间的电路图。从输入端送入一个前后沿都很好的矩形脉冲（图 14-9（a）所示），采用频率特性较高的脉冲示波器来观测输出端的波形（如图 14-9（b）所示）。由图看出，输出的波形产生了畸变。一般把脉冲前沿的 0～0.9 之间的时间间隔

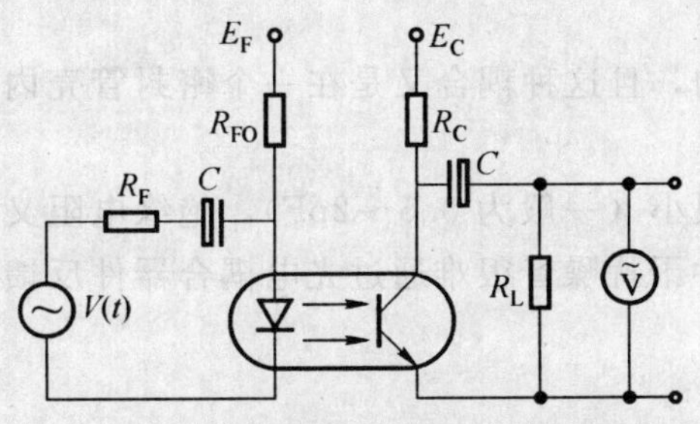

图 14－5　测量光电耦合器件最高工作频率的电路

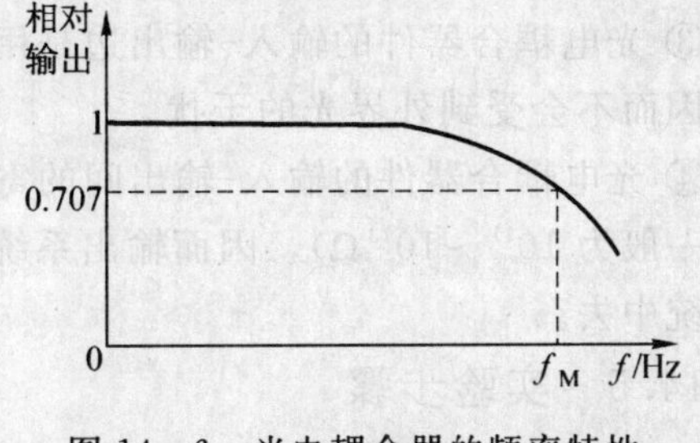

图 14－6　光电耦合器的频率特性

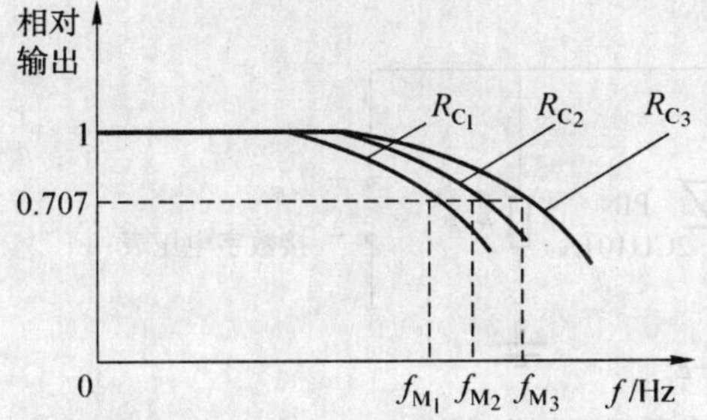

图 14－7　频率特性随 R_C 的变化

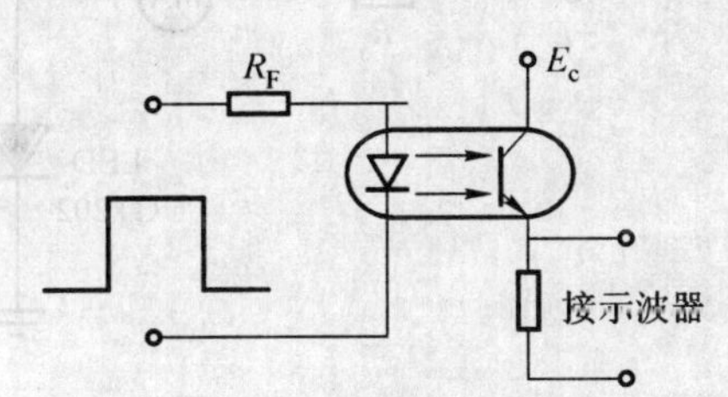

图 14－8　测量 t_r 与 t_f 的电路

称为上升时间，用 f_r 表示；而脉冲下降沿中介于 1～0.1 之间的时间间隔称为脉冲下降时间，用 t_f- 表示。一般来说，上升时间要大于下降时间。

最高工作频率 f_M、脉冲上升时间 t_r 和下降时间 t_f 都是衡量光电耦合器件动态特性的参数。当用光电耦合器件传送小的正弦信号或非正弦信号时，用最高工作频率 f_M 来衡量较为方便；而当传送脉冲信号时，则用 t_r 和 t_f 来衡量既方便又直观。

t_r 与 t_f 同 f_M 一样，也是随着负载电阻的变化而变化的，但它们是随着负载电阻的减小而减小。

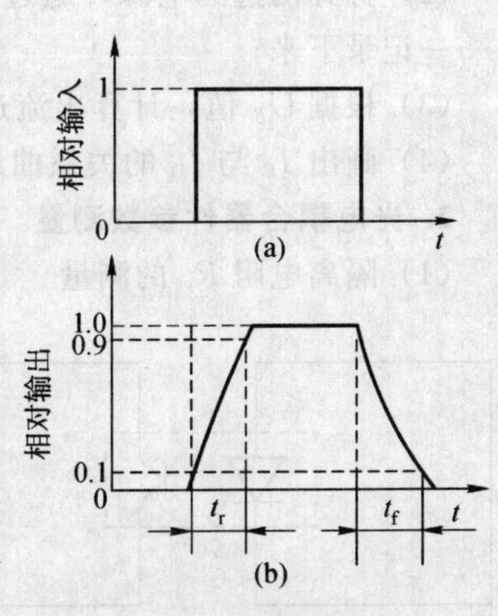

图 14－9　光电耦合器的 t_r 与 t_f 示意图

2. 光电耦合器件的抗干扰特性

光电耦合器件的重要优点之一就是能强有力地抑制尖脉冲及各种噪音等的干扰，从而在传输信息中大大提高了信噪比。

光电耦合器件之所以具有很高的抗干扰能力，主要有下面几个原因。

① 光电耦合器件的输入阻抗很低，一般为 10Ω～1kΩ；而干扰源的内阻都很大，一般为 10^3～10^6Ω。按一般分压比的原理来计算，能够馈送到光电耦合器件输入端的干扰噪声，就变得很小了。

② 由于一般干扰噪声源的内阻都很大，虽然也能供给较大的干扰电压，但可供出的能量却很小，只能形成很微弱的电流。而光电耦合器件输入端的发光二极管只有在通过一定的电流时才能发光。因此，即使是电压幅值很高的干扰，由于没有足够的能量，不能使发光二

极管发光，从而被它抑制掉了。

③ 光电耦合器件的输入-输出边是用光耦合的，且这种耦合又是在一个密封管壳内进行的，因而不会受到外界光的干扰。

④ 光电耦合器件的输入-输出间的寄生电容很小（一般为 0.5～2pF），绝缘电阻又非常大（一般为 $10^{11} \sim 10^{13}\,\Omega$），因而输出系统内的各种干扰噪音很难通过光电耦合器件反馈到输入系统中去。

14.5 实验步骤

1. 光电耦合器件原理性实验

（1）按图 14－10 所示电路，连接构成光电耦合器件原理性实验电路；

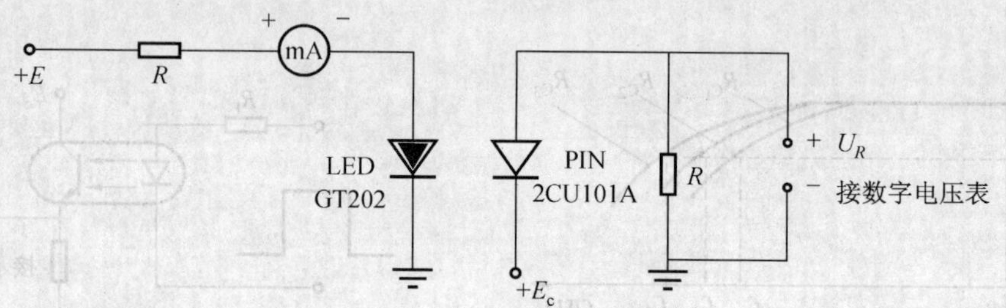

图 14－10 光电耦合器原理性实验

（2）打开两边的电源，通过毫安表测出 I_F 电流，以及对应于不同 I_F 电流下的 U_R 值，并一一记录下来；

（3）根据 U_R 值，计算出流过 PIN 光电二极管的电流 I_D；

（4）画出 I_F 与 I_D 的关系曲线。

2. 光电耦合器件参数测量

（1）隔离电阻 R_g 的测量

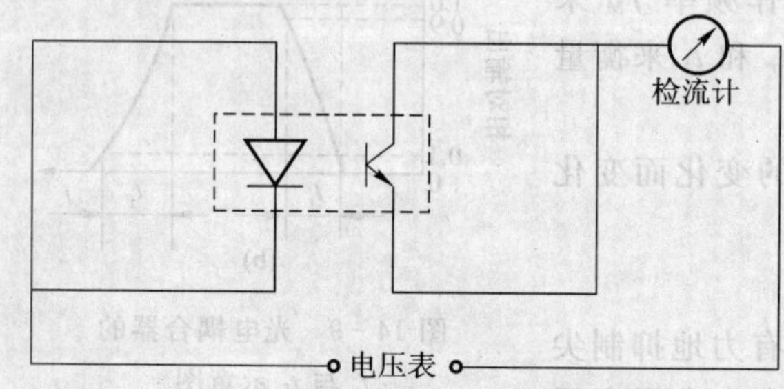

图 14－11 隔离电阻测量电路

将 GD312 光电耦合器的两个输入端和输出端分别按图 14－11 连接起来，用光点检流计测出在一定电压下的电流值，便可测出 GD312 的隔离电阻 R_g。

（2）电流传输特性测量

光电耦合器的电流传输特性的测量可有两种方式：

① 可用晶体管图示仪直接进行观测，其测试电路如图 14－12 所示。晶体管图示仪的 y 轴为光电三极管的集电极电流，x 轴为集电极电压，基极输入的阶梯波电流即为发光二极管电流。这样，从图示仪上所描出的特性曲线图中，可以得到不同工作点情况下的电流传输比。

② 需用图 14－13 所示电路测量。由于光电耦合器的电流传输比在不同的 I_F 和 U_{ce} 下有所不同。一般，是在 $I_F = 10\text{mA}$、$U_{ce} = 10\text{V}$ 的情况下，测出的 I_c 的值。则电流传输比为

$$CTR = \frac{I_c}{I_F} \times 100\% \tag{14-3}$$

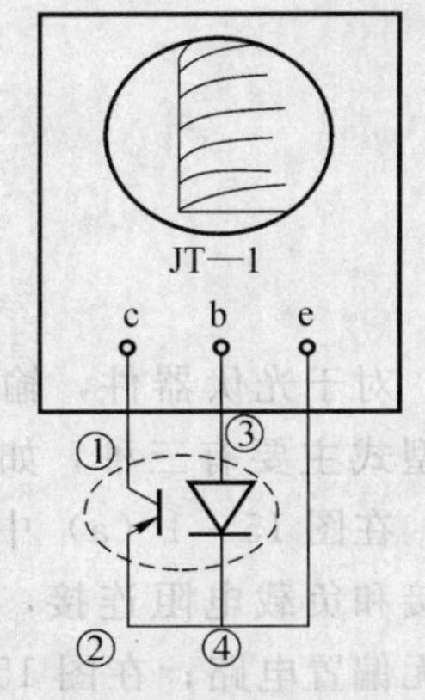

图 14－12　电流传输比测量电路方式

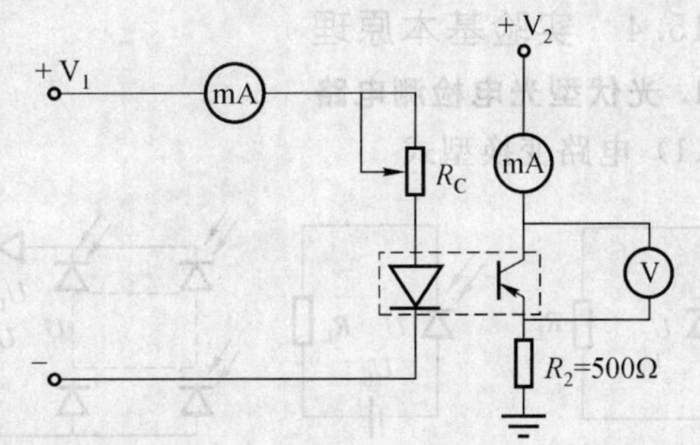

图 14－13　电流传输比测量电路方式

3. 光电耦合器件输出特性的测试

光电耦合器的输出特性曲线，可直接由晶体管图示仪显示出来，试描出 $\Delta I_F = 1mA$，R_c 为 2kΩ，$U_{ce} = 0 \sim 20V$ 情况下，光电耦合器 GD312 的输出特性曲线。

14.6　实验报告

(1) 按第一部分对实验报告的要求写出实验报告；

(2) 画出 I_F 与 I_D 关系曲线；

(3) 求出光电耦合器件的隔离电阻；

(4) 求出光电耦合器件的电流传输比；

(5) 画出光电耦合器件的输出特性曲线。

14.7　思考题

(1) 你所测的光电耦合器件的电流传输比是大于 1 还是小于 1？为什么？

(2) 通过对光电耦合器件的原理实验，对你有何启示？

第 5 部分　光电信号检测电路、数据采集与计算机接口

实验 15　光电信号检测电路的测试

15.1　实验目的

通过对光伏型与可变电阻型器件的变换电路的测试实验，充分掌握光电检测器件输入电路的各种变换型式，以便根据不同的用途选用不同的电路型式。

15.2　实验内容

(1) 光伏型器件——硅光电池变换电路（即输入电路）实验。

(2) 光电导型（可变电阻型）器件—光敏电阻变换电路（即输入电路）实验。

15.3　实验仪器与器材

(1) 直流稳压电源

(2) 万用表

(3) 照度计

(4) 硅光电池与光敏电阻各1只

(5) 晶体二、三极管和电阻电容元件若干

15.4 实验基本原理

1. 光伏型光电检测电路

(1) 电路变换型式

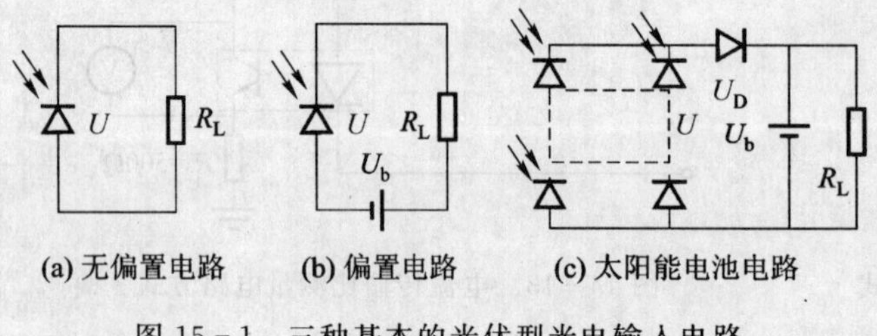

图 15-1 三种基本的光伏型光电输入电路

对于光伏器件，输入电路的基本型式主要有三种，如图 15-1 所示。在图 15-1（a）中，光伏器件直接和负载电阻连接，这种电路称作无偏置电路；在图 15-1（b）的电路中，负载电阻上除串联光伏器件外尚有与器件端电压相反方向的偏置电源，组成反向偏置电路；图 15-1（c）是作为能量变换器使用的太阳能电池充电电路。通常光电池多采用图 15-1（a）和 15-1（c）的电路，光电二极管多采用图 15-1（b）的电路。

(2) 无偏置电路

图 15-2 给出了无偏置光电池输入电路的等效电路（图 a）及其计算图解（图 b）。对图（a）的回路，可建立的电路方程为

$$U=IR_L$$

其中

$$I=I_p-I_0\left(e^{\frac{U}{U_T}}-1\right) \qquad (15-1)$$

利用图解计算法，对给定的输入光通量 Φ_0，只要选定负载电阻 R_L，工作点 Q，即可由负载线与光电池相应的伏安曲线的交点确定电流与电压值。如该工作点点处的电流 I_Q 与电压 U_Q 即为 R_L 上的输出值。相对 Φ_0 的光通量增量 $\pm\Delta\Phi$ 将形成对应的电流变化 $\pm\Delta I$ 和电压变化 $\pm\Delta U$。

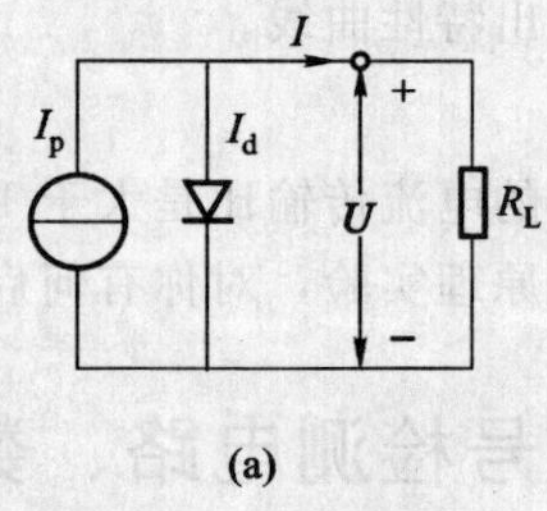

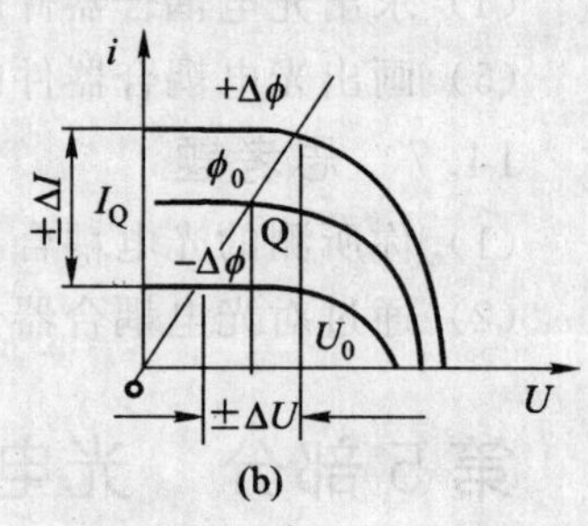

图 15-2 无偏置状态下光电池的输入等效电路和图解法

由于光电池特性的非线性，负载电阻的选择会影响光电池的输出信号。例如在图 15-3（a）中，对应于光通量的增加量 $\Delta\Phi=\Phi_1-\Phi_2$，在短路状态下（即 $R_L=0$），输出电流增量 $\Delta I=I_{sc1}-I_{sc2}$，输出电压为零。随着 R_L 的增大，输出电压随之增大，直到某一临界电阻 R_M 之后负载上的电压变成饱和，而输出电流逐渐变小，如图 15-3（b）所示。另一方面，输入光通量也影响输入电路的工作状态。由图 15-3（a）中可以看出，对确定的负载电阻如 R_M，当输入光通量较小时，负载上的输出电流和电压近似地随入射光通量成正比例增加，而当入射光通量较大时，输出电流和电压逐渐呈现饱和状态。负载电阻愈大时，则情况愈明显（如图中 R_2 的情况）。

可以利用式（15-1）定量地描述负载电阻和入射光通量对电路工作状态（I，U，P）的影响，即

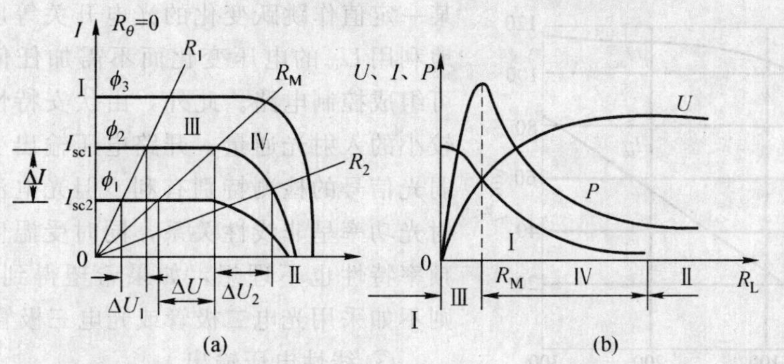

图 15-3　负载电阻对光电池输出电压电流和功率的影响

$$I=I_p-I_0\left(e^{\frac{IR_L}{U_T}}-1\right) \tag{15-2}$$

$$U=U_T\ln\frac{I_p-\frac{U}{R_L}+I_0}{I_0} \tag{15-3}$$

$$P=IU=\frac{U_TU}{R_L}\ln\frac{I_p-\frac{U}{R_L}+I_0}{I_0} \tag{15-4}$$

根据上述公式，在同一入射光通量下，负载电阻对光电池输出电压、电流、功率的影响曲线表示在图 15-3（b）中。由图 15-3（b）中可见，根据所选负载电阻的数值可以把光电池的工作曲线分作四个区域，分别由图中Ⅰ、Ⅱ、Ⅲ、Ⅳ表示，对应的四个工作状态为短路或线性电流放大、空载电压输出、线性电压放大和功率放大。下面讨论前三种工作状态。

① 短路或线性电流放大

这是一种电流变换状态。在这种状态下，后续电流放大级作为负载从光电池中吸取最大的输出电流。为此，要求负载电阻或后续放大电路输入阻抗尽可能小。由图 15-3（a）中可看到，由于 R_L 很小，输出电流接近于短路电流，它与光通量有良好的线性关系，即

$$I=I_p-I_0\left(e^{\frac{IR_L}{U_T}}-1\right)\Big|_{R_L\to 0}=I_{sc}=S\Phi \tag{15-5}$$

和

$$\Delta I=S\Delta\Phi \tag{15-6}$$

此外，在短路状态下，检测器件的噪声电流较低，从而改善了信噪比，所以最适用于弱光信号的检测。这种短路电流，随检测器件的受光面积的大小而改变。同一片光电池的短路电流随光电检测器件的受光面积成正比的变化曲线，如图 15-4 所示，图中 A 为受光面积。

② 空载电压输出

这是一种非线性电压变换状态。此时光电池应通过高输入阻抗变换器与后续放大电路连接，相当于输出开路。其开路电压可写成

$$U_{oc}=\frac{KT}{q}\ln\left(\frac{I_p}{I_0}+1\right)\approx U_T\ln\frac{I_p}{I_0}=U_T\ln\frac{S\Phi}{I_0} \tag{15-7}$$

式（15-7）表明，光电池的开路电压随入射光通量增大按对数规律增大，并且由于 I_p 与光电池面积成正比，所以同一光电池的开路电压与光电池光敏面受光面积的对数成正比，如图 15-4 所示。必须指出的是，开路电压并不是会无限增大，它的最大值受结势垒高度的限制。通常，光电池的开路电压为 0.45～0.6V，因此它的一个优点是，在入射光强从零到

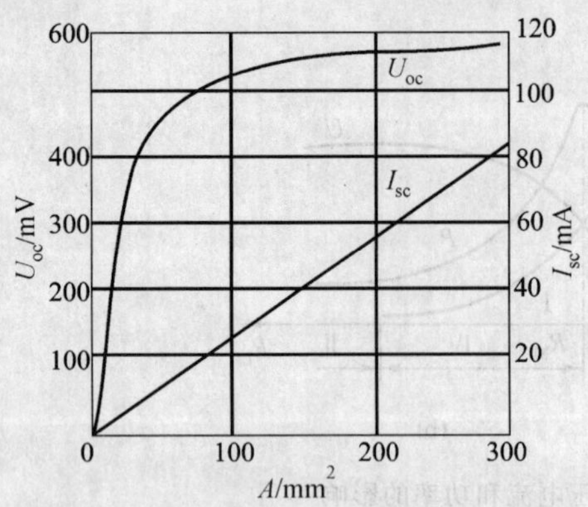

图 15－4　短路电流和开路电压随受光面积的变化曲线

某一定值作跳跃变化的光电开关等应用中，可简单地利用U_{oc}的电压变化而不需加任何偏置电源，即可组成控制电路。此外，由伏安特性可以看到对于较小的入射光通量，开路电压输出变化较大，这对弱光信号的检测特别有利。但光电池开路电压与入射光功率呈非线性关系，同时受温度影响较大，其频率特性也不理想，如果希望得到大的电压输出，则不如采用光电二极管或光电三极管等。

③ 线性电压输出

从图 15－3（b）中的第Ⅲ区域可见，这种工作状态在串联的负载电阻上能得到与输入光通量近似成正比的信号电压，且负载电阻增大有助于提高输出电压。但当负载电阻增大到一定临界值时，输出信号开始发生非线性畸变。为了确定负载电阻的临界条件，我们将式（15－2）展开成幂级数形式为

$$I=S\Phi-\frac{IR_L}{U_T}I_0\left[1+\frac{1}{2!}\left(\frac{IR_L}{U_T}\right)+\frac{1}{3!}\left(\frac{IR_L}{U_T}\right)^2+\cdots\right]$$

当$\frac{IR_L}{U_T}\ll 1$时，忽略高阶项，上式可简化为

$$I=\frac{S\Phi}{1+\frac{I_0R_L}{U_T}}$$

由于$I_0\ll I$，所以只要满足条件

$$\frac{IR_L}{U_T}\ll 1$$

就可以得到输出电流和输入光功率的线性关系

$$I=S\Phi \tag{15-8}$$

令最大线性允许光电流为I_M，相应的光通量为Φ_M，则可得到输出最大线性电压的临界负载电阻R_M为

$$R_M\ll\frac{U_T}{I_M}=\frac{26(\text{mV})}{S\Phi_M}$$

对应于$\Phi_{max}\pm\Delta\Phi$的输入光功率变化，负载上的电压信号变化为

$$\Delta U=R_M\Delta I_p=\frac{26(\text{mV})}{S\Phi_M}S\Delta\Phi=26(\text{mV})\frac{\Delta\Phi}{\Phi_{max}} \tag{15-9}$$

在线性关系要求不高的情况下，可以利用图解法简单地得到临界电阻R_M的值。如图 15－5 所示，在电压轴上作临界电压$U_M=0.7U_{oc}$的垂直线，与对应的伏安曲线相交于 M 点，这样也可以得到临界电阻的负载线。由于临界电阻R_M上的电压U_M为

$$U_M\approx R_MI_M\approx 0.7U_{oc}$$

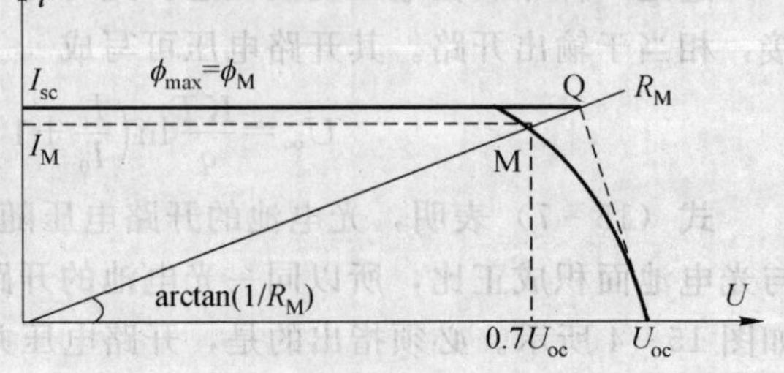

图 15－5　光电池近似线性区间的确定

所以，R_M 可近似计算为

$$R_M \leqslant \frac{0.7U_{oc}}{I_p}=\frac{0.7U_{oc}}{S\Phi_{max}} \tag{15-10}$$

式中，U_{oc}是对应 Φ_{max}时的值，倍数 0.7 是经验数据。对应的输出电压变化为

$$\Delta U=R_M\Delta I_p=\frac{0.7U_{oc}}{S\Phi_{max}}S\Delta\Phi=0.7U_{oc}\frac{\Delta\Phi}{\Phi_{max}} \tag{15-11}$$

2. 可变电阻型光电检测电路

图 15-6 给出了阻值随输入光通量改变的光敏电阻的伏安特性，它是一组以输入光功率为参量的通过原点的直线簇。由图中可以看出，在一定范围内光敏电阻的阻值不随外电压改变，仅取决于输入光通量 Φ 或光照度 E，并有

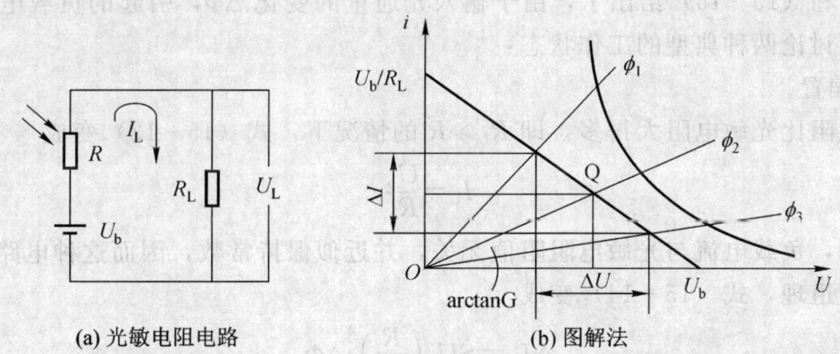

图 15-6　最简单的光敏电阻电路和电路图解法

$$R=\frac{U}{I}=\frac{1}{G}=\frac{1}{G_p+G_d}$$

式中，G 是亮电导，G_p 是光电导，G_d 是暗电导。

阻值随温度改变的热敏电阻也属于可变电阻型器件，其电阻值表达式为

$$R_T=R_0(1+\alpha T)$$

式中，R_T 为温度 T 时的电阻，R_0 为温度 $T=0$ 时的电阻，α 为电阻温度系数，T 为温度。当温度变化 ΔT 时，电阻的变化量 ΔR_T 为

$$\Delta R_T=R_0\alpha\Delta T$$

(1) 简单输入电路

图 15-6 (a) 是最简单的光敏电阻输入电路，电路的图解计算法表示在图 (b) 中。由于是线性电路，所以其图解计算比较简单，在建立负载线之后，即可确定对应于输入光通量 $\Phi_1 \sim \Phi_3$ 变化的负载电阻上的输出信号。

电路的工作状态也可以用解析法按线性电路规律计算，由图 15-6 (a) 有

$$I_L=\frac{U_b}{R+R_L} \tag{15-12}$$

$$U_L=\frac{R_L}{R+R_L}U_b \tag{15-13}$$

当输入光通量变化时，光敏电阻阻值变化 ΔR，从而引起负载电流变化 ΔI，将式 (15-12) 对 R 求微分，可得

$$\Delta I_L=\frac{-U_b}{(R+R_L)^2}\Delta R$$

由于 G_p 可以写成下列形式

$$G_p=S_gE=S\Phi$$

所以
$$\Delta R=\frac{-S\Delta\Phi}{(G_p+G_d)^2}=-R^2S\Delta\Phi$$

故
$$\Delta I_L=\frac{R^2U_bS}{(R+R_L)^2}\Delta\Phi \tag{15-14}$$

$$\Delta U_L=R_L\Delta I_L=\frac{R^2U_bS}{(R+R_L)^2}R_L\Delta\Phi \tag{15-15}$$

式（15－14）和（15－15）给出了，由于输入光通量的变化 $\Delta\Phi$，引起的负载电流和电压的变化量。下面讨论两种典型的工作状态：

① 恒流偏置

当负载电阻比光敏电阻大得多，即 $R_L\gg R$ 的情况下，式（15－12）变成

$$I_L=\frac{U_b}{R_L}$$

这时可以认为，负载电流与光敏电阻阻值无关，并近似保持常数，因而这种电路称为恒流偏置电路。同样道理，式（15－14）变成

$$\Delta I_L=SU_b\left(\frac{R}{R_L}\right)^2\Delta\Phi \tag{15-16}$$

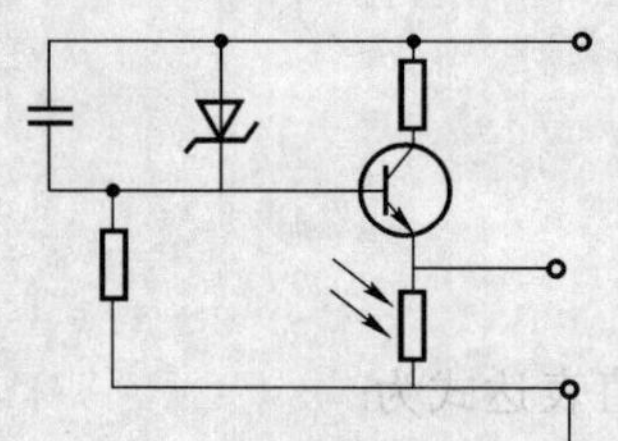
图 15－7　有源恒流偏置电路

式（15－16）表明，输出信号电流取决于光敏电阻和负载电阻的比值，与偏置电压成正比。此外，还可以证明恒流偏置的电压信噪比比较高，因此适用于高灵敏度测量，这是它的优点。但是，由于 R_L 很大，为使光敏电阻正常工作，其偏置电压则需要很高（达 100V 以上），这给使用带来不便。通常，可用晶体管来实现恒流偏置，如图 15－7 所示。它利用晶体管在线性工作区时集—射极等效交流电阻很大，近似于恒流特性来实现偏置。显然，由于在电路中引入了晶体管及电阻等，将给检测电路引入额外的噪声。

② 恒压偏置

当负载电阻比光敏电阻小得多，即 $R_L\ll R$，则加在光敏电阻上的电压近似为电源电压 U_b，与 R 无关。这种偏置称为恒压偏置。对于响应度要求不是太高，而探测器本身噪声又比较大时，一般都采用这种恒压偏置电路。这时，负载 R_L 上的信号电压由式（15－15）变成

$$\Delta U=SU_bR_L\cdot\Delta\Phi \tag{15-17}$$

式（15－17）表明，恒压偏置的输出信号与光敏电阻的阻值无关，仅取决于 $S\Delta\Phi$ 即光电导的相对变化。这样，检测电路在更换光敏电阻时，对电路初始状态就影响不大。这就是这种恒压偏置电路的优点。

（2）电桥输入电路

为避免可变电阻型器件受环境温度的影响，通常采用如图 15－8 所示的电桥电路。以热敏电阻为例，选择性能相同的两个热敏电阻 R_{T_1} 和 R_{T_2} 作电桥测量臂的电阻；普通电阻作为

补偿臂电阻，外加电源电压为 U_b。在无外来辐射照射时，调节补偿电阻 R_2，可使电桥平衡。此时

$$R_{T_1}R_2 = R_{T_2}R_1$$

电桥输出信号为 $U_0 = 0$。当有辐射作用于热敏电阻 R_{T_1} 上时，温升 ΔT 引起电阻的改变为

$$R_{T_1} = R_{01} + \Delta R$$

式中，R_{01} 为热敏电阻 R_{T_1} 的暗电阻。此时电桥平衡破坏，开路电压 U_0 为

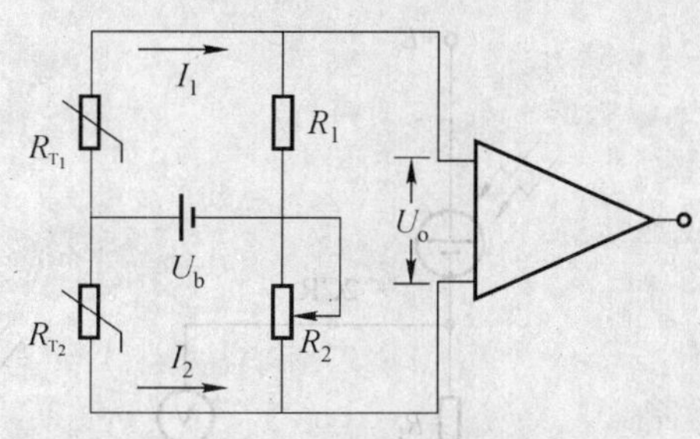

图 15-8　热敏电阻电桥电路

$$U_0 = \frac{U_b(R_{01} + \Delta R)}{R_{01} + R_1 + \Delta R} - \frac{U_b R_{T_2}}{R_{T_2} + R_2} = \frac{U_b R_2 \Delta R}{(R_{01} + R_1 + \Delta R)(R_{T_2} + R_2)}$$

在弱辐射作用下，有 $\Delta R \ll R_{01} + R_1$，取 $R_1 = R_2 = R$ 和 $R_{01} = R_{02} = R_0$，其中 R_{02} 是 R_{T_2} 的暗电阻。则上式可变为

$$U_0 = \frac{U_b R}{(R_0 + R)^2}\Delta R \tag{15-18}$$

由式（15-18）可见，输出电压 U_0 与热敏电阻变化量 ΔR 成正比例，并与负载电阻 R 有关。令

$$\frac{dU_0}{dR} = 0$$

则可计算出，当 $R = R_0$ 时，U_0 取最大值为

$$U_{0max} = \frac{U_b}{4} \cdot \frac{\Delta R}{R} \tag{15-19}$$

15.5　实验步骤

1. 硅光电池变换电路实验

（1）自偏置变换电路

自偏置变换电路中的特殊形式为开路状态。

① 按图 15-1（a）所示的线路连线，但负载电阻很大（这是一种非线性电压变换状态，即空载电压输出状态。此时，光电池相当于通过高输入阻抗变换器与后续放大电路连接，即相当于输出开路）。在光电池两端连接电压表或万用表；

② 打开白炽钨丝灯光源，使其均匀照射到光电池光敏面上；

③ 用照度计量测光电池光敏面上的照度，用密度片改变其入射光照度，从小到大顺次读出入射照度与电压数据，测出开路电压 V_{oc} 与入射光强之间的变化关系；

④ 画出开路电压 V_{oc} 随入射光照度的变化曲线。

（2）反向偏置电路

① 将硅光电池与电压表接入图 15-9 所示的电路中；

② 打开电源与光源，用密度片改变其入射光照度，测量硅光电池光敏面在不同照度下的输出电压 U_o 值；

③ 画出电压 U_o 随入射光照度变化的曲线。

（3）零伏偏置电路

测试电路如图 15-10 所示。

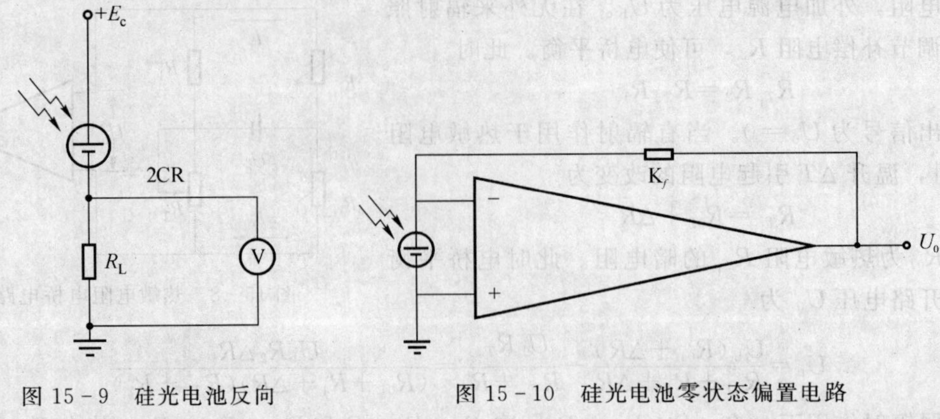

图 15-9 硅光电池反向偏置电路

图 15-10 硅光电池零状态偏置电路

同上述方法一样，也要求测出输出电压与入射光照度的关系曲线。

2. 可变电阻型变换电路

（1）恒流偏置电路实验

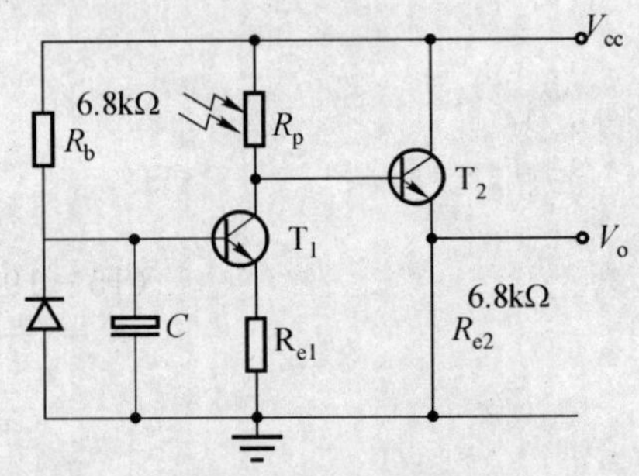

图 15-11 光敏电阻恒流偏置电路

① 将光敏电阻接到如图 15-11 所示的恒流偏置电路中，检查线路连接无误后打开电源；

② 打开光源，用密度片改变照射到光敏面上的照度，记录不同照度下的输出电压值；

③ 作出电压与照度间关系曲线，并根据测出的 ΔU，计算出变换电路的电压灵敏度。

（2）恒压偏置电路实验

由实验原理中可知，当 $R_L \ll R$ 时，可变电阻型变换电路即为恒压偏置电路，因而可直接采用图 15-6（a）简单电路。

① 串入电流表，并在 R_L 两端并联监测电压表；

② 打开光源，用密度片改变照射到光敏面上的照度，记录不同照度下的输出电流与电压值，看电压有否变化；

③ 作出电流与照度间关系曲线，并根据测出的 ΔI，计算出变换电路的电流灵敏度。

15.6 实验报告

（1）按第一部分对实验报告的要求写出实验报告。

（2）画出光电池自偏置状态开路电压 U_{oc} 随入射光照度的变化曲线。

（3）画出光电池反偏置状态电压 U_o 随入射光照度变化的曲线。

（4）画出光电池零偏置状态输出电压与入射光照度的关系曲线。

（5）作出电压与照度间关系曲线，并根据测出的 ΔU，计算出变换电路的电压灵敏度。

（6）作出电流与照度间关系曲线，并根据测出的 ΔI，计算出变换电路的电流灵敏度。

15.7 思考题

（1）试比较硅光电池三种变换电路？各有何特点？

（2）可变电阻型简单输入电路两种典型工作状态各有何特点？

（3）你能否用光敏电阻组成恒照度控制电路？试说明之？

实验16　低噪声前置放大器的装调与测试

16.1　实验目的

（1）通过实验了解放大器的内部噪声和放大器外界干扰对信号放大的影响；

（2）了解组装简单低噪声放大器的原则。

16.2　实验内容

（1）用低噪声集成运算放大器LF353装调一个光电二极管用的低噪声前置放大器；

（2）测试低噪声前置放大器的性能指标，求其噪声系数，并与器件给定参数值作比较。

16.3　实验设备及器材

（1）正弦波信号发生器　　1台

（2）示波器　　1台

（3）直流稳压电源　　1台

（4）毫伏表　　1台

（5）万用表　　1只

（6）LF353集成运算放大器　　1只

（7）实验电路中所需的阻容等元件若干只。

16.4　实验基本原理

由教材中知，与光电探测器连接的第一级放大器称为前置放大器。这种放大器，一般采用低噪声放大器，它比一般放大器有低得多的噪声系数。在光电系统中，这一级放大器噪声性能的优劣，通常会影响到整个系统的品质。因此，虽然不同系统对放大器的质量指标会各不相同，但必须优先考虑对前置放大器进行低噪声设计。一般，从低噪声要求出发，主要应考虑如下几点：

1. 应选择内部噪声低，信号源电阻合适的管子

前置放大器可由晶体管、结型场效应管、绝缘栅场效应管和集成电路组成。晶体管适合于信号源电阻在几十欧姆至一兆欧姆范围内；结型场效应管适合于较高的源电阻；绝缘栅场效应管可工作于更高的信号源电阻情况，但因其 $1/f$ 噪声较大，所以用得较少，只有在高阻状态才用。这些管子的工作范围，由图16-1表示。

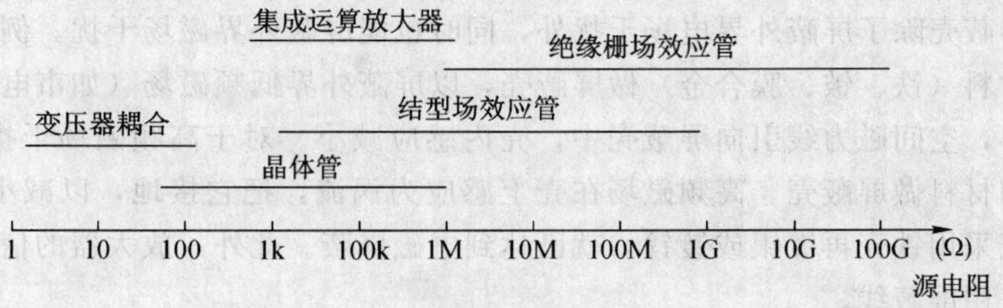

图16-1　前置放大器适用的器件

2. 应选择优质电阻、电容

组装低噪声放大器除了要求放大管自身噪声低以外，还需要电容、电阻的噪声也很低，因电阻自身都存在固有的热噪声，热噪声电压的均方值为

$$\overline{U_n^2}=4kTR\Delta f \tag{16-1}$$

式中，k 为波耳兹曼常数（1.38×10^{-23}J/K）；R 为电阻阻值；T 为电阻的热力学温度；Δf 为测量系统的通频带宽度。除此以外，电阻还产生与电阻品质有关的电流噪声（也称过剩噪声）。电流噪声的均方电压为

$$\overline{U_{nf}^2(f)}=\frac{Ki_{dc}^2R^2}{f}\Delta f \tag{16-2}$$

K 是与材料工艺有关的常数；i_{dc}是流过电阻的直流电流；f 是频率；R 是电阻阻值。这种噪声有与频率成反比，与所加直流电流 i_{dc} 的平方成正比的特性。这种噪声的大小与产生过程有密切关系。通常，合成碳质电阻噪声最大，金属膜电阻噪声比较小，精密金属膜电阻噪声更小，线绕电阻噪声最小（但体积较大），所以最常用的是金属膜电阻。

3. 采用良好的电磁屏蔽措施

因为前置放大器输入信号很弱，外界干扰相对来说显得很强，它们可通过分布电容或磁场耦合把干扰引入放大器，如图 16-2 所示。

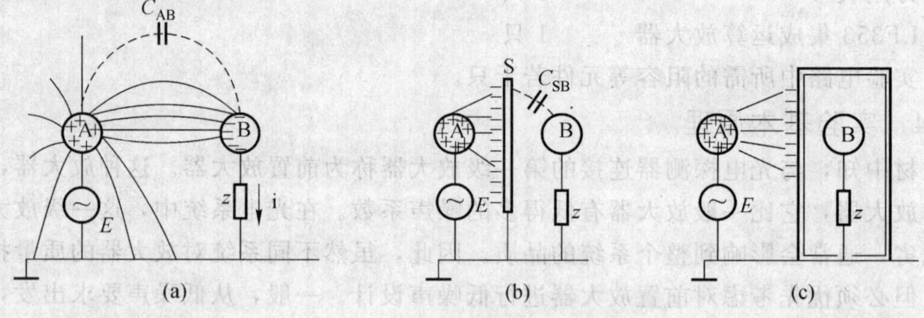

图 16-2　放大器电磁屏蔽

因为平行导线就可构成电容，若外电路的导线 A 中有交变电流流过时，就可通过线间形成的分布电容 C_{AB}耦合到放大器的导线 B 上去，产生干扰电压，如图 16-2（a）所示。如果导线 A 和 B之间有金属板隔开，则感应电荷主要在金属板上，金属板可靠接地，电荷由地与导线 A 中和，导线 B 就得到了屏蔽，如图 16-2（b）所示。因此，用金属壳把放大器包围起来，并使用金属壳接地，就能很好地屏蔽外界电场干扰，如图 16-2（c）所示。

一般，屏蔽壳除了屏蔽外界电场干扰外，同时也能屏蔽外界磁场干扰。例如，通常用导磁率较高的材料（铁、铍、膜合金）做屏蔽壳，以屏蔽外界低频磁场（如市电 50Hz）干扰。屏蔽壳磁阻小，空间磁力线引向屏蔽壳中，壳内感应减小。对于高频磁场干扰，通常用铜、铝导电率高的材料做屏蔽壳。高频磁场在壳上感应为涡流，把它接地，以减小对电路影响。通常，屏蔽壳采用铁壳再镀银或镀锌，就已达到电磁屏蔽。此外，放大器的信号输入线应尽可能短，且采用屏蔽线。

4. 根据 E_n、I_n 与 NF 选用低噪声运算放大器

采用晶体管或结型场效应管组成的低噪声集成运算放大器，其体积小、使用方便。在噪

声要求不很高的情况下，用它组装的前置放大器是方便易得的。所以，本实验就采用低噪声集成运算放大器组装前置放大器，来进行实验。

由教材可知，放大器的噪声模型，是由无噪声的理想放大器输入端等效噪声电压源 E_n 和等效噪声电流源 I_n 组成。而信号源是由信号源电阻 R_s、信号电压 U_s 和噪声均方根电压 $\sqrt{\overline{U_n^2}}$ 组成，如图 16－3 所示。

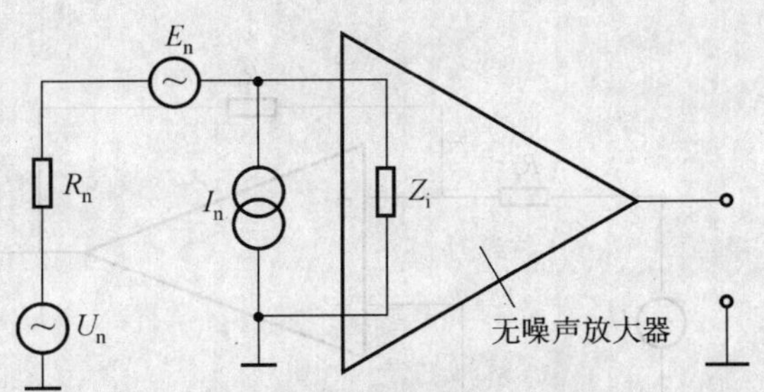

图 16－3　放大器等效噪声模型

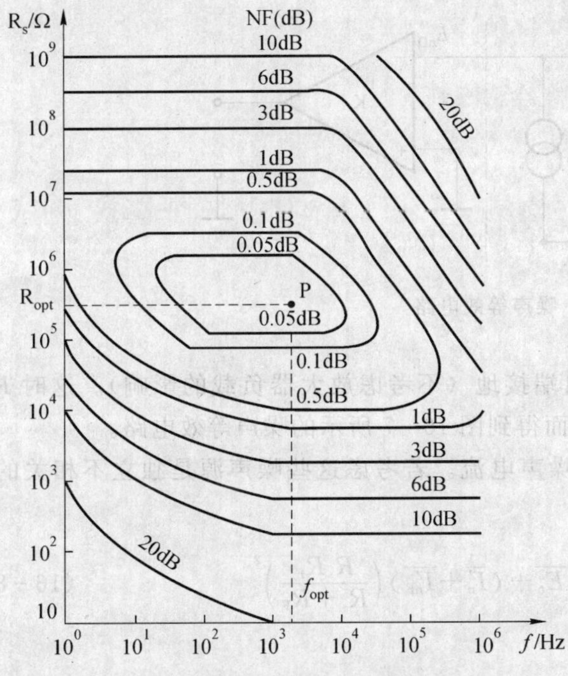

图 16－4　“5006”运算放大器噪声系数等值图

通常，低噪声集成运算放大器都会给出 E_n 和 I_n 值。由此可得最佳源电阻

$$R_{sop}=\frac{E_n}{I_n} \qquad (16-3)$$

也可以得到等效输入噪声电压

$$E_{nI}^2=\overline{U_n^2}+\overline{E_n^2}+\overline{I_n^2}R_s^2 \qquad (16-4)$$

并得到最小噪声系数

$$F_{min}=1+\frac{\overline{E_n^2}+\overline{I_n^2}R_s^2}{4kTR_{sop}\Delta f} \qquad (16-5)$$

但是，一般 E_n 和 I_n 都给出 1Hz 带宽中的值，所以最小噪声系数也定义在 1Hz 带宽中，

即
$$F_{min}=1+\frac{\overline{e_n^2}+\overline{i_n^2}R_s^2}{4kTR_{sop}} \qquad (16-6)$$

取对数值（dB）得

$$NF=10\log F \qquad (16-7)$$

值得指出的是，有的集成运算放大器给出 E_n，I_n 值，但有的给出的是 NF 值。

例如，“LF353”即为结型场效应管组成的低噪声集成运算放大器，其 $e_n=16\text{nV}/\sqrt{\text{Hz}}$，$i_n=0.01\text{pA}/\sqrt{\text{Hz}}$。

又如，“5006”是晶体管组成的集成运算放大器，其噪声系数等值图，如图16－4 所示。

如果工作频率在 100～30kHz 范围，信号源电阻 R_s 在 100kΩ～1MΩ 之间，噪声系数可低至 0.05dB。如果源电阻在一定范围内偏离最佳值，引起噪声系数的增大也不多。

一般，最佳源电阻愈低的低噪声集成运算放大器，当源电阻偏离最佳值时，噪声系数增大也缓慢。但这种器件相对来说，价格也较高。

本实验采用“LF353”，并建立一个简单的反相放大器，如图 16－5 所示。这种简单的反相放大器，等效于光电二极管放大电路，如图 16－6 所示。

在图 16－5 中，其 R_s 就是图 16－6 中的 R_L，也就是放大器的源电阻 R_s。

在图 16－5 电路中，放大器输出噪声除了集成电路噪声外，还有 R_F 电阻噪声，它的影响可以由图 16－7 得出。可考虑为反馈本身不引入噪声，而反馈电阻 R_F 自身有热噪声引入。

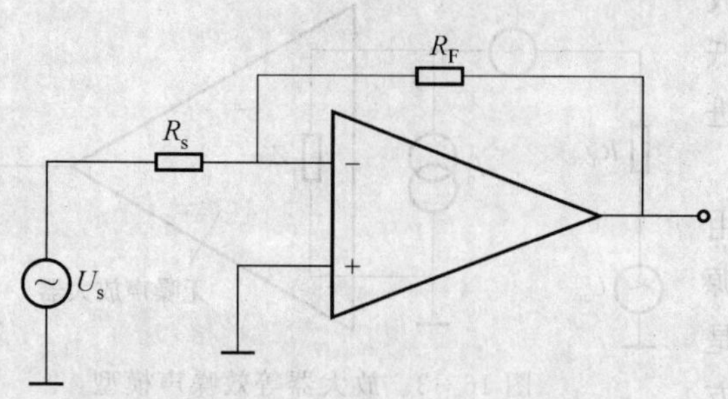

图 16－5　简单放大器

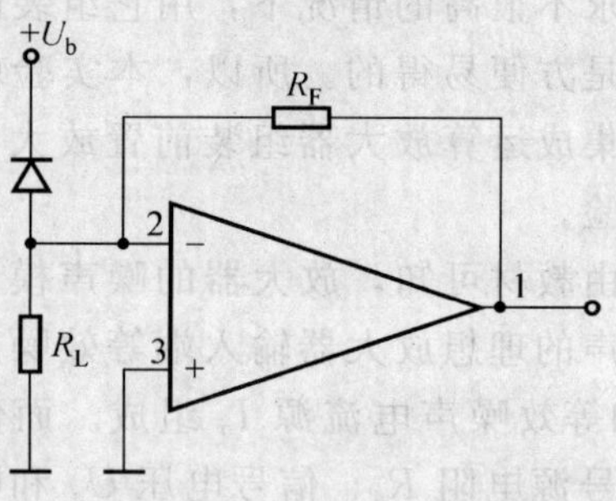

图 16－6　光电二极管放大器

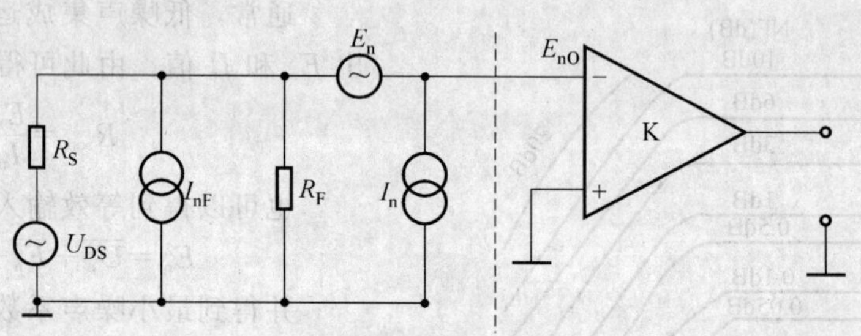

图 16－7　噪声等效电路

它的影响可近似这样考虑，即把放大器输出端接地（不考虑放大器负载的影响）。这时 R_F 的噪声电流将直接引入放大器的输入端，从而得到图 16－7 所示的噪声等效电路。

在图 16－7 中，I_{nF} 为 R_f 电阻产生的热噪声电流。若考虑这些噪声源是独立不相关的，在放大器输出端的等效输出噪声为

$$\overline{E_{no}^2}=U_{ns}^2\left(\frac{R_F}{R_s+R_F}\right)^2+\overline{E_n^2}+(\overline{I_n^2}+\overline{I_{nF}^2})\left(\frac{R_sR_F}{R_s+R_F}\right)^2 \tag{16-8}$$

从信号源到放大器输入端的传递系数为

$$r_t=\frac{R_F}{R_s+R_F} \tag{16-9}$$

于是，放大器的等效输入噪声为

$$\overline{E_n^2}=\frac{\overline{E_{n0}^2}}{r_t^2}=\overline{V_{ns}^2}+\left(\frac{R_s+R_F}{R_F}\right)^2\overline{E_n^2}+(\overline{I_n^2}+\overline{I_{nF}^2})R_s^2 \tag{16-10}$$

由此可以看出，R_F 电阻阻值愈大，式（16－10）愈接近式（16－4）。

LF353 的开环频率特性如图 16－8 所示。当闭环增益取图示虚线，则其放大器带宽的 f_h 如虚线所示。

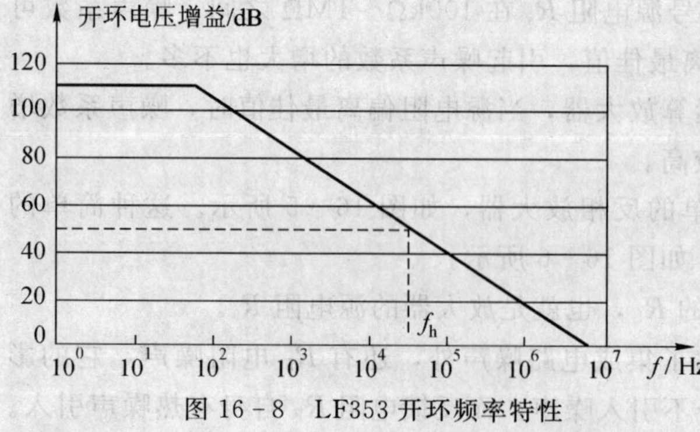

图 16－8　LF353 开环频率特性

16.5　实验步骤

1. 按附录 LF353 管脚图，接通如图 16－9 所示电路

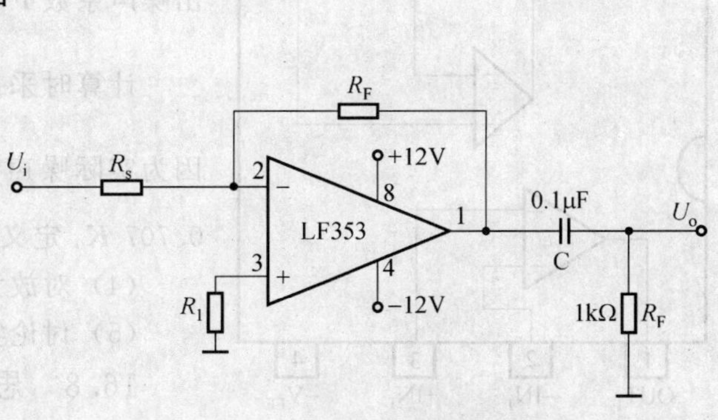

图 16－9　实验电路

在图 16－9 中，放大器输出端接高通滤波器，其中 $R_L=1k\Omega$，$C=0.1\mu F$，其目的是为了在测量中除去电路中的 $1/f$ 噪声。

为测试方便，在电路中选取的 R_s，R_F 值，应保证放大倍数 $K\geqslant 100$。并且，R_s 值必须在 1kΩ 以上，最好使 R_s 值接近最佳源电阻。

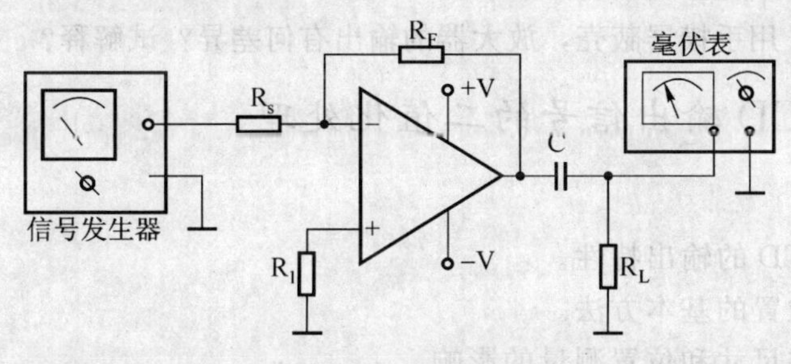

图 16－10　测量原理图

2. 测量放大器的频率特性

同测量光电探测器件频率特性的方法一样，用正弦信号发生器测量所装放大器的频率特性。其具体方法是，把信号发生器输出与图 16－10 中 R_s 的一端连接。改变输入信号频率，在放大器输出端用毫伏表测量其电压，作下记录。输入信号电压范围在 10mV～100mV 之间选取。Δf 范围如图 16－11 所示，即可求出放大倍数 K_0 和带宽 Δf。

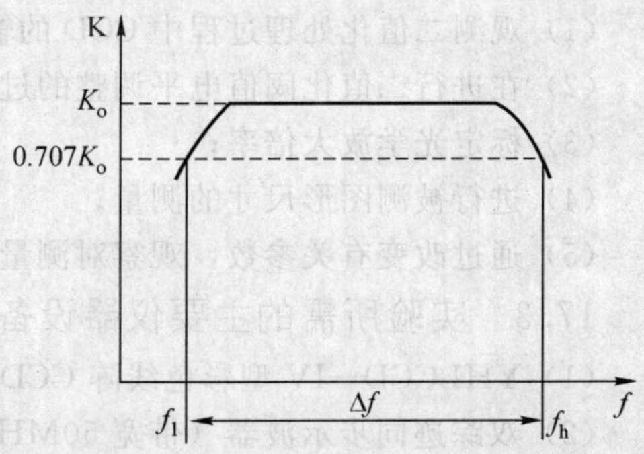

图 16－11　放大器通频带宽度 Δf

3. 测量放大器输出噪声 E_{ni}

测量放大器输出噪声 E_{ni} 的步骤是：

(1) 断开信号发生器与 R_s 电阻的连接，把 R_s 一端接地，用示波器观察放大器输出波形。

(2) 把所装调好的放大器装入屏蔽壳内，观察放大器在屏蔽壳不接地和可靠接地时的输出波形。屏蔽壳可靠接地后，用毫伏表测出放大器输出噪声电压有效值 E_{n0}，并作下记录（在记录时，要注意判断所看到的波形是否是噪声）。

16.6　附录

LF353 管脚，如图 16－12 所示。

16.7　实验报告

(1) 按第一部分对实验报告的要求写出实验报告。

(2) 用给定参数 $e_n=16nV\cdot Hz^{-\frac{1}{2}}$，$i_n=0.01pA\cdot Hz^{-\frac{1}{2}}$，算出等效输入噪声电压 E_{ni}、噪声系数 F 和最佳源电阻 R_{opt}。

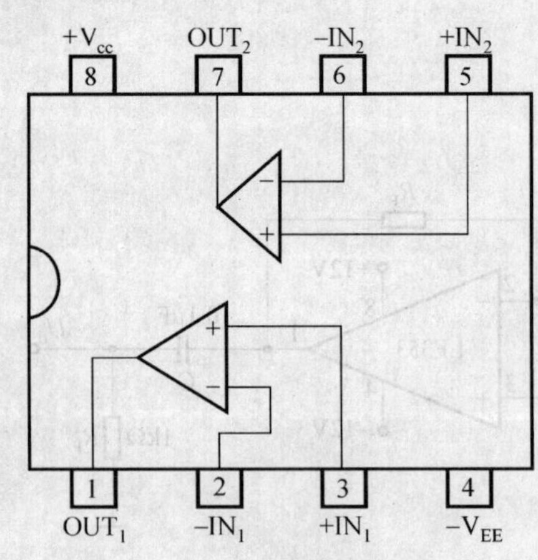

图 16-12 LF353 管脚图

(3) 用所测输出噪声电压 E_{n0}、放大倍数 K_0，求出噪声系数 F（$F=\frac{E_{ni}}{U_n}$，U_n 用源电阻热噪声计算值）。

计算时采用带宽 $\Delta f_n=\frac{\pi}{2}\Delta f$。$\Delta f$ 为所测带宽，因为实际噪声带宽 $\Delta f_n=\frac{1}{K_0^2}\int_0^\infty K(f)^2\mathrm{d}f$。所以，用 0.707 K_0 定义的带宽，要乘以修正系数 $\pi/2$。

(4) 对放大器加屏蔽壳前后的现象作出解释。

(5) 讨论实验现象与所得结果。

16.8 思考题

(1) 放大器的噪声系数通常是大于 1，还是小于 1，数值大说明什么问题？

(2) 当屏蔽壳可靠接地或不接地时，用手摸屏蔽壳，放大器的输出有何差异？试解释？

实验 17 线阵 CCD 输出信号的二值化处理

17.1 实验目的

(1) 通过本实验进一步掌握线阵 CCD 的输出特性。

(2) 用线阵 CCD 测量物体尺寸和位置的基本方法。

(3) 掌握线阵 CCD 积分时间对物体尺寸和位置测量的影响。

17.2 实验内容

(1) 观测二值化处理过程中 CCD 的输出信号；

(2) 在进行二值化阈值电平调整的过程中，观察阈值电平调整的调整过程；

(3) 标定光学放大倍率；

(4) 进行被测图形尺寸的测量；

(5) 通过改变有关参数，观察对测量值的影响，分析影响物体尺寸测量的因素。

17.3 实验所需的主要仪器设备

(1) YHLCCD—IV 型彩色线阵 CCD 多功能实验仪一台。

(2) 双踪迹同步示波器（带宽 50MHz 以上）一台。

17.4 实验基本原理

在不要求图像灰度的系统中，为提高处理速度和降低成本，尽可能使用二值化图像。实际上，许多检测对像在本质上也表现为二值情况，如图纸、文字的输入，尺寸、位置的检测等。在输入这些信息时，采用二值化处理是很恰当的。这里的二值化处理，是把图像和背景作为分离的二值图像对待。例如，光学系统把被测对像成像在 CCD 光敏元件上，由于被测物与背景在光强上强烈变化，反映在 CCD 视频信号中所对应的图像尺寸边界处会有明显的急剧的电平变化。通过二值化处理会把 CCD 视频信号中图像尺寸部分与背景部分分离成二值电平。

实现 CCD 视频信号二值化处理的方法很多，可以用电压比较器进行固定阈值或浮动阈值的处理方法，也可以采用微分法等进行二值化处理。

1. 用微分法实现二值化处理

微分法实现视频图像二值化的电路原理如图 17－1 所示，该电路的工作波形如图 17－2 所示。由图 17－1 可见，CCD 视频输出的脉冲调制信号，经过低通滤波后变成连续信号，该连续视频信号通过微分Ⅰ电路输出的是视频信号的变化率，其信号电压的最大值对应视频信号边界过渡区变化率最大点 A 及 A′（见图 17－2）。微分Ⅰ电路对应视频信号的上升边与下降边输出了两个极性相反的信号，经过绝对值电路将微分Ⅰ电路输出的信号都转变为同极性——绝对值。信号的最大值对应边界特征点。当信号通过微分Ⅱ电路后，又获得对应绝对值最大值处的过零信号，再经过过零触发电路后，就输出了两个过零脉冲信号，这两个过零脉冲就是视频信号起初边界的特征信息。计算这两个脉冲的间隔，即可获得图像的二值化宽度（如图 17－2 所示）。

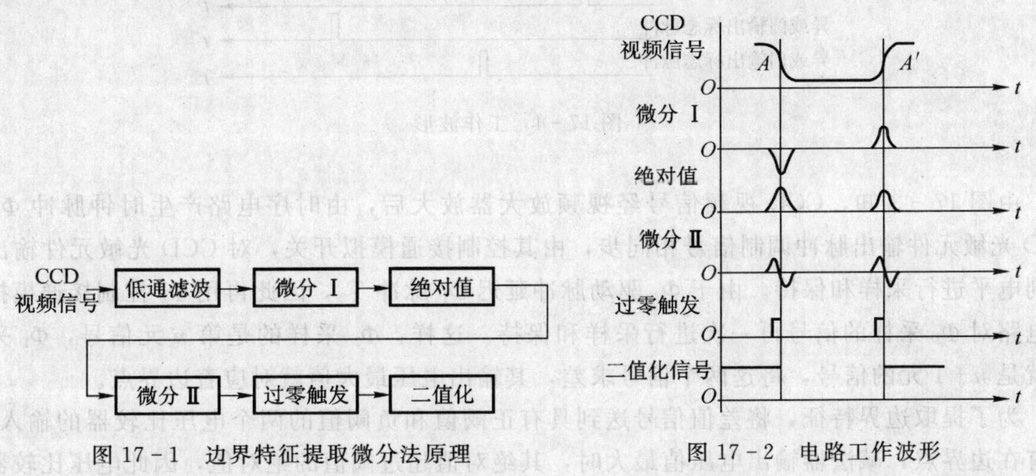

图 17－1　边界特征提取微分法原理　　图 17－2　电路工作波形

2. 用比较法实现二值化处理

用比较法提取边界特征实现二值化的硬件电路原理，如图 17－3 所示。该电路的工作波形如图 17－4 所示。

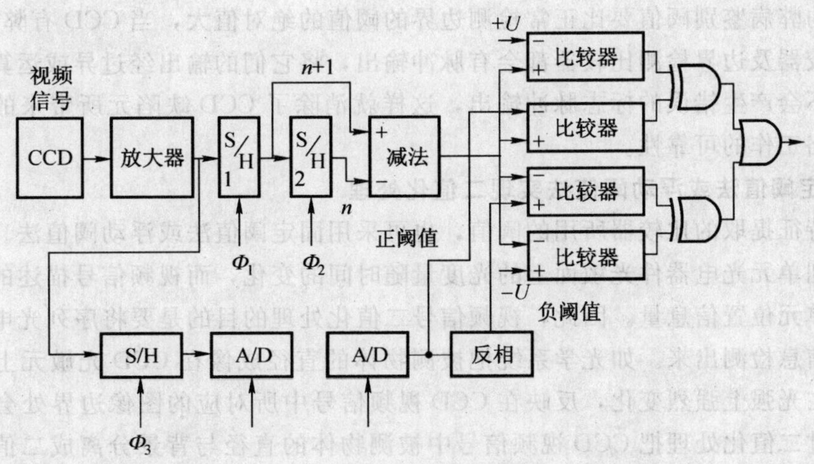

图 17－3　比较法提取边界特征

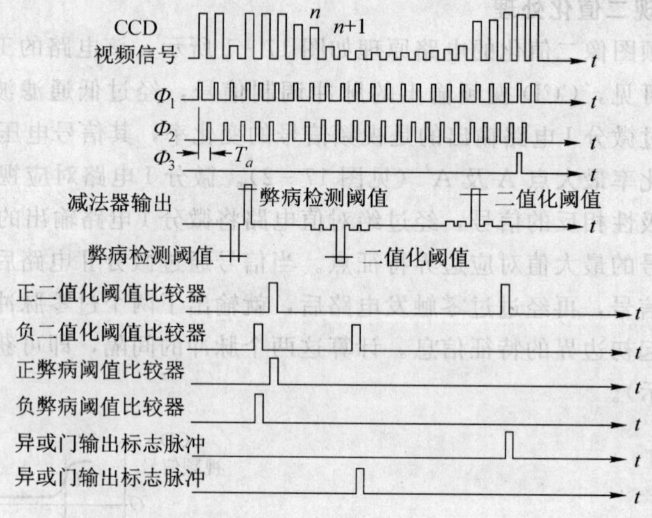

图 17-4　工作波形

由图 17-3 知，CCD 视频信号经视频放大器放大后，由时序电路产生时钟脉冲 Φ_1 与 CCD 光敏元件输出脉冲调制信号相同步，由其控制接通模拟开关，对 CCD 光敏元件输出的序列电平进行采样和保持。由于 Φ_2 驱动脉冲延迟 Φ_1 脉冲 T_2，因此再用 Φ_2 控制接通模拟开关电路对 Φ_1 采样的信号再一次进行采样和保持。这样，Φ_2 采样的是第 n 元信号，Φ_1 采样的就是 $n+1$ 元的信号，将这两个信号求差，其输出电压最大值就对应着边界点。

为了提取边界特征，将差值信号送到具有正阈值和负阈值的两个电压比较器的输入端，只有在边界点，减法器输出电压值最大时，其绝对值超过阈值的绝对值，因此电压比较器输出正脉冲信号。负阈值比较器的输出脉冲对应边界的上升沿，正阈值比较器的输出脉冲对应边界的下降沿。这两个脉冲信号就是边界特征标志，用该标志脉冲间隔形成一个脉冲宽度相当的信号，就是所求的 CCD 视频信号转换的二值化信号。

为了排除 CCD 缺陷元所带来的干扰，又采用了二个电压比较器作为 CCD 弊病元鉴别器，所使用的弊病鉴别阈值要比正常检测边界的阈值的绝对值大，当 CCD 有弊病元出现时，弊病鉴别比较器及边界检测比较器都会有脉冲输出，将它们的输出经过异或运算，在异或门的输出端，不会产生错误的标志脉冲输出，这样就消除了 CCD 缺陷元所带来的影响，保证了二值化电路工作的可靠性。

3. 用固定阈值法或浮动阈值法实现二值化处理

对边界特征提取的比较器所用的阈值，也可采用固定阈值法或浮动阈值法。教材中所描述的是入射到单元光电器件光敏面上的光度量随时间的变化，而视频信号描述的是序列光电信号的阵列单元位置信息量。因此，视频信号二值化处理的目的是要将序列光电信号的位置信息或边界信息检测出来。如光学系统把被测物体的直径成像在 CCD 光敏元上，由于被测物体与背景在光强上强烈变化，反映在 CCD 视频信号中所对应的图像边界处会有急剧的电平变化，通过二值化处理把 CCD 视频信号中被测物体的直径与背景分离成二值电平，其输出就是二值化方波信号。固定阈值法通常要用恒流源作照明光源，并采用石英晶体振荡器构成 CCD 驱动器，以便使转移脉冲的周期稳定。

为了使电路工作更精确，常采用浮动阈值法。这里的阈值电压不像单元光电信号那样随光源的强弱而浮动，而是随 CCD 输出信号的电压值浮动。一般，用同一周期输出信号的初始值，经采样保持电路后作为阈值进行二值化。也可通过计算机对照明系统光强进行实时采样，处理后再经过 D/A 转换成模拟信号作为比较器阈值的参考源，以消除照明光源波动的影响。比较器所取的阈值对于不同的被测物体是有差别的，要根据实际被测特性通过实验的方法求得所要的阈值。

实际上，只要想办法找到 CCD 视频信号中被测物体像的边界特征，再进行二值化，是更为理想的二值化处理方法。

4. 二值化处理用于物体尺寸测量的基本工作原理

由于线阵 CCD 的输出信号包含了 CCD 各个像元所接收光强度的分布和像元位置的信息，因而使它在物体尺寸和位置检测中显示出十分重要的应用价值。

CCD 输出信号的二值化处理常用于物体外形尺寸、物体位置、物体震动（振动）等的测量。测量物体外形尺寸（例如棒材的直径 D）的原理，如图 17－5 所示。将被测物体 A 置于成像物镜的物方视场中，将线阵 CCD 像敏面恰好安装在成像物镜的最佳像面位置上。

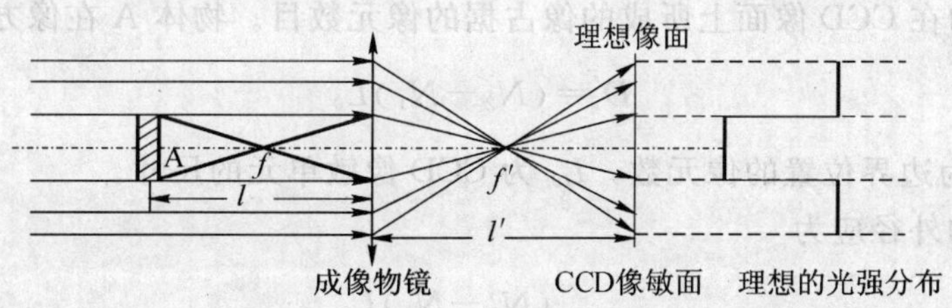

图 17－5　物体尺寸测量系统的光学系统

当被均匀照明的被测物体 A 通过成像物镜成像到 CCD 的像敏面上时，被测物体像黑白分明的光强分布使得相应像敏单元上存储载荷了被测物尺寸信息的电荷包，通过 CCD 及其驱动器将载有尺寸信息的电荷包转换为如图 17－5 右侧所示的时序电压信号（输出波形）。根据输出波形，可以得到物体 A 在像方的尺寸 D'，设光学放大倍率为 β，则可以用下面公式计算出物体 A 的实际尺寸 D 为

$$D=D'/\beta \tag{17-1}$$

显然，只要求出 D'，就不难测出物体 A 的实际尺寸 D。

线阵 CCD 的输出信号 U_o 随光强的变化关系为线形的，因此，可用 U_o 模拟光强分布。采用二值化处理方法将物体边界信息检测出来，是一种简单便捷的方法。有了物体边界信息便可以进行上述测量工作。

5. 从二值化处理波形求物体外径

图 17－6 所示为典型 CCD 输出信号与二值化处理的时序图。图中 FC 信号为行同步脉冲，FC 的上升沿对应于 CCD 的第一个有效像元输出信号，其下降沿为整个输出周期的结束。U_G 为绿色组分光的输出信号，它为经过反相放大后的输出电压信号。为了提取图 17－6 所示 U_G 的信号所表征的边缘信息，可采用固定阈值二值化处理电路，如图 17－7 所示。该电路中，电压比较器 LM393 的正相输入端接 CCD 输出信号 U_G，而反相器的输入端

通过电位器接到可调电平（阈值电平）上，该电位器可以调整二值化的阈值电平，构成固定阈值二值化电路。经固定阈值二值化电路输出的信号波形定义为TH。

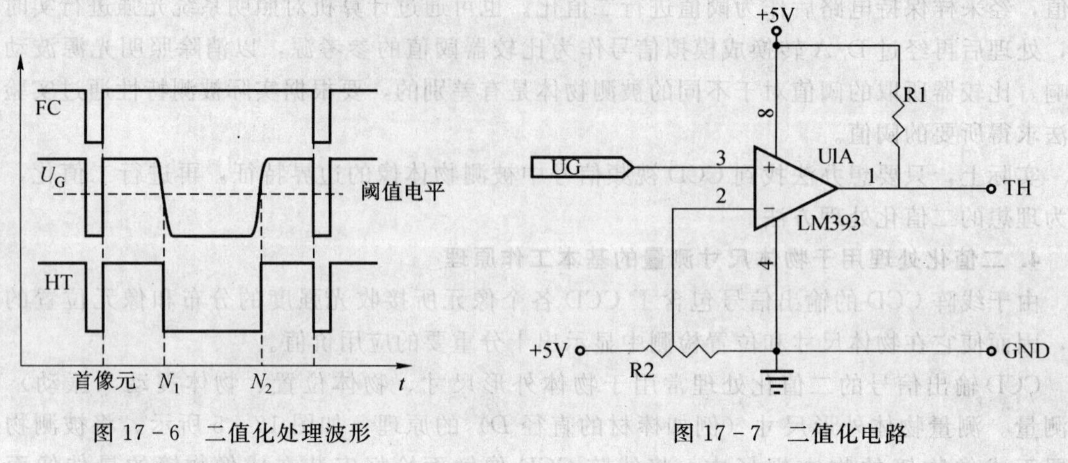

图 17-6　二值化处理波形　　　图 17-7　二值化电路

下面再进一步进行逻辑处理，便可以提取出物体边缘的位置信息 N_1 和 N_2。N_1 与 N_2 的差值即为被测物在CCD像面上所成的像占据的像元数目。物体A在像方的尺寸为

$$D' = (N_2 - N_1)L_0 \tag{17-2}$$

式中，N_1 与 N_2 为边界位置的像元数，L_0 为CCD像敏单元的尺寸。

因此，物体的外径应为

$$D = \frac{(N_2 - N_1)L_0}{\beta} \tag{17-3}$$

6. 硬件二值化处理电路原理

硬件二值化处理原理图，如图17-8所示，若与门的输入脉冲 CR_t 为CCD驱动器输出的采样脉冲SP，则计数器所计的数为（N_2-N_1），锁存器锁存的数为（N_2-N_1），将其差值送入（N_2-N_1）LED数码显示器，则显示出（N_2-N_1）值。

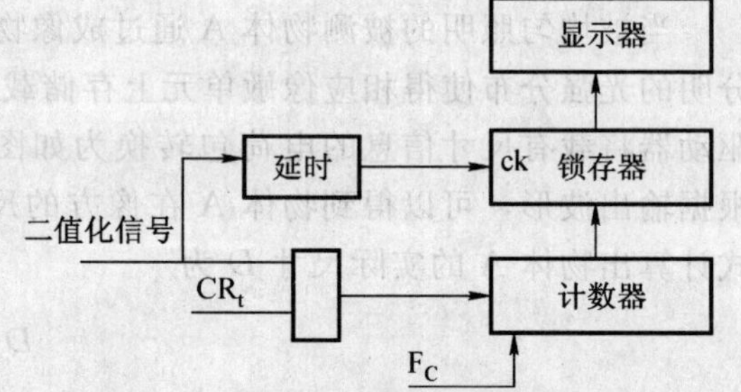

图 17-8　硬件二值化采集原理框图

同样，该系统适用于检测物体的位置和它的运动参数，设图17-5中物体A在物面沿着光轴做垂直方向运动，根据光强分布的变化，同样可以计算出物体A的中心位置和它的运动速度、震动（振动）等。

17.5　实验步骤

1. 实验准备的步骤

（1）首先将示波器地线与实验仪上的地线连接良好，并确认示波器的电源和多功能实验仪的电源插头均插入交流220V插座上。

（2）打开仪器顶部盖板，将实验用测量样片B插入测量片夹夹具中，盖上仪器上盖板。

（3）打开示波器，将CH1探头接到FC脉冲测试端，仔细调节使之同步稳定，使示波

器显示至少 2 个 FC 脉冲周期。

（4）确认 YHLCCD—IV 实验仪的二值化开关处于弹出状态，测量 F1，F2，FC，RS，SP，CP 各路驱动脉冲信号的波形是否正确。如果与附录中附图 3 所示的波形基本相符，则继续进行下面实验；否则，应请指导教师检查。

2. 光学成像系统放大倍率 β 标定的步骤

（1）用示波器 CH2 探头接 U_G 信号输出端。调节镜头的光圈，观测输出信号波形的变化，使其处于便于观测的幅度（最高可以接近饱和，但绝不能饱和）。

（2）用 CH2 探头测量 TO 端子的电平（称阈值电平），调节实验仪上的阈值电平调节按钮（加、减按钮），使其阈值接近 2V（数字显示窗显示 2.000）。

（3）再将 CH1 探头接到 U_G 信号输出端，用 U_G 信号同步。CH2 探头接到 BO 端子（二值化输出 TTL 信号）上，调节阈值调节按钮，进行阈值的增减，观察 BO 的变化情况和与 U_G 信号的关系（在光学系统成像清晰情况下的变化并不明显）。最后再将阈值电平恢复为 2V。

（4）按下二值化测量按钮，此时仪器面板上显示窗将显示二值化尺寸测量的实际测量值[二值化脉冲内的像元数值，即（N_2-N_1）值]，数字的闪烁表示每行测量结果的变化，若数字闪烁的幅度太大，反映测量的光学系统没有调整好。应当退出二值化测量状态，重新调整镜头光圈、积分时间、驱动频率和二值化阈值电平，直到得到较为稳定的显示结果。连续记录 7 组数据，填入表 17－1，代入计算公式（17－3），便可计算出系统的光学放大倍率 β 的平均值，完成光学放大倍率的标定工作。

表 17－1　光学放大倍率 β 的测量

二值化测量值（N_2-N_1）（阈值 2V）	物方尺寸/mm	像方计算尺寸/mm	光学放大倍率 β

以上 7 次计算的平均光学放大倍率 $\bar{\beta}=\dfrac{\sum_{i=1}^{7}(N_{i2}-N_{i1})}{7D}$

3. 二值化测量的步骤

（1）保持上述设置不变，打开实验仪顶部盖板，取出测量片夹 B，插入测量片夹 C，盖上盖板。连续记下 10 组数据，填入表 17－2，计算出被测条纹的实际尺寸。

（2）阈值电平调整至1V，再测量一组数据，填入表17－2，再计算出被测条纹的实际尺寸。

（3）改变积分时间后，再重复上述实验，观察CCD输出信号波形的变化，当CCD出现饱和状态后观测被测物尺寸的变化。

表17－2　光学放大倍率 β 的测量

二值化测量值 (N_2-N_1)（阈值1V）	物方尺寸 /mm	像方计算尺寸 /mm	光学放大倍率 β

以上10次计算的平均光学放大倍率 $\bar{\beta}=\dfrac{\sum_{i=1}^{10}(N_2-N_1)}{10D}$

4. 实验结束关机顺序

（1）先关闭实验仪的电源，再关闭示波器电源；

（2）关掉总电源；

（3）整理好所有的实验器材与工具。

17.6　实验总结报告

（1）按第一部分对实验报告的要求写出实验总结报告。

（2）光学成像系统放大倍率 β 的测量与标定。

（3）用不同阈值进行二值化测量，计算出被测条纹的实际尺寸。

（4）记录不同积分时间对测量值的影响，并记录CCD输出信号波形的变化。

（5）测量并求出被测图形尺寸。

（6）通过改变有关参数，观察记录对测量值的影响，并分析讨论影响物体尺寸测量的因素。

17.7　思考题

（1）为什么两种阈值下测量结果有差异，造成这种差异的原因是什么？

（2）试说明固定阈值二值化测量的优缺点和适用领域？

（3）积分时间的变化是否对测量值有影响？在什么时候会有影响？为什么进行尺寸测量时必须使CCD脱离饱和区？

实验 18　线阵 CCD 的 A/D 数据采集

18.1　实验目的

(1) 掌握线阵 CCD 的 A/D 数据采集的基本原理。

(2) 进一步掌握线阵 CCD 积分时间与光照灵敏度的关系。

(3) 掌握本实验仪配套软件的基本操作，熟悉各项设置和调整功能。

(4) 学会基本数据采集软件的编写和应用（选做）。

18.2　实验准备内容

(1) 学习 C 语言进行计算机端口操作和绘图的基本功能（参考相关教科书）。

(2) 进一步学习和掌握线阵 CCD 的 A/D 数据采集基本原理。

(3) 熟悉 A/D 数据采集的基本操作软件。

18.3　实验内容

(1) 进行以 8 位 A/D 转换器件 TLC5510A 为核心器件构成的线阵 CCD 数据采集系统实验。

(2) 进行线阵 CCD 的 A/D 数据采集系统基本软件操作（软件工作参数的设置、CCD 工作参数的设置等）的实验，熟悉软件操作的基本功能。

(3) 进行线阵 CCD 的 A/D 数据采集过程中对数据文件的存储、打开、读出等操作，为今后应用所采集数据，完成功能更为丰富的应用研究。

18.4　实验所需仪器设备

(1) YHLCCD－IV 型彩色线阵 CCD 多功能实验仪一台；

(2) 装有 VC＋＋软件及相关实验软件的 PC 计算机一台；

(3) 带宽 50MHz 以上的双踪迹同步示波器一台。

18.5　实验基本原理

1. 基于 PC 总线的线阵 CCD 数据采集原理

基于 PC 总线的线阵 CCD 数据采集原理是基于 PC 总线的 A/D 数据采集卡，典型的有 AD8－H 型高速线阵 CCD 数据采集卡，它是基于 PC 总线接口和计算机连接。这种 A/D 数据采集卡，采用 8 位高速 A/D 转换器件 CA3318CE，来完成线阵 CCD 的图像数据采集工作。这种 A/D 转换器件的转换速度很快，其转换时间不大于 67ns，最高工作频率可达到 15MHz。利用 AD8－H 型高速 A/D 转换器件和卡上设置的大容量内存的技术，可以实现线阵 CCD 的图像数据采集。

AD8－H 型高速线阵 CCD 数据采集卡的基本工作原理如图 18－1 所示。它的基本性能参数为：分辨率为 8 位；适应范围为 512～7500 像元的各种线阵 CCD 的数据采集；工作频率为 500kHz～2MHz；卡上内存容量为 2Mb，可存储上千行的图像数据。

2. 基于 PCI 总线的线阵 CCD 数据采集原理

基于 PCI 总线的 A/D 数据采集卡，一般采用 PCI 总线接口芯片来设计。目前，有很多厂家均生产不同功能的 PCI 总线接口芯片，这类芯片在固化了 PCI 规范的基础上，提供用户接口和一定的灵活性，从而能大大缩短研发周期。

一种常用的 PCI 总线接口芯片，有美国 PLX 公司生产的 PCI9052 器件。它完全兼容

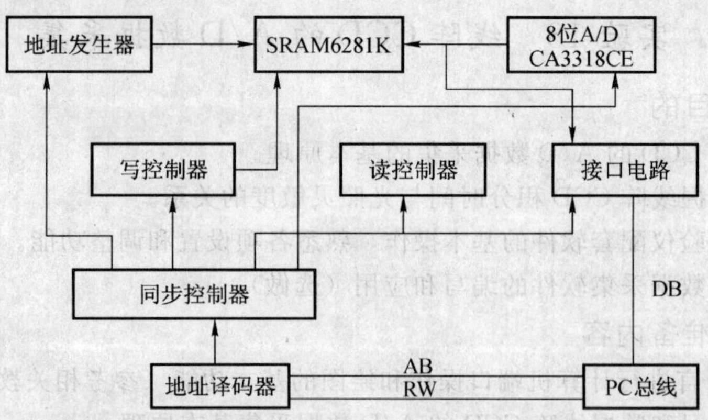

图 18-1　AD8-H 型高速线阵 CCD 的 A/D 数据采集原理图

PCI 2.1 规范，并提供高速局部总线接口和 PCI 总线接口，支持中断操作和直接目标传输，最高可以提供 132Mb/s 的传输速率。

PCI 总线 A/D 数据采集卡的核心部件为 PCI9052 器件（PCI 总线控制器），它的结构原理图，如图 18-2 所示。该器件由程序控制器 EEPROM 与局部时钟控制，以进行软硬件信息交流，完成计算机软件对 A/D 数据采集卡的控制与操作。线阵 CCD 在驱动器的驱动下，每次输出一维图像信号与行同步信号。同步信号发送到读写、使能与读写有效发生器电路，使其分别控制 A/D 转换器进行 A/D 转换，转换的数据经缓冲器送存储器暂存。

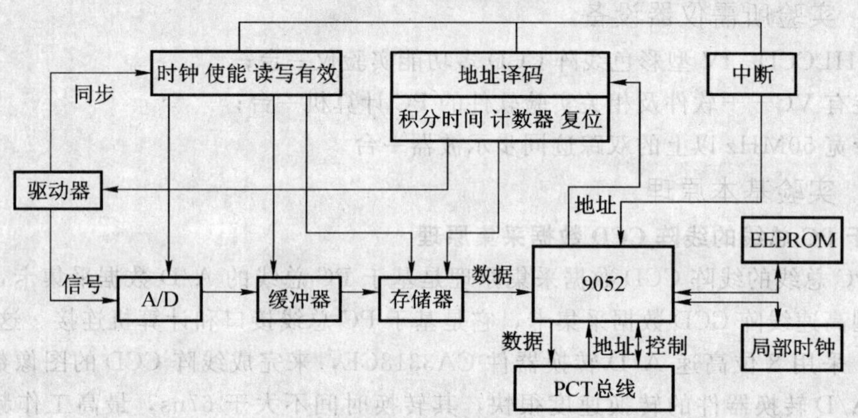

图 18-2　PCI9052 器件结构原理图

采用 AD 公司高性能 AD1672 器件作为 A/D 转换器件，其最高采样频率可达 3MHz，接口板上采用一片大容量 CPLD 器件作为局部总线和时序产生电路，板上还装有一组 SRAM 存储器，可以完成线阵 CCD 的实时 A/D 数据的采集。

线阵 CCD 的多次曝光形成一幅二维图像信号，并暂存于存储器。最后，PCI 总线控制器 PCI9052 器件，在程序控制器 EEPROM、局部时钟控制发生器与 PCI 总线的地址线、数据线与控制线的支持下，将所采集的图像数据传输到计算机的内存。

3. 基于 USB 总线的数据采集原理

目前，高速数据采集系统主要采用 PCI 总线和 USB 总线。尽管 PCI 总线数据传输具有

许多优点，但它在使用过程中安装麻烦、易受机箱内环境的干扰，受到计算机系统资源、插槽数量限制，不易扩展。因此，利用USB总线设计高速数据采集系统，可提高系统的普遍适用性。

基于USB总线的数据采集接口，作为设备通过USB接口芯片与主机USB接口相连；然后，利用设备的主控芯片内部的固件程序与主机通信，完成设备的枚举，即USB数据采集接口与电脑的互连；最后，以主机作为数据传输的发起端，通过USB数据采集接口，完成数据采集与传输。

USB接口控制芯片主要分为两大类：一种是MCU，集成在芯片里面，如Cypress的EZ-USB；另一种就是纯粹的USB接口，仅仅处理USB通信，如Phlips的PDIUSBD12和ISP1581，Nitional Semiconductor的USBN9604等。集成MCU的USB控制芯片的优点是，CPU与控制器在同一片芯片里，CPU只需要访问一系列寄存器和存储器，便可实现USB接口的数据传输。并且，它可最大限度地发挥USB高速的特点，而且大大简化程序的设计，极大地降低了USB外设的开发难度。由Cypress公司出品的EZ-USB FX2是世界上第一款USB2.0芯片，其内部构成如图18-3所示。

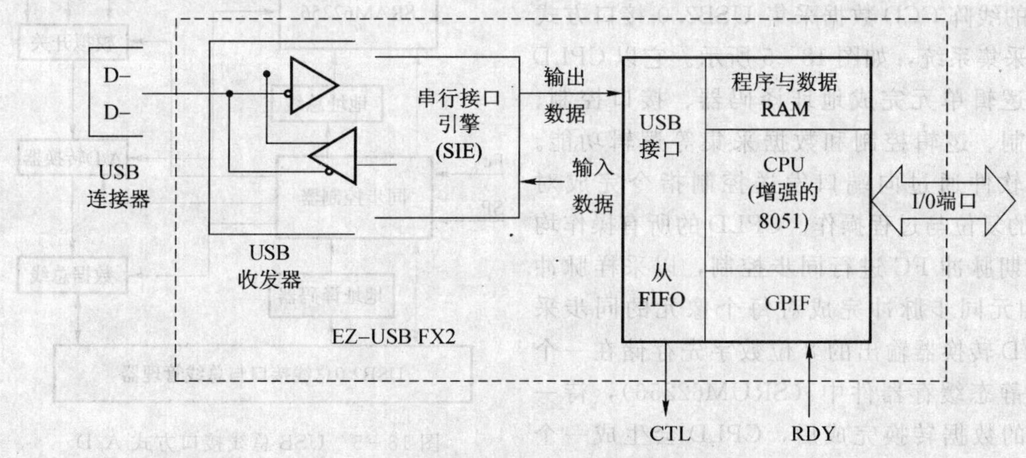

图18-3　EZ-USB FX2内部构成

EZ-USB FX2芯片，是一款高度集成的USB芯片。该芯片集成了一个增强型的8051作为微处理器，具有实现高层USB协议和用做通用系统两方面的功能。并且，芯片内部集成了串口引擎SIE，执行大部分的USB协议，从而简化了8051代码的编写工作。

此外，EZ-USB FX2芯片还是一款“软件”为主架构的芯片，它的固件代码和数据可以通过USB接口从主机下载。因此，基于EZ-USB FX2的USB外设，可以不用ROM，EEPROM或FLASH，这样可以缩短开发时间，也可以方便地更新固件程序。基于这种软特性，设备在与主机连接时，需要进行两次枚举：当无固件设备连接到主机时，主机为设备分配一个地址，并读取设备描述符，将它视为一个“默认USB设备”，接着加载相应的驱动程序——固件下载驱动程序，将固件程序下载到FX2内部的RAM中，至此完成第一次枚举；然后，通过电气方式使设备和主机完成物理上的断开/连接，并根据下载的固件程序所描述的设备特征，对USB进行第二次枚举——重枚举。

基于EZ-USB FX2的数据采集接口系统，如图18-4所示。本系统由主机发出数据传

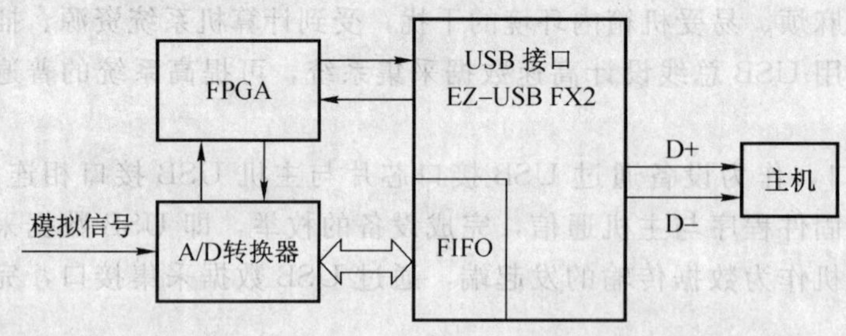

图 18－4　基于 EZ－USB FX2 的数据采集接口

输请求，数据接口控制器 FPGA 通过 USB 芯片给出的状态，判断是否可以进行数据传输；然后使能 A/D 进行数据转换，并将数据送到 USB 芯片的 FIFO 接口，同时给 FIFO 一个写信号 WE，至此数据进入 USB 芯片，并通过串口引擎转换为 USB 协议所要求的差分码；数据进入计算机，利用图像采集应用程序解析数据后，即可显示 CCD 所采集的图像。

4. 实验仪用 USB2.0 接口方式的数据采集原理

下面再介绍实验仪所具体采用的 USB2.0 接口方式的，线阵 CCD 的 A/D 数据采集的基本工作原理。

以 8 位 A/D 转换器件 TLC5510A 为核心器件构成的线阵 CCD 数据采集 USB2.0 接口方式的数据采集系统，如图 18－5 所示。它以 CPLD 为基本逻辑单元完成地址译码器、接口控制、同步控制、逻辑控制和数据采集等逻辑功能。计算机软件通过向端口发送控制指令完成对 CPLD 的复位与过程操作。CPLD 的所有操作均以行周期脉冲 FC 进行同步控制，以采样脉冲 SP 为相元同步脉冲完成对每个像元的同步采集，A/D 转换器输出的 8 位数字先存储在一个 32K 的静态缓存器件中（SRUM62256），待一行像元的数据转换完成后，CPLD 会生成一个标志转换结束的信号，同时停止 A/D 转换器的转换工作。计算机软件在查询到结束标志信号后，读取 SRAM 存储器的数据，并将读出的数据绘出波形曲线显示于计算机显示屏，当然也将数据以动态库的方式提供给用户，使用户通过自编程序扩展功能。当软件读取并处理完成一行数据后，再次发送复位指令进行上述采集过程的循环。

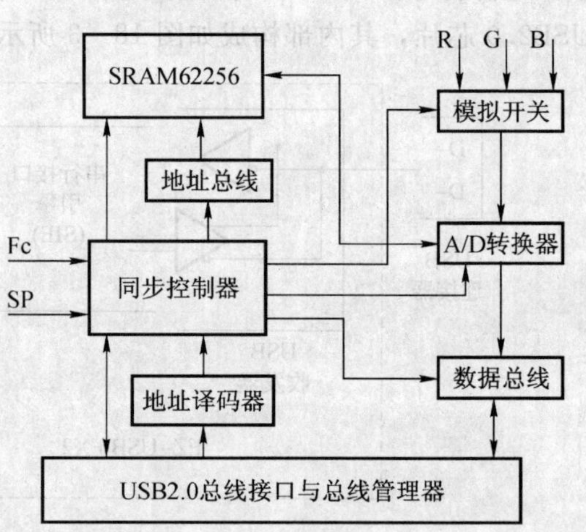

图 18－5　USB 总线接口方式 A/D 数据采集原理

18.6　实验步骤

1. 实验开始的步骤

(1) 先将实验仪的数据端口和计算机 USB 端口用专用 USB 数据线缆连接好。

(2) 打开计算机电源和 YHLCCD－IV 的主电源开关，完成系统的启动后进入下面的操作。

(3) 用示波器测量 F1，F2，FC，RS，SP，CP 等各路驱动脉冲的波形是否正确。如果与附图 3 所示的波形基本相符便可进行下面的实验；否则，应请指导教师检查实验仪是否工作正常。

(4) 先确认是否已经安装了 A/D 数据采集的基本软件。若没有安装，请安装 A/D 数据

采集的基本软件。A/D数据采集的基本软件安装完成后，计算机界面会以图标方式提供完成实验仪的所有实验软件，从中选择“A/D数据采集实验”。

2. 运行A/D数据采集实验软件的步骤

(1) 选择“A/D数据采集实验”后，计算机显示屏应显示出如图18－6所示的程序主界面。

(2) 采集菜单分为“连续”、“单次”和“平均”等3种采集方式，为调试方便应选择连续采集方式。显示方式也分为分屏显示与单屏压缩显示，单屏压缩显示方便调试。点击图18－7所示“0”设置0s停顿时间的显示方式。点击“连续”便可进行连续采集方式的工作。

(3) 对镜头光圈进行适当的调整，同时也要对驱动频率和积分时间等参数进行设置，观测所采集的输出波形，使输出波形的幅度处于便于观察的位置。

(4) 打开实验仪上盖板，将测量样片“A”插入靠近光源的片夹夹具（测量片夹）中，调节成像物镜的光圈和积分时间，观测输出波形的变化。

(5) 将A/D转换的输出波形曲线以*.txt，或*.dat数据格式保存为数据文件。

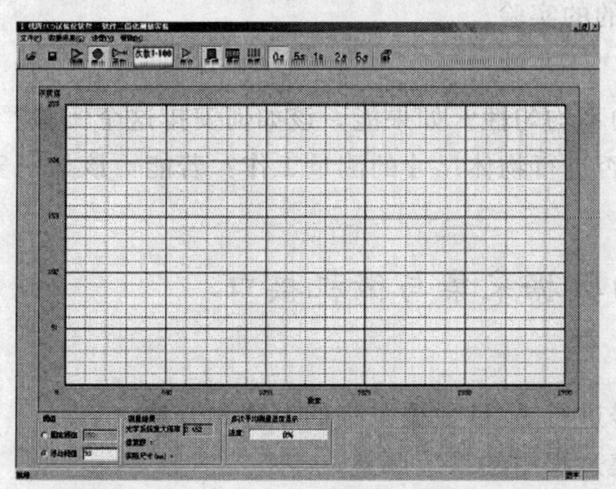

图18－6 A/D数据采集程序主界面

图18－7 程序操作开关

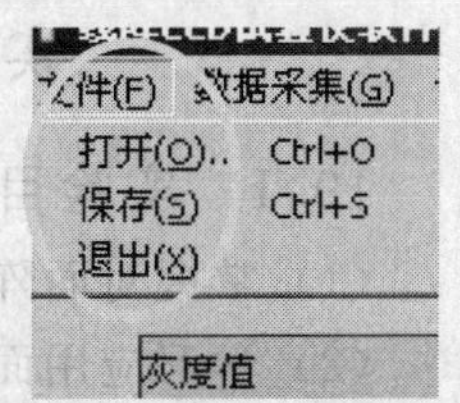

图18－8 保存数据操作 图18－9 打开数据文件

(6) 打开数据文件，显示A/D数据采集的数据，观测每一像元的数据和整行数据的特点。

(7) 观测与分析输出波形，分析输出波形与样片“A”图像（物）的关系。

(8) 将测量样片“A”取出，换上另外测量样片“F”，再重复做(5)、(6)、(7)项实验，观察与分析测量结果。

3. 编写A/D数据采集连接与处理软件的步骤（选做）

(1) 利用上面所保存的数据文件，求出一行数据的最大、最小值所在的像元位置；

(2) 利用数据文件，找出信号的变化周期，分析所采数据的特点。

(3) 根据厂家提供的接口程序（动态链接库），设计并编写出简单的功能接口软件与简单的数据处理软件。接口软件需要较好的VC＋＋软件基础，根据情况进行选做。研究生或指导教师可以自行编写难度更高的应用软件，在该项实验中可以做更多的软件设计与编写工作。

4. 实验结束关机顺序

(1) 先退出实验程序，再关闭实验仪的电源；

(2) 关闭计算机系统；

(3) 关闭示波器电源；

(4) 关掉总电源；

(5) 整理好所有的实验器材与工具。

18.7 实验总结报告

(1) 按第一部分对实验报告的要求，写出实验总结报告。

(2) 总结 CCD 输出信号的幅度与积分时间及光照灵敏度之间的关系，能否验证在同样的光照下输出信号的幅度随积分时间的增长而幅度增大。

(3) 用成像物镜的光圈和积分时间变化，观测记录输出波形的变化。

(4) 分析输出波形与样片“A”图像（物）的关系。

(5) 片夹“F”为对比度很好的黑白条，它经成像物镜、线阵 CCD 光电变换后，再经 A/D 数据采集，计算机所获得的波形会出现“变形”的现象，分析解释“变形”现象及“变形”产生的主要原因？能否利用“变形”的输出波形进行黑白条尺寸的测量？黑白条图像的真实边界的数值应该有什么特点？

(6) 能否例举出，利用本实验进行其他目的的实验。

18.8 思考题

(1) 能否用这个试验检测 CCD 光敏单元的不均匀性？如果能，该如何安排这个实验？

(2) 用线阵 CCD 的 A/D 数据采集实验能否进行物体尺寸的测量工作？若能，该如何安排这个实验？

实验 19 面阵 CCD 的数据采集与微机接口

19.1 实验目的

(1) 掌握对面阵 CCD 输出的复合视频信号进行 A/D 数据采集的原理和方法；

(2) 学习应用面阵 CCD 进行图像数据采集过程中的系统调整；

(3) 学习面阵 CCD 图像数据采集的基本操作软件；

(4) 掌握面阵 CCD 图像数据的读、写文本文件，数据读写操作与利用文本文件分析图像性质的方法；

(5) 学会从大量的图像数据中，找出对应图像边沿和图像特征的方法，为应用面阵 CCD 进行图像测量打好基础。

19.2 实验内容

(1) 将面阵 CCD 输出的视频图像转换成数字图像输入到计算机内存。

(2) 将所采集的图像数据以文本文件的方式保存起来。

(3) 将所保存的数据文件打开，观察所采的图像数据。

(4) 对所采图像按软件提示的方法进行调整与处理。

(5) 从图像中各像素点的灰度值中找到实际图像的边界，分析边界数据的特征。

19.3 实验所需的主要仪器设备

(1) 带有 USB2.0 输入端口的计算机，推荐使用 WIN2000 以上操作系统，使用 1024×768 分辨率，24 或 32 位真彩显示。

(2) 彩色面阵 CCD 多功能实验仪 YHACCD-Ⅱ型一台。

19.4　实验基本原理

面阵CCD图像传感器输出的信号与线阵CCD不同，它的输出信号不但具有与像面照度成函数关系的图像信号，而且还具有行、场同步信号，这就是视频信号或全电视信号。将图像信号数字化，通常也称为视频信号的A/D数据采集。

视频信号的A/D数据采集方法很多，在图像识别与图像测量等应用领域，常将视频信号的A/D采集数据方法分为“板卡式”和“嵌入式”两种。所谓“板卡式”是指在计算机系统中插入专用的图像采集卡构成的视频信号A/D数据采集系统；而“嵌入式”是指采用具有图像采集与图像处理功能的单片机系统、DSP，或者将计算机系统微型化，而构成的专用视频信号A/D数据采集系统。“嵌入式”系统通常与图像传感器安装在一起成为具有机器视觉功能的传感器系统。

1. 基于PC总线或ISA总线的图像采集卡

基于PC总线的图像采集卡（或说以存储器为核心的图像卡）的原理方框图，如图19-1所示。它也是一种典型的PC总线接口方式的面阵CCD视频信号的A/D采集。

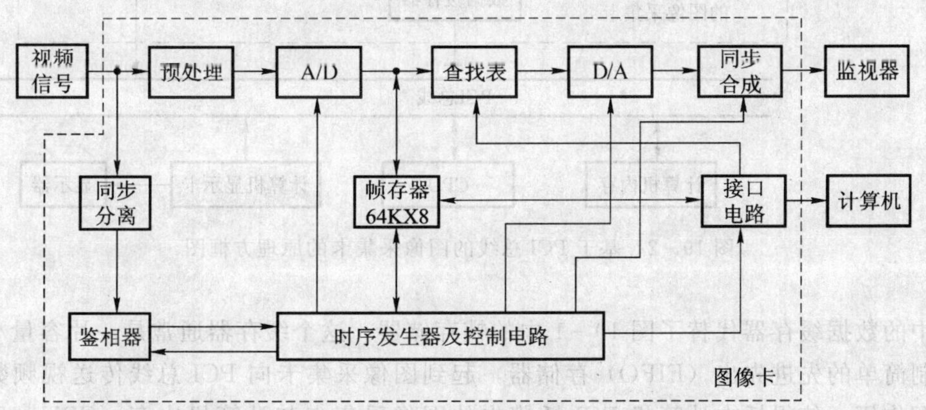

图19-1　基于PC总线的图像卡硬件原理

CCD图像传感器输出的全电视视频信号（也可为录像机输出的视频信号），通过BNC插头送入A/D数据采集计算机接口系统（简称图形卡），进行数字图像采集工作。送入图形卡的全电视信号被分为两路：一路通过同步分离电路分离出行与场同步脉冲，并将其送入鉴相器，使之与卡内的时序脉冲发生器输出的同步信号相比较，并使卡内时序脉冲发生器产生的行、场同步脉冲与图像传感器输出的同步脉冲同相；另一路视频信号经预处理电路，将视频灰度信号由峰-峰值为1的标准电视信号放大到A/D转换器所需要的幅度，并调整好白电平和对比度后，送给A/D转换电路转换成数字量。时序控制器将数字信号存于帧存储器。考虑到PC总线数据传输的速度低，必须在卡内设置8片64KB的帧存储器，以便适应视频图像频率的要求。

为了能够实时地观察A/D转换后的数字图像，采用查找表与D/A转换器配合，将数字图像转换为模拟图像，经同步合成处理成视频信号输出，供监视器观察。帧存储器存储的数字图像，在时序脉冲发生器和控制电路的作用下，通过PC总线或ISA总线接口，传入计算机内存，从而使计算机在软件的作用下，通过图像卡可以方便地对数字图像进行存储、检测和加、减等各种运算处理。

2. 基于高速 PCI 总线的图像采集卡

随着 PCI 高速接口总线的出现和完善，使基于 PCI 接口总线的图像采集卡的结构大大简化。还可以使 A/D 转换以后的数字视频数据只需经过一个简单的缓存，即可直接存到计算机内存，供计算机进行图像显示和处理；甚至还可以将 A/D 输出的数字视频图像经 PCI 总线直接送给计算机显示卡，在计算机终端上实时显示活动的图像。

基于高速 PCI 总线图像采集卡的原理方框图，如图 19－2 所示。

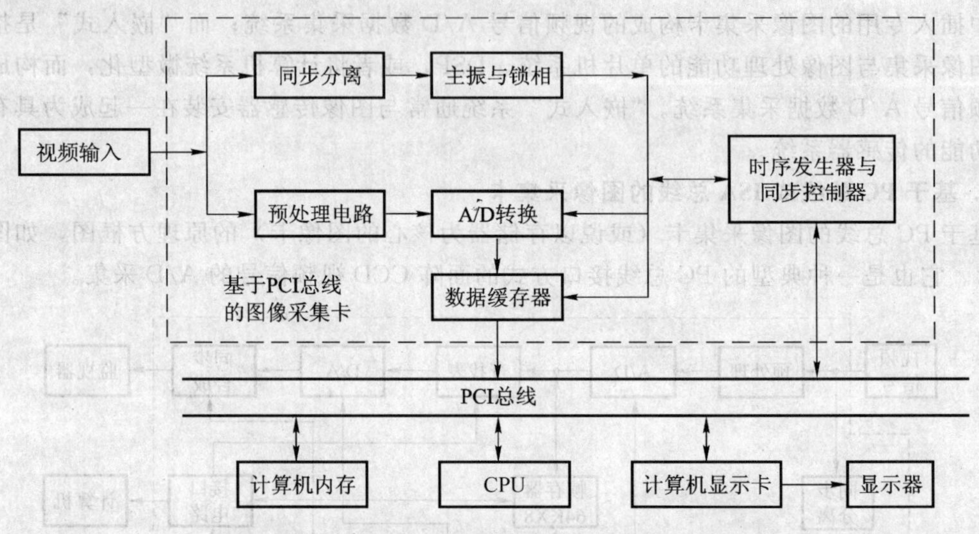

图 19－2　基于 PCI 总线的图像采集卡的原理方框图

图中的数据缓存器代替了图 19－1 中的帧存储器，这个缓存器通常是一片容量小、速度快、控制简单的先进先出（FIFO）存储器，起到图像采集卡向 PCI 总线传送视频数据时的速度匹配作用，使得插在计算机 PCI 插槽内的图像采集卡与计算机内存、CPU、显示卡等设备之间形成高速数据传送。

3. 基于 DMA 技术的 USB 数据采集接口

传统的基于 USB 的数据采集系统，是采用单片机采集数据再把数据转发到 USB 总线接口的结构。由于单片机的运行速度较低，数据传输的速度受到单片机读取速度的影响，往往出现由于低速 MCU（单片微型计算机）而导致的“瓶颈效应”，从而严重限制了 USB 高速特性的发挥。因此，在面阵 CCD 高速图像采集系统中，利用 DMA 方式对数据进行读写，采用无外部缓冲区的硬件电路结构，用 CPLD 来控制数据传输的地址和时序，从而实现了高速传输。

DMA（Direct Memory Access）技术是一种代替微处理器完成存储器与外部设备或存储器之间大数据量传输的方法，也称直接存储器存取方法。

图 19－3 所示是 USB2.0 接口的硬件电路示意图，在系统中，采用 Philips 公司最新推出的 ISP1581 USB 2.0 接口芯片，并应用增强型 51 单片机 AT89C52 作为本地 CPU，承载固件程序，实现对接口电路的全局控制。

此外，DMA 控制器（DMAC），选用 Altera 公司的 CPLD，负责 DMA 信号的发出和读取，并控制 DMA 方式下的数据传输。在对 USB 总线的控制方面，采用了单片机和 CPLD

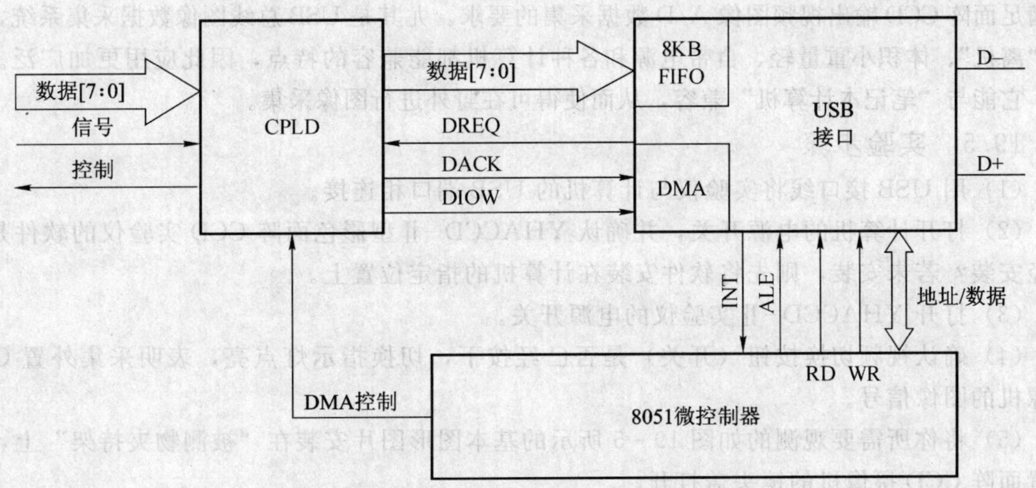

图 19－3　USB2.0 接口的硬件电路示意图

轮流控制的方法，即单片机和 CPLD 分别在不同的时刻作为接口电路的控制器件。单片机主要完成设备的枚举、DMA 请求处理、设置 DMA 控制器、中断处理、USB 协议等方面的工作；而在数据传输阶段，单片机将总线控制权交给 DMA 控制器，精确控制时序，保证通信成功。因此，DMA 控制器是整个数据采集阶段的控制核心，即使是采用低速的本地 CPU，也能实现高速数据传输。

4. 实验仪用 USB 图像采集卡的原理与结构

USB 图像数据采集卡的基本原理与 PC 总线图像数据采集卡的原理基本相同，其区别在于，它采用 USB 总线管理系统对所采的图像数据信号进行串行数据传输，计算机对采集系统的管理和控制，也由 USB 总线管理系统进行串行数据管理和控制。USB 总线 A/D 数据采集系统的基本原理与结构，如图 19－4 所示。由于目前 USB2.0 系统的运行速度已经很高，已基本

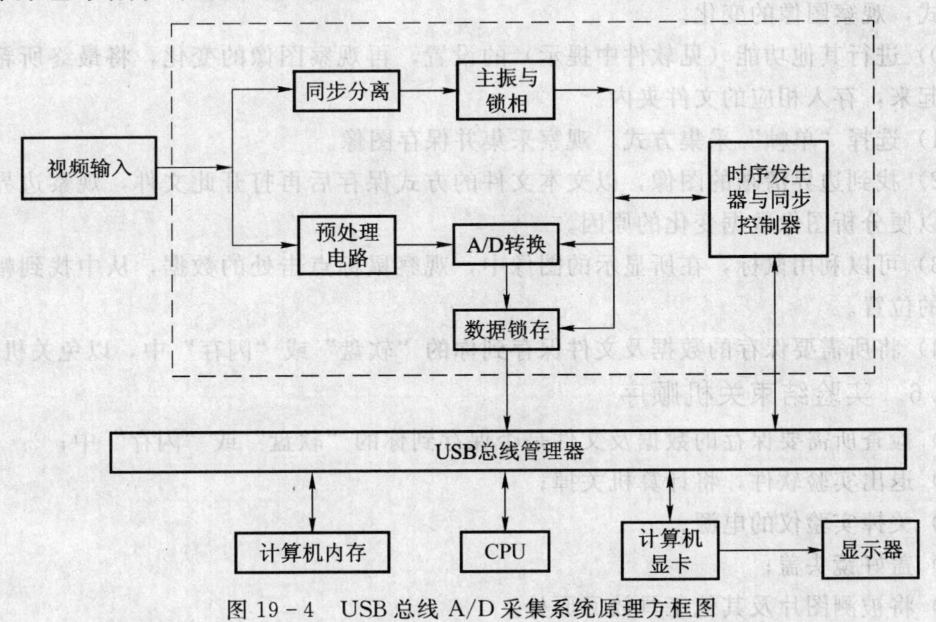

图 19－4　USB 总线 A/D 采集系统原理方框图

能满足面阵CCD输出视频图像A/D数据采集的要求。尤其是USB总线图像数据采集系统，具有“离机”、体积小重量轻、自带电源和各种计算机都能兼容的特点，因此应用更加广泛。并且，它能与“笔记本计算机”兼容，从而使得可在野外进行图像采集。

19.5 实验步骤

(1) 用USB接口线将实验仪与计算机的USB端口相连接。

(2) 打开计算机的电源开关，并确认YHACCD－Ⅱ型彩色面阵CCD实验仪的软件是否已经安装？若未安装，则先将软件安装在计算机的指定位置上。

(3) 打开YHACCD－Ⅱ实验仪的电源开关。

(4) 确认视频切换按钮（开关）是否已经按下，切换指示灯点亮，表明采集外置CCD摄像机的图像信号。

(5) 将你所需要观测的如图19－5所示的基本图形图片安装在“被测物夹持架”上，将外置面阵CCD摄像机的镜头盖打开。

(6) 运行“面阵CCD数据采集与计算机接口实验”程序。

(7) 点击“采集”按钮如图19－6所示，观察采集到的实际图像，观测图像的成像质量，若不清晰，请调整摄像头与被测图片的相对位置；或对摄像机进行调焦。

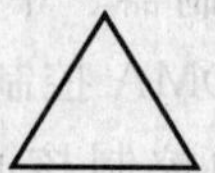

图19－5 基本图形

图19－6 软件采集按钮

调焦之前要用小螺丝刀将镜头固定螺丝松开，镜头便可以转动进行调焦，直到显示器上的图像清晰，然后拧紧固定螺丝。

(8) 按界面提示保存图像到指定目录下。

(9) 根据界面提示选择“设置选项”，进行图像设置，按文件中的垂直与水平“镜像”显示方式，观察图像的变化。

(10) 进行其他功能（见软件中提示）的设置，再观察图像的变化，将最终所希望的图像保存起来，存入相应的文件夹内。

(11) 选择“单帧”采集方式，观察采集并保存图像。

(12) 找到边界清晰的图像，以文本文件的方式保存后再打开此文件，观察边界数据的状况，以便分析图像数据变化的原因。

(13) 可以利用鼠标，在所显示的图像中，观察鼠标点击处的数据，从中找到幅度变化最大点的位置。

(14) 将所需要保存的数据及文件保存到你的“软盘”或“闪存”中，以免关机时丢掉。

19.6 实验结束关机顺序

(1) 检查所需要保存的数据及文件是否保存到你的“软盘”或“闪存”中；

(2) 退出实验软件，将计算机关掉；

(3) 关掉实验仪的电源；

(4) 盖好镜头盖；

(5) 将被测图片及其他工具放回原处。

19.7 实验总结报告

(1) 按第一部分实验报告内容及要求写出实验总结报告。

(2) 说明面阵 CCD 图像采集与接口原理，讨论图像边界的提取方法。

(3) 说明垂直与水平“镜像”显示方式的图像的变化。

(4) 分析其他功能（软件中提示的）设置时，图像的变化情况。

(5) 根据边界清晰图像的边界数据的状况，分析图像数据变化的原因。

(6) 在所显示的图像中，观察鼠标点击处的数据，找到幅度变化最大点位置的数据。

19.8 思考题

(1) CCD 输出的视频信号为什么要先进行预处理才能送给 A/D 转换器进行 A/D 转换？

(2) CCD 输出的视频信号为什么要进行行、场分离？

(3) 图像卡中，鉴相器与同步控制器的作用是什么？

第 6 部分　光电信号变换与检测的技术方法

实验 20　光电信息的调制和解调

随着科学技术的深入发展，依托电子作为信息载体的电子信息技术在速度、容量、空间相容性，信息检测精度、保密性等方面将受到限制。而以光子作为信息载体的光电信息系统则在这几方面表现出无可比拟的优越性。它必将成为人类进入信息时代的具有巨大冲击力的高新技术。

20.1 实验目的

(1) 通过实验，学习和理解有关空间频率、空间频谱、空间滤波等概念。

(2) 通过实验，体会阿贝利用频谱语言分析相干成像过程的思想。

(3) 熟悉空间滤波的光路，以及实行高通、低通、方向滤波的方法。

(4) 思考如何利用光电信号的调制和解调技术进行图片的检测。

20.2 实验内容

(1) 观测一维光栅的频谱及光栅的像。测量各级衍射点与零级的距离和透镜的焦距，计算出各级的空间频率和光栅常量。

(2) 观测方向滤波。

(3) 观测高频滤波。

(4) 观测低频滤波。

(5) 观测 θ 调制。

20.3 实验设备与器材

(1) 光具座

(2) He－Ne 激光器

(3) 白光光源

(4) 可调狭缝

(5) 透镜组

(6) 样品模板（上面包括一维光栅、二维光栅、带有小方格的“光”值和透明十字）

(7) 滤波器模板（包括5个滤波器，见图20-7）

(8) θ调制透明片

(9) 接收屏

20.4 实验原理

传统的成像光学仪器，如显微镜、望远镜、照相机等，要求图像尽可能还原，即希望所成的像除几何尺寸放大或缩小外，尽可能与原物相似。要做到这一点，经典的光学成像理论指出，应该“增大成像透镜的尺寸或缩短成像光的波长”。这些理论在光学仪器的制造历史上，使人类一次又一次在提高成像的逼真、还原度上获得成功，生产出一代又一代高倍天文望远镜、电子显微镜等。然而，随着德国科学家阿贝（E. Abbe，1840～1905）在研究显微镜成像还原及分析显微镜分辨本领时，提出了一种新的频谱语言来分析和综合光学现象（即后人所称的阿贝成像原理）并获得成功。人类萌发了一个更积极的要求：视光为信息载体，用改变光的频率手段（空间滤波）来改造光所携带的信息，即改造图像。光电信息调制和解调技术（即用傅里叶分析的方法研究光学成像和光学变换）的基本思路是，用空间频谱的语言分析光信息，用改变频谱的手段处理相干成像系统中的光信息，用频谱被改变的眼光来评价非相干成像系统（光学仪器）中像的质量（像质）。它所涉及的基本概念，可概括为以下三个方面：

1. 空间频率（Spatial frequency）

所谓空间频率，即光波场中任一时刻某一方向上单位长度内光振动的复振幅（包括振幅和相位）周期性变化的次数，就称为该方向上的空间频率。例如，图20-1为一沿k方向传播的平面波，相邻两波面的距离为λ，这些波面把x轴截成间距为L_x的等长线段，所以L_x是沿k方向传播的单色平面波在x方向的空间周期，$1/L_x$则为x方向的空间频率。由图20-1可知

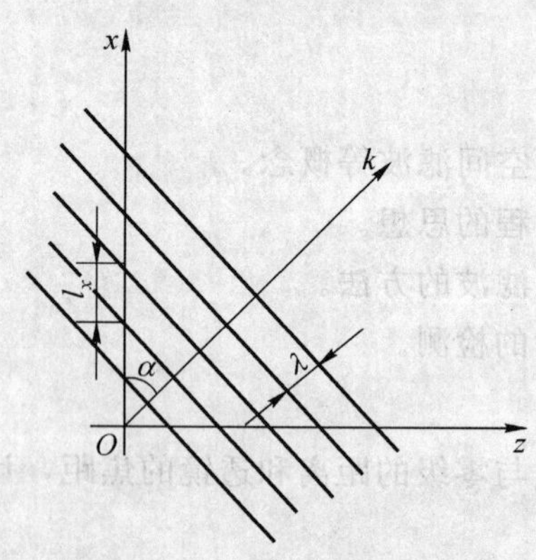

图20-1 空间频率示意图

$$L_x = \frac{\lambda}{\cos\alpha},\ u = \frac{\cos\alpha}{\lambda}$$

同理，在三维空间中，如设光传播矢量k与x，y，z轴的夹角分别为α，β，γ，则此光波沿三个轴方向的空间频率分别为

$$u = \frac{\cos\alpha}{\lambda},\ \nu = \frac{\cos\beta}{\lambda},\ w = \frac{\cos\gamma}{\lambda}$$

由此可见，沿一定方向传播的单色平面波，对应着一定的空间频率，传播方向与某方向的夹角越大，在该方向上的空间频率越小，当夹角为90°时，空间频率为零。

在以后的叙述中，如没有说明空间频率的方向时，一般均指x方向。

根据光波的叠加原理，一个平面上的光强$I(x,y)$，由许多个单色平面波叠加而成。每一个单色平面波，对应一个空间频率成分u，ν，w，这些空间频率叠加的集合，就称为空间频谱。一般，光学信息处理的基础理论，就是将对光波的各种现象的分析，转为对空间频谱的分析。而且，正像一个时间函数的频谱可以按规定方式加以改变一样（如电信号的调制和解调），一个空间函数的频谱，也可以按要求的方式予以改变，这就是现代光学中频谱分析

的思想。

2. 阿贝成像理论（Abbe theory of image formation）

如图 20－2 所示，用平行光照明傍轴小物 ABC（如一个透射光栅），使整个系统成为相干成像系统，像成于 $A'B'C'$。如何看待这个系统的成像过程呢？

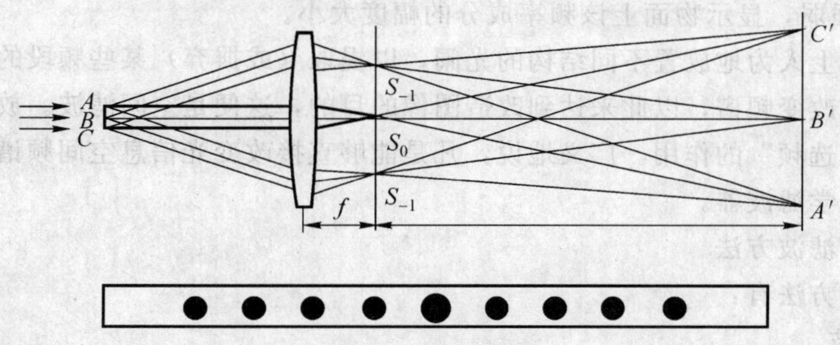

图 20－2　阿贝成像信息

几何光学着眼于点的对应，即物是点 A，B，C 等的集合，它们都是次波源，各自发出球面波，经透镜后会聚到像点 $A'B'C'$等，使物与像成点点对应关系。

而阿贝从频谱转换的角度出发，认为物是一系列不同空间频率信息的集合，相干成像过程可分两步完成：

第一步，入射的平行光束经光栅（物）发生夫琅和费衍射而分别成沿各个衍射方向传播的平行光（为简明起见，图 20－2 中只画出 0、±1 级衍射光波。设 z 轴为光轴，xOy 为物面，$x'O'y'$面为像面，光栅刻线沿 y 轴方向）。每一衍射方向和衍射级 $m=0$，±1，±2，…与一种空间频率对应。如中央亮点即零级衍射点，代表在 x 方向空间频率为零的衍射光波。±1，±2，…级衍射点代表空间频率分别为 $\pm u_0$，$\pm 2u_0$，…的衍射光波，即空间频率随着衍射级次的增大而增大。其中 $u_0=1/d_0$，d_0 为光栅的光栅常量。如果透镜 L 的孔径足以容纳所有光栅衍射的光波，各个衍射方向的光波在透镜 L 的后焦面上将叠加形成衍射花样。这个衍射花样的各个主最大（见图 20－2）用 S_0，$S_{\pm1}$，$S_{\pm2}$，$S_{\pm3}$，…表示。零级位于中央，正负各级依次对称分布于两侧，这便是光栅的空间频谱，简称频谱。频谱所在的焦平面也称频谱面，它体现了光栅的信息特征。

第二步，各个衍射光斑又可以视做次波波源，发出的球面次波在像平面（$x'O'y'$）上重新相干叠加，相干叠加的结果便形成像。

综上所述，物经光学系统的成像过程，从频谱的语言分析可以看作是经过两步完成的：第一步衍射，使频谱“分频”，第二步干涉，使频谱“合成”。这便是阿贝成像原理的基本精神，许多有意义的现象就将发生在这频谱一分一合的过程之中。

3. 空间滤波（Spatial filtering）

（1）光栅谱面上每点的物理意义

按照频谱分析的理论，上述光栅谱面上的每一点均具有以下四点明确的物理意义：

① 谱面上任一光点对应着物面上的一个空间频率成分。

② 光点离谱面中心的距离，标志着物面上该频率成分的高低，离中心远的点代表物面上的高频成分，它的频率信息主要反映物的精细结构。靠近中心的点代表物面的低频成分，

反映物的粗轮廓，中心亮点即零频，它不包含任何物的具体信息，所以反映在像面上呈现均匀光斑而不能成像。

③ 光点的方向，指出物平面上该频率成分的方向，例如横向的谱点，表示物面有纵向栅缝。

④ 光点的强弱，显示物面上该频率成分的幅度大小。

如果在谱面上人为地放置不同结构的光阑，以提取（或摒弃）某些频段的实物信息，亦即我们可主动地改变频谱，以此来达到改造图像的目的，这便是空间滤波。放置在频谱面上的光阑，起着“选频”的作用。广义地说，凡是能够直接改变光信息空间频谱的器件，通称空间滤波器或光学滤波器。

（2）常用的滤波方法

常用的滤波方法有：

① 低通滤波

低通滤波目的是滤去高频成分，保留低频成分，由于低频成分集中在谱面的光轴附近，高频成分处在远离中心的地方，故低通滤波器就是一个圆孔［见图 20－3（a）］。由于图像的精细结构及突变部分，主要由高频成分起作用，所以经低通滤后，图像的精细结构将消失，黑白突变处也变得模糊。

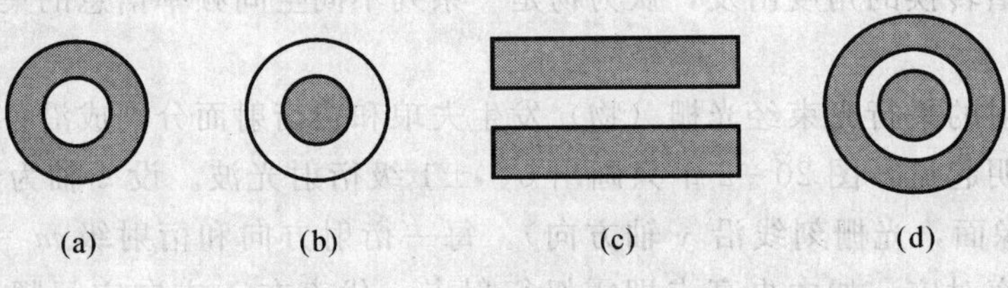

图 20－3　滤波器

② 高通滤波

高通滤波目的是滤去低频成分，而让高频成分通过，滤波器的形状是一个圆屏［见图 20－3（b）］，其结果正好与低通滤波相反，使物的细节及边缘清晰，而粗轮廓相对变弱。

③ 方向滤波

方向滤波只让某一方向的频率成分通过，例如让横向的频率成分通过，这像面上将突出了物的纵向线条，这种滤波器成狭缝状［见图 20－3（c）］。

④ 带通滤波

带通滤波是将高频成分和低频成分均滤掉，只让中频成分的波通过［见图 20－3（d）］。

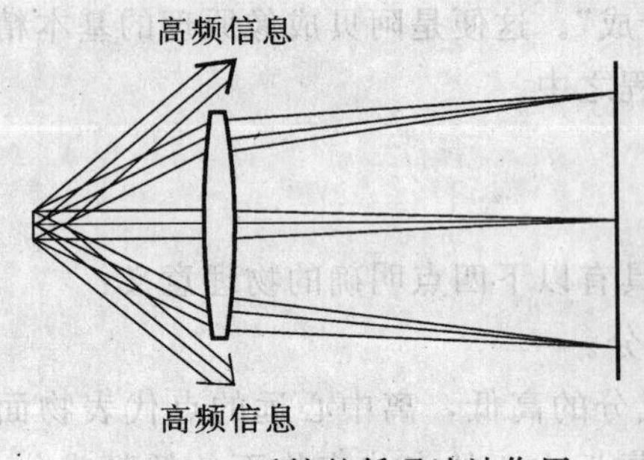

图 20－4　透镜的低通滤波作用

很多成像光学仪器（例如显微镜、照相机）要求图像尽可能还原与原物相似，从阿贝成像原理的眼光来看，要求在分频与合成的过程中尽量不使频率改变。如果物平面包含一系列从低频到高频的信息，由于实际透镜的口径总是有限的，频率超过一定限度的信息将因衍射角过大而从透镜边缘之外漏掉，如图 20－4 所示。

实际上，图 20－4 所示透镜本身就是一个低通滤波

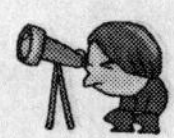

器，丢失了高频信息的频谱再合成到一起时，图像的细节将变得有所模糊。这就是从频率角度看，光学仪器的分辨本领和放大本领受到限制的根本原因。

图 20-5 是空间滤波器的实例，其中物为网络，光源为扩束后的激光（近似单色平行光源）。

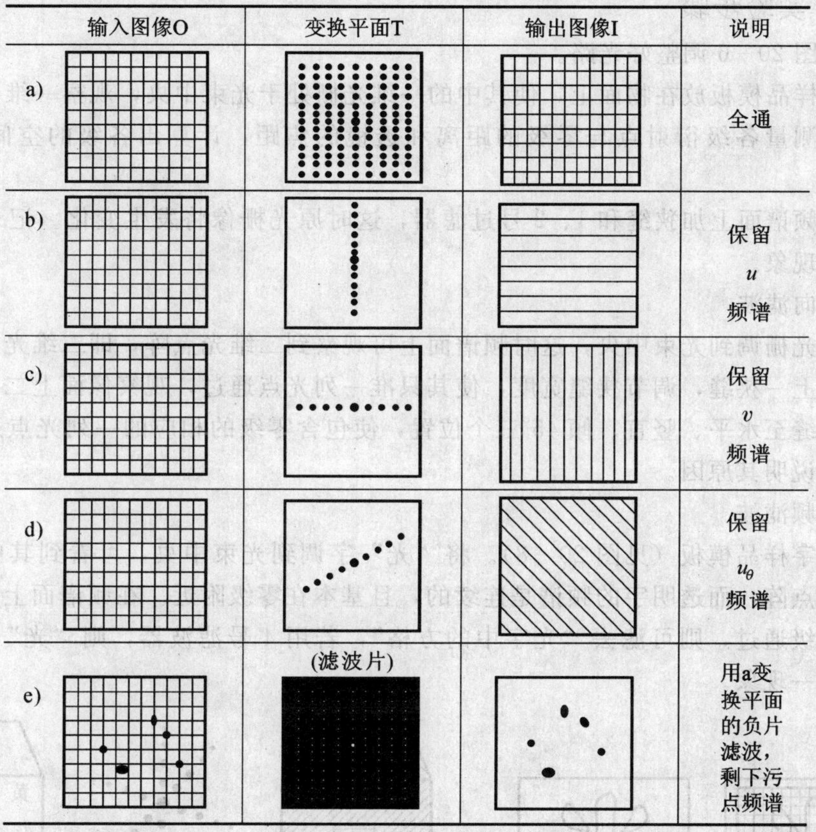

输入图像O
变换平面T
输出图像I
说明
a)
全通
b)
保留
u
频谱
c)
保留
v
频谱
d)
保留
u_θ
频谱
e)
(滤波片)
用a变换平面的负片滤波，剩下污点频谱

图 20-5　空间滤波实例

20.5　实验方案

实验光路图如图 20-6 所示。激光经透镜 L_1 和 L_2 后，变成扩束平行光。像屏为帖在墙上的白纸，它与 L_3 的距离应大于 2m。将样品（如一维光栅）放在物面上，调节 L_3 的前后位置，使像屏上得到清晰的光栅像。用另一屏在频谱面前后移动，则在某一位置可见到最清晰的水平排列的亮点，它即为一维光栅的频谱，此时该屏的位置，即为焦平面（频谱面）。

激光器
L_1
L_2
物面
L_3
频谱面
像面
f_1+f_2
f_3

图 20-6　实验光路图

5
1
3
4
2

图 20-7　滤波器模板

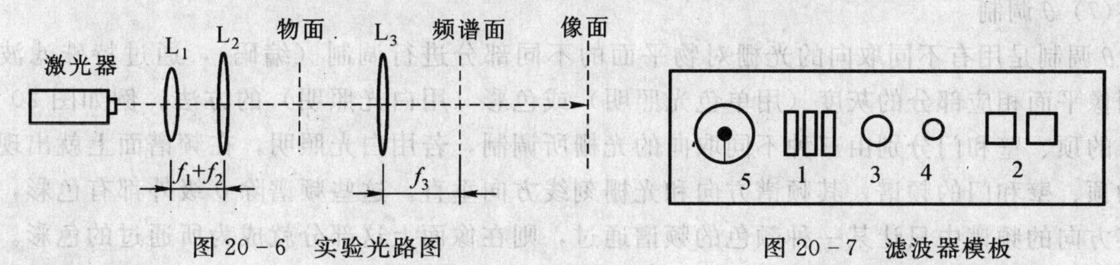

将5个不同的滤波器集成在滤波器模板上，模板的形状如图20-7所示。其中，“1”是三个长方孔，中间一个孔只让零级光通过，两边的孔让2级光通过，1级光被滤掉。类似地，“2”是只让1级和2级通过的滤波器；“3”是高频滤波器（直径1mm的孔），只让零级通过；“4”也是高频滤波器，具有直径为0.4mm的孔；“5”是低频滤波器，将挡住零级光。

20.6 实验步骤

(1) 按图20-6调整好光路。

(2) 将样品模板放在物面上，使其中的一维光栅处于光束中央，观察一维光栅的频谱及光栅的像。测量各级衍射点与零级的距离和透镜的焦距，计算出各级的空间频率和光栅常量。

(3) 在频谱面上加狭缝和1、2号过滤器，这时原光栅像将发生变化。记录并定性解释所观察到的现象。

(4) 方向滤波

将二维光栅调到光束中央，这时频谱面上可观察到二维光点阵，即二维光栅的频谱。在频谱面上放上一狭缝，调节狭缝宽度，使其只准一列光点通过，观察像面上二维光栅像的变化。转动狭缝至水平、竖直、倾45°三个位置，使包含零级的相应的一列光点通过，记录像面变化，并说明其原因。

(5) 高频滤波

采用光字样品模板（见图20-8）。将“光”字调到光束中央，可看到其中小方格的频谱是分立的点阵，而透明字的频谱是连续的，且基本在零级附近。在频谱面上放入3号滤波器，只让零级通过，则可滤去“光字中的方格”，若用4号滤波器，则“光”字也变模糊，需能解释这一现象。

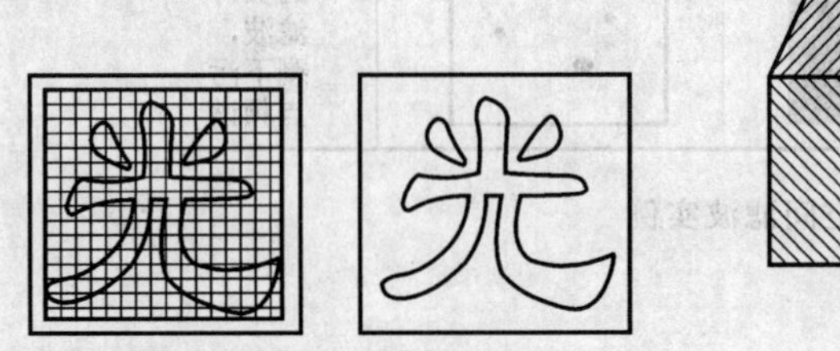

图20-8 “光”字样品

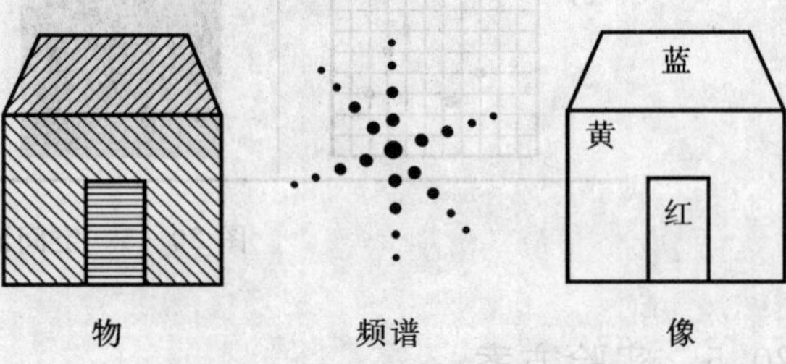

图20-9 小房子像的θ调制

(6) 低频滤波

将透明十字调到光束中央，它的频谱中既有高频也有低频，使用5号滤波器挡住0级，则像面上十字的轮廓被突出，也需能解释这一现象。

(7) θ调制

θ调制是用有不同取向的光栅对物平面的不同部分进行调制（编码），通过特殊滤波器控制像平面相应部分的灰度（用单色光照明）或色彩（用白光照明）的方法。例如图20-9房子的顶、壁和门分别由三种不同取向的光栅所调制，若用白光照明，在频谱面上就出现房子的顶、壁和门的频谱，其频谱方向和光栅刻线方向垂直。这些频谱除0级外都有色彩，如果某方向的频谱中只让某一种颜色的频谱通过，则在像面上这部分就成为所通过的色彩。如对顶、壁和门，分别只让其蓝、黄、红颜色的频谱通过，则像面上就会出现蓝顶、黄壁和红

门的彩色图像。

θ 调制的滤波器可用在纸上扎孔或抹去烟熏玻璃上的烟黑制备。

20.7 实验中的注意事项

（1）光路调整要仔细，保证各元件共轴和透镜间距合适，以产生高质量平行光束。

（2）所用样品要垂直放在平行光束中央。滤波模板的位置要准确。

（3）仔细调节物镜的位置，使屏上得到最清晰的像。

（4）样品模板上的样品，不能用手指摸和擦。

20.8 实验报告

（1）按第一部分对实验报告的要求，写出实验总结报告。

（2）观察一维光栅的频谱及光栅的像。测量各级衍射点与零级的距离和透镜的焦距，计算出各级的空间频率和光栅常量。

（3）试证明±1，±2，…级衍射点代表空间频率分别为：$\pm u_0$，$\pm 2u_0$，…的衍射光波，其中 $u_0 = 1/d_0$，d_0 为光栅常量。

（4）一透镜焦距为 10cm，在其前焦面上放一个 100 条/mm 的光栅，用波长为 632.8nm 的平行光入射。试计算后焦面上±1，±2，±3 级衍射极大点的空间频率及相邻极大点的间距。

（5）写出进行方向滤波情况，说明像面变化的原因。

（6）写出进行高频滤波情况，解释实验中的现象。

（7）写出进行低频滤波情况，解释实验中的现象。

（8）写出 θ 调制的滤波器制作及进行 θ 调制情况，解释实验中的现象。

20.9 思考题

（1）如果不用相干平行光照明，阿贝成像原理是否仍然成立？

（2）如何从阿贝成像原理来理解不能用无限提高放大率的办法来提高显微镜的分辨率？你认为有哪些方法可以提高显微镜的分辨率？

（3）试述高、低频滤波可以应用于什么方面？

实验 21 电光调制器的特性测试及应用

21.1 实验目的

（1）了解晶体的电光效应，学会电光调制器的调整。

（2）学会对光控调制器的性能测试，测试半波电压、调制度、消光比等。

（3）通过利用光控调制器的光通讯实验，了解光控调制器的应用。

21.2 实验内容

（1）电光调制器的调整。

（2）半波电压测试及静态响应曲线的描绘。

（3）倍频响应观察及线性调制时的调制度测量。

（4）消光比的测试。

（5）利用光控调制器进行光通讯实验。

21.3 实验设备与器材

(1) 光具座　1副
(2) He-Ne激光器　1台
(3) 示波器　1台
(4) 起偏器与检偏器　各1只
(5) 电光调制器及调制电源　各1
(6) 直流高压电源　1台
(7) 万用表　1台
(8) 检流计　1台
(9) λ/4波片　2只
(10) 光电接收器件及放大器　各1
(11) 收录机　2台

21.4 实验基本原理

1. 电光调制器的工作原理

外电场加到光学介质上引起介质折射率的变化，就称为电光效应。具有电光效应的材料有半导体、绝缘晶体和有机聚合物。具有电光效应的电光晶体有铌酸锂（$LiNbO_3$）晶体、砷化镓（GaAs）晶体、钽酸锂（$LiTaO_3$）晶体以及半导体硅等。显然，利用某些物质的电光效应可以制成电光器件。

一般，电光效应有两种：一种是折射率的变化量与外电场强度的一次方成正比例，称为泡克耳斯（Pockels）效应；另一种是折射率的变化量与外电场强度的平方成比例，称为克尔（Kerr）效应。光在晶体中的传播特性由折射率椭球完全描述，因此电场对光学介质的作用就是使介质折射率椭球主轴的大小和方向改变了。

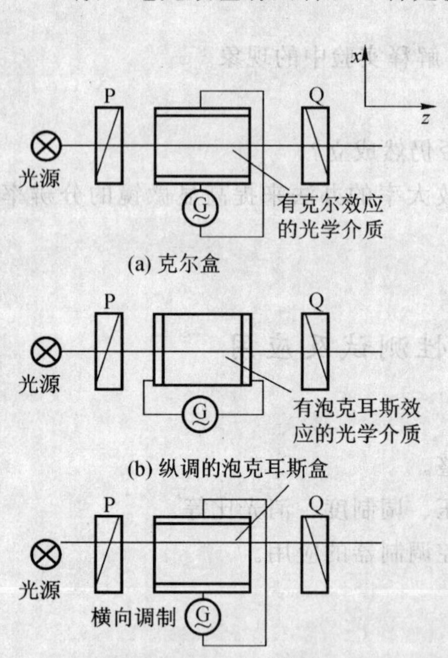

图 21-1　几种电光调制器的基本结构形式
P—起振器；Q—偏振器

具有电光效应的材料，在外电场的作用下，材料的折射率随之发生变化，从而使同时通过该材料的光波的参量（如幅度、相位等）也发生改变，而获得光调制信号，这样制成的光控制器件，就是电光调制器。

利用泡克耳斯效应制成的调制器，称为泡克耳斯盒，其中的光学介质为非中心对称的压电晶体。泡克耳斯盒又分为纵向调制器和横向调制器两种。利用克尔效应制成的调制器，称为克尔盒，其中的光学介质为具有电光效应的液体有机化合物。上述三种调制器的基本结构形式，如图21-1所示。

在图21-1（a）中，当不给克尔盒加电压时，盒中的介质是透明的，各向同性的非偏振光经过起振器P后变为振动方向平行于P光轴的平面偏振光，当通过克尔盒时，其振动方向不变。在光路中起偏器P和

检偏器 Q 的光轴安装时调成彼此垂直，当光到达检偏器 Q 时，因光的振动方向垂直于 Q 的光轴而被阻挡，所以 Q 没有光输出；当给克尔盒加电压时，盒中的介质因有外电场的作用而具有单轴晶体的光学性质，光轴的方向平行于电场。这时，通过它的平面偏振光则改变其振动方向。因此，经过起偏器 P 产生的平面偏振光，通过克尔盒后，振动方向就不再与 Q 光轴垂直，而是在 Q 光轴上有光振动的分量，所以此时 Q 就有光输出了。Q 的光输出强弱，与盒中介质的性质、几何尺寸、外加电压的大小等因素有关。对于结构已确定的克尔盒来说，如果外加电压是周期性变化的，则 Q 的光输出，必然也是周期性变化的，因而可实现对输出光偏振和强度的调制。图 21 - 1 (b)、(c) 为泡克尔斯型电光调制器（纵调与横调），其工作原理与 21 - 1 (a) 相同。

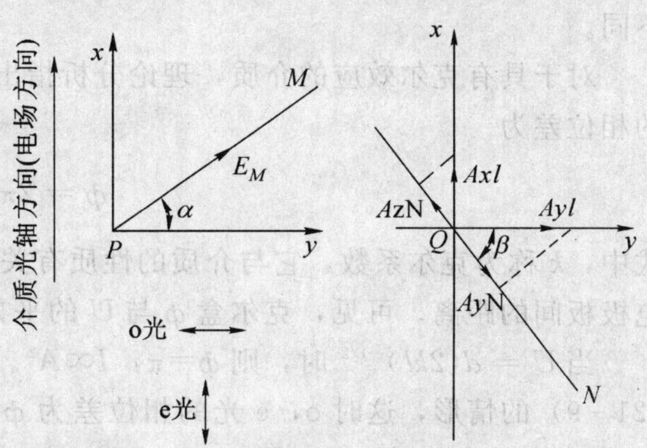

图 21 - 2　起偏器 P 和检偏器 Q 及光传播方向等的方位关系图

图 21 - 2 示出了上述几个偏振量的方位关系。其中，光的传播方向平行于 z 轴（垂直于纸面向里）；M 和 N 分别为起振器 P 和检偏器 Q 的光轴方向，二者彼此垂直；α 为 M 与 y 轴的夹角，β 为 N 与 y 轴的夹角，$\alpha+\beta=\pi/2$；外电场使克尔盒中电光介质产生的光轴方向平行于 x 轴；o 光垂直于 xz 面，e 光在 xz 面内。

设自然光经过 P 后产生的平面偏振光为

$$A_M = A\sin\omega t \tag{21-1}$$

由于此光的传播方向垂直于介质光轴，因此它通过介质时产生双折射。但是，o 光和 e 光在介质中的折射率不同，而且 o 光的振动方向垂直于主截面（光轴与光线所构成的平面），e 光的振动方向在主截面内，所以 o 光和 e 光在介质中的传播速度不同。这两种光在介质的输入端是同相位的，而通过一定厚度的介质到达输出端时，将会产生一定的相位差。因此，o 光和 e 光在介质输出端的光波振幅表达式为

$$A_{xl} = A\sin\omega t\sin\alpha \quad (\text{e 光}) \tag{21-2}$$

$$A_{yl} = A\sin(\omega t+\phi)\cos\alpha \quad (\text{o 光}) \tag{21-3}$$

式中，下标 l 代表介质厚度；ϕ 代表 o，e 光通过厚度为 l 的介质后所产生的相位差。

当 o，e 光到达检偏器 Q 时，只有平行于检偏器 Q 光轴 N 的分量能通过，垂直于 N 的分量则被阻挡。所以，通过检偏器 Q 的光波振幅为

$$A_{xN} = -A_{xl}\sin\beta \tag{21-4}$$

$$A_{yN} = A_{yl}\cos\beta \tag{21-5}$$

它们在 N 方向的合量为

$$A_N = A_{xN} + A_{yN} = A[\sin(\omega t+\phi)\cos\alpha\cos\beta - \sin\omega t\sin\alpha\sin\beta] \tag{21-6}$$

改变 P 和 Q 的相对方位设置，可以控制输出 A_N。可以证明，当 $\alpha=\beta=\pi/4$ 时，输出最强，此时上式变为

$$A_{Nm} = A\sin(\phi/2)\cos(\omega t+\phi/2)$$
$$= A_0\cos(\omega t+\phi/2) \tag{21-7}$$

式中，$A_0 = A\sin(\phi/2)$ 为通过检偏器 Q 的光振动的振幅。

由于发光强度 I 正比于振幅的平方，于是有

$$I \propto A_0^2 = A^2 \sin^2(\phi/2) \tag{21-8}$$

式（21－8）对于克尔盒和泡克尔斯盒都适用，其中的相位差 ϕ 随盒中介质的不同而不同。

对于具有克尔效应的介质，理论分析指出，o 光和 e 光通过厚度为 l 的介质后，所产生的相位差为

$$\phi = 2\pi kl\left(\frac{U}{d}\right)^2 \tag{21-9}$$

式中，k 称为克尔系数，它与介质的性质有关；U 为加到克尔盒两电极板上的电压；d 为两电极板间的距离。可见，克尔盒 ϕ 与 U 的平方成线性关系。

当 $U = d(2kl)^{-1/2}$ 时，则 $\phi=\pi$，$I \propto A^2$。这是给克尔盒加电压，而所加的电压又满足式（21－9）的情形，这时 o，e 光的相位差为 $\phi=\pi$，Q 有最大的光输出。o，e 光相位差等于 π，相位的光程差为 $\lambda/2$，即 $(n_e - n_o)l=\lambda/2$。这时克尔盒的作用，相当于一个 1/2 波片。所以，将满足这一条件的电压称为半波电压，记以 $U_{\lambda/2}$ 或 U_π。

2. 电光调制器的主要性能参数

（1）半波电压 $U_{\lambda/2}$（或 U_π）

$U_{\lambda/2}$ 是使调制器光输出达到最大时所需的电压，这个电压自然是越小越好。这样，既便于操作，又可减少电功率的损耗，避免器件发热。

（2）透光率

调制器的光输出 I_o 与光输入 I_i 之比称为透过率。一般，用调制器的透过率来描述线性调制器的转换特性。对于线性调制器，要求转换效率高与信号不失真，调制器的透过率与调制电压应有良好的线性关系。

当 $U=U_{\pi/2}$，泡克尔斯盒的作用相当于一个 $\lambda/4$ 波片。所以，为了使静态工作点能设在直线区，常如图 21－3 所示，在泡克尔斯盒和偏振器 Q 之间插入一个 $\lambda/4$ 波片，这样即可得到与偏压 $U_{\pi/2}$ 相同的效果。图 21－4（a）与（b），对比示出了泡克尔斯盒加 $\lambda/4$ 波片与不加

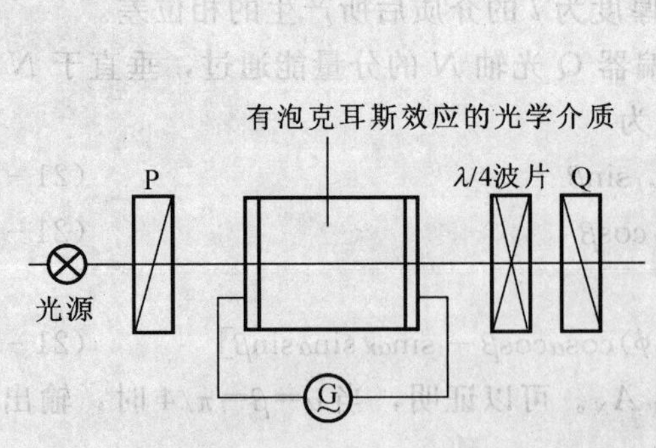

图 21－3　加 $\lambda/4$ 波片的泡克尔斯盒示意图

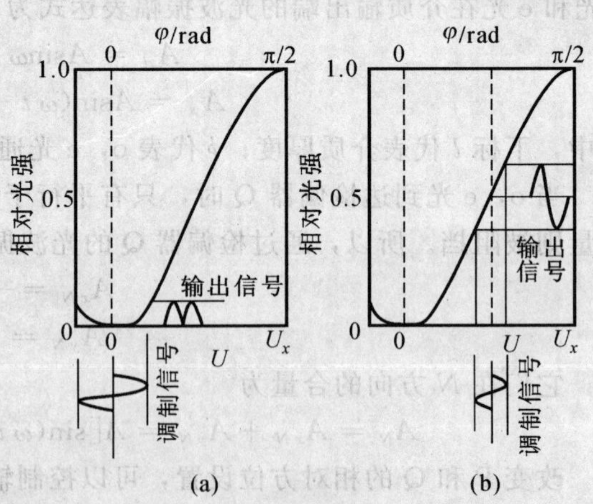

图 21－4　泡克尔斯盒加 $\lambda/4$ 波片与不加 $\lambda/4$ 波片的区别

(a) 不加 $\lambda/4$ 波片 (b) 加 $\lambda/4$ 波片

$\lambda/4$ 波片的区别。

(3) 调制带宽 Δf

调制带宽 Δf 与调制器的等效电容有关，在低频时，Δf 与调制功率成正比。这就要求光波在晶体中渡越时间 t_d 要远小于调制信号的周期 T，即

$$t_d = l \cdot \frac{n}{c} \ll T = \frac{1}{f} \tag{21-10}$$

式中，l 为晶体长度；n 为晶体的折射率；c 为真空中的光速；f 为调制频率。

因此，对于一定的调制器，有一最高调制频率

$$f_{\max} = \frac{c}{4\pi l} \tag{21-11}$$

(4) 消光比

通常，调制器要求具有高的消光比。

消光比的定义是检偏器的最大输出与最小输出之比，即 $I_{\max}/I_{\min}$。由于吸收、反射、散射等损耗，$I_{\max}$ 总是小于入射光强，而 $I_{\min}$ 是与光束的发散角、晶体的剩余双折射、晶体的厚度和均匀性、电场的均匀性以及与偏振器的调整等因素有关。

目前，对单色、小发散角的激光束来说，消光比可达 100～10000。

常用的泡克尔斯器件是 KDP 与 KD^*P，后者的外加电压比前者要低一半。虽然克尔效应的弛豫时间极短，约 ns 量级，可跟得上 10^{10} Hz 的电压变化，因而是理想的高速电光开关。但其半波电压高达数万伏，如对宽约 1cm，长为 4～8cm 的硝基苯克尔盒，其半波电压为 30kV，比泡克尔斯盒的半波电压高出 5～10 倍。因此，目前大多采用泡克尔斯效应的电光介质。

21.5　电光调制器的调整

1. 电光调制器及其调整设备

电光调制器由 4 块 DKDP 晶体光学上串联、电学上并联所组成的纵向调制器。其主要指标为：

通光孔径	ϕ 3mm
工作频率	0～100MHz
半波电压	DC 300～900V
消光比	＞500∶1
透过率	＞85％
静态电容	＜12pF
最高使用电压	DC 930V

在进行有关性能测试和各项电光调制实验之前，必须精确调整电光调制器，使电光晶体的光轴（z 轴）与激光束平行，晶体的 x 轴（或 y 轴）与入射线偏振光的偏振方向平行或垂直。

调整所用设备如图 21－5 所示。

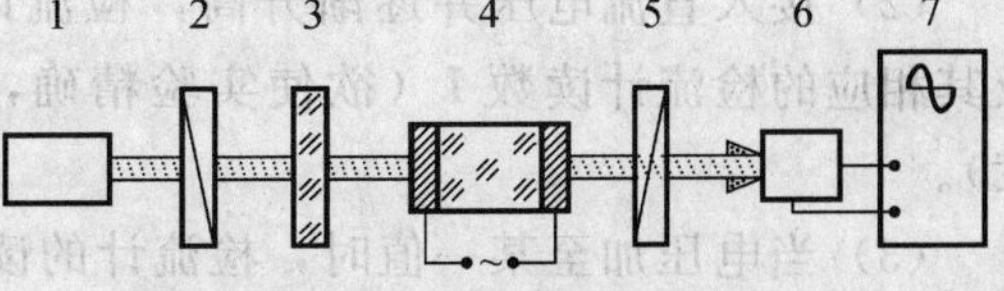

图 21－5　电光调制器调整安排框图

1. He—Ne 激光器　2. 起偏器　3. $\lambda/4$ 波片　4. 电光调制器及调制电源　5. 检偏器　6. 光探测器　7. 示波器

2. 电光调制器的调整步骤

(1) 在光路中放入起偏器和检偏器，旋转

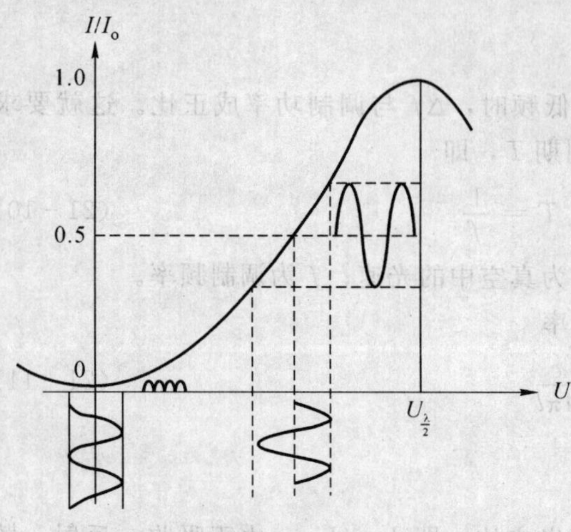

图 21-6 外加电压与透过率的关系

检偏器使输出光最暗（此时两偏振器的偏振轴正交）。

(2) 在起偏器和检偏器之间放入装在可调支架上的电光调制器，在检偏器后插入白色光屏，在晶体前插入平行度较好的毛玻璃板或镜头纸，则在光屏上观察到由调制器孔径限制的红色光场，光场上有黑十字干涉图样和一小红色两点。

(3) 调整支架方位使小红亮点处于黑十字丝中心，并使黑十字丝在红色光场中上下左右对称。

(4) 放入 $\lambda/4$ 波片，并绕光束旋转使检偏器的输出光强最大。

(5) 接入交流调制电压（不大于200V），在示波器上便可观察到调制光的波形。仔细绕光轴旋转调制器（小心触电!），使不失真波形幅度最大。

21.6 主要性能测试步骤

1. 半波电压测试及静态响应曲线的描绘

半波电压 $U_{\frac{\lambda}{2}}$ 是电光调制器的重要参数之一，定义为使晶体内两偏振光波的总相位延迟 δ 为 π 弧度所需要的外加电压（参见图 21-6）。测试所需设备及光路安排见图 21-7。

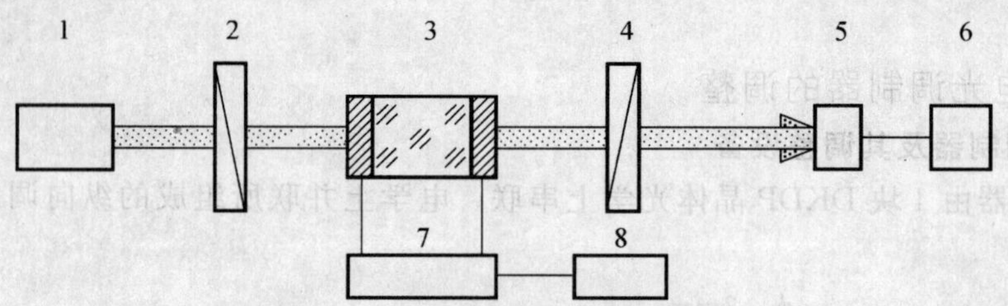

图 21-7 调制器性能测试安排框图

1—He—Ne 激光器 2—起偏器 3—电光调制器 4—检偏器
5—光电转换器件 6—检流计 7—直流高压源 8—电压计

测试步骤如下：

(1) 按前述内容精确调整电光调制器。

(2) 接入直流电压并逐渐升高，检流计的偏转格值亦随之增大，记下每次的电压值 U 及其相应的检流计读数 I（欲使实验精确，在曲线拐点附近时，所加电压值的间隔不要太大）。

(3) 当电压加至某一值时，检流计的读数最大，此时的电压即为调制器的半波电压（约 830～900V）。

(4) 撤除直流电压，旋转检偏器使检流计的读数最大，并记下此时读数 I_0。

(5) 以电压 U 为横坐标，以相对输出光强 I/I_0 为纵坐标，便可绘制出电光调制器的静态响应曲线。

试验中所用的检流计如果动态范围不够，可在光路中插入标准减光板衰减入射光束。

2. 倍频响应观察及线性调制时的调制度测量

DKDP 晶体在本质上是一种非线性组件，只有选择合适的工作点才能得到线性调制(参见图 21-6)。所有这些现象都可在实验中观察到。

实验设备及光路安排见图 21-5。实验具体步骤如下：

(1) 按前述电光调制器的调整方法，精确调整电光调制器，并在示波器上可观察到线性调制波形。$\lambda/4$ 波片的作用在于预先加上 $\pi/2$ 的相移，使调制器工作于近似线性区。

(2) 改变调制电压的大小，示波器上的波形亦随之变化，当波形为等幅不失真正弦波时，可计算出此时的调制深度 m。

$$m=\frac{I_{\max}-I_{\min}}{I_{\max}+I_{\min}} \tag{21-12}$$

式中，$I_{\max}$ 为正弦调制波的最大值，$I_{\min}$ 为正弦调制波的最小值。

(3) 撤除 $\lambda/4$ 波片，便可从示波器上观察到幅值很小的倍频波形。如果倍频波形上下对称性不理想，可以微调调制器的倾斜方位，以得到整齐的倍频波形。

3. 消光比测量

消光比是衡量晶体质量和加工装置优劣的性能参数，高消光比有利于提高信噪比。消光比定义为调制器的最大输出光强与最小输出光强之比值 $I_{\max}/I_{\min}$。

测量消光比所用设备及光路安排如图 21-7 所示（不加直流高压）。其测量步骤如下：

(1) 按前述方法精确调整调制器，这一步骤对准确测量消光比是极为重要的。

(2) 在起偏器正交时检流计的读数作为 $I_{\min}$。

(3) 旋转检偏器使检流计读数最大，此时检偏器与起偏器的偏振轴相互平行。此最大读数作为 $I_{\max}$。

(4) 求出消光比$=I_{\max}/I_{\min}$。

4. 开路光通信实验

开路光通信实验所需设备及光路安排，如图 21-9 所示。

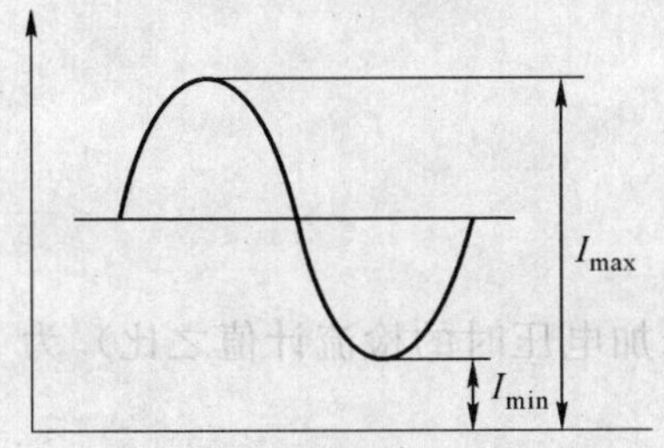

图 21-8　调制深度的计算

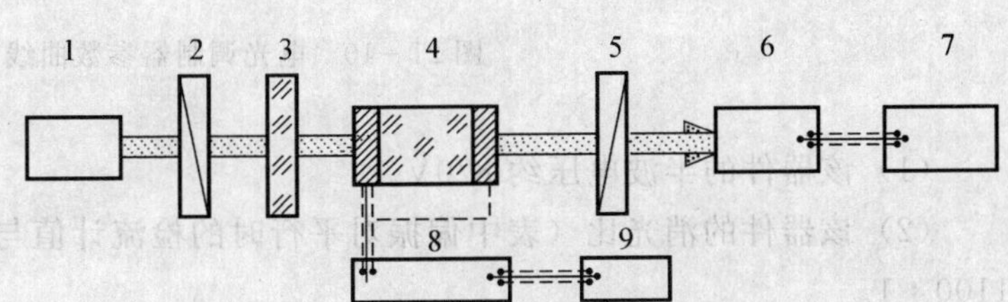

图 21-9　开路光通信实验框图

1—He—Ne 激光器　2—起偏器　3—$\lambda/4$ 波片　4—电光调制器　5—检偏器　6—光电接收放大器　7—检流计　8—调制电源　9—收录机

实验步骤如下：

(1) 按前述方法调整电光调制器。

(2) 用本仪器所提供的调制电源、光电接收放大器及连接线按图所示作如下连接：用一根连接线连接一台收录机的外接扬声器插孔与调制电源的电光输入孔；用另一根连接线连接另一台收录机的外录输入孔及光电接收放大器的输出孔；再用另一根连接线连接电光调制器及调制电源电光输出孔。

（3）启动第一个收录机收听广播或放磁带，按下第二个收录机的录音键或放音键，便能听到清晰的广播或音乐。

（4）遮挡激光束，声音将中断，表明音频信号是通过电光调制后，再经检波放大后得到的。

21.7 典型测试资料

1. 典型性能数据

表 21-1 各调制器主要性能参数

调制器	透过率	消光比	半波电压	静态电容
No. 1	91%	1120：1	860V	6. 6pF
No. 2	88%	1000：1	800V	6. 2pF
No. 3	88%	900：1	870V	6. 2pF

由图 21-10、表 21-1 可见

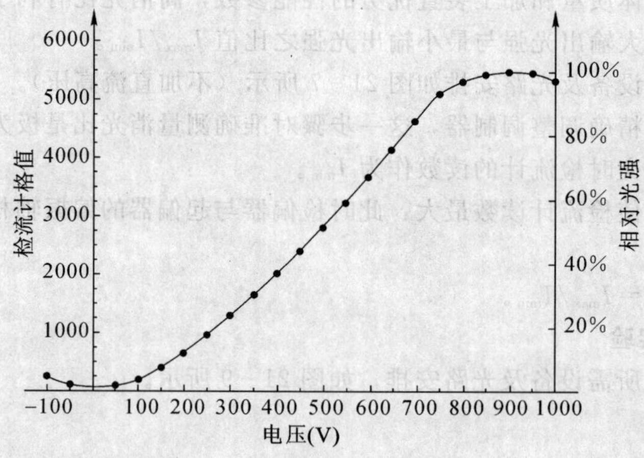

图 21-10 电光调制器参数曲线图

（1）该器件的半波电压约 870V。

（2）该器件的消光比（表中偏振对平行时的检流计值与未加电压时的检流计值之比）为 1100：1。

（3）曲线的线性区，约占曲线的 70%左右。

2. 电光效应的典型参数

表 21-2 电光效应的静态响应

电压 (*U*)	−100	−50	0	15	40	50	75	100	125	150	175	200	225	250	275	300
检流计值（格）	140	20	5	6.5	10	20	60	122	220	300	400	520	670	815	1050	1240

续表

相对光强(%)	2	0.4	0.09	0.1	0.2	0.4	1.1	2.2	3.9	5.4	7.2	9.3	12.0	14.6	18.8	22.2
电压(U)	325	350	375	425	500	550	600	650	700	750	800	850	870	900	950	偏振对平行时
检流计值(格)	1500	1750	2000	2480	3150	3680	4150	4650	5050	5250	5380	5430	5550	5450	5400	5580
相对光强(%)	26.9	31.4	35.8	44.4	56.5	66.0	74.3	83.3	90.5	94.1	96.4	97.3	99.5	97.5	96.8	100

21.8 实验报告

(1) 按第一部分对实验报告的要求及内容写出实验总结报告。

(2) 写出精确调整电光调制器的方法。

(3) 求出调制器的半波电压值，绘制出电光调制器的静态响应曲线。

(4) 写出所观察倍频响应情况，求出线性调制时的调制度。

(5) 求出消光比。

(6) 写出电光调制器用于光通信的。

21.9 思考题

(1) 为什么要精确调整电光调制器？

(2) 电光调制器有什么特点？除用于光通信外，还可用在什么地方？

实验 22 单频光相干的条纹接收与检测

22.1 实验目的

(1) 了解利用迈克尔逊干涉仪进行干涉测长的原理。

(2) 学会迈克尔逊干涉仪的光路调整。

(3) 研究使用光电探测器件接收干涉条纹的方法。

(4) 学会利用观察示波器荧光屏上的李萨如图，来判断迈克尔逊干涉仪移动反射镜的运动方向。

22.2 实验内容

(1) 学会进行迈克尔逊干涉仪的光路调整，了解进行干涉测长的原理。

(2) 学会使用光电探测器件接收干涉条纹的方法。

(3) 学会判断迈克尔逊干涉仪可动反射镜的移动方向，并求出移动量。

22.3 实验使用的仪器和器材

(1) 迈克尔逊干涉仪	1 台
(2) 低频示波器	1 台
(3) 直流稳压电源	1 台
(4) 可逆计数器	2 台
(5) 光电三极管 (3DU51)	2 支

(6) 晶体三极管　　10 支
(7) 电阻、电容器　　若干
(8) 稳压二极管（2CW13）　　2 支

22.4 实验原理

1. 单频光相干的条纹检测

在使用窄光束单频光照明的干涉测量中，干涉条纹的检测是用单元光电器件在较小的空间范围内进行的。检测的对象是干涉条纹波数或相位随时间的变化。这是一维空间单频光的相位调制，适用于被测对象是物体的整体位移或运动的场合。在另外的情况下，当激光束扩束成平行光照射到被测物体时，会形成由于干涉条纹组成的平面干涉图。它反映了被测物面微观面形的几何参量变化，这是二维空间单频光的相位调制。这种干涉图样的判读，通常采用扫描图像测量。这种方法对干涉图的判读，是依据干涉条纹的光强分布，某点处条纹的空间相位是从周围条纹分布的比较中得到的。因此，它的空间分辨率和相位分辨率，就受到限制，使干涉测量的实际精度不超过 $\lambda/20$。在 20 世纪 70 年代，有了各种可直接进行相位检测的干涉图测量技术。其基本原理是，对两束相干光相位差引入时间调制，使干涉图上各点处的光学相位，变换为相应点处时序电信号的相位变化。利用扫描或阵列探测器，可分别测得各点的时序变化，从而就能以优于 $\lambda/100$ 的相位精度和 100 线/mm 的空间分辨率，测得干涉图的相位分布。这些干涉图测量法，包括锁相干涉和扫描干涉测量。它们为干涉测量开辟了实时、数字、高分辨的新领域，在全息与散斑干涉图的测量中，也得到了应用。

干涉条纹时序变化的检测可采用下列光电方法：条纹光强检测法、条纹比较法和条纹跟踪法。本实验采用条纹光强检测法。

2. 条纹光强检测法

所谓条纹光强检测法，主要利用光学干涉仪的双光束或多光束的干涉作用，以光电元件直接检测条纹或同心圆环形干涉条纹的光强变化，而实现测量。图 22－1 给出了一维干涉测长的实例。当角反射镜 M_2 随被测物移动 $\lambda/2$ 时，干涉条纹的光强就发生一个周期变化。采用光电接收器计数干涉条纹数目的增减和条纹间隔间的相位关系，即能确定被测物的位置变化。

用光电接收器检测干涉条纹，其输出的光电信号的质量，不仅取决于干涉条纹的光强对比度，而且在很大程度上决定于接收器的光阑尺寸和干涉条纹宽度之间的比例关系。图 22－1 表示了均匀照明光产生的干涉条纹光强分布。在 A－A 截面上的强度分布可简化表示成

$$I = I_0 + I_m \cdot \cos x \tag{22-1}$$

式中，I_0 是直流分量；I_m 是交变分量的幅值；x 是干涉平面上的坐标值。当采用缝状光阑，且其横向尺寸 d 小于光斑直径 $2R$ 时，光电接收器产生的光电信号交变分量的幅值 U_Φ 可表示为

$$\begin{aligned} U_\Phi &= K_\Phi I_m \cdot L\int_{-\frac{\pi d}{D}}^{+\frac{\pi d}{D}} \cos x \mathrm{d}x \\ &= 2K_\Phi I_m L \sin\frac{\pi d}{D} \end{aligned} \tag{22-2}$$

式中，K_Φ 是光电接收器的灵敏度；d、L 是光阑的宽度和长度；D 为干涉条纹的间距。

显然，当 d 为$\frac{D}{2}$时，式（22－2）中的正弦函数 $\sin\frac{\pi}{2}=1$，因而光电接收器输出端的交

变信号的幅值 U_φ 最大。所以，最佳光阑 d 的尺寸值即应满足如下关系

$$d=\frac{1}{2}D \qquad (22-3)$$

此外，在干涉条纹宽度 D 本身允许调节的情况下，计算和实验表明，不论是采用均匀分布的照明光束，还是采用单模激光光束，在截面上的辐射强度呈高斯分布时，增大干涉条纹的间距，都有利于提高信号检测的对比度和增大交变分量的幅值。

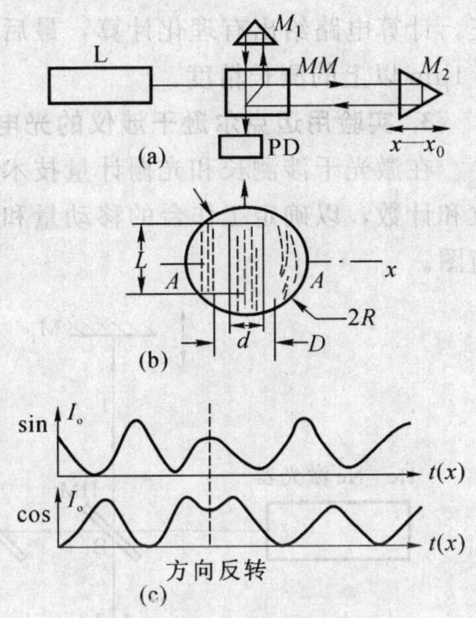

图 22-1　条纹光强的光电测量

在多数情况下，为了消除振动的干扰和进行双向测长，干涉测量需要采用可逆计数。这就要求检测装置提供彼此正交的两路交变信号。它们的信号波形表示在图 22-1（c）中，将此二信号二值化之后，送入可逆的电子计数器中，即能进行双向位移的测量。通常的可逆计数器具有四倍频细分的能力。当采用 $\lambda=0.6238\mu m$ 的稳频 He—Ne 激光器作照明光源时，可得到 $\lambda/8=0.0791\mu m$ 的位移分辨率。相对误差小于 10^{-6}。当要求更高的分辨率时，应该采用光学或电子细分技术。此外，为了示值直观，对非有理数的光波波长基准，在当量运算时要进行有理化处理，这可以通过计算电路或计算机自动进行。

一种数字式激光干涉仪的原理，如图 22-2 所示。图中，激光器 1 产生的相干光束经扩束镜 2 在半透明反射镜 3 上被光束分束。其中，反射光被光电元件 5 接收后，产生的光电信号通过激光电源控制器对激光器进行频率稳定和功率稳定；透射光束则由半反射镜 6 分束。由反射镜 A 反射的是参考光束；经活动角反射镜 4 和固定反射镜 B 反射的是测量光束。二个相干光束在二个光电检测器Ⅰ和Ⅱ上，分别形成干涉条纹。调整二检测器的相互位置，使处于干涉条纹空间分布周期的四分之一位置上，以便得到相差 90°电相位的二路光电信号。光电检测器输出的光电信号，经前置放大、抵消直流分量、整形、辨向、细分倍频的电路处

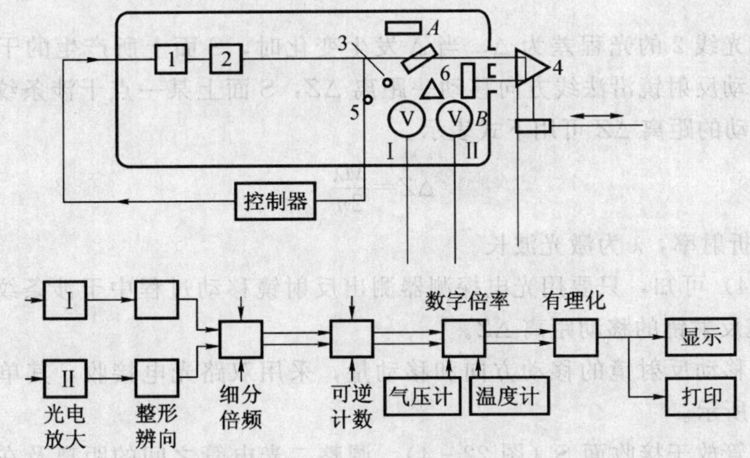

图 22-2　数字式激光干涉仪原理示意图

理后，得到代表被测物体位移方向的加减计数脉冲，再通过可逆计数器累计计数脉冲。在数字倍率计中，通过气压计和温度计，对影响测量精度的空气折射率和环境因素，作精确修正。计算电路给出有理化计算，最后显示和打印出实测的位移值，其实际的测量装置能得到0.1μm以上的测长精度。

3. 实验用迈克尔逊干涉仪的光电接收原理

在激光干涉测长和光栅计量技术中，需要对亮暗随工作台移动而变化的干涉条纹进行接收和计数，以确定工作台的移动量和移动方向。图22-3为迈克尔逊干涉仪的光电接收原理简图。

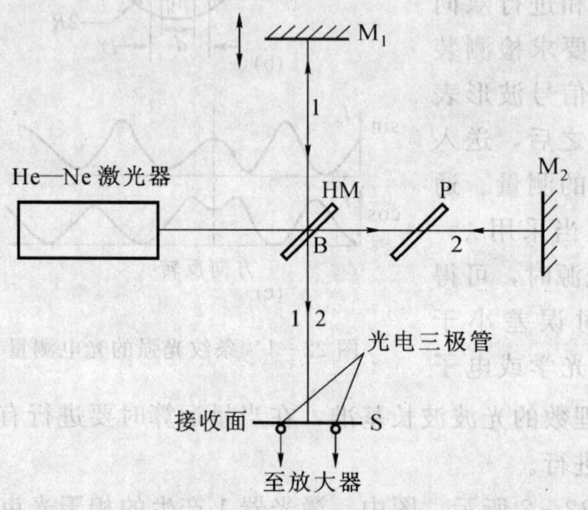

图22-3　迈克尔逊干涉仪的光电接收原理图

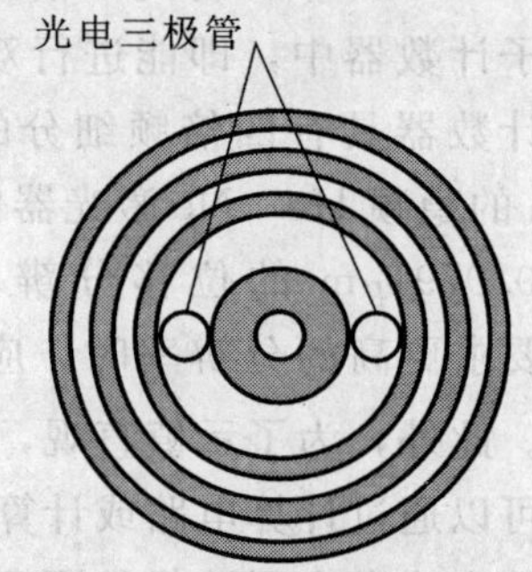

图22-4　接收面S上的干涉环

在图22-3中，M_2 是固定反射镜，M_1 是可移动反射镜，HM是半透半反镜，P为补偿板，它使二光束通过玻璃板的次数相同，S为光电接收面。He—Ne激光器发出的激光在B处由HM分成二束，光线1和光线2。其中光线1经 M_1 反射，在透过HM，到达接收面S；而光线2经过补偿板P，由反射镜 M_2 反射，再经过补偿板P，最后经HM反射到达接收面S。光线1和光线2在S面进行干涉而形成明暗相同的圆环状干涉条纹，如图22-4所示。

设光线1和光线2的光程差为 Δ，当 Δ 发生变化时，S面上所产生的干涉条纹就会移动。如果将可移动反射镜沿法线方向移动一距离 ΔZ，S面上某一点干涉条纹移动的数目为 M，则反射镜移动的距离 ΔZ 可用下式表示。

$$\Delta Z=\frac{M\lambda}{2n} \tag{22-4}$$

式中，n 为空气折射率，λ 为激光波长。

由式（22-4）可知，只要用光电探测器测出反射镜移动过程中干涉条纹明暗变化的次数 M，就能知道反射镜的移动距离 ΔZ。

为了判断可移动反射镜的移动方向和移动量，采用双路光电接收，其单路光电接收线路，如图22-5所示。

将光电三极管放于接收面S（图22-4），调整二光电管之间的距离及在干涉环中的位置，可在二路接收线路的输出端获得对应于条纹明暗变化的方波信号。当二光电三极管位于

同一干涉环，且位置错开此环宽度的一半时，随着迈克尔逊干涉仪可动反射镜的移动，两路接收线路的输出端将输出频率相同，相位差 90°的方波信号，将这二路相位差 90°的方波信号通入可逆计数器。就可以判断迈克尔逊干涉仪可动反射镜的移动方向及其移动量。

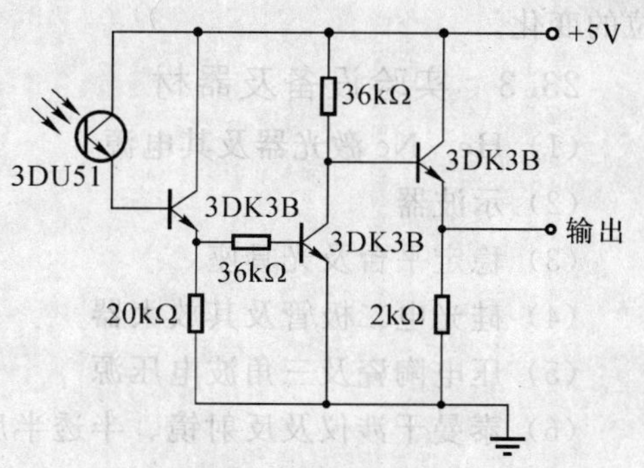

图 22－5　单路光电探测器接收线路图

22.5　实验线路

一般，为了判断可移动反射镜的移动方向和移动量，均采用双路光电接收。本实验单路光电探测器接收线路，如图 22－5 所示。

22.6　实验步骤

(1) 按图 22－5 安装光电接收线路。

(2) 调整迈克尔逊干涉仪，以获得适合光电三极管接收的环状干涉条纹。

(3) 将二个光电三极管对准干涉条纹的同一环，其中一支对准亮环正中，另一支对准亮环边缘。移动干涉仪可动反射镜，用示波器观察接收线路输出端的输出信号。

(4) 将二路输出信号，一路接入示波器 x 轴输入端，另一路接入 y 轴输入端，观察荧光屏上的李萨如图形。

(5) 将二路信号送入可逆计数器，记录干涉条纹的移动数，并判断反射镜的移动方向。

22.7　实验报告

(1) 按第一部分对实验报告的要求及内容，写出实验总结报告。

(2) 写出移动干涉仪可动反射镜，接收线路输出端的输出信号的情况。

(3) 写出并分析李萨育图形。

(4) 求出干涉条纹的移动数，并判断反射镜的移动方向。

22.8　思考题

(1) 单频光干涉条纹时序变化的检测有哪几种方法？各有何特点？

(2) 如何判断迈克尔逊干涉仪可动反射镜的移动方向及其移动量？

实验 23　双频光相干的光外差检测

双频光相干的光外差探测是一种对光波振幅、频率和位相调制信号的检波方法。而光波振幅、频率和位相的调制信号，因光频太高，不能直接被光电探测器所响应。采用光外差法，光电探测器可以以输出电信号的形式检出所需信息。

23.1　实验目的

(1) 通过实验，验证和掌握光外差探测原理。

(2) 通过实验，训练学生进行相干探测的实验能力。

23.2　实验内容

(1) 在信息仪平台上调整光路，了解外差法所必须的空间配准条件，也就是参考光束和物光束空间配准与接收口径之间的关系。

(2) 用外差法所得到的信号可表示插入透明物体的透过光波的复振幅，也就是振幅与相位的变化。

23.3 实验设备及器材

(1) He－Ne 激光器及其电源
(2) 示波器
(3) 稳定平台及光具座
(4) 硅光电二极管及其放大器
(5) 压电陶瓷及三角波电压源
(6) 泰曼干涉仪及反射镜、半透半反镜及透镜等
(7) 微调电位计
(8) 二维微调架
(9) 声光调制器与声频信号源

23.4 实验基本原理

光外差探测的基本原理是基于两束光的相干。必须采用相干性好的激光器作光源，在接收信号光时同时加入参考光（本地振荡光）。参考光的频率与信号光频率极为接近，使参考光和信号光在光电探测器的光敏面上形成拍频信号。只要光电探测器对拍频信号的响应速度足够高，就能输出电信号检出信号光中的调制信号来。

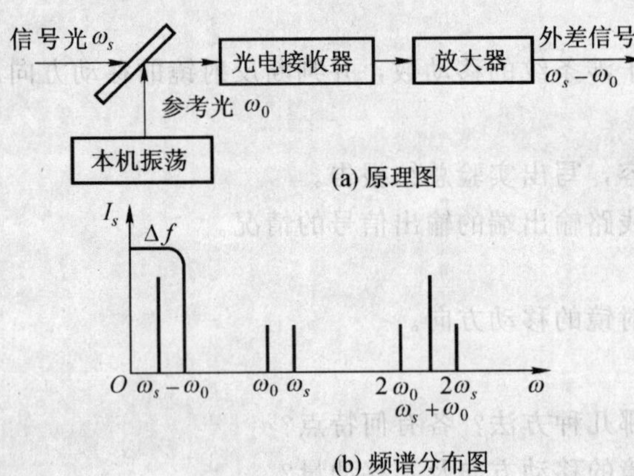

图 23－1 光学外差探测原理

光外差探测原理与微波及无线电外差探测原理相似。但由于光波比微波的波长短 $10^3 \sim 10^4$ 数量级，因而其精度亦比微波高 $10^3 \sim 10^4$ 数量级。与非相干检测的直接检测法相比，这种差频检测具有灵敏度高（比直接检测高 7～8 个数量级）、输出信噪比高、精度高、探测目标的作用距离远等优点，因而在精密测量中得到了广泛的应用。但它在远距离的大气中的光通信受到限制，因为激光受大气湍流效应的影响，破坏了激光的相干性。而在外层空间，特别是卫星之间的通信联系，已达到实用阶段。

1. 光外差探测的原理

光外差探测的原理，如图 23－1 (a) 所示。设入射的信号光波的复振幅和本机振荡的参考光波的复振幅分别为 $E_s = A_s\sin(\omega_s t + \varphi_s)$，$E_0 = A_0\sin(\omega_0 t + \varphi_0)$，由于光电倍增管或光电二极管等光电检测器件，在输入光强较弱的情况下，其光照特性具有平方律的性质，因而光电检测器输出的光电流 I_ϕ 为

$$
\begin{aligned}
I_\phi &= S(E_s + E_0)^2 \\
&= S[A_s\sin(\omega_s t + \varphi_s) + A_0\sin(\omega_0 t + \varphi_0)]^2 \\
&= S\Big\{\frac{A_s^2 + A_0^2}{2} - \frac{A_s^2}{2}\cos2(\omega_s t + \varphi_s) - \frac{A_0^2}{2}\cos2(\omega_0 t + \varphi_0) - \\
&\quad 2A_sA_0\cos[(\omega_s + \omega_0)t + (\varphi_s + \varphi_0)t] +
\end{aligned}
$$

$$2A_sA_0\cos[(\omega_s-\omega_0)t+(\varphi_s-\varphi_0)t]\} \tag{23-1}$$

由式（23－1）可知，在输出信号中，除直流分量外，在交变分量中包含有 $2\omega_s$、$2\omega_0$、$(\omega_s+\omega_0)$ 和 $(\omega_s-\omega_0)$ 等四个谐波成分。但只要 ω_s 和 ω_0 比较接近，则 $(\omega_s-\omega_0)$ 就比较小，因而处于光电检测器件的上限截止频率之内。其余的倍频项与和频项，会远远超出通频带之外。所以光电检测器件能单独分离出差频信号分量（或称中频）。于是可简化为

$$\begin{aligned} I_\phi &= 2A_sA_0\cos[(\omega_s-\omega_0)t+(\varphi_s-\varphi_0)t] \\ &= 2A_sA_0\cos(\Delta\omega t+\Delta\varphi) \end{aligned} \tag{23-2}$$

式中，$\Delta\omega=\omega_s-\omega_0=2\pi(f_s-f_0)$；$\Delta\varphi=\varphi_s-\varphi_0$；$f_s$ 和 f_0 是对应的光波频率；$\Delta\varphi=\varphi_s-\varphi_0$ 为双频光波的相位差。式（23－2）即为光学差频或光拍的表达式。

在外差干涉信号中，参考光束（又称为本机振荡光束或简称本振光）是两相干光的光频率和相位的比较基准。信号光可以是由本振光分束后经调制形成，也可以采用独立的相干光源保持与本振光波的频率跟踪和相位同步。前者多用于干涉测量，后者用于相干通信。不论哪种方式，由式（23－2）可知，在保持本振光的 A_0，f_0，φ_0 不变的前提下，外差信号的振幅 SA_0A_s、频率 $\Delta f=f_s-f_0$ 和相位 $\Delta\varphi=\varphi_s-\varphi_0$，可以表征信号光波的特征参量 A_s，f_s 和 φ_s，也就是说，外差信号能以时序电信号的形式，反映相干场上各点处信号波长的波动性质。即使是信号光的参量受被测信号调制，外差信号也能无畸变地精确复制这些调制信号。这一点，可以用简单的调幅信号加以说明。设信号光振幅 A_s 受频谱如图 23－2（a）中的调制信号 $F(t)$的调幅，则式（23－2）中的 $A_s(t)$为

$$A_s(t)=A_n[1+F(t)]=A_n[1+\sum_{n=1}^{M}m_n\cos(\Omega_nt+\varphi_n)] \tag{23-3}$$

式中，A_n 是调制信号的振幅；m_n，Ω_n 和 φ_n 分别是调制信号各频谱分量的调制度、角频率和相位。

将式（23－3）代入式（23－2）中，可得外差信号为

$$\begin{aligned} I_\phi &= SA_0A_n[1+\sum_{n=1}^{M}m_n\cos(\Omega_nt+\varphi_n)]\cos(\Delta\omega t+\Delta\varphi) \\ &= SA_0A_n\cos(\Delta\omega t+\Delta\varphi)+SA_0A_n\sum_{n=1}^{M}\frac{m_n}{2}\cos[(\Delta\omega+\Omega_n)t+(\Delta\varphi+\varphi_n)]+ \\ &\quad SA_0A_n\sum_{n=1}^{M}\frac{m_n}{2}\cos[(\Delta\omega-\Omega_n)t+(\Delta\varphi-\varphi_n)] \end{aligned} \tag{23-4}$$

它的频谱分布如图 23－2（b）所示。由图 23－2 及式（23－4）可见，信号光波振幅上所载荷的调制信号，双道带地转换到外差信号上去。对于其他种调制方式，也有类似的结果，这是直接探测所不可能达到的。

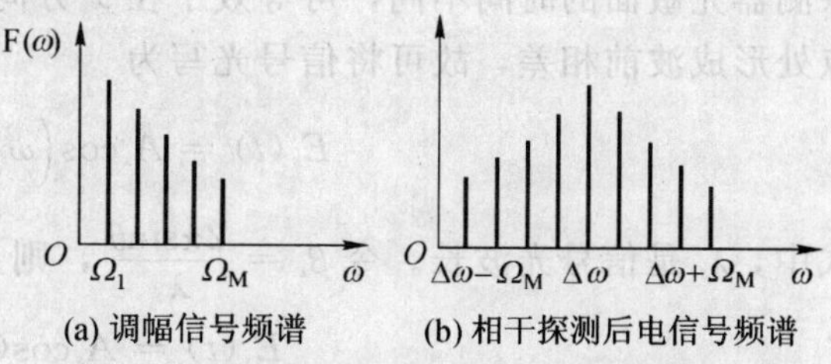

图 23－2 调幅信号及其外差信号的频谱变换

2. 光零差探测

在特殊的情况下，若使本振光频率和信号光频率相同，则式（23－4）变为

$$I_\phi = SA_sA_0\cos\Delta\varphi \tag{23-5}$$

这就是零差探测的信号表达式。式中，A_s 项也可以是调制信号。例如，在如式（23-3）的调幅波的情况下，由式（23-3），可得零差信号为

$$I_\phi = SA_0A_n\cos\Delta\varphi + SA_0A_n\sum_{n=1}^{M}\frac{m_n}{2}\cos(\Omega_n t+\varphi_n+\Delta\varphi) + SA_0A_n\sum_{n=1}^{M}\frac{m_n}{2}\cos(\Omega_n t+\varphi_n-\Delta\varphi) \tag{23-6}$$

令 $\Delta\varphi=0$，则可得

$$I_\phi = SA_0A_n\left[1+\sum_{n=1}^{M}m_n\cos(\Omega_n t+\varphi_n)\right] \tag{23-7}$$

式（23-7）表明，零差探测能无畸变地获得信号的原形，只是包含了本振光振幅的影响。此外，在信号光不作调制时，零差信号只能反映相干光振幅和相位的变化，而不能反映频率的变化，这也就是单一频率双光束干涉，相位调制形成稳定干涉条纹的工作状态。

3. 光外差检测的条件

（1）光外差检测的空间条件

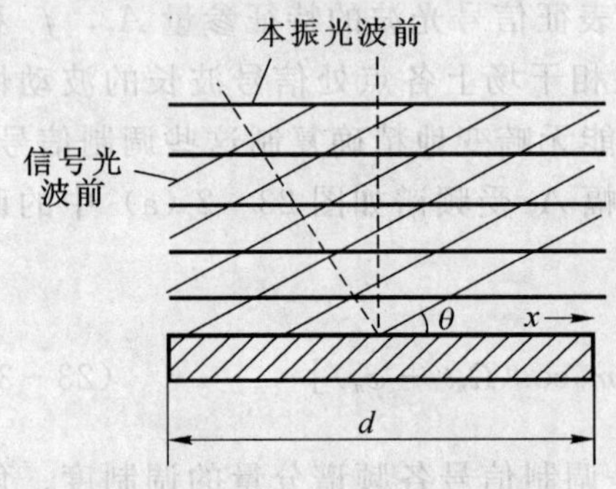

图 23-3　光外差探测的空间关系

在前面，我们曾假设信号光束和本振光重合，并垂直入射到光混频表面上，也就是信号光和本振光的波前在光混频器表面上保持相同的位相关系，并根据这个条件导出了通过带通滤波器的瞬时中频电流。由于光辐射的波长比光混频的尺寸小得多，实际上光混频是在一个个小面积元上发生的，即总的中频电流等于混频器表面上每一微分面积所产生的微分中频电流之和。很显然，只有当这些微分中频电流保持恒定的相位关系时，总的中频电流才会达到最大值。这就要求信号光和本振光的波前必须重合，也就是说，必须保持信号光和本振光在空间上的角准直。

为了研究两光束波前不重合对外差探测的影响，假设信号光和本振光都是平面波。如图23-3所示，信号波前和本振光波前有一夹角 θ。为了简单起见，假定光探测器的光敏面是边长为 d 的正方形。在分析中，假定本振光垂直入射，因此，可令本振光为

$$E_0(t) = A_0\cos(\omega_0 t+\varphi_0) \tag{23-8}$$

由于信号光与本振光波前有一失配角 θ，故信号光入射到光探测器表面，同一波前到达探测器光敏面的时间不同，可等效于在 x 方向以速度 v_x 行进，所以在光探测器光敏面不同点处形成波前相差，故可将信号光写为

$$E_s(t) = A_s\cos\left(\omega_s t+\varphi_s-\frac{2\pi\sin\theta}{\lambda_s}x\right) \tag{23-9}$$

式中，λ_s 是信号光波长。令 $\beta_1=\dfrac{2\pi\sin\theta}{\lambda_s}$，则上式写为

$$E_s(t) = A_s\cos(\omega_s t+\varphi_s-\beta_1 x) \tag{23-10}$$

入射到光混频器表面的总光场为

$$E_t(t) = E_s(t)+E_0(t) \tag{23-11}$$

这样，光混频器输出的瞬时光电流为

$$i_\phi(t) = S\int_{-\frac{d}{2}}^{\frac{d}{2}}\int_{-\frac{d}{2}}^{\frac{d}{2}}\left[A_s\cos\left(\omega_s t + \varphi_s - \frac{2\pi\sin\theta}{\lambda_s}x\right) + A_0\cos(\omega_0 t + \varphi_0)\right]\mathrm{d}x\mathrm{d}y \quad (23-12)$$

经中频滤波器后输出瞬时中频电流为

$$i_M(t) = S\int_{-\frac{d}{2}}^{\frac{d}{2}}\int_{-\frac{d}{2}}^{\frac{d}{2}}\left\{A_sA_0\cos\left[(\omega_0 - \omega_s)t + (\varphi_0 - \varphi_s) + \frac{2\pi\sin\theta}{\lambda_s}x\right]\right\}\mathrm{d}x\mathrm{d}y \quad (23-13)$$

求上式的积分，得

$$i_M = Sd^2A_sA_0\cos[(\omega_0 - \omega_s)t + (\varphi_0 - \varphi_s)]\frac{\sin\frac{\mathrm{d}\beta_1}{2}}{\frac{\mathrm{d}\beta_1}{2}} \quad (23-14)$$

式中，S 是光电灵敏度。

由于 $\beta_1 = \frac{2\pi\sin\theta}{\lambda_s}$，因此瞬时中频电流的大小与失配角 θ 有关。显然当式（23－14）中的因子 $\frac{\sin\frac{\mathrm{d}\beta_1}{2}}{\frac{\mathrm{d}\beta_1}{2}} = 1$ 时，瞬时中频电流达到最大值，此时要求 $\frac{\mathrm{d}\beta_1}{2} = 0$，也就是失配角 $\theta=0$。

但是，实际中 θ 角很难调整到零。为了得到尽可能大的中频输出，总是希望因子 $\frac{\sin\frac{\mathrm{d}\beta_1}{2}}{\frac{\mathrm{d}\beta_1}{2}}$ 尽可能接近于1，要满足这一条件，只有 $\frac{\mathrm{d}\beta_1}{2} \ll 1$，因此

$$\sin\theta \ll \frac{\lambda_s}{\pi d} \quad (23-15)$$

由式（23－15）看出，失配角 θ 与信号光波长 λ_s 成正比，与光混频器的尺寸 d 成反比。即波长越长，光电探测器尺寸越小，则所容许的失配角就越大。例如，若光电探测器的尺寸 d 为 1mm，当 $\lambda_s = 0.63\mu\text{m}$ 时，$\theta \ll 41''$；当 $\lambda_s = 10.6\mu\text{m}$，$\theta \ll 11'36''$。因此可见，外差探测的空间准直要求是十分苛刻的。波长越短，空间准直要求越苛刻。也正是这一严格的空间准直要求，使得外差探测具有很好的空间滤波性能。

（2）光外差检测的频率条件

光外差探测除了要求信号光和本振光必须保持空间准直、共轴以外，还要求两者具有高度的单色性和频率稳定度。从物理光学的观点来看，光外差探测是两束光波迭加后产生干涉的结果。显然，这种干涉取决于信号光和本振光的单色性。一般情况下，为了获得单色性好的激光输出，必须选用单纵模运转的激光器作为相干探测的光源。

信号光和本振光的频率漂移如不能限制在一定范围内，则光外差探测系统的性能就会变坏。因为如果信号光和本振光的频率相对漂移很大，两者频率之差就有可能大大超过中频滤波器带宽，从而使光混频器之后的前置放大和中频放大电路，对中频信号不能正常地加以放大。所以，在光外差探测中，需要采用专门的措施，来稳定信号光和本振光的频率和相位。通常，两束光取自同一激光器，通过频率偏移取得本振光，而用调制的方法得到信号光。

（3）光外差检测的偏振条件

在光混频器上要求信号与本振光的偏振方向一致，这样两束光才能按光束叠加规律进行

合成。一般情况下，上述要求都是通过在光电接收器的前面，放置偏振器来实现的。分别让两束信号中偏振方向与检偏器透光方向相同的信号通过，以此来获得两束偏振方向相同的光信号。

23.5 实验用光外差检测装置

1. 光外差探测原理演示

光外差探测原理演示实验装置，如图 23-4 所示。

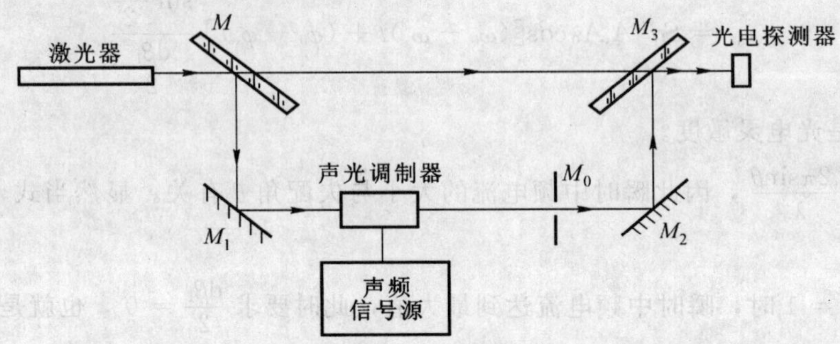

图 23-4 光外差探测原理实验

在图 23-4 中，用一个激光器射出激光，经半透、半反平面镜 M 后分成两路。一路透射光再经半透、半反平面镜 M_3 后直接投向光电探测器作为参考光；另一路反射光经反射镜 M_1 偏转 90°方向后，投向声光调制器。声光调制器出射光束，由光阑 M_0 选出其一级衍射光，它经反射镜 M_2 偏转反向后，投向半透、半反平面镜 M_3 成为信号光。微调 M_3，使信号光和参考光几乎重合、平行地投向光电探测器，两束光在光敏面上相干。如果这两束光偏转方向一致（或有偏振方向一致的分量），它们就能形成差拍信号。声光调制器由声频信号源提供声频 ω_1 的信号加到声光调制器上。若调制器是布拉格衍射，则出射的一级衍射光就是声频信号的调制光，其光频率 $\omega_0+\omega_1$ 或 $\omega_0-\omega_1$（视入射方向而定）。ω_0 为入射光频率；ω_1 可以是单一频率也可以是小范围变化的频率 $\omega_1(t)$。

若参考光是平面波，可用复数表示为

$$A_L = k\exp[\mathrm{i}(\omega_0 t+\varphi_0)] \tag{23-16}$$

式中，k 为常数；φ_0 是初始位相。

若调制器输出的调制光波为平面光波，可用复数表示为

$$A_s = \alpha_s\exp\{\mathrm{i}[(\omega_0+\omega_1)t+\varphi_s]\} \tag{23-17}$$

式中，α_s 为信号光振幅；φ_s 为初始位相。

则在光电探测器光敏面上的混合光场可表示为

$$A=A_L+A_s$$

在光敏面上的光强度可表示为

$$I\propto(A_s+A_L)(A_s^*+A_L^*) \tag{23-18}$$

A_L^* 和 A_s^* 分别是 A_L 和 A_s 的共轭复数；∝表示比例关系。

把式（23-16）和（23-17）代入式（23-18）得

$$I\propto\{a_s^2+k^2+2a_sk\cos[\omega_1 t+(\varphi_s-\varphi_0)]\} \tag{23-19}$$

式（23-19）中第三项就是光电探测器能检出的调制信号。也就是送入调制器中调制入射光

波的声频信号。

由前述光外差检测条件中知，要获得光外差信号，两束光空间配准条件是很严格的，而声光调制器出射的衍射光之间的夹角是很小的，因而图 23－4 所示实验调试比较麻烦费时，所以这里只作演示。

2. 用泰曼干涉仪作零差法实验

由上可知，如果两束光是同样光频率，这是光外差的特例，称为零差法。零差法可以检出调制信号的复振幅，即振幅与相位。本实验主要做零差实验，它是目前实时干涉仪的一种原理。

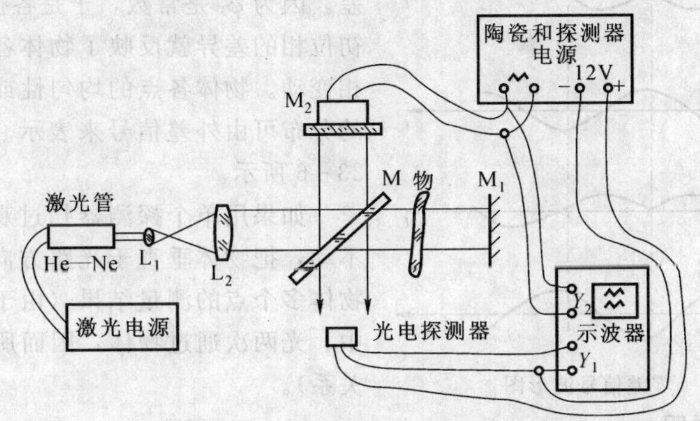

图 23－5 零位法测光波位相原理图

本实验采用如图 23－5 所示的泰曼干涉仪的光路结构。用磁起偏 He—Ne 激光器做为光源，其输出是 632.8nm 波长的线偏振光。经过扩束镜 L_1 和 L_2 把光束扩展到口径为 4cm 的近似平面光波。被扩束后的光束投射到半反镜 M 上，把光束分成两路：一路经反射镜 M_1 反射且透过透明物体后代表物光束，它携带了物体透过性能的信息；另一路经反射镜 M_2 反射回来后作为参考光束。M_2 反射镜后面装有压电陶瓷，利用压电陶瓷的压电效应，对光进行调制。当压电陶瓷上加有正负直流电压时，陶瓷就会伸长或缩短。在这里我们加上锯齿波电压，使陶瓷交替伸长和缩短，致使反射镜 M_2 沿着法向作位移。其位移的大小与外加电压的振幅成正比，其方向与外加电压的符号相对应。物光与参考光再次经过半反镜 M 以后，在探测器接收表面形成相干场。在接收面上用 A_L 表示参考光束的复振幅；$A_s(x,y)$ 表示物平面内某一点（坐标为 x，y）的物光束的复振幅（因为两束光的频率认为是一致的，这里就不写频率项了）。则参考光束的复振幅为

$$A_L = K\exp\left[\mathrm{i}\left(\varphi_0 - \frac{2\pi}{T}t\right)\right] \tag{23-20}$$

式中，K 为比例系数；φ_0 为初始相位；T 为 M_2 位移一个光波长距离所经过的时间。物光束的复振幅如下式所示

$$A_s(x,y) = a_s(x,y)\exp[\mathrm{i}\varphi_s(x,y)] \tag{23-21}$$

探测器表面上合成光场的复振幅 $A(x,y)$ 为

$$A(x,y) = A_L - A_s(x,y) \tag{23-22}$$

合成光场的光强度为

$$I(x,y) \propto A(x,y)A^*(x,y)$$

$$\propto \left\{K^2 + a_s^2(x,y) + 2K_{a_s(x,y)}\cos\left[\varphi_s(x,y) - \varphi_0 + \frac{2\pi}{T}t\right]\right\} \tag{23-23}$$

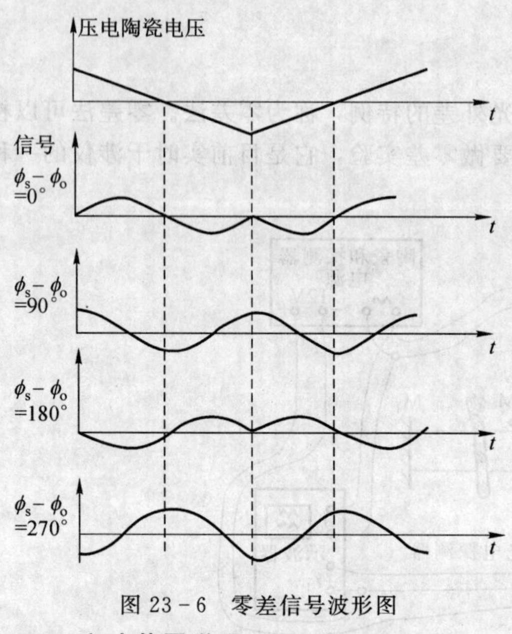

图 23-6 零差信号波形图

在探测器位置上如果放一光电探测器列阵，每个探测器输出为余弦波电信号，即公式(23-23)中的第三项。它的电信号振幅与物在此点上透过光波的振幅成正比，而此电信号的初始相位 $\varphi_s-\varphi_0$，就是在该点两束光波的相位差。因为 φ_0 是常数，于是各探测器输出电信号初位相的差异就反映了物体各点透过光波的位相变动。物体各点的均匀性或者复振幅透过率的分布可由外差信号来表示。其信号波形如图 23-6 所示。

如果用单个探测器扫过观察面，或探测器不动，把物体垂直于光路方向移动，也可得到物体多个点的测量结果（由于这里物光束光路中，光两次通过物体，因而所得相位差有 2 倍关系）。

3. 实验装置说明

(1) 全部装置用的零件、部件都放在铸铁做的稳定平台上。

(2) 用磁起偏 He—Ne 激光器做光源。激光器的两条供电电源线需与激光电源连接。开机时先把电源面板上的微调电位计顺时针转到最大，然后打开电源并将开关指向三挡；当激光管点燃以后，再把微调电位计反时针转动到激光管额定电流（4.5mA）。

(3) 光学零件和探测器都装在磁性座上，可以在平台上移动，同时又可以锁紧。当零件放到合适位置时就可锁紧。

(4) 光学零件装在镜框内，框架可以上下移动和转动，还可用框架上的螺钉微调镜面倾斜或垂直程度。

(5) M2 镜片后表面与压电陶瓷已固定好。把压电陶瓷上的线和驱动电源连接，打开电源开关就输出音频三角波电压，电压幅度可由微调电位计调节（变化范围为：60V～120V），频率也可微调。压电陶瓷是容性负载，频率低时容易加上较高电压。

(6) 光电探测器选用硅光电二极管，它已和放大器组件结合在一起，当接上＋12V 电源时，即可进行探测。

23.6 实验步骤

(1) 把 He—Ne 激光管点燃，把出射光束调到合适的高度并且与平台平面平行。可把标尺板沿光束前后移动看光点是否在标尺板上落在同一高度上。

(2) 按照图 23-5 放上平面反射镜 M_1，调整 M_1 的高度使激光束落在平面反射镜的中心。调整 M_1 镜框的螺钉看反射光是否同入射光处于同一平面。

(3) 按照图 23-5 放上半反镜 M，检查反射光与入射光是否在同一平面内。

(4) 按照图 23-5 放入平面反射镜 M_2，它后面带有压电陶瓷，调整 M_2 的高低使反射

镜反射的光束落在 M_2 的中心。在光电探测器位置上放上观察屏（毛玻璃），转动 M_1，M_2 使两路光束在屏上会合成一个点。如果不重合，微调 M_2 框架上的螺钉（其他镜片已调好应不再动），直至重合为止。

(5) 加入扩束镜 L_1 调制它在光束中的位置，使它对入光束进行扩束。此时在观察屏上应得到迈克尔逊干涉条纹。若未出现干涉条纹，再仔细微调 M_2 的倾斜度，直至出现干涉条纹为止。

(6) 观察屏换上光电探测器，把光电探测器电流线与＋12V 电流接通。它的输出端和地分别与双线示波器 Y_1 轴和地连接。

(7) 把压电陶瓷供电线接上三角波电压，并用示波器 Y_2 轴观察波形。因压电陶瓷工作电压在 60～120V 可变。示波器 Y 轴衰减应先放到最大位置。

(8) 观察 Y_1 轴有无外差信号输出，记下振幅值。然后在探测器前面加一个聚光透镜，观察外差信号的振幅有无增加。作下记录。

(9) 关闭＋12V 和压电陶瓷电源。移去光电探测器，在它的位置上换上观察屏。然后按图 23－5 加入扩束镜 L_2，调节 L_2 位置使干涉仪处于泰曼干涉仪状态。当由半反镜 M 返回到 L_2 的光束能通过 L_1 扩束镜。且 L_2 前后移动都能这样就说明 L_2 已与 L_1 共轴。调 L_2 前后位置到观察屏上条纹密度最稀 L_2 就到达最佳位置。然后再微调 M_1 或 M_2 的螺钉使光束达到更好地平行（也就是干涉图的中心区域尽量变大）。

(10) 移去观察屏，换上光电探测器。打开电源观察外差信号波形及幅度，作下记录。改变压电陶瓷电压，观察外差信号波形。

(11) 调整压电陶瓷电压使 M_2 位移一个波长。在半反镜和 M_1 之间放一块有机玻璃，作为被测物体。把有机玻璃垂直于光束方向移动，观察各点输出信号，可以得到物体的均匀性测量。当 $\varphi_s-\varphi_0$ 为四个特殊值时的波形如图 23－6 所示。以三角波做基准比较就可知各点相对位相。

23.7 实验报告

(1) 按第一部分对实验报告的要求及内容写出实验报告。

(2) 干涉仪仅仅加 L_1 扩束镜时，记录探测器输出信号电压幅值。

(3) 在前面条件下在探测器前面加聚光镜，记录输出信号幅值，并分析信号是增大还是减小，以及其原因。

(4) 加入扩束镜 L_2 时，在接近平面光场时，记录探测器输出信号电压。

(5) 当压电陶瓷电压由 60V 变到最大值时，记录探测器输出信号波形（测三个值），波形有无变化？并分析其原因。

(6) 移动透明物体，记下三个点的波形，并比较他们通过光波的相位差和振幅变化。

23.8 思考题

(1) 本实验中采用 PIN 硅光电二极管作接收器合适否？为什么？还有哪些光电探测器适用？

(2) 试从实验中总结出，欲在光外差探测中得到质量好的信号，应注意哪些问题？

(3) 从光外差探测的数学表达式看，它与锁相放大的表达式有相同的形式。能否说光外差探测同样具备相关接收的全部优点？

实验 24 增量式与绝对式光电编码器及应用检测

24.1 实验目的

通过实验演示使学生了解增量式和绝对式光电编码器的基本原理及在仪器等方面的应用，以便为以后解决工程实际问题打下基础。

24.2 实验内容

(1) 熟悉增量式光电编码器的基本原理及用法

(2) 熟悉绝对式光电编码器的基本原理及用法

24.3 实验使用仪器器材

(1) 双踪示波器	1 台
(2) 直流稳压电源	2 台
(3) MC 型光电脉冲发生器	2 台
(其中 MCY—1 型手摇脉冲发生器与 MCZ—2 型主轴脉冲发生器各 1 台)	
(4) 绝对式光电编码器 (QDB9 型)	1 台
(5) 万用表	1 台
(6) 可逆计数器或数显	1 台

24.4 实验原理及线路

1. 增量式光电编码器

增量式光电编码器，实质是一种光栅变换装置。所谓光栅，实际上就是刻线间距很小的标尺或度盘。它的主要特点是，间距小，线条长，并且线条和缝隙是等宽的。从光栅载体的形状分长光栅和圆光栅。图 24-1 所示为两种计量光栅的示意图。其中图 (a) 为刻划光栅，即在平面度很高的光学玻璃上，用真空镀膜的方法蒸镀很薄的金属膜，并在金属膜上用钻石刀压削或刻制的方法制成大量等间距的线条，线条部分透光而形成光栅。图 (b) 所示为用蜡腐蚀或照相腐蚀的方法制成的黑白光栅。通常，计量光栅的黑白线条等宽，光栅的节距 (光栅常数) 为等间隔的。

(1) 光栅莫尔条纹

光栅在精密计量和自动控制等方面的应用，大多是利用两块光栅迭合时产生的莫尔条纹

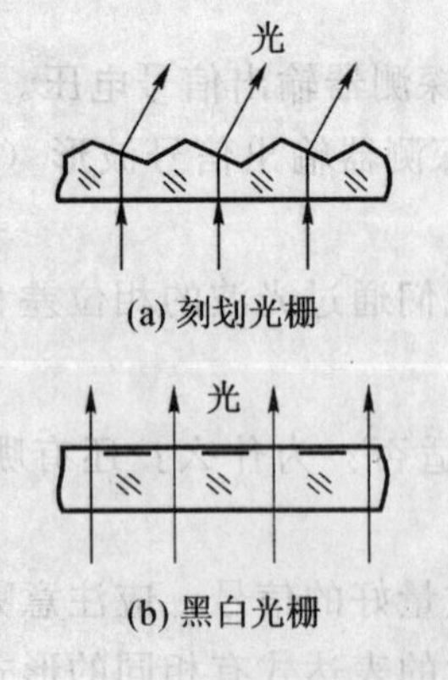

图 24-1 计量光栅示意图

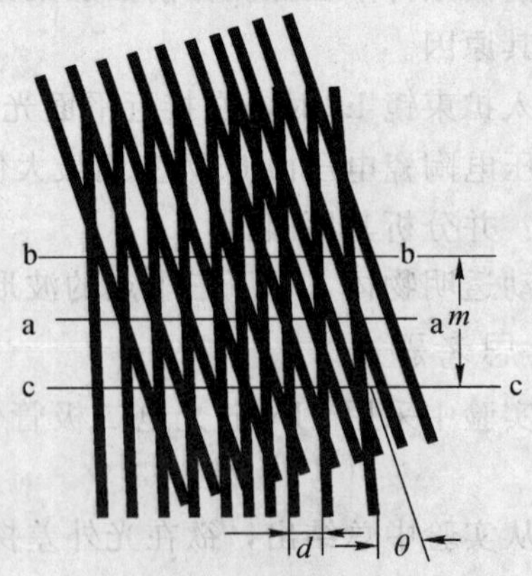

图 24-2 光栅莫尔条纹

效应。所谓莫尔条纹，即当两块相同光栅以微小倾角重迭时，在与栅线大致垂直的方向上所出现的明暗相同的粗条纹，如图 24－2 所示。在 a－a 线上透光面积最大，形成条纹的亮带；在 b－b 线上光线互相挡住，形成条纹的暗带。假设光栅节距为 d，两光栅的栅线交角为 θ，条纹间隔（宽度）为 m，则它们之间的关系为

$$m=\frac{d}{2\sin\dfrac{\theta}{2}} \tag{24-1}$$

一般，θ 角很小，故上式可简化为

$$m\approx\frac{d}{\theta} \tag{24-2}$$

从条纹图形可以看出，莫尔条纹的位置在两块光栅刻线夹角 θ 的补角（$180°-\theta$）的平分线上。当两块光栅相对移动时，莫尔条纹就在光栅移动的垂直方向，即 θ 角的平分线上移动。光栅相对移动一个栅距，则莫尔条纹移动一个间隔（即一个条纹）。所以，只要计测条纹移动的个数 n，便可计算出光栅的位移量 L，即

$$L=nq \tag{24-3}$$

式中，$q=d$ 为量化单位，表示每条纹长度量。

图 24－3 为长光栅莫尔条纹装置示意图，它将长度量变换为莫尔条纹信号。长光栅副包括指示光栅和标尺光栅，一般指示光栅固定，它同光源、透镜、狭缝、光电器件和前置放大器都装在光电读数头内。标尺光栅的长度由位移长度决定，一般较长，所以它在平滑移动时可以减少晃动。莫尔条纹信号通过狭缝由光电器件接收，其输出光电信号近似正弦波。为判别光栅移动方向，与激光干涉法一样，至少有两路光电接收器，两路光电信号的相位差为 $\pi/2$，即其中一路为 $\sin\theta$，另一路为 $\cos\theta$。

圆光栅变换装置示意图，如图 24－4 所示。同样，圆光栅副包括指示光栅和圆光栅盘。圆光栅盘是在一块圆玻璃盘上，等间隔地刻线制成。圆光栅和指示光栅重叠，便产生莫尔条纹。圆光栅盘固定在转轴上，因此这种装置可以将轴旋转的角度量，变换为莫尔条纹信号。光栅盘上每一条刻度线，表示一个角度增量即量化单位。当光栅转盘每旋转一条刻度线时，莫尔条纹将变化一次。这样，通过计算莫尔条纹的变化次数 n，便可以计算出转轴旋转的角度 θ，即

$$\theta=qn \tag{24-4}$$

式中，q 为量化单位，表示每条纹的角度量。

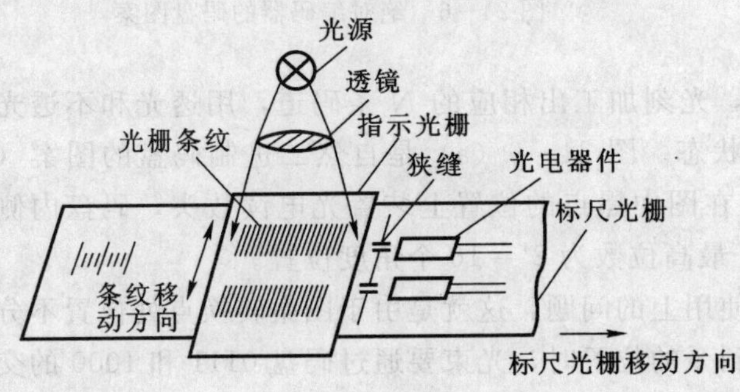

图 24－3　光栅测长原理

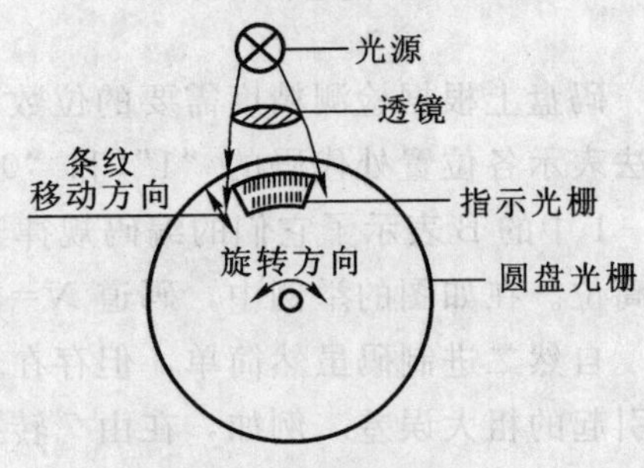

图 24－4　圆光栅测量原理

（2）莫尔条纹法进行位移测量的优点

用莫尔条纹法进行位移—数字量变换有如下优点。

① 位移量的放大作用

我们将莫尔条纹间隔与光栅距之比，称为光栅副的放大倍数（率）α，对于微小倾角有

$$\alpha = \frac{m}{d} \approx \frac{1}{\theta} \tag{24-5}$$

假设 $\theta = 8'$，则 $\alpha = 450$，对于每毫米 50 条线的光栅，莫尔条纹宽度可达 9mm。所以说光栅副起到一只高质量“放大器”作用，可将微小变化合理放大，获得信噪比很大的稳定输出。

② 误差的平均效应

光电器件接收的光信号，是进入指示光栅视场的刻线数 n 的综合平均效果。因此，若每一刻线误差为 σ_0 时，则由于平均效应，光电器件输出的总误差为

$$\sigma_\Sigma = \pm \frac{1}{\sqrt{n}} \cdot \sigma_0 \tag{24-6}$$

例如，对于 $d = 0.02$mm 的光栅副，用长为 10mm 的硅光电池接收，在视场内同时有 500 根线工作。若单根线的误差为 $\pm 1\mu$m，则光电池输出的平均误差仅为 $\pm 0.04\mu$m。

2. 绝对式光电编码器

（1）绝对式光电轴角编码器的结构与原理

图 24-5 是光电轴角编码器的结构示意图。来自光源 1 的光束通过透镜 2 变成平行光束照射到编码盘 3 上，通过透光板 4 上确定位置的若干光孔，输出一条窄细的光束被几个光电元件 5 接收。根据码盘的不同位置，各光束分别编码转换为电信号后，由解码器 6 与输出电路 7，输出表示角度位置的数字信号。

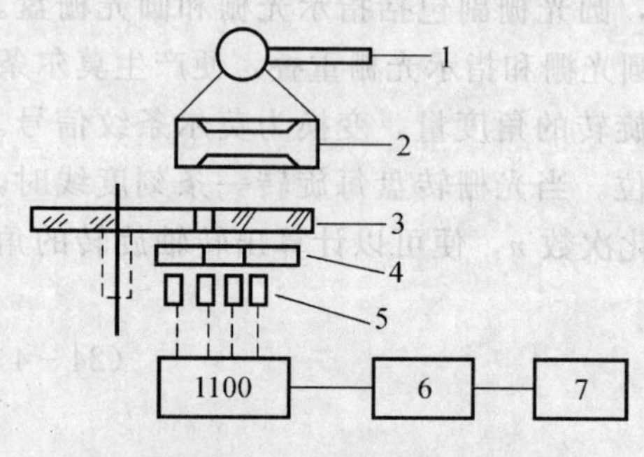

图 24-5　光电轴角编码器

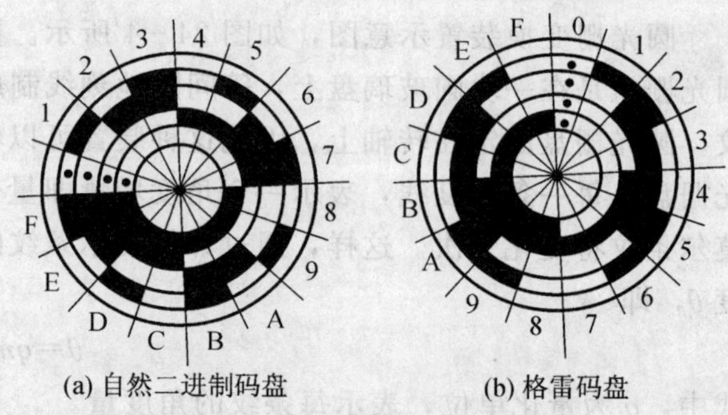

图 24-6　绝对编码器的码盘图案

码盘上根据检测精度需要的位数 N，光刻加工出相应的 N 条码道，用透光和不透光的方法表示各位置处代码的“1”和“0”状态。图 24-6（a）是自然二进制码盘的图案（表 24-1 中的 B 表示了它们的编码规律），在图中黑点的位置上装置光电读数头，码盘内侧表示高位。在如图的举例中，码道 $N=4$，最高位数为 $2^4=16$ 个角度位置。

自然二进制码虽然简单，但存在着使用上的问题，这就是由于图案转换点处位置不分明而引起的粗大误差。例如，在由 7 转换到 8 的位置时，光束要通过码盘 0111 和 1000 的交界处（或称渡越区）。因为码盘的工艺和光敏元件安装的误差，有可能使读数头的最内圈（高位）定位位置上的光电元件比其余的超前或落后一点，这将导致可能出现两种极端的读数

值，即 1111 或 0000，从而引起读数的粗大误差，这种误差是绝对不能允许的。

(2) 格雷码与自然二进制码的转换

为了避免这种误差，采用了格雷码（Groy code）图案的码盘［图 24－6（b）］，表 24－1 给出了格雷码和自然二进制码的比较。

表 24－1　自然二进制码和格雷码的比较

D（十进制）	B（二进制）	R（格雷码）	D（十进制）	B（二进制）	R（格雷码）
0	0000	0000	8	1000	1100
1	0001	0001	9	1001	1101
2	0010	0011	A（10）	1010	1111
3	0011	0010	B（11）	1011	1110
4	0100	0110	C（12）	1100	1010
5	0101	0111	D（13）	1101	1011
6	0110	0101	E（14）	1110	1001
7	0111	0100	F（15）	1111	1000

由表中可以看出，格雷码具有代码从任何值转换到相邻值时，字节各位数中仅有一位发生状态变化的特点。而自然二进制则不同，代码经常有 2～3 位甚至 4 位数值同时变化的情况。这样，采用格雷码的方法即使发生前述的错移，由于它在进位时相邻界面图案的转换仅仅发生一个最小量化单位（最小分辨率）的改变，因而不会产生粗大误差。这种编码方法称作单位距离性码（unit distance code），是实用中常采用的方法。

格雷码转换为自然二进制码，要作相应的变换，设二进制码中的某位的位数为 $K,(K=1,2,3,4,\cdots,n)$，该位的自然二进制码的符号为 B_K（可取 0，1 值），该位的格雷码符号为 G_K，则格雷码和自然码之间的关系为：

$$B_{K-1}=G_{K-1}\cdot\overline{B}_K+\overline{G}_{K-1}\cdot B_K \tag{24-7}$$

上式是“异或”逻辑电路的数学关系，因此可用标准的“异或”电路，将格雷码转换为自然二进制码，如图 24－7（b）所示。图（a）是“异或”电路的真值表，它满足式（24－7）的逻辑关系。如图（b）所示，为了得到某一位的自然二进制码，只要将高一位的已经计算出的（或者在最高位时的“0”状态）自然二进制码的值和本位的格雷码值，输入到“异或”电路中即可。$K-1$ 个“异或”电路，可以进行 K 位的二进制代码的变换。

“异或”真值表

in		out
L	L	L
L	H	H
H	L	H
H	H	L

(a)

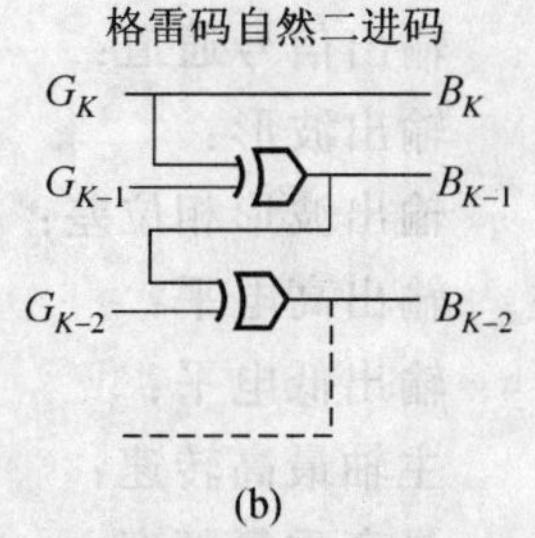

图 24－7　格雷码—自然二进码的真值表（a）和转换电路（b）

24.5　实验设备及线路

1. 增量式光电编码器

增量式光电编码器实际上就是一种光电脉冲发生器。如 MC 型光电脉冲发生器，它是由圆光栅及光电整形放大电路等组成的。现简介如下：

(1) 用途

MC 型光电脉冲发生器，分 MCY 型手摇脉冲发生器和 MCZ 型主轴脉冲发生器两种。

MCY 型脉冲发生器发出矩形脉冲，主要用作数字程序控制机床的给定信号。

MCZ 型光电脉冲发生器，用于检测各种设备，仪器的旋转角，轴的角速度和角加速度以及通过机械传动部件转换成直线位移的测量，其输出为脉冲信号。

如配置可逆计数器也可作为数字显示装置的检测元件。

(2) 主要技术参数

① MCY—1 手摇脉冲发生器

输出信号通道：　A，B 两路

脉冲数：　A—100/转
B—100/转

相位差：　近似 1/4 周期

波形：　正矩形脉冲

输出高电平：　近似+5V

输出低电平：　近似+0.3V

电源电压：　+5V，-3V

灯源电压：　+5V

灯泡：　2.1～3W/6V

外形尺寸：　ϕ100×200mm

重量：　1.2kg

② MCZ—2 主轴脉冲发生器

输出信号通道：　A，B 两路

输出波形：　正矩形脉冲空载时上升、下降延迟时间≤2μs

输出波形相位差：　1/4 周期

输出高电平：　≥11V

输出低电平：　≤2V

主轴最高转速：　1600r/min

最高重复频率：　30kHz

负载能力：　≥10mA

外接电源：　+12V，150mA

重量：　0.8kg

外形尺寸：　ϕ68×160mm

输出脉冲系列：　64，100，200，250，360，500，600，720，800，900，1000，1024，1200

(3) 结构原理

MC 型光电脉冲发生器，是由灯泡发光二极管，聚光透镜，光电盘，光阑板，光敏三极管和光电整形放大电路所组成，如图 24-8 所示。

光源所发出的光线经聚光镜聚光后发射出平行光。

光电盘和光栏板是用玻璃材料经研磨，抛光制成，玻璃表面真空镀上一层不锈钢的铬

层，透光条纹是用照相腐蚀法制成。

手摇脉冲发生器光电盘透光条纹，圆周等分为 100 条。

主轴脉冲发生器光电盘透光条纹，圆周等分为脉冲系列数条纹和零脉冲条纹二行。

光栏板的透光条纹宽度应小于光电盘的不透光条纹宽度。

手摇脉冲发生器光栏板透光条纹有 A、B 两条，如图 24－9 所示。

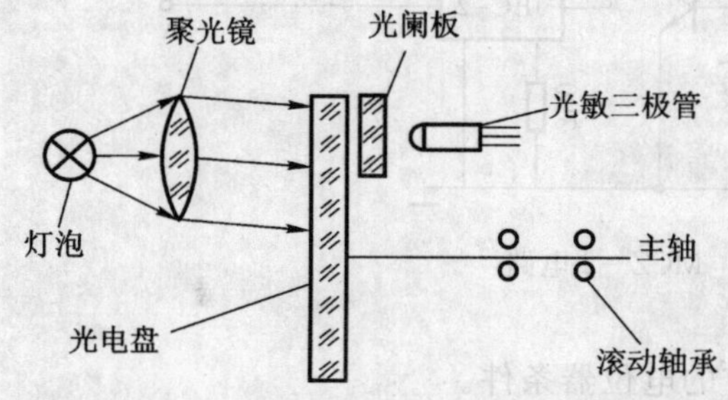

图 24－8 MC 型光电脉冲发生器结构

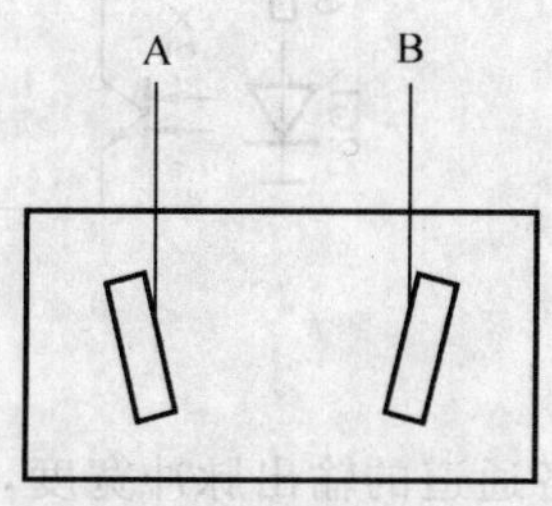

图 24－9 手摇脉冲发生器

光栏板每一透光条纹后面，安置光敏三极管一个，构成一条信号输出通道。

当主轴带动光电盘一起转动时，光敏管就接收到光线亮暗变化的信号，引起了光敏管所通过的电流大小发生变化，这变化的信号是电流，经光电整形放大电路后输出正向矩形脉冲。

当光栏板透光条纹 A 与光电盘任一透光条纹重合时，则光栏板透光条纹 B 与光电盘另一透光条纹的重合性错开 1/4 周期，因此 A、B 二通道输出波形相位，也相差 1/4 周期。

手摇脉冲发生器的手轮刻度与任一通道的脉冲数相对应。

手摇脉冲发生器、主轴脉冲发生器的电子线路部分分别如图 24－10、图 24－11 所示。

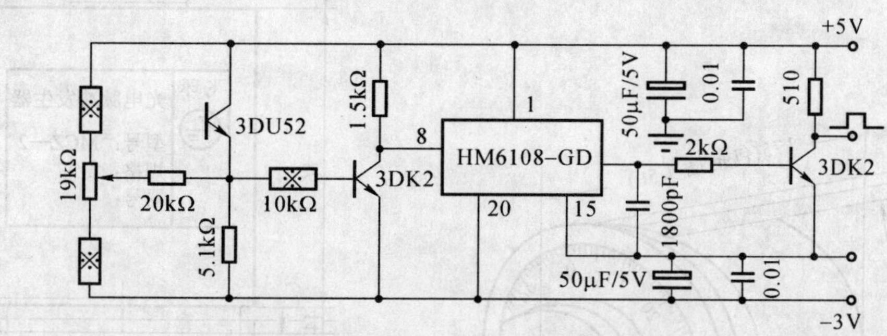

图 24－10 MCY—1 型 5V 单路通道电原理

手摇脉冲发生器的接线编号：2——＋5V；4——3V；10——0 电平；13——输出 A；16——输出 B；18——输出 C。

主轴脉冲发生器的插脚编号：1——＋12V；2——C（具有零脉冲输出）；3——方波 A；4——0 电平；5——方波 B；6——脉冲 A′（具有辨向脉冲输出）；7——脉冲 B′。

(4) 仪器的安装、使用注意事项

① 脉冲发生器灯泡电源，直接焊接在灯座上，为了延长灯泡的使用寿命故采用降压使用，灯座电压在灯头位置应保持 5V。

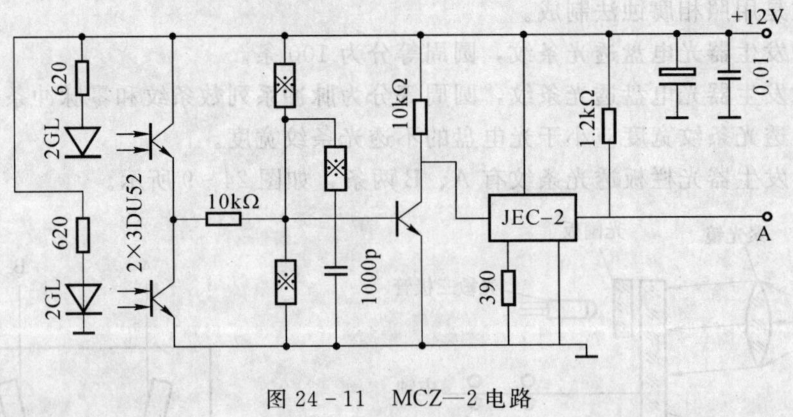

图 24-11　MCZ—2 电路

② 各通道的输出脉冲宽度，可用相对应的电位器条件。

③ 产品 0V 电源与外壳浮置是否需要当地连接，由用户自己决定。

④ 为了防止光电盘与光阑板之间摩擦损坏，安装时轴系必须严格同心，不应存在松紧现象。

⑤ 两种光电脉冲发生器的安装尺寸如图 24-12 和图 24-13 所示。

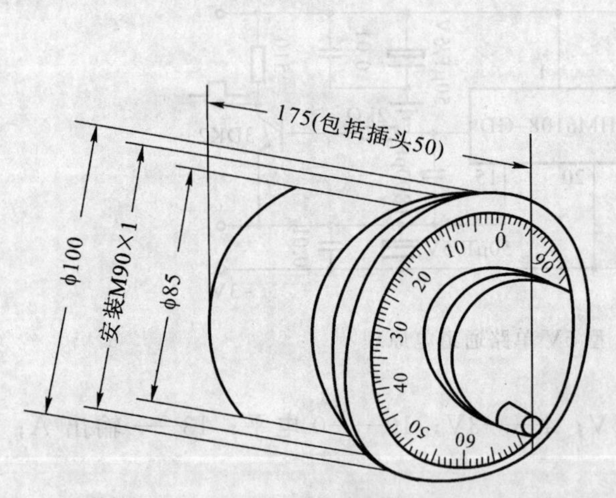

图 24-12　MCY—1 型手摇脉冲发生器

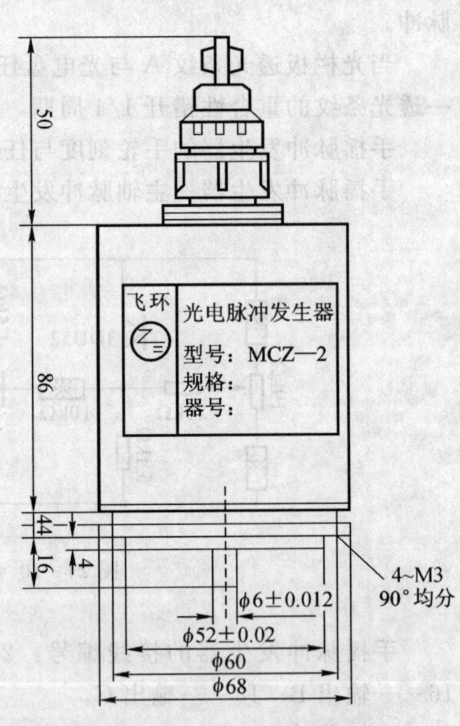

图 24-13　MCZ—2 型主轴脉冲发生器

2. 绝对式光电编码器

(1) 用途

QDB9 型光电编码器是一种高精度的将轴转角变为编码电信号的仪器。即依靠光电转换

方法将属输入的机械量——轴转角转换成相应的数字量。它适用于数字控制机的模拟——数字转换装置和随动系统中。它具有精度高、结构简单紧凑，可靠性好等特点，因而广泛用于自动控制仪器及系统中。如它是近代国防雷达跟踪观测装备及炮瞄指挥仪等的重要部件。

(2) 仪器的结构及工作原理

① 结构：本仪器可分为如下几部分：

A. 光源：直流供电，电流 300mA，限流电阻 5.1Ω，发光管采用的是 2GI 红外发光二极管。

B. 编码盘：编码盘上有九个数字码盘和一个通圈，是用照相镀铬法制成的。在同一位码道上印制成黑白等间隔的图案，以形成二进制循环码。

C. 读出系统：光电转换原件是 10 支 3DU2C 型光电三极管。每只管子对准一条码道。

D. 轴系：是主触和高精度的滚动轴承等组成，具有较高的置中精度，启动力矩小等特点。

E. 电路系统：采用双面印刷电路板，PMOS 集成电路。它具有放大整形，译码的功能，最后输出电平信号形成自然二进制码，（电路原理如图 24-14 所示）。

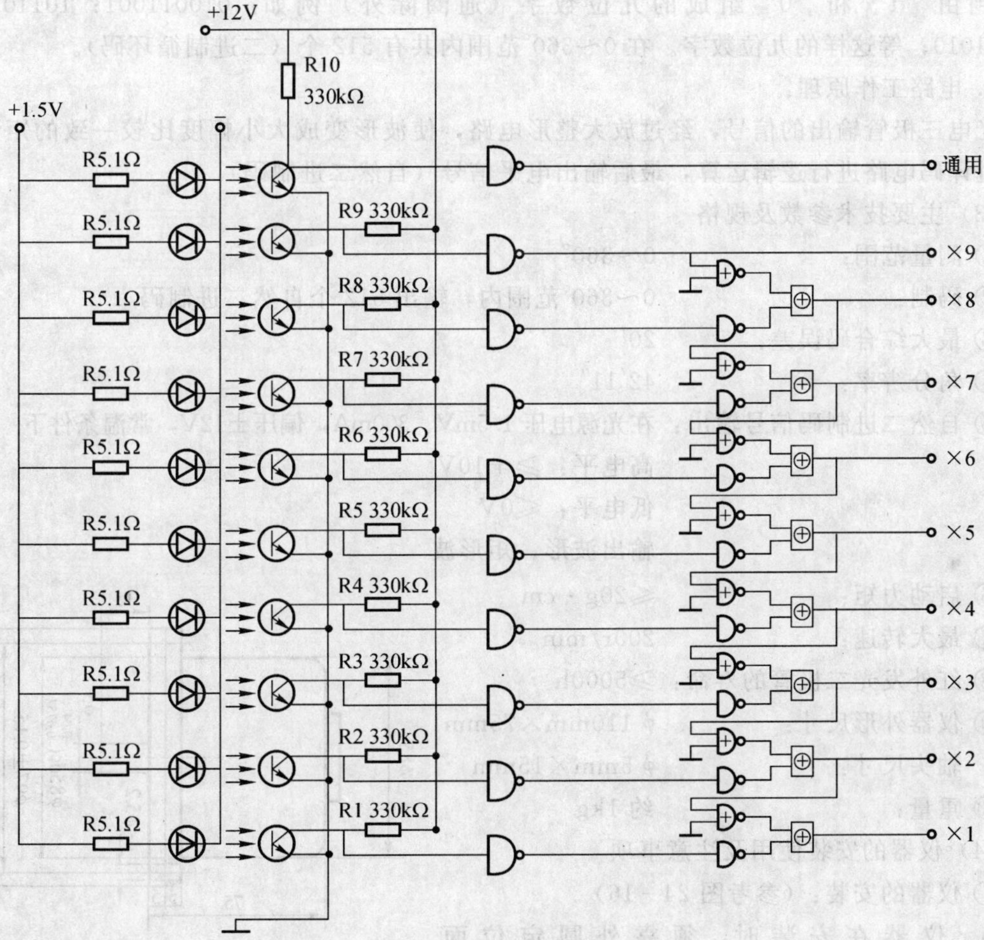

图 24-14 电路原理图

② 仪器的工作原理：（如图 24－15 所示）

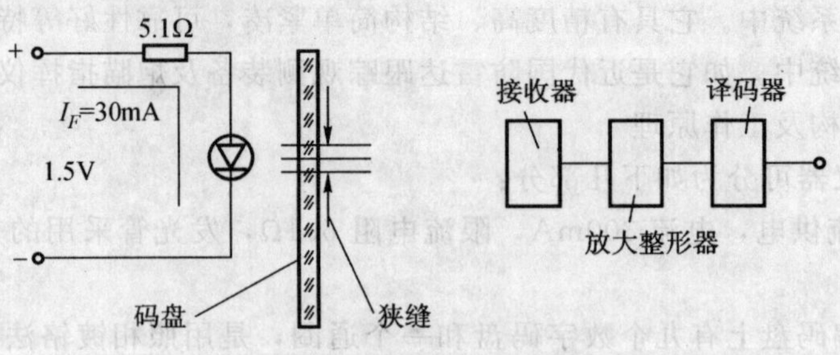

图 24－15 工作原理图

A. 光电转换原理：

由发光二极管（2GL）所发出的红外光，经过编码盘和狭缝，照射到光敏元件（3DU2C）上，由于编码图案每位都是一些等间隔的透光部分和不透光部分所组成。所以当码盘转到某一位置时，有的光敏元件接收了光照射，有的不受光照射。受光照射者为"有"记为"1"，不受光照射者为"无"记为"0"。这样，对于轴的任意位置，通过输出的信号就会得到由"1"和"0"组成的九位数字（通圈除外）例如：010011001；101101001；001101010；等这样的九位数字。在 0～360°范围内共有 512 个（二进制循环码）。

B. 电路工作原理：

光电三极管输出的信号，经过放大整形电路，使波形变成大小幅度比较一致的矩形波。再经过译码电路进行逻辑运算，最后输出电平信号（自然二进制码）。

（3）主要技术参数及规格

① 测量范围：　0～360°

② 码制：　0～360°范围内，输出 512 个自然二进制码

③ 最大综合码误差：　20′

④ 角分辨率：　42′11″

⑤ 自然二进制码信号输出：在光源电压 1.5mV、300mA，偏压±12V，常温条件下

高电平：≥＋10V

低电平：≤0V

输出波形：矩形波

⑥ 启动力矩：　≤20g・cm

⑦ 最大转速：　200r/min

⑧ 红外发光二极管的寿命：≥5000h

⑨ 仪器外形尺寸：　ϕ 110mm×75mm

轴头尺寸：　ϕ 5mm×15mm

⑩ 重量：　约 1kg

（4）仪器的安装使用及注意事项

① 仪器的安装：（参考图 24－16）

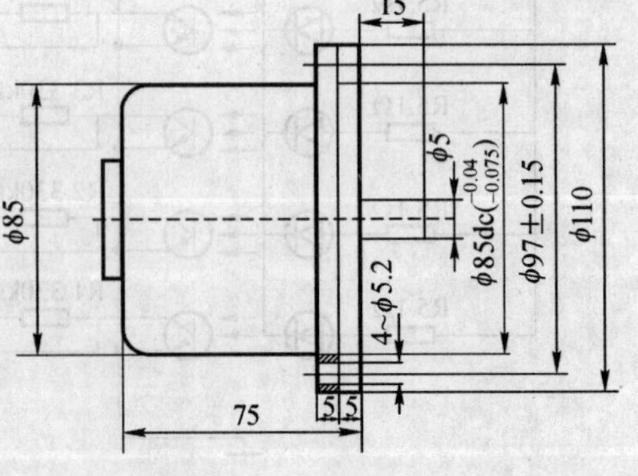

图 24－16 仪器安装尺寸

A. 仪器在安装时，须靠外圆定位面 ϕ85dc$^{-0.04}_{-0.075}$定位，再在 ϕ97±0.15 圆周上四等分

$\phi5.2$ 的孔，用 M5 螺钉刚性的固定在机体上，轴向和径向不得串动。

B. 主轴与被测轴连接时要求同心，平行，偏心不大于 0.05mm，不平行度不大于 0.05mm。

② 接线顺序：

本仪器采用 CD1—15—J 型插头座，接线顺序为光源（＋）、光源（－）、偏压（＋12V）、偏压（－12V），各点位（从里圈到最外圈，包括通圈）接地共 15 条线，详见表 24－2 所示的接线表。

表 24－2　QDB9 型光电编码器接线顺序表

脚　号	接　　线	脚　号	接　　线	脚　号	接　　线
1	光源（＋）	6	第二位	11	第七位
2	光源（－）	7	第三位	12	第八位
3	偏压（＋12V）	8	第四位	13	第九位
4	偏压（－12V）	9	第五位	14	通圈
5	第一位	10	第六位	15	接地

③ 电路注意事项

由于发光二极管正向伏安特性很陡，如果电压稍有变化，就能引起电流很大变化，所以，在调整发光二极管工作点时，必须注意电流的变化，使他不得超过规定值。

④ 为确保仪器的正常运行，正式使用前应该对编码器程序进行检测。

24.6　实验步骤

1. 编码器波形观测

（1）按编码器要求设定电源电压，用外用表量好直流稳压电源的输出电压，并接好电源线。

（2）将编码器 A，B 两通道的输出接入双踪示波器的两个输入端。

（3）开通电源，顺时针转动编码器轴带动编码盘旋转观测示波器上两个输出波形；再反时针旋转，观察两个输出波形与顺时针有何区别。

（4）将示波器换成可逆计数器或数字显示装置观察具体数值的输出，并比较顺、逆时针转动相同圈数的数值。

2. 编码器应用检测

由教材中知，增量式与绝对式光电编码器广泛地应用于长度与角度的位移测量。有光电编码器连接齿轮丝杆测位移装置的实验室，即可用来进行光电编码器的应用检测；没有这些装置的实验室，可用软尺或线进行示意的应用检测。其步骤如下：

（1）用软尺或线，围绕光电编码器一圈，作好记号并量测记录一圈的软尺或线的长度。

（2）将光电编码器顺时针旋转一圈，记录它一圈的脉冲数。

（3）根据一圈的软尺或线的长度与脉冲数，计算出一个脉冲代表多少长度（即脉冲当量）。

（4）用一未知尺寸的线，从开始转到线尾，根据所转的脉冲数即可求出其长度。

24.7 实验报告

(1) 按第一部分对实验报告的要求及内容写出实验报告。

(2) 绘出增量式光电编码器正、反转波形情况，并分析其特点。

(3) 绘出绝对式光电编码器正、反转波形情况，并分析其特点。

(4) 写出增量式光电编码器检测未知线的长度的过程及计算值。

(5) 写出绝对式光电编码器检测未知线的长度的过程及计算值。

24.8 思考题

(1) 试比较增量式与绝对式光电编码器的优缺点及其各自应用在何处为最好？

(2) 试设计出用光电编码器量测生产线钢板的固定长度进行切断的光电检测系统？

第7部分 光电检测技术的综合应用

实验25 视频图像尺寸测量

25.1 实验目的

(1) 用面阵CCD摄像头与图像数据采集系统，测量实际物体外形尺寸是CCD最广泛应用的领域。在尺寸测量应用中，存在着许多实际问题，如何将这些实际问题分解成一个个的分立问题，是学习和掌握该方法的关键。本实验采用标准几何图形代替实际被测物，可以将一些不必要的问题排除在外，突出主要问题；

(2) 通过对标准图形的点、线、面的测量过程，掌握应用面阵CCD进行尺寸测量的基本方法；

(3) 通过对标准图形的点、线、面的测量过程，掌握应用面阵CCD进行尺寸测量，掌握测量范围、精度和测量时间等问题。

25.2 实验准备内容

(1) 学习《光电检测技术》第11章中有关视频图像尺寸测量的内容；

(2) 复习矩形、圆、三角形等典型几何图形的点、线、面的基本计算公式。

25.3 实验内容

(1) 进行点数据的测量，找出x方向与y方向的最大与最小位置值，计算出被测点的大小与中心位置。

(2) 进行x_0/β与y_0/β的标定。其中，x_0与y_0分别为面阵CCD的像敏单元在水平(x)与垂直(y)方向尺寸；β为光学系统的横向放大倍率。

(3) 进行圆数据的测量，测内圆直径或外圆直径。

(4) 进行三角形数据的测量，找出三个顶点的坐标值，计算出三角形的各边长、三角形的重心、中心和面积。

(5) 进行矩形数据的测量，找出四个点的坐标值。

25.4 实验所需仪器设备

(1) 带有USB2.0输入端口的计算机，推荐使用WIN2000以上操作系统，使用1024×768分辨率，24或32位真彩显示；

(2) 彩色面阵 CCD 多功能实验仪 YHACCD－Ⅱ型一台。

25.5　实验原理

1. 目标尺寸的测量

(1) 信标测量法

目标几何尺寸的测量，是进行其他参数（角度、面积、速度、距离等）测量的基础。利用教材中所讲述的量化时基的概念，能很容易地求出被测目标的水平及垂直尺寸与量化时基数之间的关系。下面通过所测得的量化时基数，具体计算所测目标水平及垂直方向的几何尺寸。

物体在水平方向上尺寸的计算方法如下：

$$x=\frac{X}{N_x}\cdot n_x\cdot\frac{l}{f} \tag{25-1}$$

式中，x 是所求物体水平方向的尺寸，X 为所用摄像器件水平方向上的扫描尺寸（对于 1 英寸的摄像管，其水平有效扫描尺寸为 12.7mm），N_x 为水平有效扫描期间所占的量化脉冲的总数，n_x 为目标所相应的脉冲宽度内所占的量化脉冲数，l 及 f 则分别表示物距及所用透镜的焦距。

根据上式所给出的计算方法，便能从目标水平计数器所计的量化时基数 n_x，以人工或自动方法计算出物体水平方向上的尺寸。

同理，可以求出物体垂直方向的几何尺寸，其数学表达式为

$$Y=\frac{y'}{N_y}\cdot n_y\cdot\frac{l}{f} \tag{25-2}$$

式中，Y 是所求物体在垂直方向上的高度；y' 是摄像管在垂直方向上电子束扫描的有效高度，对于 lin 摄像管，$y'=9.52$mm；N_y 是垂直方向上量化时基脉冲的总数，它决定于视频图像测量电视系统所采用的扫描制式。根据前面的分析，对于广播电视扫描制式而言，$N_y=575$。n_y 是视频图像测量系统的垂直计数器所记的时基脉冲总数。

下面通过图 25－1 方框图来说明测量几何尺寸的方法。

图中，视频信号处理器受波门脉冲的控制。只有当用人工或自动方式使波门套住目标时，视频信号处理器才输出行场视频脉冲。在相加器中，将视频处理器送来的全电视信号及由波门产生器送出的波门信号相加，以供工作人员从监视器上选择测量目标。视频信号处理器送出的经过波门选通的行场视频脉冲，分别进入水平及垂直目标脉冲计数器。最后，根据各计数器的读数，便能计算出目标水平及垂直方向上的几何尺寸。

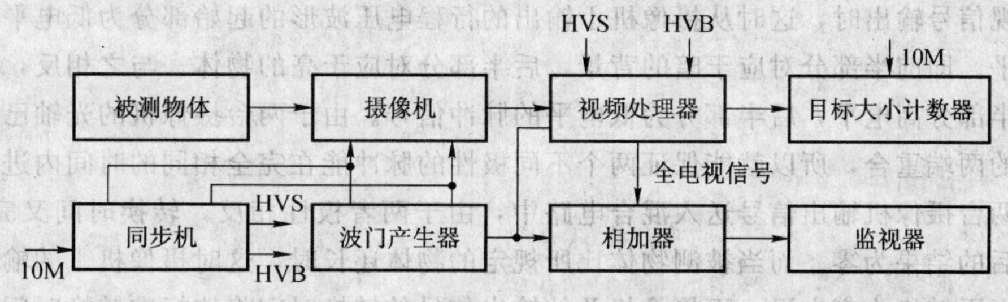

图 25－1　目标几何尺寸测量方框图

在实际应用中，为了测量不规则物体在水平或垂直方向上任意位置的几何尺寸，可以采

用相应的垂直或水平移动目标的方法来进行测量。但事实上，这样做是相当麻烦的，有时甚至是不可能的。因此，在实际测量中，往往用移动波门的办法，来实现对物体水平及垂直方向任意位置上几何尺寸的测量。例如，要测量物体水平方向任意位置上的几何尺寸，只要垂直移动波门直至所需测量的位置；反之如果测量垂直方向任意位置上的几何尺寸，只要将波门水平移动到所需测量的位置上即可。

为了简化电路以及保证在水平及垂直方向上精度的一致性，在对静止物体进行测量时，可以把物体水平方向的尺寸变成垂直方向来处理。这时，可以只考虑提取目标的物（或行）的视频脉冲，即只用场（或行）的计数器，对物体在水平及垂直方向的几何尺寸进行测量。这是因为，在进行物体水平方向尺寸的测量时，只要将物体旋转 90°（或者将光阑旋转 90°）的方法，便能利用测量垂直方向上几何尺寸的方法及电路，来进行水平尺寸的测量；反之亦然。

(2) 双摄像机信号比较法

在实际应用中，有时并不一定要知道某一物体的绝对长度，而只需要知道被测物体比规定长度物体（或称标准长度）长还是短，或者是指出长多少短多少。对于这一类要求，可以采用以下的双摄像机信号比较法，来进行判断与计算。图 25－2 是这种方法的示意图及工作波形图。

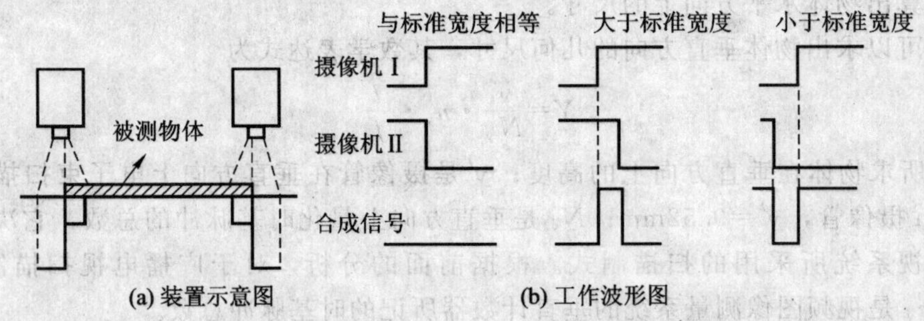

(a) 装置示意图　　(b) 工作波形图

图 25－2　双摄像机信号比较法视频测量装置

将两台摄像机水平固定在基座上，两基座间的距离与标准物体的长度相等。从图中可以看出，适当调整两摄像机的位置使其光轴恰好与被测物体的两端重合，由于被测物体与环境之间亮度（或照亮）的不同，这时从二摄像机将分别输出两个极性完全相反，但起始时间又完全一致的脉冲。现设被测物体是灼热的钢材，其亮度高于周围物体。当摄像机采用正极性标准全电视信号输出时，这时从摄像机Ⅰ输出的行程电压波形的起始部分为低电平，后半部分为高电平。即前半部分对应于暗的背景，后半部分对应于亮的物体。与之相反，摄像机Ⅱ则输出前半部分高电平，后半部分为低电平的脉冲信号。由于两台摄像机的光轴已调整到与标准物体的两端重合，所以就能保证两个不同极性的脉冲能在完全相同的时间内进行电平交换。将这两台摄像机输出信号送入混合电路中，由于两者极性相反，转换时间又完全相同，所以合成后的结果为零。而当被测物体比所规定的物体还长时，这时摄像机Ⅰ的输出信号将提前由低电平转换为高电平，而摄像机Ⅱ的输出信号的转换时间将比标准转换时间推后一段时间。因此，在混合器中就会产生一个宽度正比于长度差值而极性为正的脉冲信号。同时，可以推知当被测物体比标准物体短时，则会输出一宽度与差值成正比而其极性为负的脉冲。

如果将以上正（或负）脉冲经整形，并取其直流分量去作为伺服系统的控制信号，那么就能构成自动长度控制装置。

这种视频图像测量的优点是显而易见的，即当被测物体在垂直于光轴的方向任一平面内移动时，由于两个工作脉冲也同时在时间轴上做相同的移动，所以不会破坏相互的位置关系。另外，由于这两个电视摄像机的光轴是互相平行的，因而测量结果的精度与电视摄像机和被测物体的距离无关。

(3) 信号重合法

这是一种远距离测量物体长度的简单办法。它也是一种与信标法不同，但却行之有效的视频图像测量新装置。图 25－3 是这种电视测长装置的系统构成图。

图中 l 表示被测物体的长度；M 为反射镜，移动其中的 M_1 与 M_4 反射镜的位置，使其光轴与被测物体两端相切。摄像机输出同时包含物体两端的视频信号，在监视器中将得到恰好重合的图像。这时，反射镜 M_1 与 M_4 之间的距离即为被测物体的长度。当更换被测物体时，只要重新调整反射镜的距离，使从监视器上看到的物体两端的图像能够完全重合，那么就可以直接从反射镜滑动架标尺上，读出被测物体的长度。这种测量装置，具有千分之几的数量级的精度，而且测量直观、装置简单、操作方便。因此，它是一种测量物体长度（特别是较长物体）的有效方法。

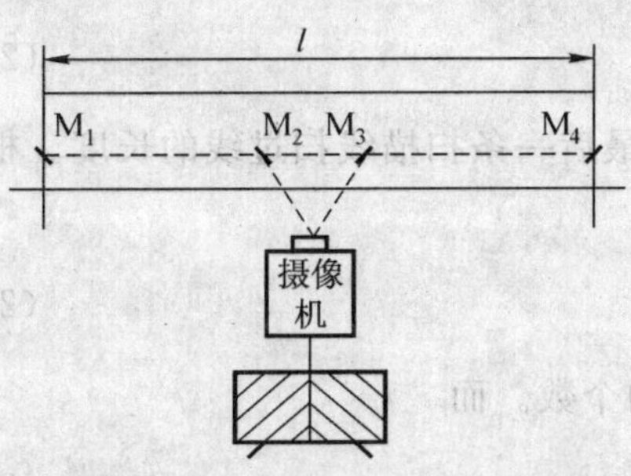

图 25－3　信号重合法视频图像测量装置示意图

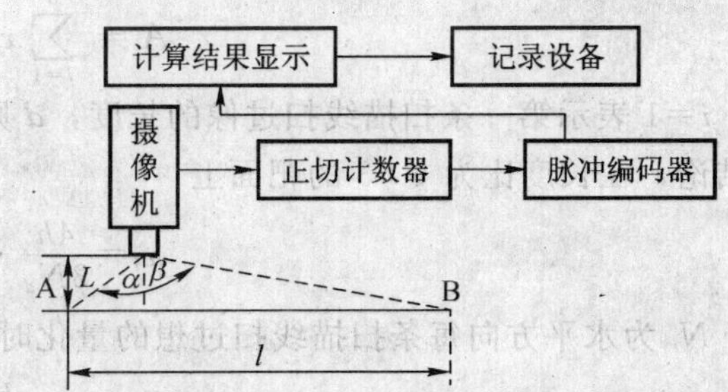

图 25－4　正切计数测长法系统构成图

(4) 正切计数法

用这种方法测量，要用到上述的信号重合法原理，以及一些简单的角度测量和计算。它的系统构成也比较简单，而且还具有较高的测量精度，能对长达几十米的物体进行测量。

用正切计数法测量长度的系统图，如图 25－4 所示。图中，l 为被测物体的长度，摄像机光轴垂直于物体所在的平面，且离此平面的距离为 L。测量时，需沿物体长度方向转动摄像机，使物体 A 端面成像于荧光屏的光栅中心处。这时偏转角设为 α，然后使摄像机转向被测物体的右端，又使 B 端面成像于荧光屏上光栅的中心处。这时，偏转角设为 β。根据几何关系，不难求出被测物体的长度 l 的表达式，即

$$l=L(\tan\alpha+\tan\beta) \tag{25-3}$$

因此，能非常方便地求出被测物体的长度。

2. 目标面积的测量

目标面积的测量，是对物体进行二维测量的典型应用。从原则上讲，只要应用前面讲的测量尺寸的方法测出物体的长与宽（对于矩形或正方形）或测出物体各部位的长与宽，然后

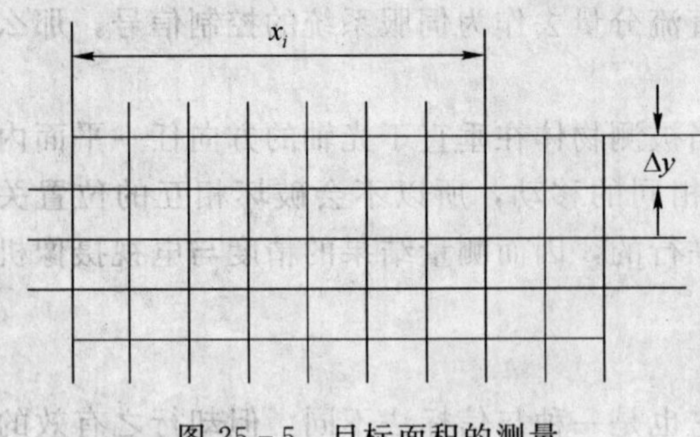

图 25－5　目标面积的测量

求面积并相加（对于非规则物体），就可以求出物体的面积。但在实际应用中，特别是对非规则物体的面积测量，这样做无疑是相当麻烦的，并且还会产生相当大的误差。下面所介绍的视频图像测量面积的方法，其原理与上述相同；所不同的是，用电视扫描线将物体分为若干等分（即量化），测出每一等分的元面积，然后相加。由于各元面积大小是以信脉冲数的多少来表示的，所以对物体面积的测量与计算就变成了对信标脉冲数的计数计算。下面通过图 25－5，导出用视频图像测量目标面积的方法。

图中 x_i 表示第 i 行扫描线上像的长度，Δy 表示在垂直方向上的长度元。显然，$\Delta y=\frac{h}{N_d}$即表示在场的方向上一个量化时基所代表的长度（h 为成像面高度、N_d 为正程时间的行扫描线数。）根据这一设定，很容易求出像元面积的表达式为 $x_i\Delta y$。据此可以求出像的总面积表达式为

$$A=\sum_{i=1}^{d}x_i\Delta y \tag{25-4}$$

式中，$i=1$ 表示第一条扫描线扫过像的长度，d 则为最后一条扫描线扫过线的长度。根据前面的结论，在长度比为 4∶3 的靶面上

$$x_i=\frac{4h}{3N_d}\cdot N_i \tag{25-5}$$

式中，N_i 为水平方向每条扫描线扫过想的量化时基的个数。而

$$\Delta y=\frac{h}{N_d} \tag{25-6}$$

将上两式结果代入式（25－4），便能求出目标像的总面积表达式为

$$A=\frac{4h^2}{3{N_d}^2}\sum_{i=1}^{d}N_i \tag{25-7}$$

对于一定的数字化系统，在量化脉冲的重复频率及成像面的尺寸已经选定的情况下，$\frac{4h^2}{3{N_d}^2}$为一常数，只要实时测出各条行扫描线上所包含的量化时基，并将它们相加，即可根据上式求出成像面上的像面积，最后由下式求出物体的面积为

$$A_w=A\left(\frac{L}{F}\right)^2 \tag{25-8}$$

式中，A 即上式所表示的目标像的总面积，L 为物距，F 为透镜的焦距。

由于扫过物体的各扫描行的长度与输出的视频脉冲宽度成正比，因此有以下的关系式

$$\frac{A_w}{A_0}=\frac{\sum T_i}{(Z-Z_r)(T-T_r)} \tag{25-9}$$

式中，T_i 为扫过物体的各扫描行的长度所相应的视频脉冲的宽度；A_0 为光电摄像器件光敏层上光栅的总面积；Z 为扫描总行数；Z_r 为每帧时间内行的损失（$Z_r=0.08Z$），及帧消隐

时间内所占的扫描数；T 为行扫描周期；T_r 为在行逆程时间内，行有效宽度的损失（$T_r=0.18T$）。

将以上数据代入教材中式（11-76），可得

$$A_w = 1.3\frac{A_0}{ZT}\sum T_i \tag{25-10}$$

根据以上介绍，不难利用任何一种电视摄像机作为测量面积的电视传感器。只要将所输出的视频信号与时基脉冲一道，经混合加到时基脉冲计数器，则所计的时基脉冲数，即表示视频脉冲的宽度值。将此值加入测量电桥，便可由仪表指出所求的面积值。

3. 目标周长的测量

同上述测量面积一样，也可利用光栅的行结构很容易求出物体周长的近似值。下面通过图 25-6 加以说明。即以各边之和来代替物体周长。其计算公式为

$$l = K\sum_{i=1}^{n}[|(l_i - l_{i-1})| + 2d] \tag{25-11}$$

式中，l_i 与 l_{i-1} 是第 i 行及 $i-1$ 行扫描线，扫过物体形成的视频脉冲宽度所对应的长度，K 为与镜头焦距及物体距离等参数有关的常数，d 为相邻的两条扫描线间距。

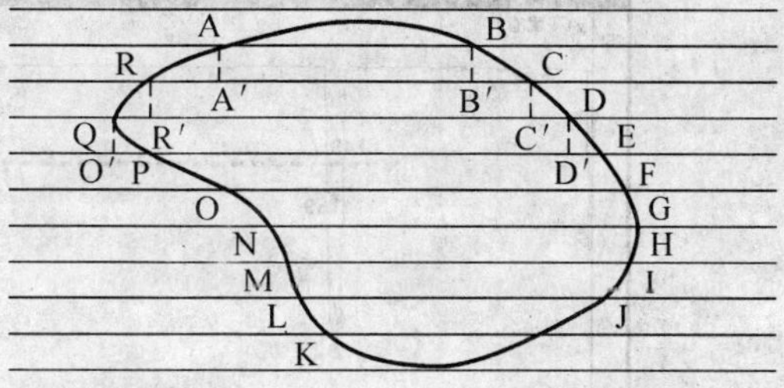

图 25-6　利用光栅行结构测量物体周长

以上测量方法所测结果的误差是显而易见的。实际测量结果及理论推算表明，在测一边与行扫描方向成 45°的三角形周长时，其误差最大，约为 40%。而在大多数情况下，其误差约在 30%左右，可将此作为系统误差来考虑。

25.6　实验步骤

1. 开机过程

① 将被测的标准图片如图 25-7 所示，安装在“被测物夹持架”上，将 USB 接口线正确连接到计算机上；

图 25-7　点、线、面的测量图片

② 打开计算机的电源开关，并确定 YHACCD—Ⅱ型彩色面阵 CCD 实验仪的“面阵 CCD 尺寸测量实验”软件是否已经安装？若未安装，则先将软件安装在计算机的指定位置上；

③ 将外置面阵 CCD 摄像机的镜头盖打开；

④ 打开 YHACCD—Ⅱ彩色面阵 CCD 多功能实验仪的电源开关；

⑤ 确认视频切换按钮（开关）是否已经按下，切换指示灯点亮表明采集外置 CCD 摄像机的图像信号；

⑥ 运行“面阵 CCD 尺寸测量实验”程序；

⑦ 点击“连续采集”按钮，计算机界面将显示外置摄像头所采集到的图像，调整 CCD 摄像头与测量图片的相对位置使计算机显示的图像尽量清晰，点击“停止”按钮。或者，点击“单帧”按钮，采集到一幅数据图像，并将其存入指定内存。

2. 关于点数据的测量

① 点击如图 25-8 所示操作菜单栏中的“查看”选项，选择要查看的数据项，例如点

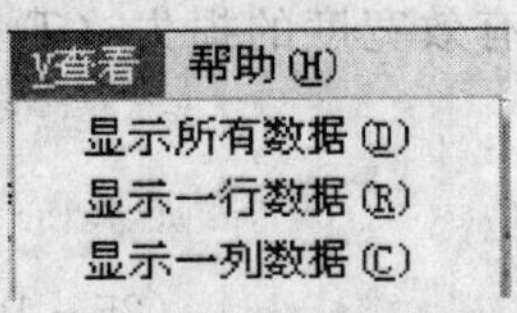

V查看 帮助(H)
显示所有数据(D)
显示一行数据(R)
显示一列数据(C)

图 25-8 查看图像数据操作图

击“显示一行数据（R）”，计算机软件将图像数据用文本文件的方式打开。观测其中一行的数据，从一行的数据中可以观测到图像在水平方向的边界灰度变化情况。同理通过坐标和数值能找到图形的边界在 x，y 方向的变化，然后保存并关闭文本文件；

② 完成①的测量工作后，同学们就基本掌握了通过数字图像的像素值数据找出图像中图形边界的方法和原理。接下来我们将通过软件所提供的标定图像中任意一行（或列）数据边界的测量功能来确定边界点。例如，在采集到的图像上把鼠标移至某一行上点击左键，软件会弹出一个对话框，对话框中的曲线图表示了水平方向上各像元灰度的变化状况，如图 25-9 所示。

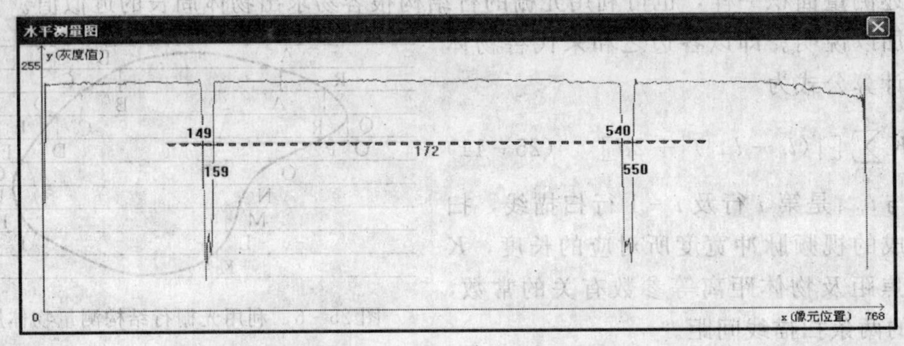

图 25-9 水平曲线图

在图 25-9 中，横坐标是水平方向上的像元位置，纵坐标是各像元灰度值。在曲线上选择适当的灰度值（纵坐标）点击鼠标左键，即得到测量阈值（图中的“172”）。同时，得到在此阈值（即纵坐标）下边界点的位置（灰度曲线与此阈值水平方向交点“149”、“159”，“540”、“550”）。也可以在采集到的图像上，把鼠标移至某一列上点击右键，软件会弹出垂直方向上灰度变化曲线图，如图 25-10 所示。图中横坐标是各像元灰度值，纵坐标是垂直方向上的像元位置。在曲线图上，选择适当的灰度值（横坐标）点击鼠标左键，即得到测量阈值（图中的“209”）。同时，得到在此阈值（即横坐标坐标）下边界点的位置（灰度曲线与此阈值垂直方向交点“85”、“96”，“482”、“493”）。除了通过阈值法确定图形边界外，还可以通过计算边界点附近的灰度变化率，来确定边界，灰度变化最快的像元位置，即为边界点坐标，试编写软件。

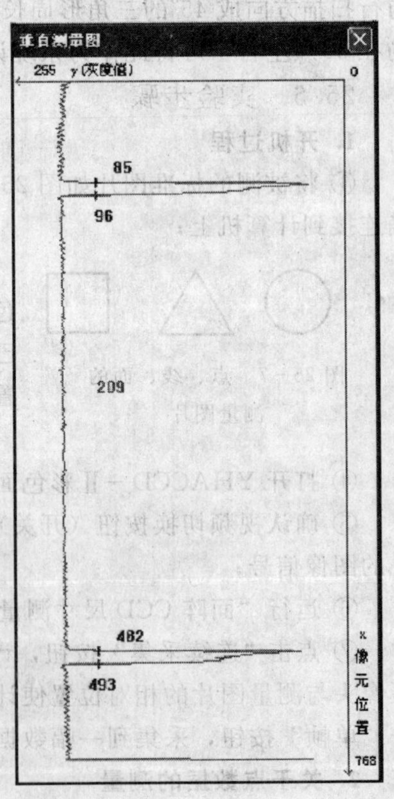

图 25-10 垂直曲线

③ 找出 x 方向与 y 方向的最大与最小位置值，因此，可以计算出被测点的大小与中心位置

$$\begin{cases}\Delta x=\dfrac{(x_{max}-x_{min})x_0}{\beta}\\ \Delta y=\dfrac{(y_{max}-y_{min})y_0}{\beta}\end{cases} \tag{25-12}$$

点的直径为

$$d=\frac{\Delta x+\Delta y}{2} \tag{25-13}$$

点的中心坐标为

$$\begin{cases}x_i=\dfrac{(x_{max}+x_{min})x_0}{2\beta}\\ y_i=\dfrac{(y_{max}+y_{min})y_0}{2\beta}\end{cases} \tag{25-14}$$

式中，x_0，y_0 分别为面阵 CCD 的像敏单元在水平（x）与垂直（y）方向尺寸；β 为光学系统的横向放大倍率。

通常，将 x_0/β 与 y_0/β 一起，通过标定的方式进行校正。

3. x_0/β 与 y_0/β 的标定

x_0/β 与 y_0/β 标定的方法很多，这里我们提供一种简单的标定方法。在被测物面处，放置标准尺寸物或标尺，读出标尺图像的相关尺寸数据便可进行标定。设标准尺寸物或标尺的实际尺寸为 l_0，读出数据为 N_0，则测出的 N 值的长度当量（x_0/β 或 y_0/β）为

$$N=\frac{l_0}{N_0} \tag{25-15}$$

显然，若光学系统存在畸变，就要对不同视场分别进行标定或进行更高精度的图像数据处理工作。

4. 关于圆数据的测量

圆的测量与点的测量十分相似，差别在于圆的边界和点的边界有所不同，有黑环，测量时要注意测内圆直径还是外圆直径。计算公式完全相同。

5. 关于三角形数据的测量

打开文本数据图像，观测数据，从数据的坐标和数值上找到测试点的边界 x，y 坐标；可以找到三角形三个顶点的坐标（x_a，y_a），（x_b，y_b），（x_c，y_c）坐标值，根据三点坐标值和标定好的 x_0/β 与 y_0/β 值便可计算出三角形的各边长、三角形的重心、中心和面积。

6. 关于矩形数据的测量

矩形数据的测量需要从数据文件中找出四个点的坐标值，找点方法与上述相同，都可从文本数据中找到。最后，计算出矩形的边长及面积。

显然上述观测数据的方法是比较繁重的，可用计算机软件根据边界点的特征进行自动寻找。

7. 关机与结束

① 所需要保存的数据及文件保存到你的“软盘”或“闪存”中，以免关机时丢掉；

② 退出实验软件，将计算机关掉；

③ 关掉实验仪的电源；

④ 盖好镜头盖；

⑤ 将被测图片放回原处，将其他工具放回原处。

25.7 实验总结报告

(1) 按第一部分对实验报告的要求及内容写出实验总结报告。

(2) 根据测量的点数据，找出 x 方向与 y 方向的最大与最小位置值，计算出被测点的大小与中心位置。

(3) 进行 x_0/β 与 y_0/β 的标定。其中，x_0 与 y_0 分别为面阵 CCD 的像敏单元在水平（x）与垂直（y）方向尺寸；β 为光学系统的横向放大倍率。

(4) 根据测量的圆数据，求出圆直径并计算出圆面积，并分析内外圆直径。

(5) 根据测量的三角形三个顶点的坐标值，计算出三角形的各边长、三角形的重心、中心和面积。

(6) 根据测量的矩形数据四个点的坐标值，求出边长及面积。

(7) 根据所理解的面阵 CCD 尺寸测量的原理，可否尝试使用 VC＋＋程序，自己编写边缘检测及尺寸测量程序。

25.8 思考题

(1) 试设计出用外置摄像机测量圆柱物体（如铅笔芯）外径的测量方案？

(2) 在铅笔芯外径的测量系统中，若所选的面阵 CCD 为 768(H)×576(V)，被测笔芯直径为 0.7μm，试计算所获得的最高的测量精度为多少？

实验 26 光纤端面处理、连接、耦合与焊接技术

在光纤的安装中常常需要对其端面进行处理，在光纤连接时常要考虑最佳耦合，如光纤焊接等，这些工艺质量将直接关系到光纤传输的效率。因此，加强这些操作技能的训练，对用好光纤是大有帮助的。

26.1 实验目的

(1) 掌握光纤头平整端面处理技术。

(2) 掌握光纤与光纤之间的耦合调试技术，体会光纤横向和纵向偏差对光纤耦合损耗的影响。

(3) 掌握光纤焊接的基本技术。

26.2 实验内容

(1) 光纤端面处理。

(2) 光纤连接、耦合及调试。

(3) 光功率测试。

(4) 光纤焊接及接点损耗计算。

26.3 实验仪器器材

(1) 光纤熔接机及电源。

(2) 尾纤输出半导体激光器（LD）及电源。

(3) 功率计。

(4) 显微镜。

(5) 刀片与金刚刀。

（6）V形槽。

（7）光纤调整架。

（8）光电探测器件。

（9）万用表。

26.4　实验原理

1. 光纤的基本结构及类型

光纤（Optic fiber），是光导纤维的简称，它能够将进入光纤一端的光线传送到光纤的另一端。光纤是一种多层介质结构的对称柱体光学纤维，它一般由纤芯、包层、涂覆层与护套层构成，如图 26－1 所示。

纤芯与包层是光纤的主体，对光波的传播起着决定性作用。纤芯多为石英玻璃，直径一般为 5～75μm，材料主体为二氧化硅，其中掺杂其他微量元素，以提高纤芯的折射率。包层直径很小，一般约为 100～200μm，其材料主体也为二氧化硅，但折射率略低于纤芯。

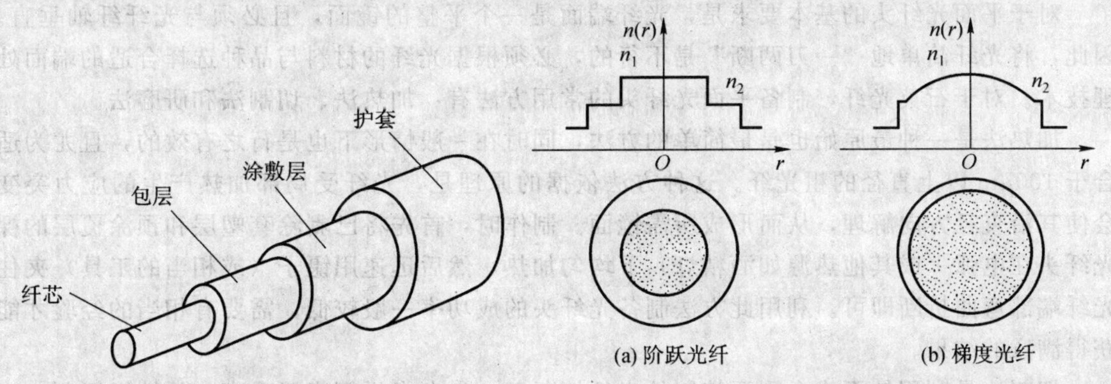

图 26－1　光纤结构示意图

图 26－2　光纤折射率径向分布示意图

涂覆层的材料一般为硅酮或丙烯酸盐，主要用于隔离杂光。护套的材料一般为尼龙或其他有机材料，用于提高光纤的机械强度，保护光纤。一般，没有涂覆层和护套的光纤，则称为裸纤。

光纤的种类很多，从不同的角度出发，有不同的分类。一般，有以下四种分类：

① 按光纤材料可分七种：石英系光纤；多组分玻璃光纤；氟化物光纤；塑料光纤；液芯光纤；晶体光纤；红外材料光纤等。

② 按传输模式多少可分二类：单模光纤与多模光纤。

③ 按光纤工作波长可分三种：0.8～0.9μm 的短波长光纤；1～1.7μm 的长波长光纤；2μm 以上的超长波长光纤。

④ 按光纤横截面上折射率的分布可分二类：阶跃型（突变型）光纤；梯度型（自聚焦或渐变型）光纤。

阶跃光纤及其纤芯折射率径向分布函数如图 26－2（a）所示，在纤芯和包层两种介质内部，折射率均匀分布，即 n_1、n_2 均为常数，因此在纤芯与包层的分界处折射率产生阶跃变化。

梯度光纤的纤芯折射率沿径向呈非线性规律递减，故亦称渐变折射率光纤。图 26－2（b）为一种常见的梯度光纤及其折射率径向分布函数。

2. 光纤端面处理技术

在光纤的各种应用中，光纤端面处理是一种最基本的技术，光纤端面处理的形式可分为两种：平面光纤头与微透镜光纤头。前者多用于各种无源器件以及光纤的连接与接续；后者多用于光纤和各种光源探测器件之间的耦合。光纤端面处理的基本步骤是：

(1) 涂覆层剥除

在制备光纤头之前，首先要剥除一段光纤的套塑层与预涂覆层（约 20～30mm 长），使光纤头与刀口之间成一小角度，用左手拇指将光纤头压到刀口上，右手拉动光纤即可剥除套塑层。另外一种方法是将光纤头在塑料溶剂中浸泡几分钟，然后用脱脂棉擦除套塑层。

预涂覆层的剥除也可采用类似的方法进行。在剥除套塑层和预涂覆层之后，要用脱脂棉沾乙醇/乙醚混合液将光纤头清洗干净，才能进行下一步光纤头的处理。

(2) 光纤头制备

1) 平面光纤头的制备：

对于平面光纤头的基本要求是，光纤端面是一个平整的镜面，且必须与光纤纤轴垂直。因此，将光纤简单地“一刀两断”是不行的，必须根据光纤的材料与品种选择合适的端面处理技术。对于石英光纤，制备平面光纤头的常用方法有：加热法、切割法和研磨法。

加热法是一种最原始也是最简单的方法，同时在一般情形下也是行之有效的，且尤为适合于 100μm 以上直径的粗光纤。这种方法依据的原理是，光纤受局部加热产生的应力突变会使其沿直径方向解理，从而形成所需镜面。制作时，首先将已剥除套塑层和预涂覆层的裸光纤头在电弧（或其他热源如酒精灯）下均匀加热，然后迅速用镊子（或相当的工具）夹住光纤端部弯曲折断即可。利用此方法制备光纤头的成功率一般较低，需要有相当的经验才能获得满意的结果。

切割法是利用钻石或金刚石特制的光纤切断刀，先在光纤侧表面垂直与纤轴轻轻刻一小口，然后施加弯曲应力拉动光纤使其折断。利用这种方法制备平面光纤头的成功率一般较高，稍加训练即可获得满意的效果。因此，已成为目前最常用的光纤头处理技术。而且技术人员已利用切割法的原理制成了“光纤切割钳”，集剥除与切割于一体，使用十分方便。

研磨法是一种更为精密的光纤端面制备技术。它不仅可以使光纤端面更为接近于理想镜面，而且还可以克服“切割法”和“加热法”不易保证光纤端面与纤轴垂直的缺憾，使光纤端面倾斜角降至几十秒以下。研磨法涉及极为复杂的光学加工技术，其基本过程为：

① 套管加固：将剥除了涂覆层的光纤套入保护套管之中制成光纤插针，以备光学加工。保护套管一般分为内套管、中间过渡套管与外套管三层。内套管采用精密拉制的玻璃毛细管，其内径与光纤包层直径相当，外径与过渡套管内径相当。过渡套管与外套管一般采用特制的不锈钢管，对其内外径几何尺寸与公差有较苛刻的要求。在每一层套管之间用环氧树脂胶加固，并需要精密调节对中，以保证光纤与各层套管同轴。但由于调节环节较多，光纤在套管中的角向偏移，仍不可避免。

目前，人们已经采用了一种更为先进的“陶瓷套管”加固技术，利用特殊配方的陶瓷和精密模具成形技术，直接制成内径 125μm，外径 2.8mm 的精密套管，消除了在套管中的角向偏移。以这种方法制备的光纤插针，已经问世并获应用。

② 模具加工：已制成的光纤插针，要用合适的模具固定夹持，才能进行光学冷加工。模具的质量是影响光纤端面倾斜度的重要因素。模具材料的硬度，要与光纤材料相匹配。夹

持机构，要保证插针与模具盘研磨面垂直，并便于安装和拆卸。

③ 研磨抛光：一般，可以采用常规的光学冷加工技术，对光纤端面进行研磨与抛光，使之成为完美的镜面。在加工过程中，要随时检测光纤端面的垂直度，以获得最小的端面倾斜角。

2）微透镜光纤头的制备：

所谓微透镜光纤头是指在光纤端部制作一微透镜，以提高光纤接收光源功率，或使光纤输出光功率更有效地会聚于光探器的光敏面上。微透镜制备方法可分为两种：烧球和点球。

① 烧球是对已制备好的平整光纤面进行加热（用电弧放电或其他方法），使端部软化，并成为一个半球形微透镜。在加热过程中，往复移动加热源和改变加热温度，可以获得不同曲率半径的透镜。

② 点球是将已制备好的平整光纤端面浸入熔融的石英玻璃或光学环氧树脂之中点蘸一微透镜。通过控制浸入深度与提升速度，可获得不同形状的微透镜。通过改变微透镜材料，还可获得不同的透镜折射率，以适应不同场合光纤耦合的需要。

为了进一步提高光纤微透镜的耦合效率，还可将光纤头先拉制成锥形，然后再在锥端部制作微透镜。这样，可使得透镜的曲率半径大为减小，会聚能力大大提高。光纤拉锥的方法有三种：

第一种是磨消法，采用特殊的加工工艺将光纤的包层磨削成椎体，使锥端直径等于或略大于纤芯直径。

第二种是腐蚀法，将光纤头浸入氢氟酸（或其他酸性溶剂）之中，由于腐蚀作用会使光纤头成为尖锥形状，然后对锥端进行切割处理。

第三种是加热拉锥法，利用电弧放电加热光纤，同时向两侧拉动光纤直至断开，即可形成锥形光纤头。后一种方法中，光纤的纤芯也会随包层一起变细成为椎体，从而使得在其中传播的光波场分布及传播特性发生改变。

不同参数的光纤微透镜，其耦合效率有很大的差异。应精心设计光纤锥长和微透镜曲率半径，以提高耦合效率。此外，光纤微透镜的反馈作用对半导体激光器（LD）的不利影响也是一个应考虑的重要因素。往往耦合效率高的透镜，其光反馈也强，因此在两者之间要进行合理的选择。

（3）光纤头质量的检验

光纤微透镜质量的好坏可依据其与 LD 耦合时损耗的大小来判定。方法是：取一横模特性好的 LD 芯片作为光源，首先测试其输出光功率，记为 P_1；然后保持该功率恒定不变（通常应对 LD 施行温度与功率自动控制），用微调架调整光纤微透镜，使其与 LD 芯片对准，在光纤的输出端，进行扰模和滤模，以剔除包层模和高阶模功率，然后测试光纤输出光功率，并精心调节使其达到最大，记为 P_2，则光纤的耦合损耗 α（单位为 dB）为

$$\alpha=\log(P_2/P_1) \tag{26-1}$$

由此可知，α 越小，则光纤微透镜质量越好。检验平面光纤端面的最直观的方法，是向光纤中注入 He－Ne 激光，观察由光纤输出的光斑质量，即可判定光纤端面的质量。一个好的光纤端面，其输出光斑应是圆对称的，边缘清晰，且与光纤轴线方向垂直。如果端面质量不高，则输出光斑就会发生散射或倾斜。另一种更为精密的方法，是利用高倍率显微镜来进行检验。首先，正面观察光纤端面，其表面应均匀，无裂纹，圆周轮廓清晰；然后，侧面观

察光纤并转动光纤，其端部边缘应整齐，无凹陷或尖劈，且边缘与纤轴垂直。图 26－3 示出几种光纤端面检测图形。图中，(a) 为平整端面，(b) 为端部出现尖劈，(c) 为毛糙端面。

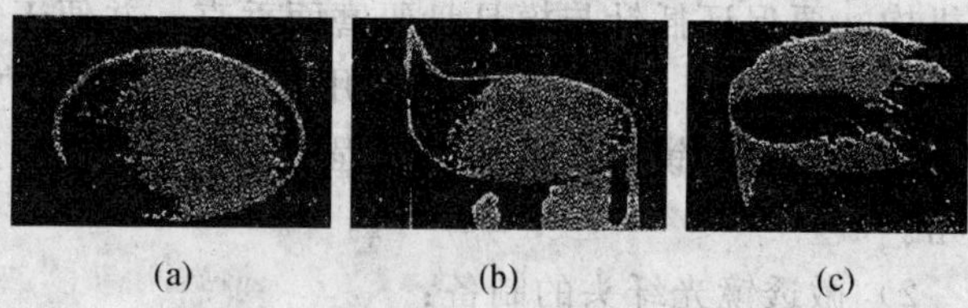

图 26－3　几种光纤端面检测图形

3. 光纤连接耦合技术

光纤的连接耦合是光纤应用中的实用技术，在此简要介绍光纤与光纤的连接、光源与光纤的耦合技术。

(1) 光纤与光纤的连接

图 26－3 看起来是十分简单的问题，但它十分重要，而且也是不大容易解决的问题。它的重要性体现在，若连接不好，会使接点的损耗增加，并直接影响系统的传输距离。它的难度性表现为光纤是介质材料，连接要用特殊的手段，加之光纤芯径的几何尺寸很小，因而要求连接时，要有很高的对准精度等。

光纤间的连接分为永久连接和活动连接。永久连接即固定接头，一般用于线路中光纤与光纤的连接。活动连接使用活动接头，一般用于机器与线路以及需要经常拆装的连接。不管是哪一种连接方式，其主要要求是一样的，即应具有低的损耗。

1) 永久连接

永久连接一般分为黏结剂连接和热熔接两种方式，都需要 V 形槽或精密套管，将光纤中心对准后加黏结剂使之固化，或者采用二氧化碳激光器或电弧放电等热熔光纤对接，即焊接，使之连接起来，如图 26－4 所示。这种接头损耗可低达 0.1dB 水平。

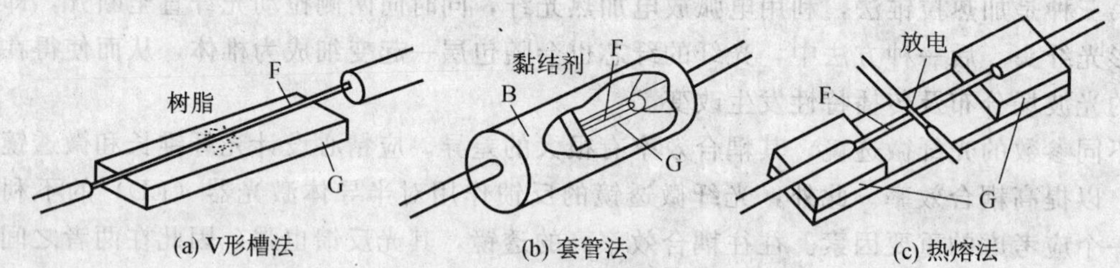

F—裸光纤；G—底板；B—密封套管

图 26－4　光纤永久性连接

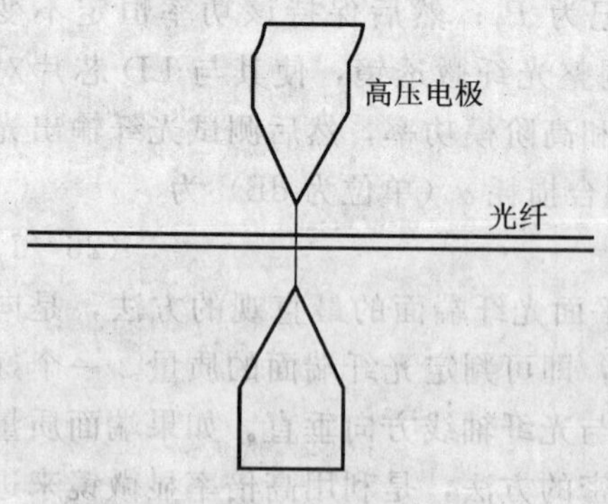

图 26－5　焊接装置的原理结构

工程上用得最多的还是焊接。焊接装置的简单原理结构如图 26－5 所示。该装置是利用电弧放电产生的高温，将预先对准的光纤纤芯熔化，而使之焊接起来。由于纤芯很细，其操作过程都是在显微镜下进行的。

显然，连接焊点的好坏，直接决定连接的损耗。如焊接点的芯径失配，折射率分布失配，同心度不良以及横向错位，轴向角偏差，以及端面的污染等，都可能使接点损耗增加。总之，不能出现图 26－6 所示的任何一种连接偏差。其中，图 26－6(a)，(b)，(f)，

(g)所示的连接偏差，对插入损耗影响最大。因此，固定焊接时，要求很高的几何精度和工艺水平。一般情况下，这种接头损耗可低达0.1dB水平。

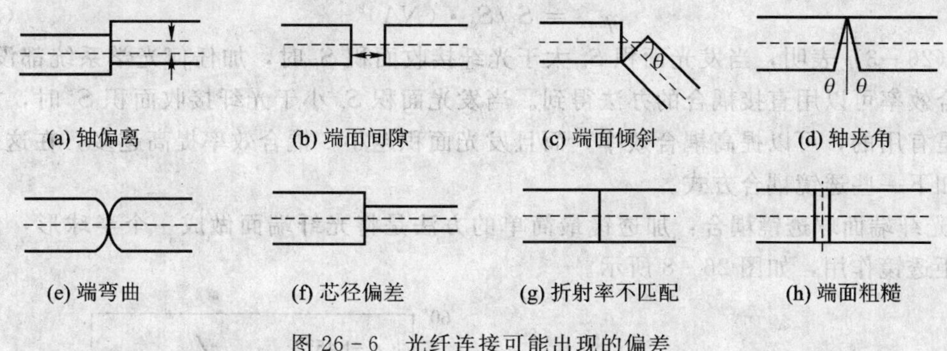

图26-6　光纤连接可能出现的偏差

2）活动连接

活动连接主要用于仪器与线路，以及需要经常拆装的连接方便。光纤活动连接器的类型也很多，主要有单芯、双芯、多芯束状和单模、多模的光纤连接器等。若不考虑特殊设计，它们都包含有下列几个基本构件：插针体、用锁装置、后壳、压接套管和保护套。市场上可见到的连接器类型有十多种，仅单模光纤连接器就有直接接触型（PC型）、平面对接型（FC型）、矩形型（SC型）以及ST型等。一般，活动连接的平均损耗在0.25dB±0.1dB，最大损耗在0.5dB左右。

(2) 光纤的光耦合

光纤的光耦合即光源与光纤的耦合，它是指把光源发出的光功率最大限度地输送进光纤中去。这是一个比较复杂的问题，涉及光源发出的光功率的空间分布、光源发光面积、光纤的收光特性和传输特性等。下面仅介绍一些耦合方法及其实用性评价。

1）直接耦合

所谓直接耦合，就是把一根端面的光纤直接靠近光源发光面放置，如图26-7所示。在光纤确定的情况下，耦合效率与光源种类关系密切。如果光源是半导体激光器，因其发光面积比光纤端面面积还小，只要光源与光纤面靠得足够近，激光所发出的光都能照射到光纤端面上。考虑到光源光束的发散角和光纤接收角的不匹配程度，一般耦合效率大约为20%。

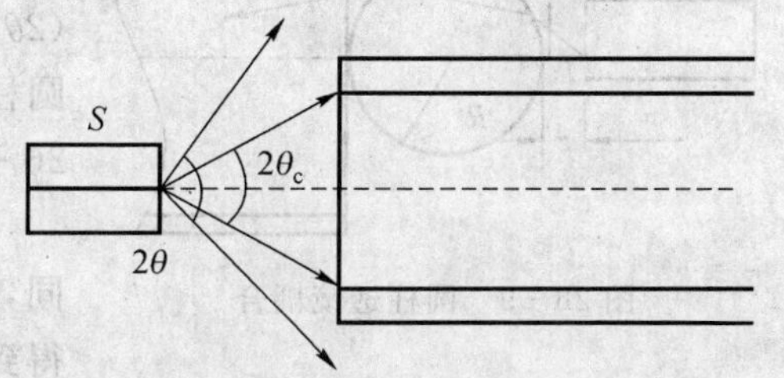

图26-7　光纤与光源直接耦合

S—光源；θ—光源发光角；

θ_c—光纤最大接收角

如果光源是发光二极管，情况更严重，因为发光二极管的发散角更大，其耦合效率基本上由光纤的收光角决定，即

$$\eta = P/P_0 = (NA)^2 \qquad (26-2)$$

例如，$NA=0.14$，则$\eta=2\%$。为提高耦合效率，一种方法是在光源和光纤端面之间插入一块透镜，称为透镜耦合。

2）透镜耦合

透镜耦合方法能否提高效率？回答是可能提高，也可能不提高。这里面有一个耦合效率准则的概念。由几何光学定理可知，对于朗伯型光源（如发光二极管），不管中间加什么样的系统，它的耦合效率不会超过一个极大值，即

$$\eta_{\max} = S_f/S_e \cdot (NA)^2 \tag{26-3}$$

式（26-3）表明，当发光面积 S_e 大于光纤接收面积 S_f 时，加任何光学系统都没有用，最大耦合效率可以用直接耦合的办法得到。当发光面积 S_e 小于光纤接收面积 S_f 时，加上光学系统是有用的，可以提高耦合效率，而且发光面积越小，耦合效率提高越多，在这个准则下，有如下一些透镜耦合方式。

① 光纤端面球透镜耦合：加透镜最简单的方法是将光纤端面做成一个半球形，使它起到短焦距透镜作用，如图 26-8 所示。

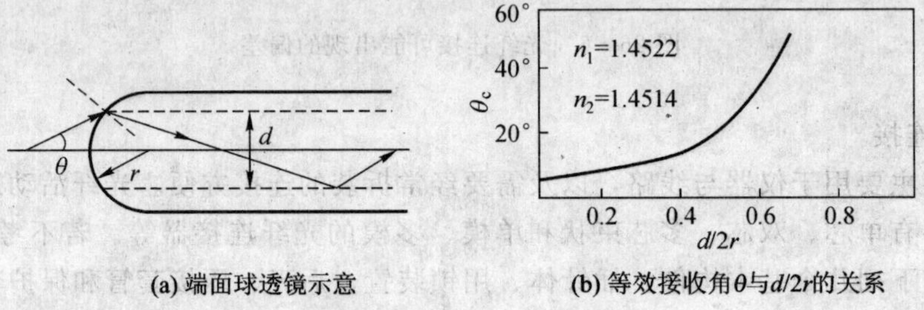

(a) 端面球透镜示意　　(b) 等效接收角θ与d/2r的关系

图 26-8　端面球透镜耦合

从图可见，端面球透镜的作用是提高光纤的等效收光角，因而使耦合效率提高。这种耦合方法对突变型光纤效果很好，对折射率渐变型光纤则差一些。

② 柱透镜耦合：半导体激光器所发出的光在空间是不对称的，在平行于 PN 结方向上光束比较集中（$2\theta_{/\!/}$ 为 5°～6°），在垂直于 PN 结方向上发散较大（$2\theta_{\perp}$ 为 40°～60°），所以直接耦合时效率不高。利用圆柱透镜可以使耦合效率有很大的提高，其装置如图 26-9 所示。

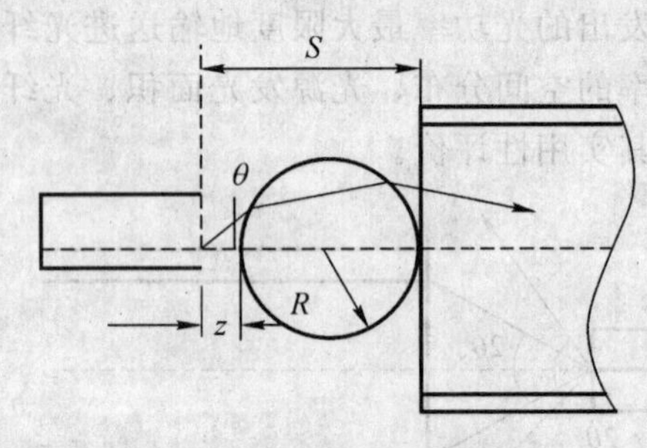

图 26-9　圆柱透镜耦合

详细研究表明，当柱透镜半径 R 与光纤半径相同，激光器位于光轴上，且镜面位于 $z=0.3R$ 时，可得到最大的耦合效率，约 50%左右；如果激光器的位置在轴向上有偏离，则耦合效率明显下降。也就是说，这种耦合方式对激光器、圆柱透镜及光纤的相对位置的精确性要求很高。

③ 凸透镜耦合：将光源放在凸透镜的焦点上，使光变成平行光，然后再用另一个凸透镜将此平行光聚焦到光纤端面上，如图 26-10 所示。这种耦合器由两部分组成，每一部分各含一个凸透镜。因为是平行光，连接部分要求不高，调整、组装等都比较容易，使用比较方便。其耦合效率一般在 5%左右。

④ 自聚焦光纤：用一段长为 $L_{T/4}$ 的自聚焦光纤代替图 26-10（b）中的凸透镜，也可构成耦合器，一般是将光纤与自聚焦透镜胶合在一起，平行光进入自聚焦透镜，经聚焦全部进入光纤，如图 26-11 所示。这种耦合形式结构紧凑，稳定可靠，是较好的耦合形式。其耦合效率一般为 50%左右。

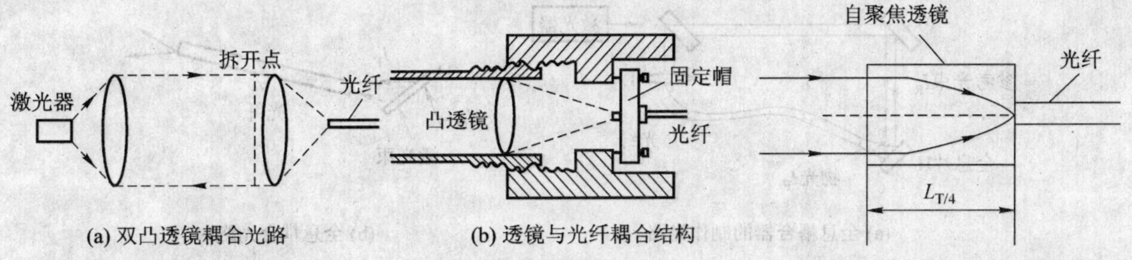

图 26-10 凸透镜耦合　　图 26-11 自聚焦透镜耦合

⑤ 圆锥形透镜耦合：将光纤前端用腐蚀的办法做成如图 26-12（a）所示的逐渐缩小的圆锥形，或者用烧熔拉细的办法做成如图 26-12（b）所示的圆锥形，前端半径为 a_1，光纤自身半径 a_n，当光从前端以 θ_c' 角入射进光纤，经折射后以 γ_1 角射向界面 A 点，如图 26-12（c）所示。因界面为斜面，所以 $\gamma_2 < \gamma_1$，如果锥面坡度不大，近似关系为

$$\sin\gamma_{n-1}/\sin\gamma_n = a_n/a_{n-1} \tag{26-4}$$

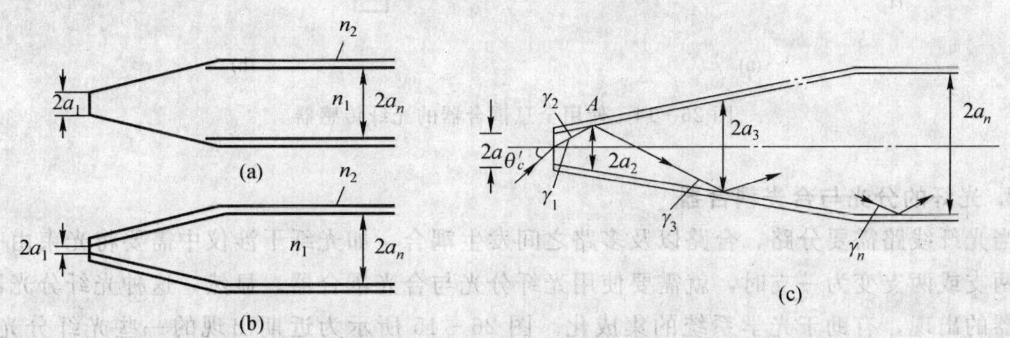

图 26-12 圆锥形透镜耦合

可以证明，有圆锥时光纤的接收角 θ_c' 与端面光纤的接收角 θ_c 之间的关系为

$$\sin\theta_c'/\sin\theta_c = a_n/a_1 \tag{26-5}$$

式（26-5）表明，有圆锥透镜的光纤的数值孔径是平端光纤的 a_n/a_1 倍。只要前端面直径 $2a_1$ 比光源面积大，这种耦合效率可高达 90%以上。

3）光纤全息耦合

由于光纤全息片可以将光的波前互相变换，因此可以用来作为一种光纤耦合器。全息耦合器的制法如图 26-13（a）所示，经光纤的发散光束作为物光束，直射光束作为参考光束，用重铬酸明胶或乳化银照相胶片作为全息记录介质。这个全息片就是一个光纤耦合器，如图 26-13（b）所示，使用时要求与记录全息图时的参考光相共轭的激光束照射，会聚光束被再现，并耦合进光纤中去。原则上讲，这种耦合方法的耦合效率是非常高的。而实际上由于全息片的衰减，这种耦合方式的实际耦合效率与透镜相比并不优越。不过，它的最大优点是，可以作为多功能的光学元件来应用。图 26-14 所示为使用全息耦合器件的光纤传感系统。在图 26-14（a）中，H_1 起两个透镜和一个分束器作用，H_2 则起两个透镜和一个合光器作用；图 26-14（b）中，H 起两个透镜、分光镜、合光镜作用。显然，应用全息耦合器可使常规光纤传感器系统大为简化。

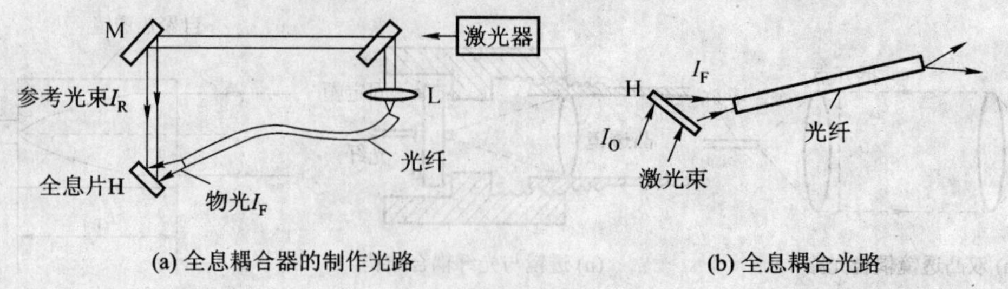

图 26-13 光纤全息耦合

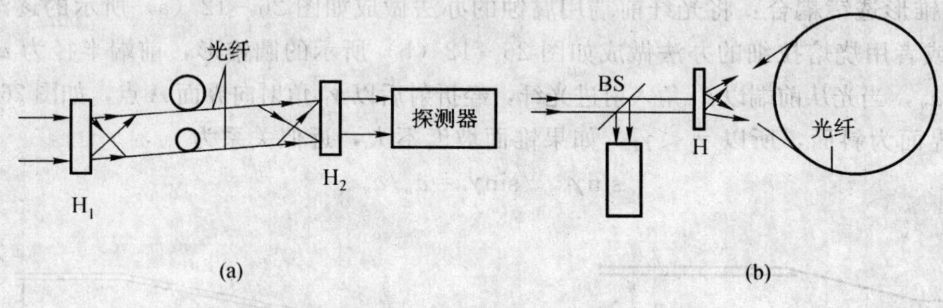

图 26-14 使用全息耦合器的光纤传感器

4. 光纤的分光与合光耦合器

当光纤线路需要分路、合路以及多路之间发生耦合，如光纤干涉仪中需要将光束由一支变为两支或两支变为一支时，就需要使用光纤分光与合光耦合器。显然，这种光纤分光器与合光器的出现，有助于光学系统的集成化。图 26-15 所示为近期出现的一些光纤分光器、合光器。因为这种元器件是可逆的，所以图中只给出了一种光行进方向。也就是说，一个分光器反过来使用就是合光器。如图 26-15（a），（b）所示为光束聚集型，合光损耗在 3dB 左右；图 26-15（c），（d）所示为半透半反型，损耗在 3.7dB 左右；如图 26-15（e），（f）所示为波导耦合型，损耗在 5dB 左右；如图 26-15（g）所示为分布耦合型，损耗在 3.7dB 左右；如图 26-15（h），(i) 所示为部分反射型，损耗在 4.7dB。

下面具体介绍一下常用的典型的光纤分光与合光的 T 形和 X 形结构的定向耦合器。T 形常用于两条光路，分光与合光的场合，X 形则用于两条以上的光路之间需要发生耦合的情况。

① 一种 T 形耦合器的方案如图 26-16 所示。该方案由棱镜组成，并且有如下的功能：当光线从 1 端口入射时，2，3 端口按一定比例输出光功率，因此可用作光的分路器；反之，当从 2，3 端口入射光线时，从 1 端口得到合成的光功率输出，因此可作为合路器使用。2，3 端口之间是相互隔离的。

产生上述功能的原理十分简单，从 1 端口入射的光线，经过透镜后变成平行光束，垂直入射到棱镜的斜面上，该面上镀有一层厚分光模。当平行光束照射到膜上时，一部分光能通过膜层进入 3 端口，另一部分光能经膜层反射到 2 端口。控制镀膜层的厚度，可实现 2，3 端口光能输出的不同分配比例。其他功能可根据棱镜的透、反射作用去理解。

T 形耦合器的主要指标有：

插入损耗：T 形耦合器的插入损耗（单位 dB）定义为

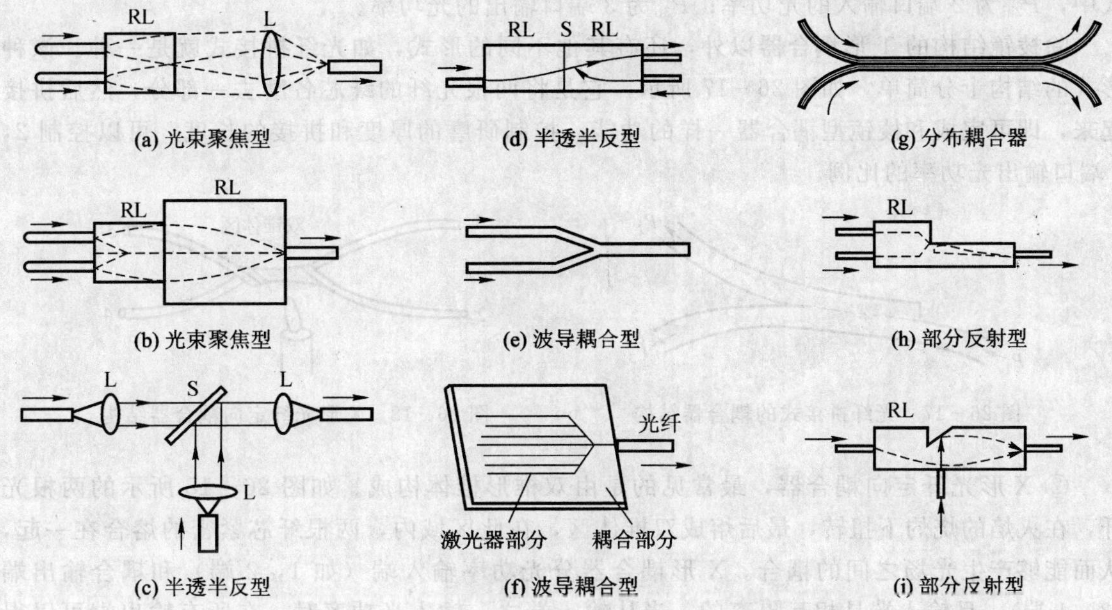

图 26-15 光纤分光器与合光器典型结构

RL—自聚焦透镜；L—透镜；S—半透镜

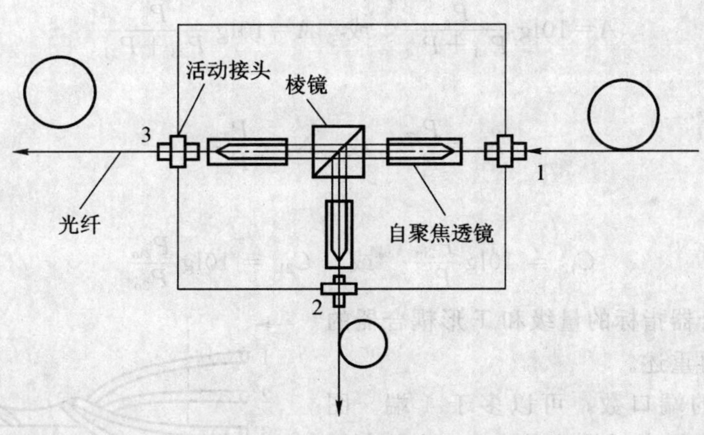

图 26-16 T 形耦合器的结构

$$A = 10\lg \frac{P_1}{P_2 + P_3} \tag{26-6}$$

式中，P_1，P_2，P_3 分别为第 1，2，3 端口的输入或输出光功率。

插入损耗的量级，目前国内产品可做到 1.5～3dB，好的可以做到 1dB 以下。

分光比：定义为：

$$N_0 = P_2 : P_3$$

一般可做到 1∶1，1∶10 或其他比例。

隔离度：定义为：

$$C_{23} = 10\lg \frac{P_{2\text{in}}}{P_{3\text{o}}} \tag{26-7}$$

式中，P_{2in}为 2 端口输入的光功率；P_{3o}为 3 端口输出的光功率。

除棱镜结构的 T 形耦合器以外，还有其他不同的形式，如光纤拼接式就是一种。该种形式的结构十分简单，如图 26-17 所示，它是将两根光纤的纤芯各磨去一部分，然后拼接起来，即可完成和棱镜型耦合器一样的功能。控制研磨的厚度和拼接的长度，可以控制 2，3 端口输出光功率的比例。

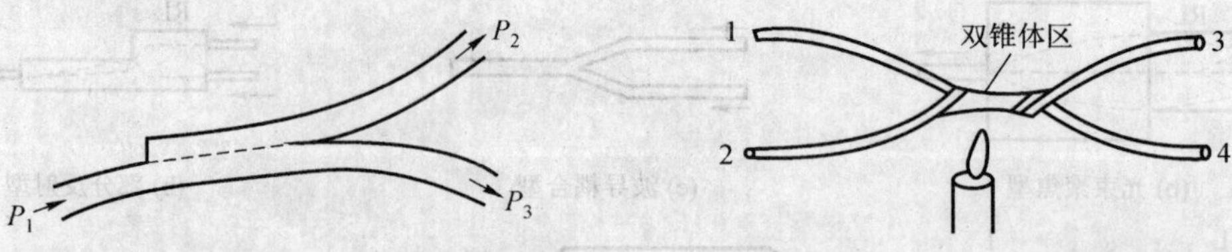

图 26-17　光纤拼接式的耦合器结构　　图 26-18　X 形光纤定向耦合器结构

② X 形光纤定向耦合器，最常见的是由双椎形椎体构成。如图 26-18 所示的两根光纤，在火焰的烧灼下扭转，最后熔成双椎体区，在此区域内，两根纤芯紧密的熔合在一起，从而能够产生光场之间的耦合。X 形耦合器分光功率输入端（如 1，2 端）和耦合输出端（3，4 端），且输入端是相互隔离的。当从输入端之一输入光功率时，在所有输出端可以得到一定比例的光功率输出。

X 形耦合器有和 T 形耦合器一样的指标，如插入损耗为

$$A=10\lg\frac{P_2}{P_{13}+P_{14}} \quad \text{或} \quad A=10\lg\frac{P_2}{P_{23}+P_{24}} \tag{26-8}$$

分光比为

$$N_1=\frac{P_{13}}{P_{14}} \quad \text{或} \quad N_2=\frac{P_{23}}{P_{24}} \tag{26-9}$$

隔离度为

$$C_{12}=10\lg\frac{P_{2in}}{P_{2o}} \quad \text{或} \quad C_{21}=10\lg\frac{P_{2in}}{P_{2o}} \tag{26-10}$$

双椎体形耦合器指标的量级和 T 形耦合器的差不多，这里不再重述。

X 形耦合器的端口数，可以多于 4 端。图 26-19 所示的是四根光纤构成的 4×4 端定向耦合器。目前国内已有 8×8 端和 16×16 端的产品出售，可用于光纤网络的多终端系统中。

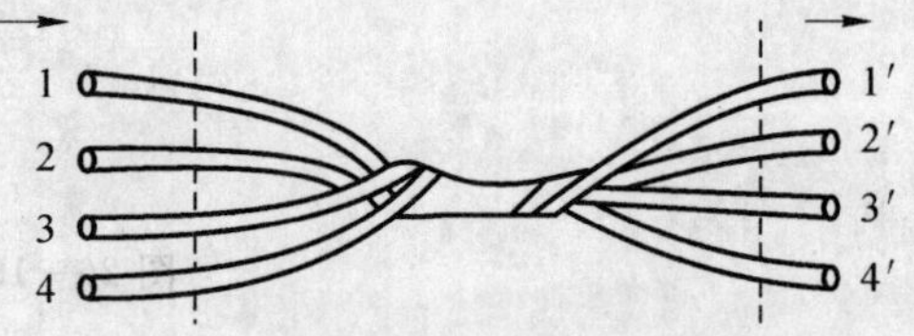

图 26-19　四根光纤构成的 X 形耦合器

26.5　实验装置

光纤连接、耦合、调试与焊接实验系统，如图 26-20 所示。

26.6　实验步骤

1. 光纤端面处理

按下列步骤处理 LD 尾纤及待焊接光纤端面：

① 用刀片剥除光纤套塑层与预涂覆层，使光纤包层裸露出 20～30cm。

② 用脱脂棉蘸乙醇/乙醚混合液将裸光纤头清洗干净。

③ 用金刚刀在距光纤端约 5cm 处垂直于纤壁轻刻一小口。

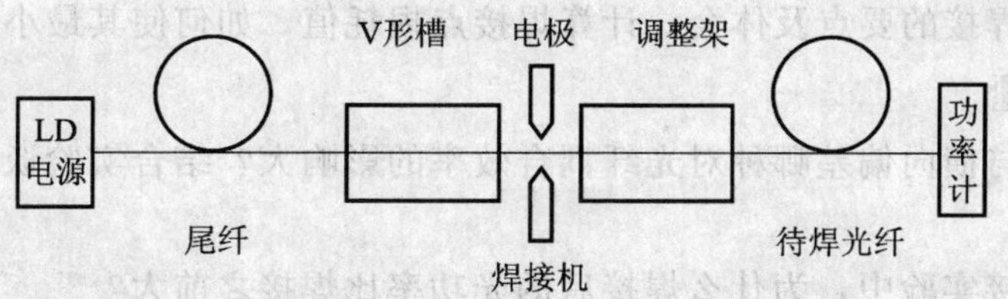

图 26-20　光纤连接耦合调试与焊接实验系统

④ 对光纤端面施加拉力使其折断形成平整端面。

⑤ 在显微镜下观看光纤端面，应为圆周整齐的完整镜面（可以有较小的切口）；若不理想，则应重复步骤①～④各项，直至满意为止。

2. 光功率测试及光纤连接耦合调试

① 按图 26-20 连接好实验装置。

② 开启 LD 电源，调节电流旋至规定的电流值。

③ 测试 LD 尾纤输入功率，记为 P_{in}。

④ 将 LD 尾纤置入焊接机平移 V 形槽中，将待测光纤置入微调 V 形槽中，应保持两光纤平直。

⑤ 开启焊接机电源，向下调节观察显微镜直至看到两对平行光纤像，然后调节微调旋钮，使两对光纤像分别成一直线则说明两光纤上、下、左、右均基本对准，这时测试待测光纤输出端功率，应有显示。

⑥ 仔细调节微调旋钮，使待测光纤输出功率为最大，记为 P_c，它应尽量接近 P_{in}值。

3. 光纤焊接

① 调节平移旋钮使两光纤端面紧密接触，并使压力显示灯刚好熄灭。

② 将焊接机放电电极移至两光纤接触点，即可利用“自动”或“手动”方式进行电弧放电焊接，同时监测光纤输出功率值，使其最大，记为 P_{out}，它应大于 P_c 值，否则说明焊点损耗较大，应重复进行上述调节等各步骤，直至焊点损耗满足要求为止。

4. 焊点损耗计算

焊点损耗 α（单位为 dB）可由下式给出

$$\alpha = -10\lg(P_{out}/P_{in}) \tag{26-11}$$

5. 关机结束顺序

(1) 将 LD 电流缓慢调至零；

(2) 关 LD 电源；

(3) 关焊接机电源；

(4) 整理设备器材，实验结束。

26.7　实验报告

(1) 按第一部分对实验报告的要求及内容写出实验总结报告。

(2) 写出光纤端面处理情况及体会。

(3) 写出光纤连接、耦合及调试情况，分析其对损耗的影响。

(4) 写出输入 LD 与输出光功率测试值，如何使输出接近输入，分析其原因。

（5）写出光纤焊接的要点及体会，计算焊接点损耗值，如何使其最小。

26.8　思考题

（1）光纤纵向与横向偏差哪种对光纤耦合效率的影响大？结合实验谈谈感性认识，并作出理论解释？

（2）在光纤焊接实验中，为什么焊接后的光功率比焊接之前大？

（3）就本实验而言，按式（26－11）测得的焊点损耗，是否是焊点实际损耗？为什么？

实验 27　Y 形光纤传感器及应用检测

27.1　实验目的

众所周知，在光纤应用领域，继光纤通信技术之后，又出现了一门崭新的光纤传感器技术。光纤传感器有功能型和传输型两大类。本实验研究的强度调制型、反射式 Y 形光纤传感器及其应用检测，就是一种传输型光纤传感器。其目的是，通过实验，熟悉 Y 形光纤传感器的原理、特点，掌握调试技巧，了解其在位移、密度、粗糙度等测量方面的应用。以便为将来的实际工程应用，打好坚实的基础。

27.2　实验内容

（1）Y 形光纤传感器的的结构、原理及调整。

（2）用 Y 形光纤传感器进行位移测量，绘出输出位移特性曲线，找出最大量程。

（3）用 Y 形光纤传感器进行表面粗糙度测量，求出未知的粗糙度。

（4）用 Y 形光纤传感器进行光密度测量，求出未知的光密度。

27.3　实验设备器材

（1）Y 形光纤传感器及其应用实验仪（武汉乐通光电公司的 LTOE-OF1 型）；

（2）直流稳压电源；

（3）万用表；

（4）标准粗糙度板；

（5）标准光密度片等。

27.4　实验基本原理

1. 光纤传光与光纤传感器的一般原理

光纤是光导纤维的简称，它是利用光的完全内反射原理传输光波的一种介质。如图 27－1 所示，它是由高折射率的纤芯和包层所组成。包层的折射率小于纤芯的折射率，直径大致为 0.1mm～0.2mm。当光线通过端面透入纤芯，在到达与包层的交界面时，由于光线的完全内反射，光线反射回纤芯层。这样经过不断的反射，光线就能沿着纤芯向前传播。下面就证实这一原理。

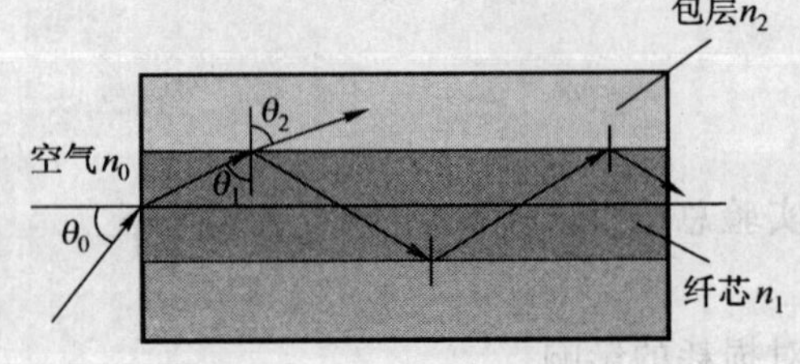

图 27－1　光线在光纤内的传播

对于阶跃光纤，由于纤芯与包层的折射率均为常数，因此光线在光纤内的传播途径为折线，也如图 27－1 所示。

假设纤芯的折射率为 n_1，包层的折射率为 n_2，由折射定律可知，在纤芯与包层分界处，入射角 θ_1 与折射角 θ_2 存在如下关系

$$n_1 \sin\theta_1 = n_2 \sin\theta_2$$

由于纤芯折射率大于包层折射率，即 $n_1 > n_2$，因此折射角大于入射角，即 $\theta_2 > \theta_1$。随着入射角 θ_1 的增大，折射角 θ_2 随之增大。当折射角 $\theta_2 = 90°$时，折射消失，入射光线全部被反射，从而发生全反射。根据折射定律，满足全反射条件的最小入射角 θ_c 为：

$$\sin\theta_c = \frac{n_2}{n_1} \tag{27-1}$$

当入射角 $\theta_1 > \theta_c$ 时，光线不再进入包层，而是在光纤内不断反射并向前传播，直至从光纤的另一端射出，这就是光纤的传光原理。

由图 27-1 可知，光线从外界介质（例如空气，折射率为 n_0）射入纤芯后，能够实现全反射的最大入射角 θ_0 应满足

$$n_0 \sin\theta_0 = n_1 \sin\theta' = n_1 \cos\theta_c = n_1 \sqrt{1 - \sin^2\theta_c} = \sqrt{n_1^2 - n_2^2} \tag{27-2}$$

式中，$n_0 \sin\theta_0$ 称为数值孔径，用 NA 表示；与之对应的最大入射角 θ_0，则称为张角。

数值孔径 NA 是衡量光纤集光性能的主要参数。其表征的含义在于，无论光源发射的功率多大，只有入射角处于张角 θ_0 内的光线才能被光纤接收，并在光纤内部连续发生全反射，最终传播到光纤另一端。数值孔径 NA 越大，表示光纤的集光能力越强。产品光纤通常不给出折射率，而只给出数值孔径 NA。例如，石英光纤的数值孔径为 NA=0.2～0.4，其对应的张角为 11.5°～23.6°。

由于光纤具有一定的柔韧性，实际工作时光纤有可能弯曲，从而使光线“转弯”。但是，只要仍然满足全反射条件，光线仍然能够继续前进，并到达光纤的另一端。

由上可知，光能量在光纤中传输的必要条件是 $n_1 > n_2$。一般，纤芯和包层的相对折射率差 $\Delta n = (n_1 - n_2)/n_1$ 的典型值为：单模光纤 0.3%～0.6%；多模光纤 1%～2%。Δn 越大，将光能量束缚在纤芯的能力越强，但信息传输容量却越小。

由于外界因素（如温度、压力、电场、磁场、振动等）对光纤的作用，引起光波特性参量（如振幅、相位、偏振态等）发生变化。因此人们只要测出这些参量随外界因素的变化关系，就可以通过光特性参量的变化来检测外界因素的变化，这就是光纤传感器的基本工作原理。

2. Y 形光纤传感器的结构原理

反射式 Y 形光纤传感器是一种传输型光纤传感器。反射式 Y 形光纤传感器是最基本的、结构最简单的一种非功能型传输型光纤传感器，有人称之为“天线型”光纤传感器。其工作原理是基于光反射系数的变化，如图 27-2（a）所示。光纤采用 Y 形结构，两束光纤一端合并在一起组成光纤探头，另一端分为两支，分别作为光源光纤和接收光纤。光从光源耦合到光源光纤，通过光纤传输，射向反射片，再被反射到接收光纤，最后由光电转换探测器件接收，探测器件接受到的光源与反射体表面性质、反射体到光纤探头距离有关。显然，当光纤探头紧贴反射片时，接收器接收到的光强为零。随着光纤探头离反射面距离的增加，接收到的光强逐渐增加，到达最大值点后又随两者的距离增加而减小，如图 27-2（b）所示。实际应用时，多是将光纤探头调节到离反射面距离光强最大值时固定，然后再作其他应用检测。

由于探测器件接受到的光源与反射体表面性质、反射体到光纤探头距离有关，因而可用来检测表面粗糙度、密度，以及位移、转速、微振等。这种反射式 Y 形光纤传感器是一种

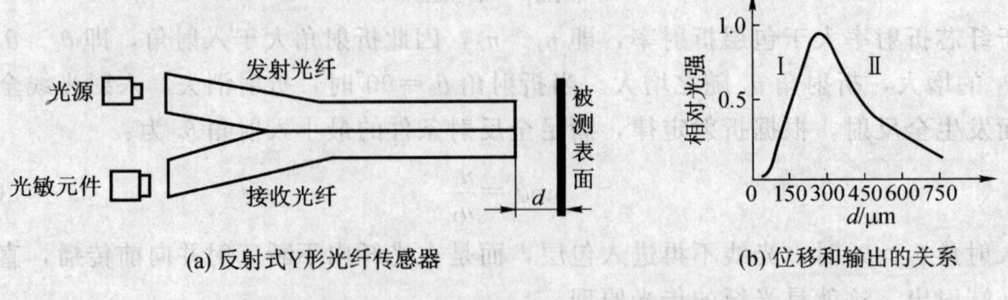

(a) 反射式Y形光纤传感器　　(b) 位移和输出的关系

图 27－2　光纤位移传感器原理图

强度调制型的非接触式测量，具有探头小，响应速度快，测量线性化等优点。

强度调制型光纤传感器是最早使用的调制方法，其特点是，技术简单、工作可靠、价格低，可采用多模光纤，且光纤的连接器和耦合器已经实现了商品化。光源可采用输出稳定的 LED 或高强度白炽灯等非相干光源。探测器一般用光敏二极管（VD）、PIN 和光电池等。

3. Y 形光纤传感器用于位移检测的原理

由图 27－2（a）知，当反射表面位置确定后，接收到的反射光光强随光纤探头到反射体的距离的变化而变化。因为从光源发出的光束经过入射光纤射向被测表面，经被测物表面直接或间接反射，反射光强经过接收光纤后，由光敏元件接收。传导到光敏元件上的光量，随反射面相对光纤端面的位移 d 变化，其关系即如图 27－2（b）所示。当 d 很小时，由于这时两光纤的光锥角重叠部分很小，因此反射到接收光纤的光量很少，到达光敏元件的光强较弱；随着 d 的不断增加，光敏元件的接收光量随之增大并达到最大值，这就是图中曲线Ⅰ段。虽其范围窄，但灵敏度高，线性好，适于测微小位移和表面粗糙度等，测量范围通常在 100μm 以内。如果 d 继续加大，则曲线从峰值开始逐渐下降，成为Ⅱ段，其特性与Ⅰ段基本相反。对于这类光纤传感器，其光强响应特性曲线是传感器设计的主要依据。为了提高光强的耦合效率，可采用大数值孔径光纤或传光束。目前，这种传感器的测量位移范围最大约为 10mm 左右（用特性曲线Ⅱ段），测量分辨力可达 0.05μm，精度最高 0.1μm 左右（用特性曲线Ⅰ段）。这类传感器包括基于反射原理、遮断式、微弯损耗原理、辐射损耗原理、光弹效应等的光纤位移传感器。

在实际应用中，这种传感器的光纤并不像图 27－2（a）所示那样，只是单根的发射和接收光纤，而是由数十或数百根光纤组成的光缆。发射光纤和接收光纤的组合方式，主要有混合式、半球形对半分式、共轴内发射分布和共轴外发射分布四种。其中，混合式的灵敏度高，而对半式的Ⅰ区段范围最大。

用两根光纤（或光缆）沿径向或轴径向相对移动，也可做成位移传感器。一种实用的多模光纤压力-位移传感器的结构和光路原理，如图 27－3 所示，两光纤端面对光纤轴有相同的角度、斜断面抛光，以便形成全内反射。两光纤之间的距离很小，只有 1～2μm，绝大部分光功率可相互耦合。当有压力作用时，两根光纤之间有相对垂直位移 x，改变间隙 x_g，光纤间的光耦合量发生变化。这种光纤传感器的灵敏度是很高的，即使间隙变化很小，相对输出光强也会有很大的变化。如图 27－4 所示的传感器，所用的多模光纤纤芯 d 为 50μm，位移变化 1μm 时，可得到 2%的光强变化。

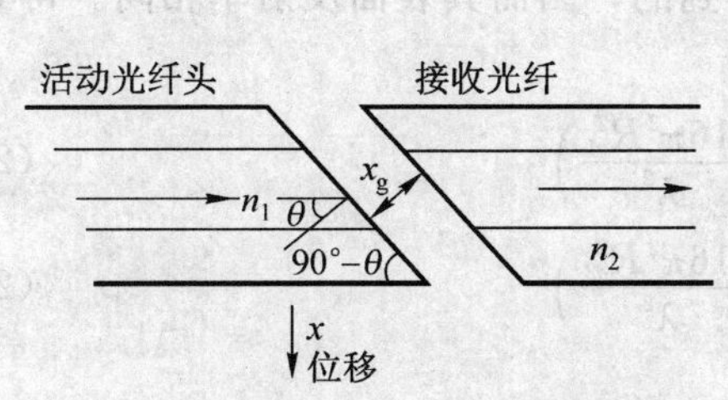

图 27－3 光纤压力—位移测量原理图

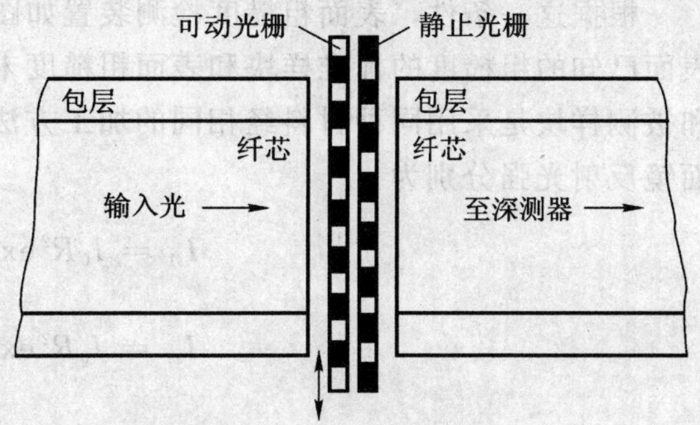

图 27－4 遮光式强度调制光纤位移传感器

4. 表面粗糙度检测原理

根据 P. Beakmann 等人的理论，当一束光射至金属表面时，由于表面的微观不平，反射光将发生漫反射现象。其漫反射光强的表达式为

$$I = I_0 F^2 e^{-U_Z R_q^2 \sin C U_X L} + I_0 e^{-U_X R_q} \frac{\sqrt{\pi} F^2 T}{2L} \sum_{m=1}^{\infty} \frac{(U_Z R_q)^m}{m!\sqrt{m}} \exp\left(-\frac{U_X^2 T^2}{4m}\right) \tag{27-3}$$

式中，$F=\frac{1}{\cos\theta_1}\left(b+\frac{aU_X}{U_Z}\right)$；$U_Z=\frac{2\pi}{\lambda}$ $(\cos\theta_1+\cos\theta_2)$；$U_X=\frac{2\pi}{\lambda}$ $(\sin\theta_1-\sin\theta_2)$；$I_0$ 为入射光强；T 为表面相关长度；θ_1 为光束入射角；θ_2 为光束散射角；λ 为光束波长；C 为常数；L 为被照亮面的长度；R_q 为高低不平表面反射率的均方根值，为与表面粗糙度相关的函数，可以作为表面粗糙度的表征值。F 为粗糙度表面的反射函数，它与表面反射率 R 及入射光的入射角 θ 有关。并且，漫反射光强为镜面反射光强与散射光强之和。其中，镜面反射光强为

$$I_s = I_0 F^2 e^{-U_X R_q^2 \sin C U_X L} \tag{27-4}$$

散射光强为

$$I_d = I_0 e^{-U_X R_q} \frac{\sqrt{\pi} F^2 T}{2L} \sum_{m=1}^{\infty} \frac{(U_Z R_q)^m}{m!\sqrt{m}} \exp\left(-\frac{U_X^2 T^2}{4m}\right) \tag{27-5}$$

上两式中含有 R_q，可见，通过测量 I_s 可以计算或评定表面粗糙度，这就是镜面反射法。如果能测得 I_s 和 I_d，求其比值，同样可以计算或评定表面粗糙度，这是求比值法。由于求比值法和镜面反射法中含有 F 项或 T 项，从而带来了表面反射率和表面相关长度的影响，这是造成前述问题存在的主要原因。

从式（27－4）中可以看出，镜面反射光强项中不含有相关长度 T。这样，如果单侧镜面反射光强，即可消除表面相关长度的影响。镜面反射光强项中含有 F 项，其表达式为

$$F = \frac{1}{\cos\theta_1}\left(b+\frac{aU_X}{U_Z}\right)$$

$$= \frac{R[(\cos\theta_1+\cos\theta_2)^2+(\sin\theta_1-\sin\theta_2)^2]+(\cos^2\theta_1-\cos^2\theta_2)+(\sin^2\theta_1-\sin^2\theta_2)}{2(\cos\theta_1+\cos\theta_2)} \tag{27-6}$$

因此，F 可以看做是表面反射率 R 随 θ_1，θ_2 变化的函数。因此在 $\theta_1=\theta_2=0°$ 的情况下，$F=R$。此时镜面反射光强为

$$I_s = I_0 R^2 \exp\left(-\frac{16\pi^2 R_q^2}{\lambda^2}\right) \tag{27-7}$$

根据这一条件，表面粗糙度检测装置如图 27－5 所示。光纤 1 和光纤 2 同时以 0°角测量表面已知的粗糙度的标准样块和表面粗糙度未知的被测样块的表面反射光强。由于标准样块和被测样块是采用同种材料经相同的加工方法而得到的，因而其表面反射率相同。得到两表面镜反射光强分别为

$$I_{s1} = I_0 R^2 \exp\left(-\frac{16\pi^2 R_{q1}^2}{\lambda^2}\right) \tag{27-8}$$

$$I_{s2} = I_0 R^2 \exp\left(-\frac{16\pi^2 R_{q2}^2}{\lambda^2}\right) \tag{27-9}$$

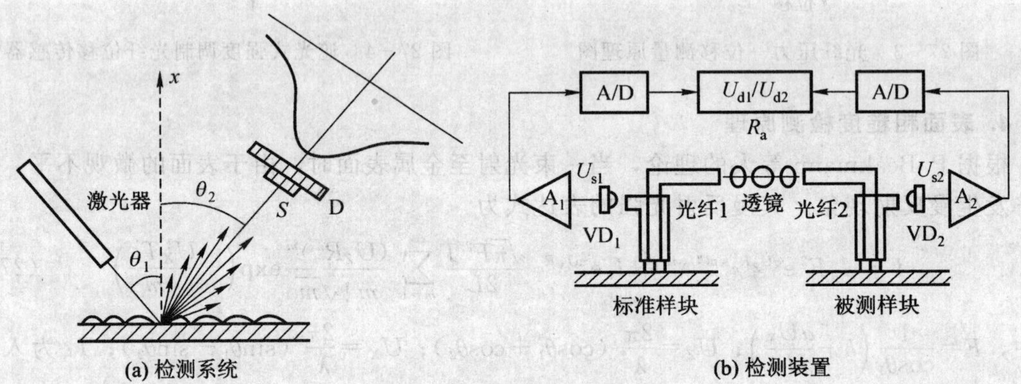

图 27－5　表面粗糙度检测装置

因此

$$S = \frac{I_{s1}}{I_{s2}} = \exp\left(\frac{16\pi^2 (R_{q1}^2 - R_{q2}^2)}{\lambda^2}\right) \tag{27-10}$$

式中，R_{q2} 为已知，则 S 为只与 R_{q1} 有关的函数，求得比值 S，即可以计算或评定出 R_{q1} 的值。

5. 光密度检测原理

由于是反射式 Y 形光纤传感器，因而这里主要讨论反射密度 D。其定义是，反射密度 D 是投射到试样上的入射光通量 Φ_i 与反射光通量 Φ_f（指在某个反射角范围内）之比的常用对数值。即

$$D=\log \frac{\Phi_i}{\Phi_f} \tag{27-11}$$

也可写成

$$D=\log\Phi_i-\log\Phi_f \tag{27-12}$$

但在实际测量中，必须将光通量测量转化成电压测量。对于一个线性系统，光通量转换为电压有下面的关系式

$$U=K\Phi \tag{27-13}$$

式中，Φ 为入射光通量；K 为比例系数；U 为转换出来的电压。

若 Φ_i 与 Φ_f 分别转换的电压为 U_i 与 U_f，则由式（27－12）与式（27－13）可得出下式

$$D=\log U_i-\log U_f \tag{27-14}$$

对反射式光电密度测量，无法获得 U_i 本身，而是用一密度已知的“标准密度板”，间接地得出 U_i。

设“标准密度板”的密度为 D_1，测量其密度得出信号电压为 U_{f1}，根据式（27－14）可

得

$$D_1 = \log U_i - \log U_{f1}$$

于是可得

$$\log U_i = D_1 + \log U_{f1} \tag{27-15}$$

将式（27－15）代入式（27－14），即可得出测量的密度值表达式为

$$D = D_1 + \log U_{f1} - \log U_f \tag{27-16}$$

27.5　实验步骤

1. Y形光纤传感器的检测及调整

（1）连接好LTOE-OF1型Y形光纤传感器实验仪后，打开电源。

（2）将光纤传感器金属探头垂直放置在反射板上，观测光电探测器检测电路的输出电压值，并记录下来。

（3）松开光纤传感器金属探头上的固定螺钉，向上轻微缓慢移动探头上的光纤，看输出电压值与上述记录的电压值是增大还是缩小，若增大继续上移，若缩小则往下移。

（4）经上下轻微移动，直到找出最大输出电压值，即最大光强值后，用螺钉固定好光纤，则检测调试完毕（注意，用输出电压值监视，螺钉不能过松与过紧，过紧会挤断光纤纤芯）。

2. 用Y形光纤传感器进行光密度测量

在Y形光纤传感器检测调整完毕后，即可进行应用检测。先进行光密度测量：

（1）将已知的标准的不同密度或色阶片放在反射板上，用光纤探头压住；

（2）对色阶片（或密度阶片）逐一进行测试，并记录其输出电压值。

（3）拿出几种不同深浅色的未知密度纸放入反射板上测试，并记录其输出电压值。

（4）将未知的与已知值进行比较，与已知相近的电压值即为所求的密度值。

3. 用Y形光纤传感器进行表面粗糙度测量

与上述方法类似。

（1）将已知的标准的不同粗糙度或光洁度的金属板用光纤探头进行检测，记录其输出电压值。

（2）拿出未知的金属板进行检测，记录其输出电压值。

（3）将未知的与已知值进行比较，与已知相近的电压值即为所求的粗糙度或光洁度值。

4. 用Y形光纤传感器进行位移测量

（1）用实验仪测试台支架上的夹具，夹住光纤传感器探头，并垂直放入镜面反射板上。

（2）微调转动支架上测微头，使光纤探头端面离开反射板，开始每隔0.1mm读出一次输出电压U值，填入数据表，以后每隔0.25mm读出一次，直到探头与反射板的距离增大到使输出电压值为零截止。

（3）根据记录的各值，作输出电压U（纵坐标）与位移D（横坐标）的特性曲线，并找出最大量程值，求得线性范围的灵敏度$\Delta U/\Delta D$。

27.6　实验报告

（1）按第一部分对实验报告的要求及内容写出实验总结报告。

（2）Y形光纤传感器调整，找出最大光强度点时的d值。

（3）用Y形光纤传感器进行位移测量，绘出输出位移特性曲线，找出最大量程。

(4) 用Y形光纤传感器进行表面粗糙度测量，求出未知的粗糙度。

(5) 用Y形光纤传感器进行光密度测量，求出未知的光密度。

27.7 思考题（限作2题）

(1) 如何利用光纤传感器位移测试的原理，设计一个光纤传感器电机转速测试装置？

(2) 如何利用光纤传感器位移测试的原理，设计一个光纤传感器微振动测试装置？

(3) 如何利用光纤传感器位移测试的原理，设计一个光纤传感器压力测试装置？

提示：压力致使物体产生形变。

(4) 能否根据光纤传感器位移测试的原理做一个光纤测温实验装置？

提示：将器件在温度场中感受到的温度变化量转化为光纤探头反射面间距变化。

实验28 弱光信号检测-锁相放大器的原理及使用

28.1 实验目的

通过实验，使学生加深了解弱光信号检测—锁相放大器的结构与原理，并学会使用，以了解弱光信号检测的一些方法和实际测试的技巧。

28.2 实验准备内容

(1) 光电检测技术教材第11章弱光信号检测中的锁相放大器的内容；

(2) 本实验28指导书中的实验原理等有关部分；

(3) ND-202型精密双相锁定放大器说明书（南京大学，微弱信号检测技术开发研究中心）。

28.3 实验内容

(1) 使用锁相放大器测出发光管起始发光点工作电压；

(2) 使用锁相放大器进行光谱测量。

28.4 实验设备及器材

(1) ND-202型精密双相锁定放大器（南京大学，微弱信号检测技术开发研究中心）。

(2) 机械调制盘及驱动电源。

(3) 可调直流稳压电源。

(4) 单色仪。

(5) 光源、发光管及光电探测器件。

(6) 屏蔽罩及被检材料等。

28.5 实验基本原理

锁相放大器可以精确地测量被噪声埋没的极小信号，即使信号比噪声小一千倍仍能测得。它相当于一个带宽极窄的带通滤波器，滤出信号，抑制噪声。例如，它可以做到性能相当于中心频率为10kHz、而通频带宽度只有0.01Hz的滤波器，相当于带通滤波器的Q值达到10^6。这个指标对于一般滤波器来说是达不到的。除了滤波作用以外，锁相放大器还有足够高的增益，使输入小信号放大后输出，一般说来，增益可达10^9倍。可测最小信号达100nV，最小电流达0.1pA。

锁相放大器是一种交流弱信号放大器，也是一种对交变信号进行相敏检波的放大器。它利用和被测信号有相同频率和相位关系的参考信号作为比较基准，只对被测信号本身和那些

与参考信号同频（或倍频）、同相的噪声分量有响应。因此，能大幅度抑制无用噪声，改善检测信噪比。此外，锁相放大器有很高的检测灵敏度，信号处理比较简单，是弱光信号检测的一种有效方法，因而已广泛应用于各种交流弱信号探测与测量中。并且，在激光研究和可见光、红外、紫外光谱测量弱信号探测中，也是很有用的测量仪器。

1. 锁相放大器的组成及工作原理

锁相放大器的基本结构组成，如图 28－1 所示。

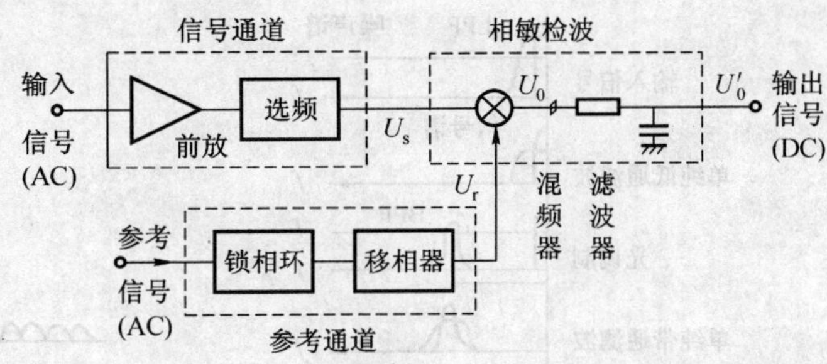

图 28－1 锁相放大器的组成方框图

由图 28－1 可知，它有三个主要部分：信号通道、参考通道和相敏检波。信号通道对混有噪声的初始信号进行选频放大，对噪声作初步的窄带滤波。参考通道通过锁相和移相，提供一个与被测信号同频同相的参考电压。相敏检波由混频乘法器和低通滤波器组成，它同教材第九章第二节中所介绍的相敏检波器，有相类似的原理和结构，只是所用参考信号是方波形式。在相敏检波器中，参考信号和输入信号进行混频运算，得到二信号的和频与差频。该信号经低通滤波器滤除和频成分后，得到与输入信号幅值成比例的直流输出分量。

设乘法器的输入信号 U_s 和参考信号 U_r 分别有下列形式：

$$U_s = U_{sm}\cos[(\omega_0+\Delta\omega)t+\theta] \tag{28-1}$$

$$U_r = U_{rm}\cos\omega_0 t \tag{28-2}$$

则输出信号 U_0 为：

$$\begin{aligned} U_0 &= U_s \cdot U_r \\ &= \frac{1}{2}U_{sm}U_{rm}\{\cos(\Delta\omega t+\theta)+\cos[(2\omega_0+\Delta\omega)t+\theta]\} \end{aligned} \tag{28-3}$$

式中，$\Delta\omega$ 是 U_s 和 U_r 的频率差，θ 为相位差。由式可见，通过输入信号和参考信号的相关运算后，输出信号的频谱由 ω_0 变换到差频 $\Delta\omega$ 与和频 $2\omega_0$ 的频段上。图 28－2 给出了相敏检波器实现的频谱变换。这种频谱变换的意义在于，可以利用低通滤波器得到窄带的差频信号。同时，和频信号 $2\omega_0$ 分量被低通滤波器滤除，于是，输出信号 U'_0 变为：

$$U'_0 = \frac{1}{2}U_{sm}U_{rm}\cos(\Delta\omega t+\theta) \tag{28-4}$$

上式表明，在输出信号中只是那些与参考电压同频率的分量，才使差频信号为零，即 $\Delta\omega=0$。此时，输出信号是直流信号，它的幅值取决于输入信号幅值，并与参考信号和输入信号相位差有关，并有

$$U'_0 = \frac{1}{2}U_{sm}U_{rm}\cos\theta \tag{28-5}$$

当 $\theta=0$ 时，$U'_0=\frac{1}{2}U_{sm}U_{rm}$；$\theta=\frac{\pi}{2}$时，$U'_0=0$。也就是说，在输入信号中只有被测信号本身由于和参考信号有同频锁相关系，而能得到最大的直流输出。其他的噪声和干扰信号或者由于频率不同，造成 $\Delta\omega\neq0$ 的交流分量，被后接的低通滤波器滤除；或者由于相位不同而被

相敏检波器截止。虽然，那些与参考信号同频率同相位的噪声分量也能够输出直流信号，并与被测信号相叠加，但它们终归只占白噪声的极小部分。因此，锁相放大能以极高的信噪比，由噪声中提取出有用信号。

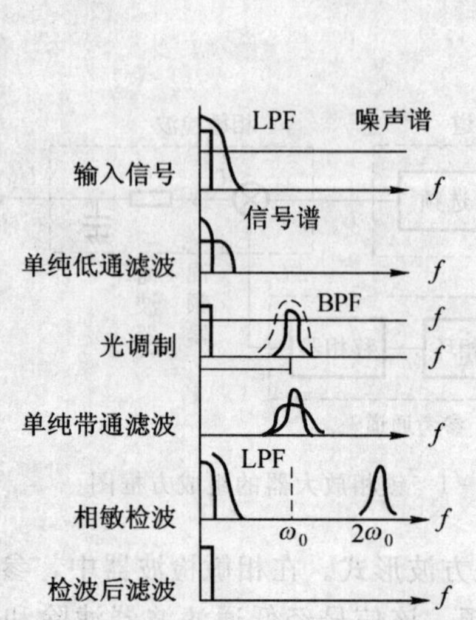

图 28-2　通过相敏检波器实现的频谱变换

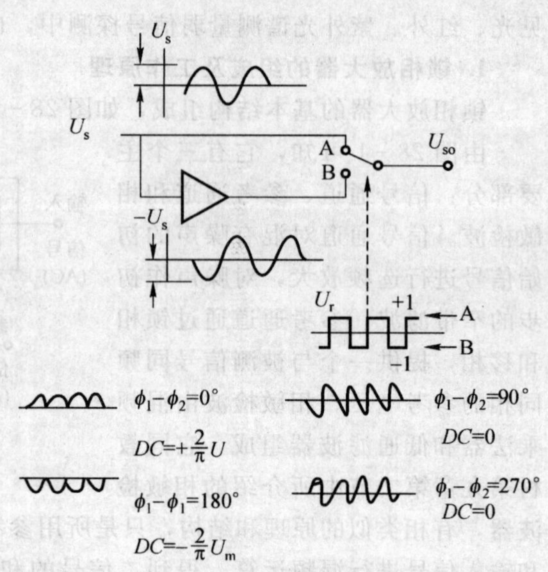

图 28-3　方波控制的相敏放大器工作原理

为使相敏检波器的工作稳定、开关效率高，参考信号采用间隔相等并与零电平交叉的方波信号，这种相敏检波器也称开关混频器，其中心频率锁定在被测信号频率上。用方波控制的相敏放大器其工作原理示意图表示在图 28-3 中，这是一个根据输入信号相位来改变输出信号极性的开关电路。当 U_s 和 U_r 同相或反相时，输出信号是正或负的脉动直流电压；当 U_s 和 U_r 是正交的 $\Delta\omega=\pm 90°$时，输出信号为零。这种等效开关电路，可用场效应管式晶体管开关电路实现。参考电压的选取，可以借助于对输入待测信号的锁相跟踪，但更多的作法是利用参考信号对被测信号进行斩波或调制，使被测信号和参考信号同步变化。

检波后的低通滤波器用来滤波差频信号。原则上，滤波器的带宽与被测信号的频率无关，因为在频率跟踪的情况下，差频 $\Delta\omega$ 很小，所以带宽可以作得很窄。采用一阶 RC 滤波器，其传递函数为：

$$K=\frac{1}{\sqrt{1+\omega^2R^2C^2}} \tag{28-6}$$

对应的等效噪声带宽为：

$$\Delta f_e=\int_0^\infty K^2\,\mathrm{d}f=\int_0^\infty\frac{\mathrm{d}f}{1+\omega^2R^2C^2}=\frac{1}{4RC} \tag{28-7}$$

取 $T_0=RC=30\mathrm{s}$，有 $\Delta f_e=0.0083\mathrm{Hz}$。对于这种带宽很小的噪声，似乎可以用窄带滤波器加以消除。但是带通滤波器的频率不稳定限制了滤波器的带宽值。即

$$\Delta f_e=\frac{f_r}{2Q} \tag{28-8}$$

式中，Q 为品质因数，f_r 为中心频率。由于这种限制，使可能达到的 Q 值最大限制只有 100。因此，实际上单纯依靠压缩带宽来抑制噪声是有限度的。但是，由于锁相放大器的

同步检相作用，只允许和参考信号同频同相的信号通过，所以它本身就是一个带通滤波器，它的 Q 值可达 10^8，通频带宽可达 0.01Hz。因此，锁相放大器有良好的改善信噪比的能力。对于一定的噪声，噪声电压正比于噪声带宽的平方根。因此，信噪比的改善可表示为：

$$\frac{\left(\frac{S}{N}\right)_0}{\left(\frac{S}{N}\right)_i}=\frac{\sqrt{\Delta f_i}}{\sqrt{\Delta f_0}} \tag{28-9}$$

式中，$\left(\frac{S}{N}\right)_0$ 和 $\left(\frac{S}{N}\right)_i$ 是锁相放大器的输出、输入信噪比；Δf_0、Δf_i 是对应的噪声带宽。如，当 $\Delta f_i=10\text{kHz}$ 和 $T_0=1\text{s}$ 时，有 $\Delta f_0=0.25\text{Hz}$。则信噪比的改善为 200 倍（46dB）。一个先进的锁相放大器，其可测频率可以从十分之几到 1MHz，电压灵敏度达 10^{-9}V，信噪比改善 1000 倍以上。

实际上，从基本原理看，锁相放大器和锁相环是一样的，都是根据信息论和随机过程理论得出的一种相关接收技术。根据信号具有周期性特征而噪声具有随机性特征这种差别，运用相关运算电路后，电路输出的信号、噪声功率比就能得到提高，从而把深埋在噪声中的信号得以挖掘出来。因此，锁相放大器实质是一种互相关接收技术。接收系统的输入信号是真实的周期性信号的混合物。在接收系统中自己产生一个重复频率与信号相同的、但是不含噪声的参考信号与输入信号一起进行互相关运算。

运算结果包含信号的自相关函数和信号与噪声的互相关函数两项。周期性信号的自相关函数仍有周期性。由于信号与噪声互不相关，经无限长时间积分后，信号与噪声的互相关函数将趋于零，也就是噪声将趋于零。在实际测量中，由于积分时间是有限的，噪声不可能趋于零。但是，积分时间愈长，互相关函数愈小，噪声衰减得愈厉害，从而输出信噪比就愈高。

具体在锁相放大器的电路中，用相敏检波器来完成求互相关运算中的相乘运算，用低通滤波器近似完成积分运算。

综上所述，锁相放大技术包括下列四个基本环节：

① 通过调制或斩光，将被测信号由零频范围转移到设定的高频范围内，从而使检测系统变成交流系统。

② 在调制频率上，对有用信号进行选频放大。

③ 在相敏检波器中，对信号解调。同步解调作用截断了非同步噪声信号，使输出信号的带宽限制在极窄的范围内。

④ 通过低通滤波器对检波信号进行低通滤波。

2. 锁相放大器的特点

锁相放大器的特点是：

① 要求对入射光束进行斩光或光源调制，适用于调幅光信号的检测。

② 是极窄带高增益放大器，其增益可高达 10^{11}（220dB），滤波器带宽可窄到 0.00044Hz，品质因数 Q 值达 10^8 或更大。

③ 是交流信号——直流信号变换器。相敏输出正比于输入信号的幅度和与参考电压的相位差。

④ 可以补偿光检测中的背景辐射噪声和前置放大器的固有噪声。其信噪比改善可达1000倍。

28.6 实验用锁相放大器及测量线与被测端连接问题

1. 实验用锁相放大器

锁相放大器的具体电路和结构形式虽有多种，但基本上都是由前述的信号通道、参考信号通道和相敏检波（即同步检测）三部分电路组成，其具体原理框图如图 28－4 所示。图中带箭头斜线表示可调，图的中间部分为相敏检波，上部分为信号通道，下部分为参考信号通道。

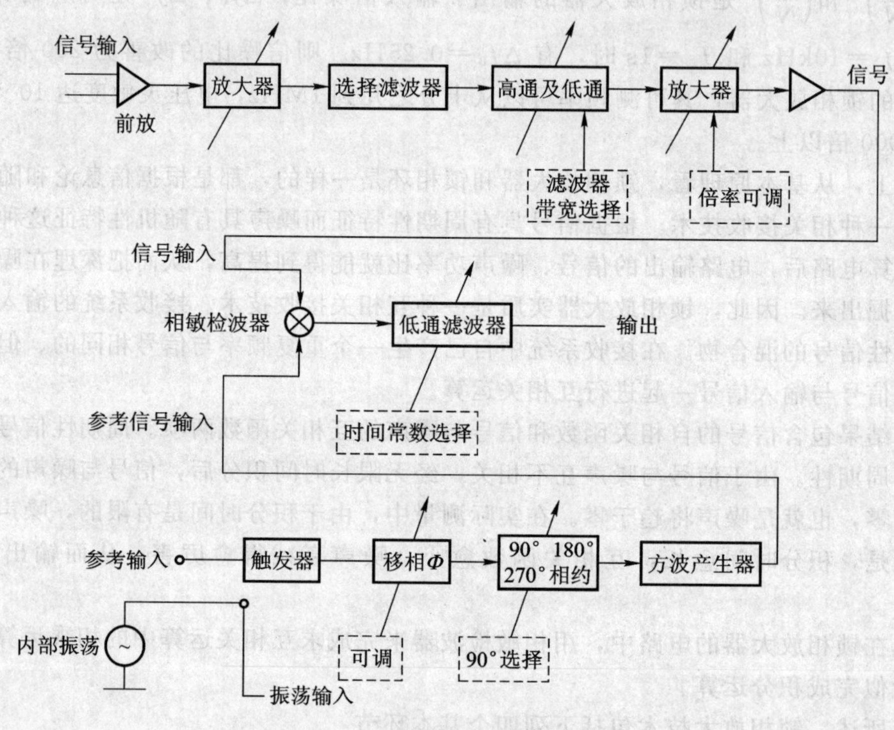

图 28－4　锁相放大器原理框图

本实验采用 ND-202 型精密双相锁定放大器，来进行弱光信号检测。其内部线路和信号处理方式虽另有其特点，但其面板功能键，基本上与图 28－4 所示的方块图一致。

2. 锁相放大器测量线与被测端连接问题

信号通路自身的噪声是可以得到抑制的，它除了采用低噪声前置放大器，注意与信号源信噪比匹配外，还应防止测量时因输入端分布电容或电感耦合引入外部干扰，并且还应十分注意测量线接地问题。下面简述锁相放大器测量线与被测端连接问题。

实验时，周围的仪器都可能通过分布电容和电感对锁相放大器的测量端引入干扰，如图 28－5 示意图。两条导线之间就存在电容，例如：导体截面 $A=0.01\text{m}^2$，相距 $d=0.1\text{m}$，形成平板电容 $C_0=0.009\text{pF}$。若电源为交流 120V；频率 ω 为 60Hz，则经分布电容 C_0 耦合，得到干扰电流为

$$i=\frac{U_{\text{干扰}}}{1/\text{j}\omega C_0}=400\text{pA} \tag{28-10}$$

这种干扰比用锁相放大器最灵敏量程所测电流大4000倍。所以，被测实验对象和锁相放大器的测量头，均应放在金属屏蔽盒中。此外，外界磁场干扰也可通过分布电感引入被测部分，而用磁性屏蔽盒就可以减小其影响。

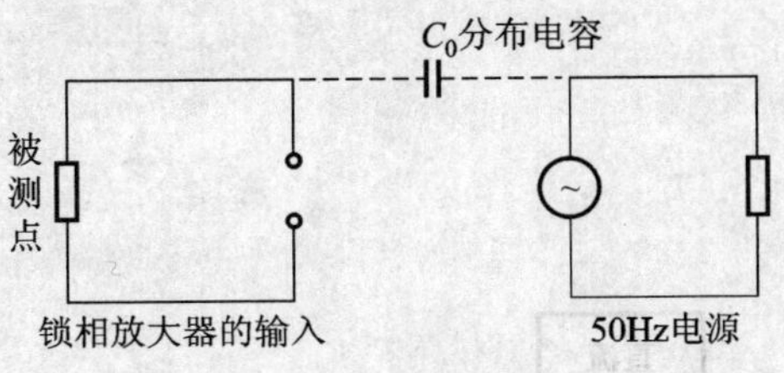

图28-5 分布电容耦合

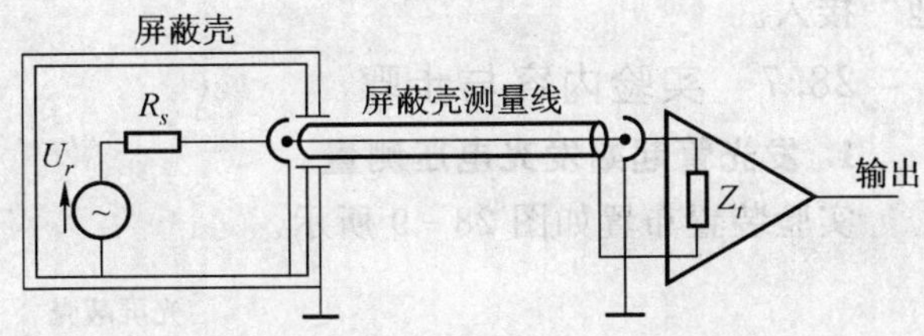

图28-6 输入线连接实验装置与锁相放大器

下面简述测量输入线的接地技术，即消除地回路引入干扰电流的问题。通常采用屏蔽线连接被测点和锁相放大器的输入端。信号线被包在金属网织成的屏蔽壳中，然后屏蔽壳接地，这样防止了信号线和其他线之间由于电容耦合引入的干扰，如图28-6所示。但是，屏蔽壳不可避免自身由几十毫欧姆电阻，于是地线也不是纯净的地，致使地线两端会有不同电位，有时可以有几十毫伏电压，它等效于图28-7中所示电路。接地点不同电位可用地回路等效电源（干扰源）表示。它在屏蔽壳电阻上产生电压降 U_g 将和信号同时进入锁相放大器。

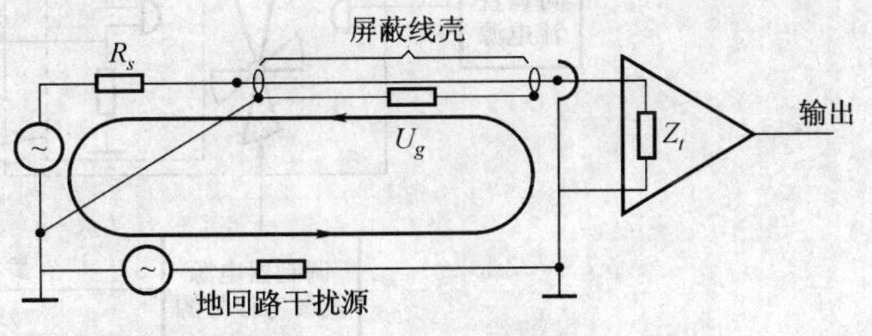

图28-7 两个地不同电位引入干扰图

为了减小这种影响，实际锁相放大器的输入线通常采用图28-8（a）和（b）形式。放大器单端输入时，采用图28-8（a）形式；双端差动输入时，采用图28-8（b）形式，在图28-8（a）中接入了"浮地电阻" R_A，一般 $R_A=10\Omega\sim1k\Omega$。它使地线两端不等电位造

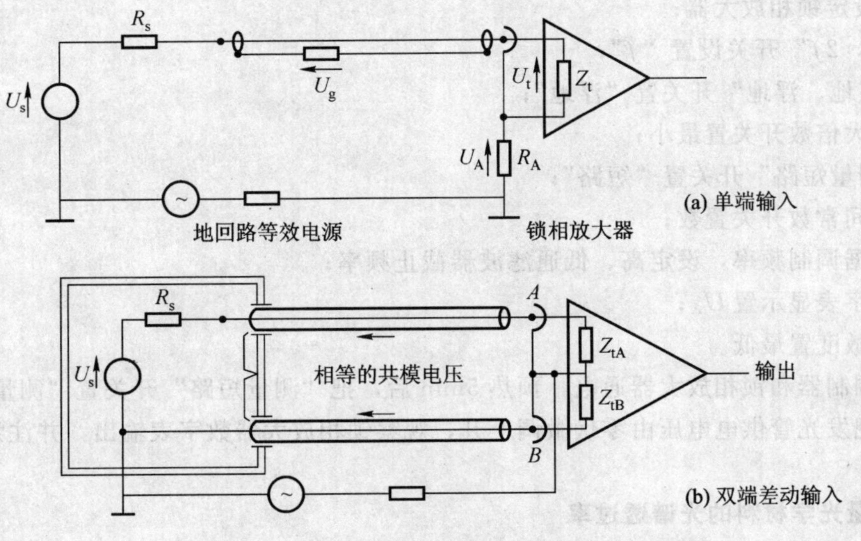

图28-8 锁相放大器输入线接地方式

成地回路的干扰电压进行分压，以减小引入输入端的干扰电压 U_g 值。在图 28-8（b）中，把信号线和地线送入差动放大器两个输入端，于是，地回路干扰在两输入端为共模电压。利用差动放大共模抑制比能较好地减小地回路对信号线引入的干扰。所以，输入线通常是“浮地”接入。

28.7 实验内容与步骤

1. 发光管起始发光电压测量

实验装置布置如图 28-9 所示。

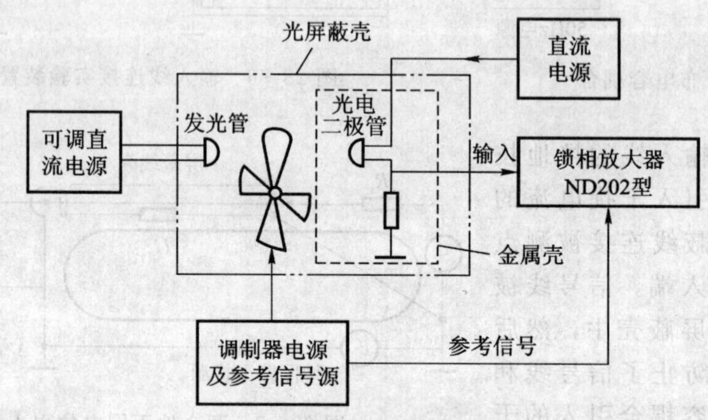

图 28-9 实验装置布置图（1）

被测发光管由可微调直流电源供电，它与接收用光电二极管相对于机械调制器对称安置。光电二极管用电池供电，其输出电压送入锁相放大器输入端。机械调制器输出的参考信号也送至锁相放大器。

步骤：

（1）按照图 28-9 所示，安排连接好装置；

（2）选好调制频率；

（3）设定锁相放大器；

①“f，$2f$”开关设置“f”；

②“接地、浮地”开关置“浮地”；

③ 放大倍数开关置最小；

④“测量短路”开关置“短路”；

⑤ 时间常数开关置数；

⑥ 根据调制频率，设定高、低通滤波器截止频率；

⑦ 数字表显示置 U_A；

⑧ 灵敏度置最低。

（4）调制器和锁相放大器通电，预热 5min 后，把“测量短路”开关置“测量”。

（5）把发光管供电电压由零伏微调上升，观察锁相放大器数字表输出，并注意改变灵敏度量程。

2. 测量光学材料的光谱透过率

实验装置布置图如图 28-10 所示。其具体测量步骤自已不难拟出。

28.8　实验报告要求

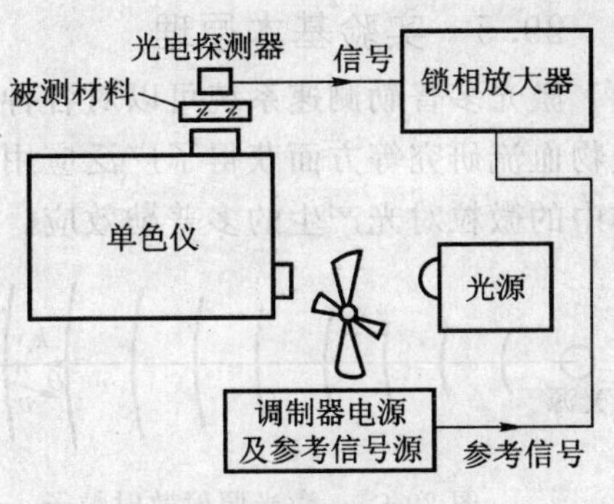

图 28-10　实验装置布置图（2）

（1）按第一部分对实验报告的要求及内容写出实验总结报告。

（2）写出测量时锁相放大器的参数选择开关所放量程及位置及所测实验结果。并对结果作简单说明。

（3）写出测量发光管起始发光电压测量值。

（4）写出测量光学材料的光谱透过率的测量步骤及其数值。

28.9　思考题

（1）锁相放大器适合于测量哪种形式的信号？不适合测量哪种形式的信号？

（2）试提出一种用锁相放大器测量弱光信号的实例方案？

实验 29　激光多普勒测速

29.1　实验目的

（1）激光多普勒测速系统可以对各种流体速度进行非接触测量。通过实验，可了解激光多普勒测速一般原理。

（2）激光多普勒测速系统是一种精密的光电系统，它使用了多种光电信息处理技术，因通过调试这一实验，能够综合训练实验能力。

29.2　实验准备内容

（1）DRAIN L M 著、王仕康等译，激光多普勒技术，清华大学出版社，1985；

（2）孙渝生，激光多普勒测流速的信号处理，应用激光，1983 年 No3；

（3）教材与其他书中有关激光多普勒测速部分；

（4）实验 29 中实验原理与装置。

29.3　实验内容

（1）对水泵抽出的水在水管中的水流，进行激光多普勒测速。

（2）进行频谱分析，求出多普勒频率与流速。

29.4　实验设备与器材

（1）水泵抽运流动系统及玻璃管。

（2）He-Ne 激光器及驱动电源。

（3）带放大器的光电二极管组件（放大器带宽 1MHz）及电源。

（4）准直透镜与透镜等光路。

（5）2107 频谱分析仪。

（6）声光调制器。

（7）示波器。

（8）测量显微镜等。

（9）高通滤波放大器及频率计等。

29.5 实验基本原理

激光多普勒测速系统可以对各种流体速度进行非接触测量。在扰动流体、火焰温度场和生物血流研究等方面获得了广泛应用。激光多普勒测速的原理如图 29-1 所示，它是基于流体中的微粒对光产生的多普勒效应。

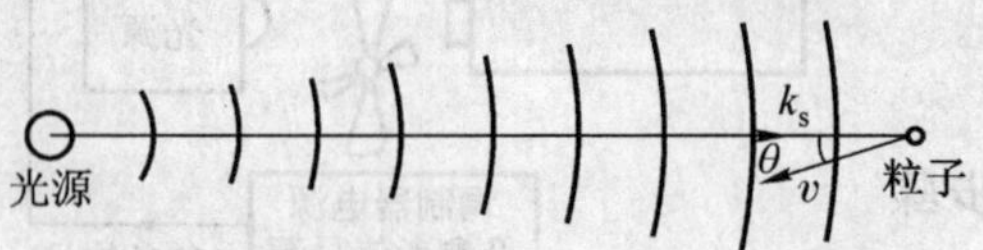

图 29-1 激光照射散射粒子

如果液体中微粒流动的速度是 v，照射在微粒上的光为平面单色光波，波矢量为 k_s，光频率为 ν_0，光速为 c。一般 v 比 c 要小得多。根据相对论理论，微粒相对于光波运动，微粒散射光的频率因多普勒效应而发生频移。微粒散射光的频率 ν' 应为

$$\nu' \approx \frac{\nu_0}{1-\frac{v}{c}\cos\theta} \tag{29-1}$$

θ 为光波波矢量与微粒速度矢量间的夹角。散射光相对于入射光产生的多普勒频移量 $\Delta\nu_0$ 为：

$$\Delta\nu_0 = \nu' - \nu_0 \approx \nu_0 \cdot \frac{v}{c}\cos\theta \approx \frac{v}{\lambda}\cos\theta \tag{29-2}$$

式中，$\lambda=\frac{c}{\nu_0}$ 为散射光波长。如果实时地测出微粒散射光相对于入射光的多普勒频移 $\Delta\nu_0$ 就可得到微粒运动速度，从而也就知道了流体速度。

由于光频率很高，散射光微小的多普勒频移不能直接被光电探测器测得。若采用光外差探测法，原理上可以实现多普勒频移量 $\Delta\nu_0$ 的测量。光外差法测运动微粒散射光的原理，如图 29-2 所示。

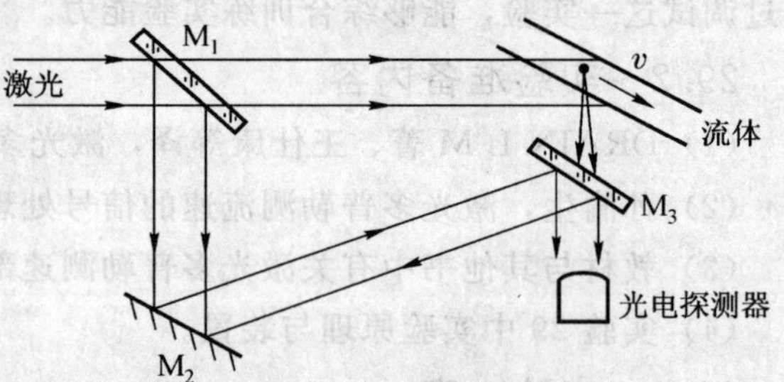

图 29-2 光外差法测运动微粒散射光路图

由图可见，氦氖激光器发射出单色连续激光，先经半反射半透射平面镜 M_1 后，分成两束光。M_1 的透射光照射在流体中的微粒上。M_1 的反射光再经反射镜 M_2 和半反射半透射镜 M_3 反射后，透射到光电探测器上作为外差探测的参考光束。微粒散射光是沿各方向传播的，其中只有极小部分其方向与参考方向一致，能在光电探测器上形成差拍信号。经光电探测器检波输出，就得到了微粒散射光多普勒频移的电信号。由外差原理可知，此时光电探测器输出光电流 $i(t)$ 为

$$\begin{aligned} i(t) &= k[A_L^2 + A_s^2 + 2A_L A_s\cos 2\pi(\nu_0 - \nu')t] \\ &= k[A_L^2 + A_s^2 + 2A_L A_s\cos 2\pi\Delta\nu_0 t] \end{aligned} \tag{29-3}$$

式中，k 为比例系数；A_L、A_s 分别为参考光和信号光的振幅。上式中第三项就代表了多普勒频移信号。

由于微粒散射光很弱，外差法要求信号光与参考光几乎是平行的（空间配准要求极高）。所以，通常实验采用双光束，同时通过流体的光路，如图 29-3 所示。两束光在流体中形成干涉场。这样可以用较大孔径的透镜会聚信号光于探测器上，从而容易获得较强的多普勒频

移信号。

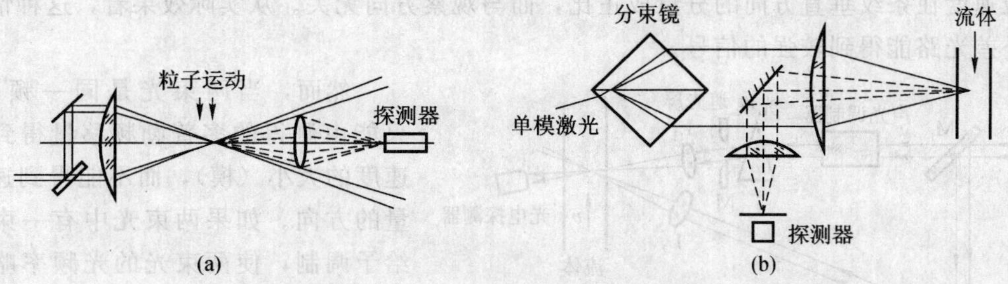

图 29-3　双光束差动多普勒测流速光路图

光源通常选用单模（TEM_{00}）激光器。其出射光束横截面的光强分布是高斯分布规律。光束经透镜后，在透镜后焦面附近，高斯的光束腰是平面波前。两光束在此相交得到的干涉场是平行的干涉条纹空间，如图 29-4 所示。

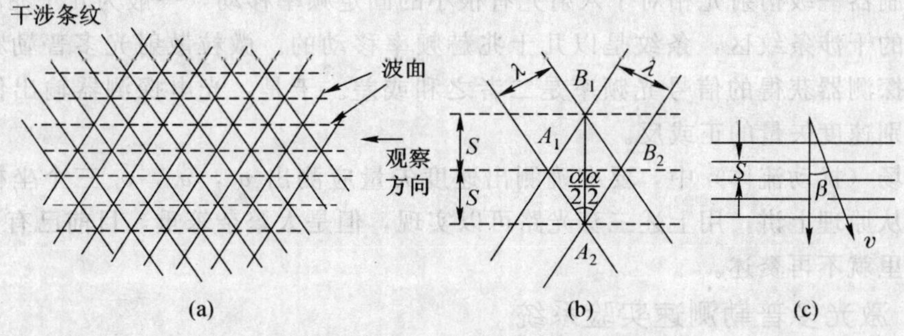

图 29-4　流体穿过干涉场

若两束光的夹角为 α，光波长为 λ 时，由图 29-4（b）可以看出

$$\lambda = A_2 B_1 \sin\frac{\alpha}{2} = 2S\sin\frac{\alpha}{2} \tag{29-4}$$

式中，S 是干涉条纹的间距，可表示为

$$S = \frac{\lambda}{2\sin\frac{\alpha}{2}} \tag{29-5}$$

条纹的空间频率（单位长度内的条纹明暗对数）f' 为

$$f' = \frac{1}{S} = \frac{2\sin\frac{\alpha}{2}}{\lambda} \tag{29-6}$$

当微粒以速度 v 穿过干涉条纹空间，如图 28-4（c）所示，明暗条纹使微粒受到周期性变化的光照强度，于是散射光也是周期性变化的。在 f' 一定的条件下，散射光强度变化频率 f_D 与微粒穿过干涉场的运动速度矢量有关，由此可得出

$$\Delta\nu_D = f_D = f' v\cos\beta = \frac{2}{\lambda}\sin\left(\frac{\alpha}{2}\right)v\cos\beta$$

$$\Delta\nu_D = \frac{2v}{\lambda}\cos\beta\sin\frac{\alpha}{2} \tag{29-7}$$

式中，β为微粒速度矢量和条纹垂直线间之夹角。可见，信号频率与干涉条纹间距成反比，与微粒速度在条纹垂直方向的分量成正比，而与观察方向无关。从实际效果看，这种情况比典型外差光路能得到较强的信号。

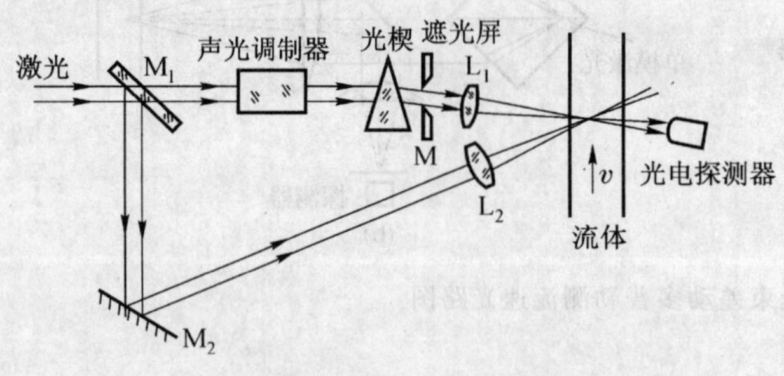

图 29-5　激光多普勒流速矢量测量示意图

然而，当两束光是同一频率时，只能由测得的多普勒频移量得到流体速度的大小（模），而不能得到速度矢量的方向。如果两束光中有一束预先给予调制，使两束光的光频率略有差别，形成一定的载波频率，微粒散射光的多普勒频移叠加于载频上，就可判别方向，常用方法如图 28-5 所示。其办法是把两束光中一束先通过调制器，如在图 29-5 中为声光调制器，由声光调制出射的一级衍射光去和另一束光建立干涉场。声光调制器一级衍射光相对于入射光有很小的固定频率移动（一般为几十兆赫）。于是，两束光形成的干涉条纹区，条纹是以几十兆赫频率移动的。微粒散射光多普勒频率叠加其上，使光电探测器获得的信号光频率是二者之和或差。于是，光电探测器输出信号频率高低，即能判别速度矢量的正或反。

在湍流场（扰动流体）中，要准确测出速度矢量应测出 v_x，v_y，v_z 三个坐标方向的多普勒频率。从原理上讲，用上述三套光路可以实现，但是太繁杂笨重，目前已有更好的办法去解决，这里就不再赘述。

29.6　激光多普勒测速实验系统

一般，激光多普勒测速系统应包括：流体、光源、光学系统、光电探测器和信号处理电路等几个部分。现分别介绍如下：

1. 流体

实际上，进行多普勒测速是通过实测流体中的微粒散射光，而获得信号的。没有微粒，“净”流体几乎得不到信号。但是，一般流体中都有某些污染，含有大气中的尘埃、盐粒等。必要时也可以人为地在流体中掺入微粒。实验结果证明：微粒尺寸应该小，这样它的速度才代表流速，否则，将会小于流速。一般微粒直径应小于 10μm。从散射理论得知：当微粒直径远远小于光波长时，其散射规律服从瑞利散射规律，它们的散射光有确定的角分布。一般，微粒直径大些，更容易获得较强的信号。而且在前向（光进行方向）容易得到较强信号。散射光强除了与入射光强、微粒尺寸、观察角度有关外，还与流体介质折射率有关。

2. 光源和光学系统

这里使用的光源，多半采用各种连续气体激光器。因为它亮度高、单色性好、适合于形成高亮度干涉场。常用的有氦氖激光器、氩离子激光器和氪离子激光器等。

一种自准直式双光路光学系统有调试方便的优点，如图 29-6 所示。图中激光束先经扩束镜 L_1 扩束后，投向准直镜 L_2，在 L_2 的前面放一个遮光屏 M。屏 M 上有对称于光轴分布的、透光的两条长框把光束分成两束。这两束光经同一透镜 L_2 聚焦于流体某一点上。会聚透镜 L_3，再把流体中的微粒散射光会聚于光电探测器上。这一光路调整容易，能获得较强信号。

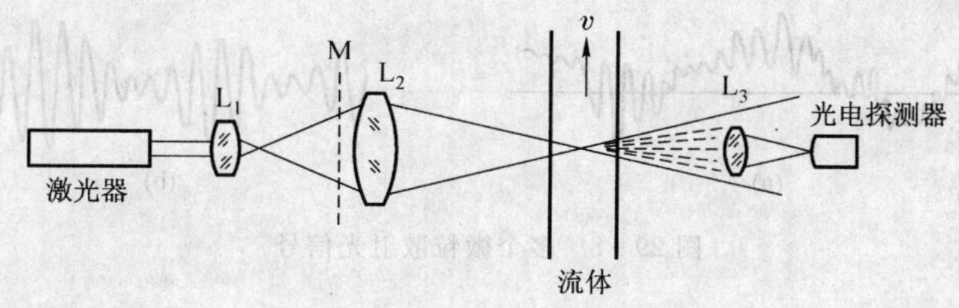

图 29-6　自准直式双光路测速光路图

3. 光电探测器件

光电探测器件常用的是光电倍增管、雪崩光电二极管和光电二极管等。光电倍增管有高增益、响应速度快等优点，在可见光范围内有多种类型可选。光源光功率较低时（约 10^{-7} W），多普勒信号频率在 100MHz 以下，用光电倍增管是适合的。当多普勒信号频率高于 100MHz 时，采用雪崩光电二极管响应较好。在光源功率较大时（大于 10^{-5} W），采用其他光电二极管，也能得到较高的信噪比。

4. 信号处理电路

信号处理电路的任务是要从光电探测器输出的光电信号中检测出多普勒频率来。为此，首先要明确光电探测器输出信号的特点。由前面的光路分析中可以看出，会聚到流体中的激光干涉场的区域是很小的，在此区域中的光强分布与激光束的模式有关。单模气体激光束一般是高斯型光束。光束中心光强度高，而边缘较低，以高斯函数规律下降。在理想情况下，若有一微粒穿过干涉区时所能得到的光信号波形，如图 29-7（a）所示。其光强信号 I（t）可表示为

$$I(t)=2kA^2\exp\left[\frac{-2\left(v\cos\frac{\alpha}{2}\right)^2}{W^2}t^2\right]+2kA^2\exp\left[\frac{-2\left(v\cos\frac{\alpha}{2}\right)^2}{W^2}t^2\right]\cos(2\pi\Delta\nu_D t) \quad (29-8)$$

式中，k 是常数；A 是两束光之振幅；v 是流速；α 为两束光之间的夹角；W 是光束半径。由式（29-8）知，信号由低频部分和较高频率的高频部分，即第一项和第二项组成，如图 29-7（b）和（c）所示。其中，高频部分就是代表多普勒频率信号。

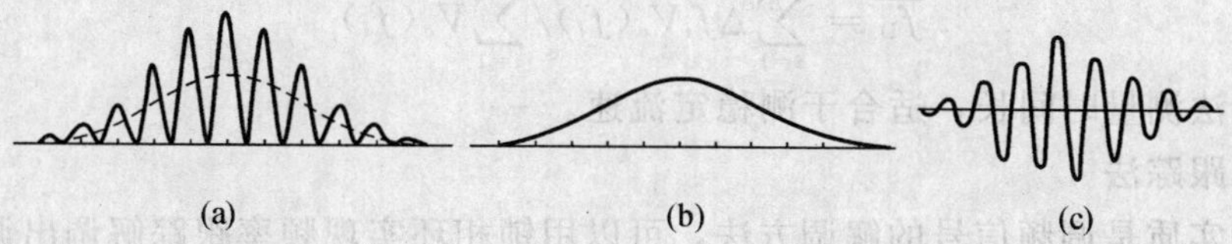

图 29-7　单个微粒穿过干涉场的散射光强信号

多个散射粒子的散射光信号叠加后，就得到连续信号，如图 29-8（a）所示。滤去低频分量后，可得到连续交流信号，如图 29-8（b）所示。由于多个粒子的先后次序差别以及速度微小差异，使散射光信号以不同相位叠加，于是光电探测器输出信号成为振幅、频率都被调制了的信号。加上微粒到达的随机性，信号有时还有间断。从这样复杂信号中测出瞬间多普勒频率或平均多普勒频率，信号处理的方法有许多种。根据信号强弱、速度高低、微粒浓度高低和测量精度要求不同，有不同的处理方法。最常用的方法有三种：

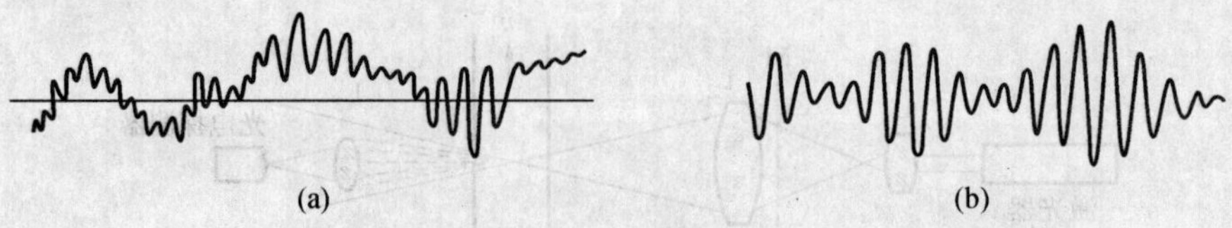

图 29-8　多个微粒散射光信号

（1）频谱分析法

把光电探测器输出信号送进频谱分析仪，即可求得信号的频谱分布，然后再算出平均多普勒频率。实际上，2107 低频频谱仪是 Q 值一定、中心频率可移动的带通滤波器。当转动频率转轮时，信号频谱分量就依次输出了，它可用于流速低而稳定的场合。工作于高频率范围的频谱仪一般工作于差拍方式（外差、混频式）。这种方式分析精度较高，差拍式频谱分析仪原理，如图 29-9 所示。

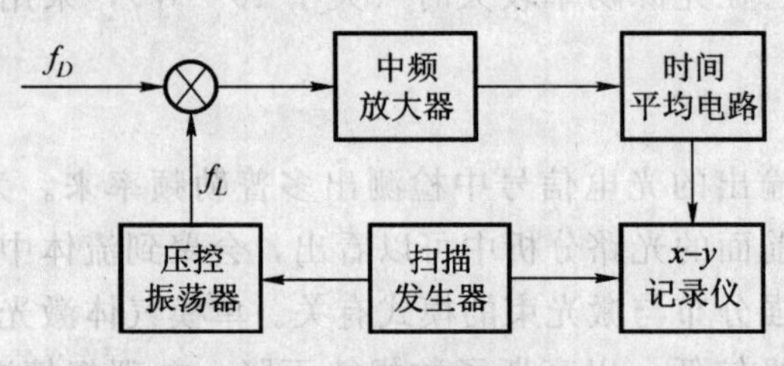

图 29-9　频谱分析仪方框图

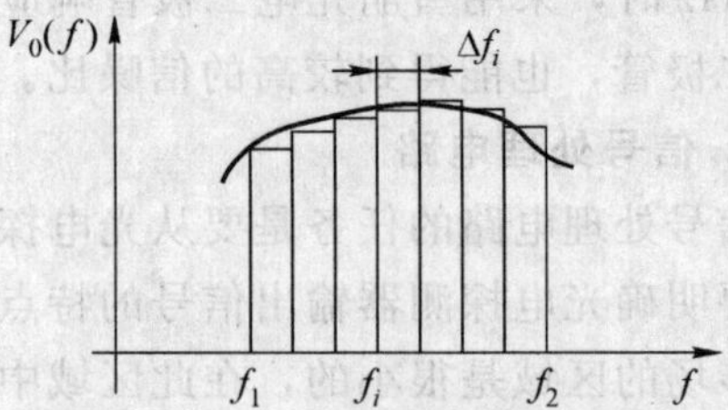

图 29-10　多普勒信号频谱图

由扫描发生器产生锯齿波电压去控制压控振荡器，使它输出频率连续变化的参考电压与多普勒信号同时进入乘法器相乘。乘法器输出信号由中频放大器滤出多普勒频率 f_D 和参考信号频率 f_L 之差频信号，然后由时间平均电路的直流形式输出作为 X—Y 记录仪的 Y 向信号。同时，扫描发生器输出锯齿波电压，在控制压控振荡器同时还送到 X—Y 记录仪的 X 轴。于是，X—Y 记录仪就画出了多普勒信号的频谱图，图 29-10 为信号频谱图一例。把频谱图分成 N 个频率间隔 Δf_i，可以求得平均多普勒频率 $\overline{f_D}$ 为

$$\overline{f_D} = \sum_{i=1}^{N} \Delta f_i V_o(f_i) \Big/ \sum_{i=1}^{N} V_o(f_i) \tag{29-9}$$

频谱分析法测量时间长，适合于测稳定流速。

（2）频率跟踪法

这种方法实质是调频信号的解调方法，可以用锁相环实现频率跟踪解调出调频信号。但是，这里需要解决，信号瞬间不连续环路仍能重新锁定的问题，具体可参看，孙渝生的激光多普勒测流速的信号处理，该文发表在《应用激光》1983 年 No3 上。

（3）计数法

这种方法是把光电探测器输出信号放大后，先通过高通（或带通）滤波器去除低频部分，取出含多普勒频率的交流成分。设定阈值电压使交流成分以过阈值触发的形式形成计数脉冲，取单位时间间隔进行脉冲计数，就可粗略记录瞬时多普勒频率，然后求得平均多普勒频率。但是，要取得高的测量精度，还需要采取一些措施，孙渝生在《应用激光》1983 年 No3 上的激光多普勒测流速的信号处理，详述了一种精确计数方法，读者可自行参看。

29.7　实验步骤

(1) 取几滴被测流体于测量显微镜下，观察并测量水中微粒尺寸大小。

(2) 按照图 29-6 布置的测流速的测量光路，光源用氦氖激光器。被测流体由水泵抽运流动，被测部分的流体通过一节玻璃管，把玻璃管架在光路中。

(3) 测量两束光之夹角，估算出每厘米长度中干涉条纹数。

(4) 把带有放大器的光电二极管组件（放大器带宽 1MHz）放在透镜 L_3 后面与被测流体的某点共轭。

(5) 接通光源和探测器电源，再接通水泵电源，使水流动后用示波器观察光电二极管组件输出信号，作下记录。

(6) 移动准直透镜 L_2 和水管，改变两光束夹角，再观察光电二极管组件输出信号，作下记录。

(7) 用 2107 频谱分析仪测量光电二极管组件输出信号。转动频谱仪频率手轮，记下信号频谱，分析结果。

(8) 在光电探测器后面接一个自己装调的高通滤波放大器，把信号放大到 500mV 以上，用 PP11a 型计数频率计进行测量。调节计数值，由频率计的记录器自动连续打印出计数频率。分析测量结果。

(9) 按照图 29-5 布置带有声光调制器的测量光路，用带小孔的屏取出一级衍射光与原始光（未经调制）会聚到流体上。用光电倍增管或高速光电二极管接收流体散射光，用示波器观察信号频率，再改变流体流向（反向），观察信号频率，并进行比较分析（探测器应能响应声光衍射的频偏信号。本实验中为 10MHz）。

29.8　实验报告

(1) 按第一部分对实验报告的要求及内容写出实验总结报告。

(2) 进行频谱分析，求出多谱勒频率及所测流体速度。

(3) 对实验方案进行分析讨论。

29.9　思考题

(1) 激光多普勒测速的特点是什么？

(2) 怎样获得高信噪比的多普勒频移信号？

(3) 影响激光多普勒测速精度有哪些因素？

实验 30　光电红外报警系统的制作

光电红外报警系统是一种重要的安全防范系统。目前其种类已经日益增多。有对飞机、导弹等军事目标入侵进行的报警系统，也有对机场、重要设施或危禁区域防范进行报警的系统。且目前普遍应用在企事业单位、住宅小区与家庭的安全防范系统中。本实验就是自己动手制作主动式红外探测报警系统。

30.1　实验目的

(1) 自拟制作光电红外报警系统及调试；

(2) 通过这一实验，培养训练学生设计制作的综合能力，实际动手能力，分析思考与解决问题的能力等。

30.2 实验内容

(1) 用砷化镓发光管组成发射系统，在发射和接收系统之间有红外光束警戒线。当警戒线被阻断时，接收系统发出报警信号。要求系统在给定器件的条件下，使作用距离尽可能远。

(2) 用硅光电探测器件组成接收系统，对影响光电探测性能的各种参数进行探讨，以求最大限度地发挥系统的探测能力。

30.3 实验设备及器材

(1) 直流稳压电源
(2) 示波器
(3) 万用表
(4) HG412A 型砷化镓发光二极管
(5) 2CU2D 型硅光电二极管
(6) LF353 型双运算放大器及报警用红光 LED
(7) NE555 定时器、晶体二极管及阻容元件等

30.4 实验基本原理

随着现代社会经济的高速发展，人民生活水平也大幅度提高，因而对安全提出了要求，其首选的安全防范装置就是防盗探测器。但防盗报警探测器有各种各样，如被动和主动式红外探测器、微波探测器、振动探测器、玻璃破碎探测器、还有机电、光电、超声波与感应触发式防盗报警探测器等等。但其中，企事业单位室内与家用以被动式红外探测器的应用最多。

由于对安全的要求越来越高，家庭的安全防范也从室内扩展到室外的周界防范。目前使用较多的周界防范产品有：主动式红外对射探测器、电子围栏、张力铁线防越探测网、静电探测网、微波探测器、振动探测器、光纤防越栅栏、视频运动探测与跟踪系统等等。但其中，由于主动式红外探测器具有隐蔽性好、实时警戒报警、抗干扰强、可靠性高、安装简便、价格便宜等特点，因而在企事业单位、住宅小区与高级别墅的应用最多。

1. 主动式红外探测器的工作原理

所谓主动红外探测器，是能主动发射红外光，即当被探测目标侵入所防范的警戒线时，遮挡了红外发射机与接收机之间的红外光束，我们把这种能响应被遮挡红外光束，并进入报警状态的电子装置称为主动红外探测器。

主动式红外探测器的工作原理方框如图 30-1 所示。

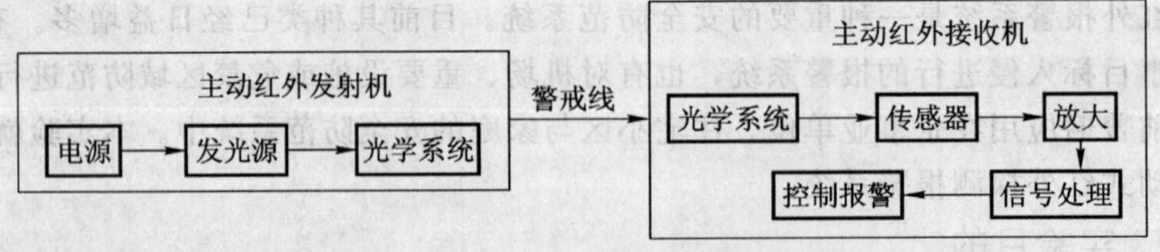

图 30-1 主动红外探测器的原理方框图

由图 30-1 可知，主动红外探测器的发射机发出一束经调制的红外光束，被红外接收机

接收，从而形成一条红外光束组成的警戒线。当被探测目标侵入该警戒线时，红外光束被部分或全部遮挡，此时接收机接收的信号就会发生变化，它经放大与信号处理后，即控制发出报警信号。

主动红外的发射光源，通常用红外发光二极管，其特点是体积小、重量轻、寿命长、功耗小，交直流供电都能工作，晶体管、集成电路都能直接驱动等。还有一些半导体激光器，如砷镓铝双异质结半导体激光器等，也工作在红外波段，因而也是一种主动红外探测器。主动红外探测器的光源通常采用脉冲调制的脉冲波形，其发射机采用自激多谐振荡器作为调制电源，使它产生很高占空比的脉冲波形，去调制红外二极管发光，以发射出红外脉冲调制光谱。这样，就大大降低了电源的功耗，提高了灵敏度，又增加了系统抗杂散光的干扰能力。

对光束遮挡型的探测器，要适当选取有效的报警最短遮光时间。因为遮光时间选得太短，会引起不必要的噪声干扰，如小鸟飞过、小动物穿过都会引起报警；而遮光时间选得太长，又可能导致漏报。因此，通常以 10m/s 的速度通过镜头的遮光时间，来定最短遮光时间。如人的最小宽度为 20cm，则最短遮断时间为20cm/(10m/s)＝20ms。所以，最短遮光时间大于 20ms，系统报警；遮光时间小于 20ms，则不报警。

主动红外探测器多采用双光路，可大大提高其抗干扰、防误报的能力。这种主动红外探测器寿命长、价格低、易调整，因此被广泛使用在电视监控报警系统工程中。

当主动红外探测器用在室外自然环境时，比如无星光和月亮的夜晚，以及夏日中午太阳光的背景辐射的强度比可超过 100dB 时，这就使接收机的光电传感器工作环境相差太大。通常采用截止滤光片，滤去背景光中的极大部分能量（主要滤去可见光的能量），使接收机的光电传感器在各种户外光照条件下的使用条件基本相似。

此外，室外的大雾还会引起传输中红外光的散射，这就大大缩短了主动红外探测器的有效探测距离。如实测某红外探测器：在无雾时有效探测距离 7km；浅雾时有效探测距离 2.5km；轻雾时有效探测距离 1km；中雾时有效探测距离 0.6km；重雾时有效探测距离 0.3km。因此，这也是作安防工程时需考虑的。

激光与一般光源相比，有方向性好、亮度高、单色性好、相干性好等特点，所以当要求距离远时，可采用红外半导体激光器来代替红外发光二极管作红外光源。通常，使激光器产生脉冲式激光，经光学系统向外发射激光光束，由激光接收机接收，以形成一条激光束组成的警戒线。当被探测的目标侵入防范警戒线时，激光束被遮挡，接收机接收到光信号发生变化，其变化的信号经放大、处理后就发生报警信号。

激光探测器的作用距离为

$$R^2 = \frac{4P_1 m e^{-2R}}{\pi P_R Q_T^2} K \cdot S_R \qquad (30-1)$$

式中，P_1 为激光功率；Q_T 为光束发散角；m 为调制光束调制度；S_R 为接收面积；P_R 为接收到的功率。

由此可见，要提高探测器的作用距离，有以下两种方法：

① 增大激光源的发射功率，增加光学系统的透过率，减小发射装置的发散角。

② 采用高灵敏度的光电传感器，可降低报警所需接收的最小功率，也可有效加大作用距离。此外，接收机的光电传感器的峰值灵敏度波长，应与探测器光源的波长尽可能

一致。

激光具有高亮度、高方向性，所以激光探测器十分适合于远距离的线控报警装置。由于能量集中，可以在光路上加反射镜，反射激光，围成光墙。从而用一套激光探测器可以封锁一个场地的四周，或封锁几个主要的通道路口。

由于激光光源采用脉冲调制，抗干扰能力强，其稳定性能好，一般不会有因机器本身产生的误报警，如果采用双光路系统，可靠性更会大大提高。

主动式红外接收探测器就是用半导体硅作成的硅光电池、硅光电二极管或硅光电三极管，它们同硅 CCD 一样，能接收 400～1100nm 的可见光与近红外光。

2. 被动式红外探测器的工作原理

任何高于绝对零度的物体都会释放出红外线，温度越高，红外辐射的峰值波长就越短。通常，人体可辐射出中心波长为 9μm～10μm 的红外线，而热释电探测器的波长在 0.2～20μm 范围内几乎是不变的，所以我们在芯片表面贴上截止波长为 8～12μm 的滤光片，于是就可得到只对人体敏感的热释电红外探测器。

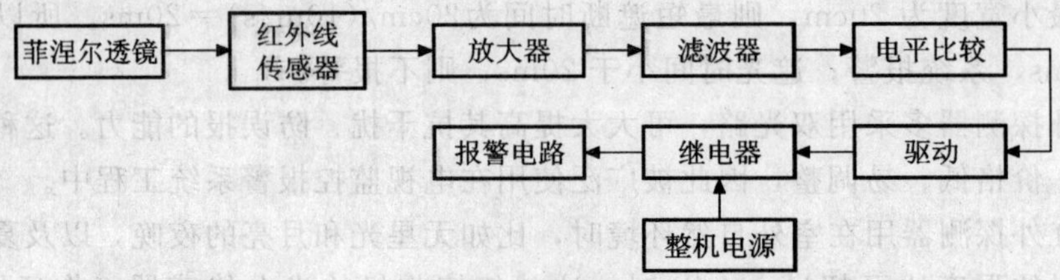

图 30－2　热释电防盗报警器电路构成方框

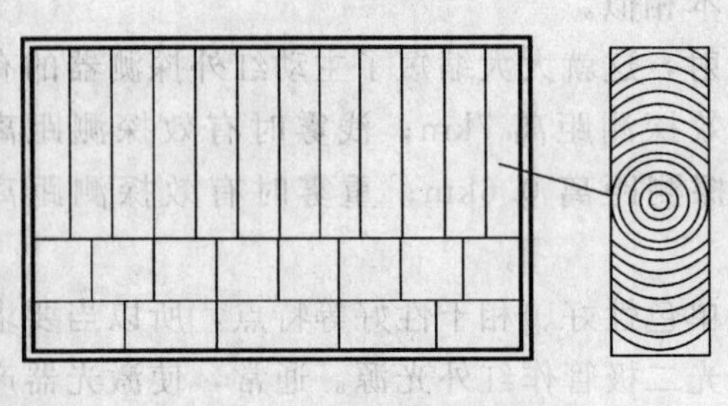

图 30－3　菲涅尔透镜构造

热释电探测器用于防盗报警系统的电路构成方框图如图 30－2 所示。这是由菲涅尔透镜、热释电传感器、放大器、滤波器、电平比较器、驱动电路、继电器和稳压电源等组成。菲涅尔透镜的构造如图 30－3 所示。它是由聚乙烯材料注压而成的薄片，在薄片上压制有三种不同宽度的分格竖条，单个竖条平面实际上是一些同心的螺旋线。它的作用是聚集红外线能量，当人体在菲涅尔透镜前面通过时，它具有将连续的红外辐射分割成断续红外辐射的能力，从而可形成红外脉冲。

由于热释电是交流器件，它只能探测入侵的移动人体。因此，在实际使用中，把探测器放置在所要防范的区域里，那些固定的景物如厂房、展厅、柜台展品就成为不动的背景。背景辐射的微小信号变化，就是背景噪声。

如不考虑背景噪声，而只考虑红外传感器本身的噪声，在探测距离内，被动红外探测器的作用距离方程为：

$$R=\left[\frac{\frac{\pi}{2}D_o(\mathrm{NA})\eta I_e\tau D^*}{\frac{U_s}{U_n}\sqrt{w\Delta f}}\right]^{\frac{1}{2}} \tag{30-2}$$

式中，D_o 为光学系统通光口径；$NA=D_o/2f$ 为光学系统数值孔径；η 为光学系统的传输效率；I_e 为目标的辐射强度；τ 为大气透过率；D^* 为传感器的光谱探测度；w 为视场角；Δf 为等效噪声带宽；U_s/U_n 为探测器确定的信噪比。

由（30－2）式可见，要提高作用距离 R 值，必须：

① 增大通光口径 D_o，增强光学系统的 η；

② 增大探测器传感器的探测度 D^*；

③ 减小视场角；

④ 减小等效噪声带宽。

热释电红外探测器有双源、四源等种类，红外源几何形状有方形和交迭形，有模拟式或数字式自动脉冲数调节等。

一般，普通的被动红外探测器虽然有功耗小、隐蔽好、无辐射、价格低等优点，但在有些情况下表现有探测能力低和发生误报的缺点。随着现代光电等科学技术的发展，目前新型的被动红外探测器，基本上解决了过去普通被动红外探测器的缺点。

30.5　实验制作的红外报警系统

要求实验制作的红外报警系统为主动式，它可由图 30－4 所示的五个部分组成。调制电源提供 GaAs 发光管确定规律变化的调制电压，使发光管发出红外调制光，在一定距离以外用光电二极管接收调制光。转换后的信号经放大，检波后控制报警器，全部实验电路自拟。

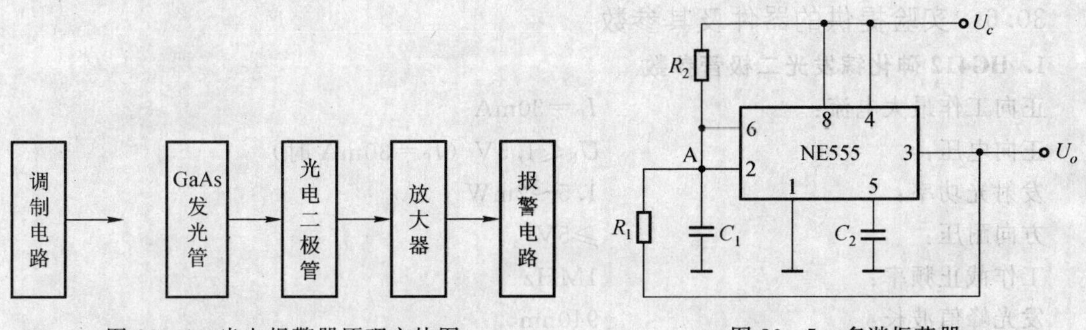

图 30－4　光电报警器原理方块图　　　　图 30－5　多谐振荡器

下面对调制电源和检波、报警电路各举一个简单例子，也可供选用参考。

1. 可用 NE555 定时器构成多谐振荡器作调制电源

NE555 集成电路的内部结构可参看其说明文档图。用它构成占空比为 0.5 的多谐振荡器原理图，如图 30－5 所示。下面对照电路图简述其工作原理及参数选择。

当 3 脚为高电平（略低于 V_c 时），输出电压将通过 R_1 对 C_1 充电。A 点电压按指数规律上升，时间常数为 R_1C_1。

当 A 点电压上升到上限阈值电压（约 $2V_c/3$）时，定时器输出翻转成低电平（略大于 0V）。这时，A 点电压将随 C_1 放电而按指数规律下降。当 A 点下降到下限阈值电压（约 $V_c/3$）时，定时器输出又变成高电平，调整 R_2 的电阻值得到严格的方波输出。

参考值：$R_1=10\text{k}\Omega$，$R_2=75\text{k}\Omega$，C_1 任选，$f\approx1/(1.7R_1C_1)$。

用 NE555 组成振荡器来驱动发光管时，要注意发光管一定要串联一个限流电阻。使输

出电流小于或等于发光管的最大正向电流 I_F。若振荡器输出电压为 U_0，则限流电阻 R 取值为

$$R \geqslant \frac{U_0 - U_F}{I_F} = \frac{U_0 - 1.5\text{V}}{30\text{mA}} \tag{30-3}$$

提出注意的是，如果限流电阻值低于上述公式（30－3）所得数值，或未加限流电阻，则会造成发光管和定时器烧毁。

2. 报警用参考电路

报警用参考电路如图 30－6 所示。

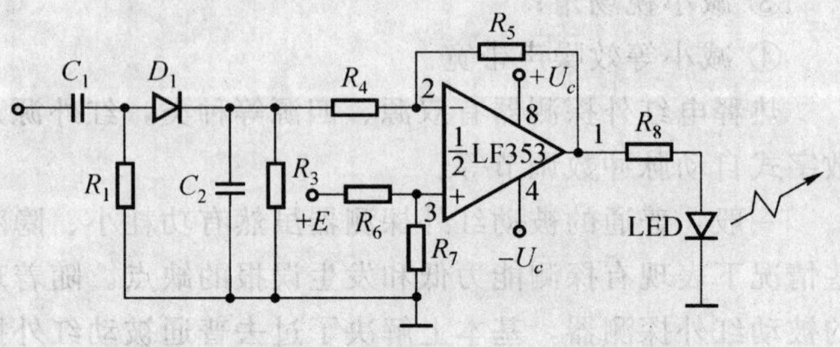

图 30－6 报警用参考电路

由图可见，该电路用 $\frac{1}{2}$ LF353 构成一个比较放大器。放大器的正端加 2V 左右偏压，负端加信号电压。当光线未阻断时，从主放大器来的交流信号经二极管检波电路，再经 R_2C 低通滤波器后得到直流电压，使后面的放大器负输入端电位大于（或等于）正输入端电位。则放大器输出电压近似为零，LED 管截止，不发光。当光线被阻断时，信号消失。放大器只有正端加正电压。输出为正电压，LED 指示管导通发出红（或黄）色以示报警。电阻 R_8 是 LED 限流电阻。

30.6 实验提供的器件及其参数

1. HG412 砷化镓发光二极管参数

正向工作最大电流：	I_F＝30mA
正向电压：	$U_F \leqslant 1.5$V（I_F＝30mA 时）
发射光功率：	1.5～2mW
方向耐压：	≥5V
工作截止频率：	1MHz
发光峰值波长：	940nm

发光二极管外形见图 30－7。

发光光谱分布曲线见图 30－8。

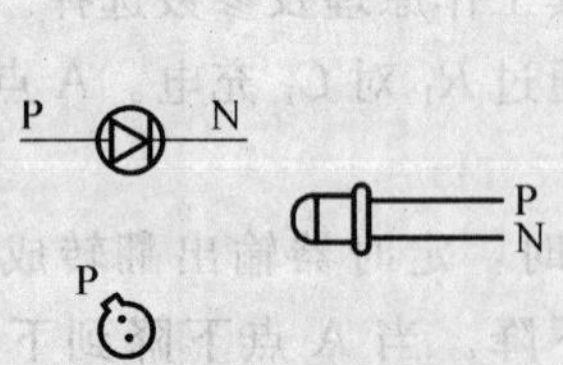

图 30－7 GaAs 发光二极管

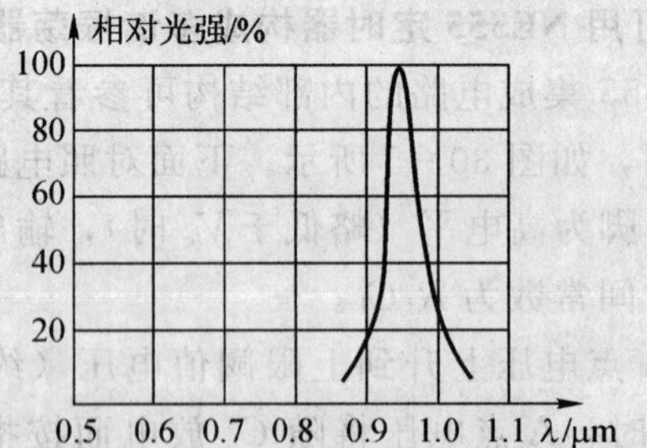

图 30－8 发光光谱分布曲线

注入电流 I_F 与发光功率 P_F 关系见图 30－9。

发光角分布曲线见图 30－10。

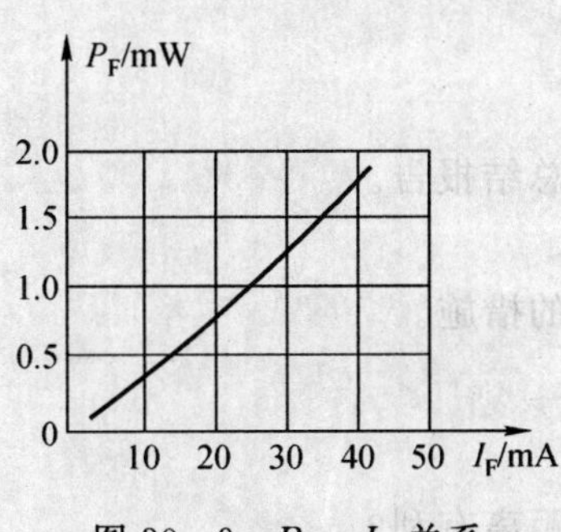

图 30－9　P_F—I_F 关系

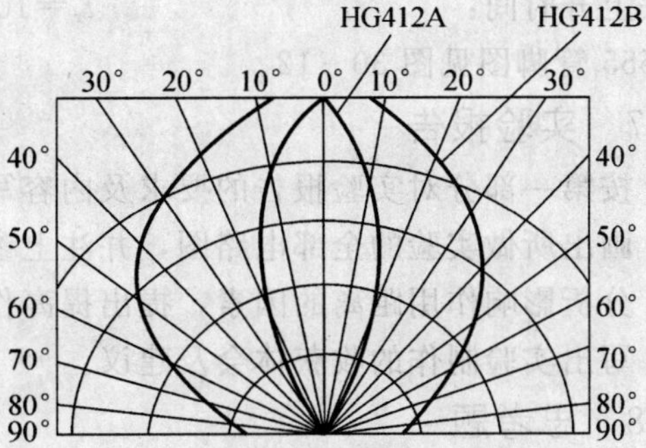

图 30－10　发光角分布曲线

2. 2CU2D 型硅光电二极管参数

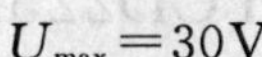

最高工作电压：　　$U_{max}=30V$

暗电流：　　$I_P \leqslant 0.1\mu A$

电流响应度：　　$\geqslant 0.5\mu A/\mu W(V=V_{max})$

结电容：　　$\leqslant 5pF$

响应时间：　　$10^{-7}s(RL=100\Omega)$

结构：(同 HG412 发光管)

颜色：黑色

光谱响应曲线示于图 30－11。

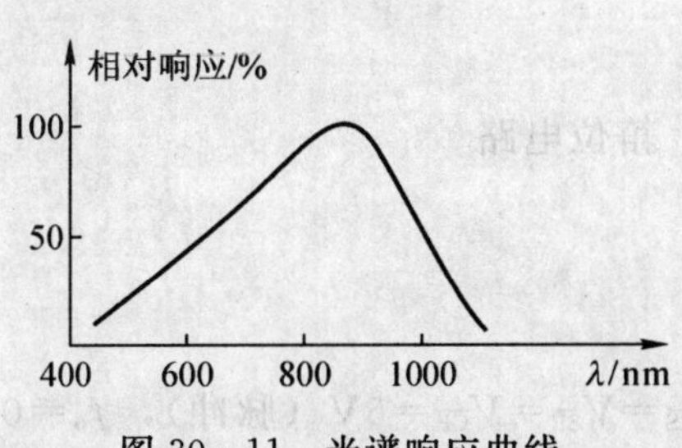

图 30－11　光谱响应曲线

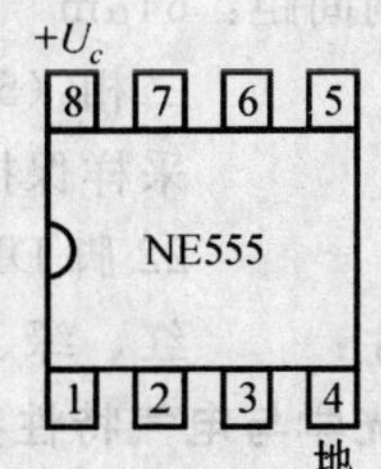

图 30－12　NE555 管

3. LF353 型双运算放大器参数

最大电源电压：　　±18V

电压增益：　　100dB

输入阻抗：　　$10^{12}\Omega$

共模抑制比：　　100dB

增益带宽：　　4MHz

等效输入噪声电压：　　$16nV/\sqrt{Hz}$

LF353 管脚图见图 16－12。

4. NE555 定时器电路性能参数

电源电压：　　+5V～+15V

最大功耗：　　　　　　　　　　600mW

开关上升时间：　　　　　　　　t_r＝100ns

NE555管脚图见图30－12。

30.7　实验报告

（1）按第一部分对实验报告的要求及内容写出实验总结报告。

（2）画出所做实验的全部电路图，并注上参数。

（3）分析影响作用距离的因素，提出提高作用距离的措施。

（4）写出实验制作的收获体会及建议。

30.8　思考题

（1）如何选取光源调制频率和占空比才对提高作用距离有利？

（2）当拦截光束的目标运动较快或较慢，接收电路和电路参数应如何考虑能保证正常报警？

附录　TCD2252D手册

TCD2252D是一种高灵敏度、低暗电流、2700像元的内置采样保持电路的彩色线阵CCD图像传感器。该传感器可用于彩色传真、彩色图像扫描和OCR。它内部包含3列2700像元的光敏二极管。该器件工作在5V驱动（脉冲）、12V电源条件下。

1. TCD2252D特性

（1）像敏单元数目：　2700像元×3列

（2）像敏单元大小：　8μm×8μm×8μm（相邻像元中心距为8μm）

（3）光敏区域：　　　采用高灵敏度和低暗电流PN结作为光敏单元

（4）相邻光敏列间距：64μm

（5）时钟：　　　　　二相（5V）

（6）内部电路：　　　采样保持电路、箝位电路

（7）封装形式：　　　22脚DIP封装

（8）彩色滤光片：　　红、绿、蓝

2. TCD2252D光学与电气特性参数

（T_a＝25℃，V_{0D}＝12V，$V_\emptyset = V_{SH} = V_{\overline{RS}} = V_{\overline{SP}} = V_{\overline{CP}}$＝5V（脉冲），$f_\emptyset$＝0.5MHZ，$f_{RS}$＝1MHz，$t_{INT}$（积分时间）＝10ms，输入阻抗＝100kΩ，光源＝日光荧光灯＋CM500S滤光片）

光学／电子特性 参数：特性		符　号	最小值	典型值	最大值	单　位
灵敏度	红	R_R	—	7.0	—	V／lx·s
	绿	R_G	—	9.1	—	
	蓝	R_B	—	3.2	—	
光响应非均匀性		PRNU（1）	—	10	20	%
		PRNU（3）	—	3	12	mV
寄存器不平衡性		RI	—	—	3	%

续表

光学／电子特性 参数：特性	符　号	最小值	典型值	最大值	单　位
饱和输出电压	VSAT	3.0	3.2	—	V
饱和曝光量	SE	—	0.35	—	lx·s
暗信号电压	VDRK	—	2.0	6.0	mV
暗信号非均匀性	DSNU	—	4.0	8.0	mV
直流电源耗散	PD	—	250	400	mW
总转移效率	TTE	92	—	—	%
输出阻抗	ZO	—	0.3	1.0	kΩ
直流信号输出电压	VOS	3.0	5.5	8.0	V
随机噪声	NDσ	—	0.8	—	mV

3. TCD2252D 电路原理图

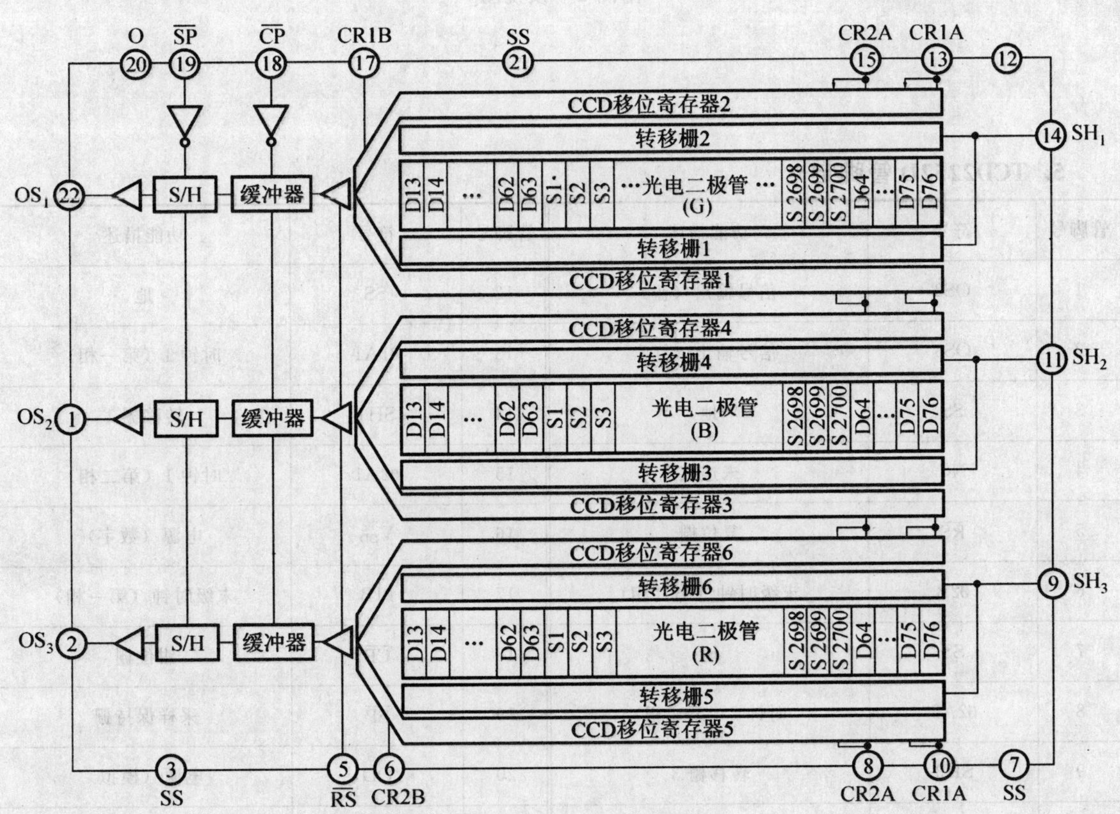

附图 1　TCD2252D 原理结构图

4. TCD2252D 管脚分布顶视图

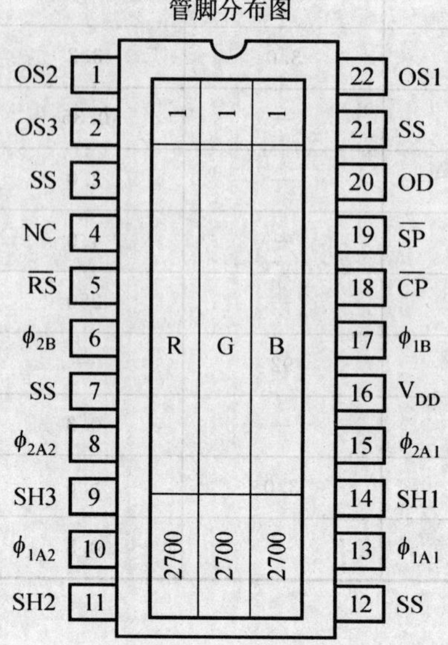

附图 2　顶视图

5. TCD2252D 管脚定义

管脚号	符号	功能描述	管脚号	符号	功能描述
1	OS2	信号输出（蓝）	12	SS	地
2	OS3	信号输出（红）	13	Ø1A1	时钟 1（第一相）
3	SS	地	14	SH1	转移栅 1
4	NC	未连接	15	Ø2A1	时钟 1（第二相）
5	$\overline{RS}$	复位栅	16	V_{DD}	电源（数字）
6	Ø2B	末级时钟（第二相）	17	Ø1B	末级时钟（第一相）
7	SS	地	18	$\overline{CP}$	钳位栅
8	Ø2A2	时钟 2（第二相）	19	$\overline{SP}$	采样保持栅
9	SH3	转移栅 3	20	OD	电源（模拟）
10	Ø1A2	时钟 2（第一相）	21	SS	地
11	SH2	转移栅 2	22	OS1	信号输出（绿）

6. TCD2252D 驱动脉冲波形图

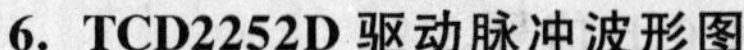

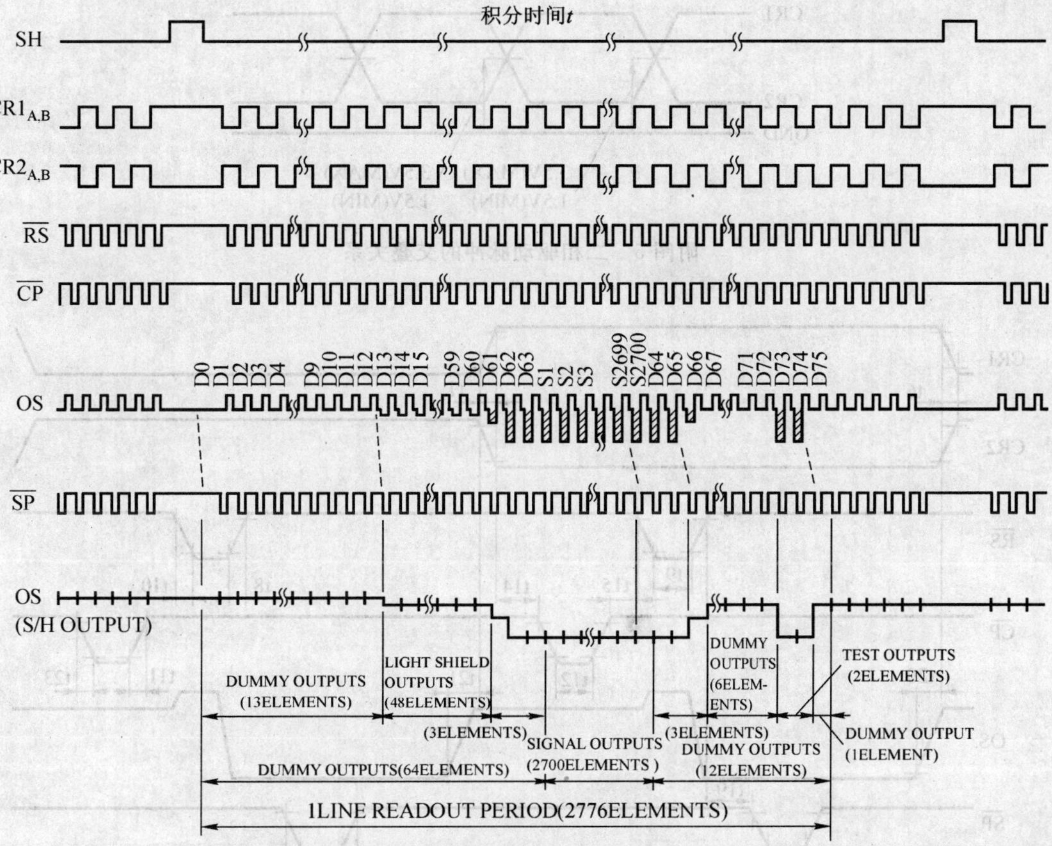

积分时间t

SH

$CR1_{A,B}$

$CR2_{A,B}$

$\overline{RS}$

$\overline{CP}$

D0 D1 D2 D3 D4 D9 D10 D11 D12 D13 D14 D15 D59 D60 D61 D62 D63 S1 S2 S3 S2699 S2700 D64 D65 D66 D67 D71 D72 D73 D74 D75

OS

$\overline{SP}$

OS (S/H OUTPUT)

DUMMY OUTPUTS (13ELEMENTS)

LIGHT SHIELD OUTPUTS (48ELEMENTS)

(3ELEMENTS)

SIGNAL OUTPUTS (2700ELEMENTS)

(3ELEMENTS)

DUMMY OUTPUTS (6ELEMENTS)

TEST OUTPUTS (2ELEMENTS)

DUMMY OUTPUT (1ELEMENT)

DUMMY OUTPUTS(64ELEMENTS)

DUMMY OUTPUTS (12ELEMENTS)

1LINE READOUT PERIOD(2776ELEMENTS)

附图 3　TCD2252D 驱动脉冲波形图与输出信号

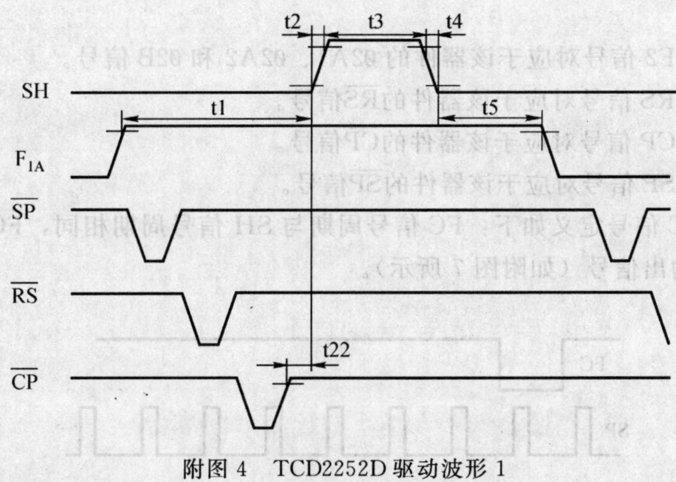

附图 4　TCD2252D 驱动波形 1

7. CCD 驱动波形与 YHLCCD－IV 同步脉冲的关系

由于 TCD2252D 器件本身的驱动脉冲较多，为了便于实验，本实验仪器只提取了部分信号供实验测量，对应关系如下：

（1）实验仪上 F1 信号对应于该器件的 Ø1A1、Ø1A2 和 Ø1B 信号。

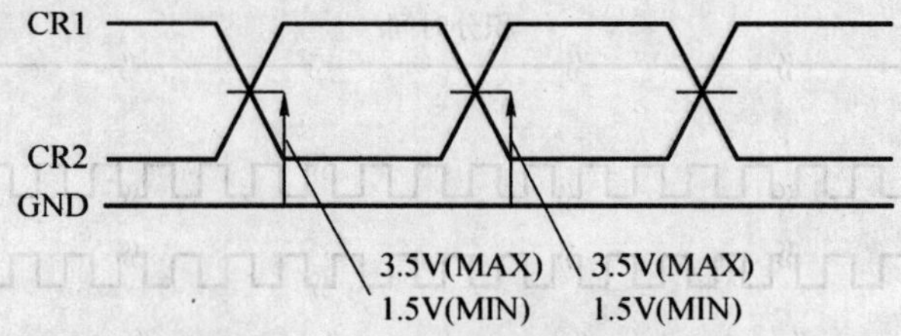

附图 5　二相驱动脉冲的交叠关系

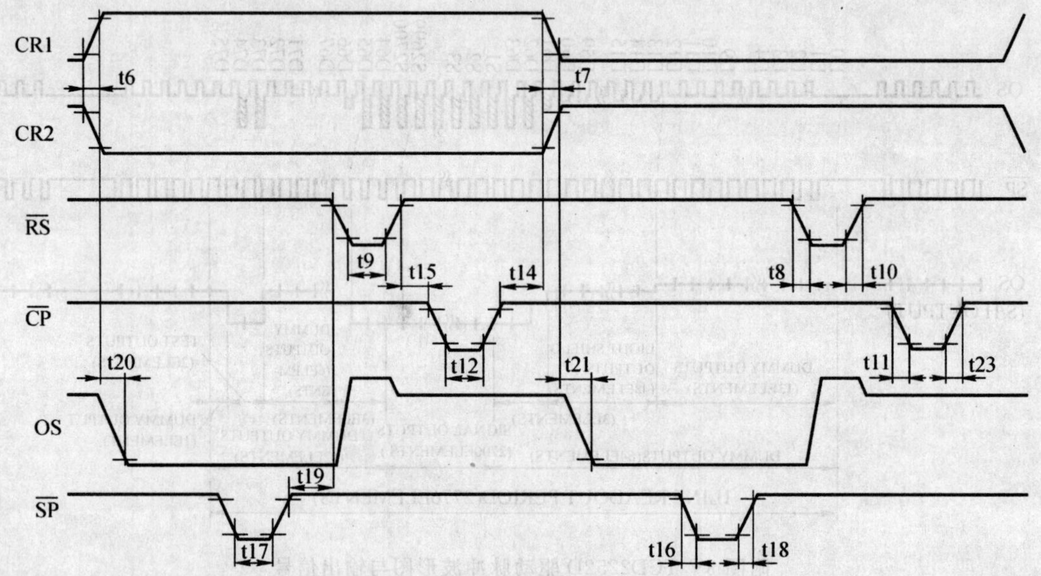

附图 6　TCD2252D 驱动波形 2

（2）实验仪上 F2 信号对应于该器件的 Ø2A1、Ø2A2 和 Ø2B 信号。

（3）实验仪上 RS 信号对应于该器件的 $\overline{RS}$ 信号。

（4）实验仪上 CP 信号对应于该器件的 $\overline{CP}$ 信号。

（5）实验仪上 SP 信号对应于该器件的 $\overline{SP}$ 信号。

（6）实验仪 FC 信号定义如下：FC 信号周期与 SH 信号周期相同，FC 信号上升沿对应于 CCD 第一有效输出信号（如附图 7 所示）。

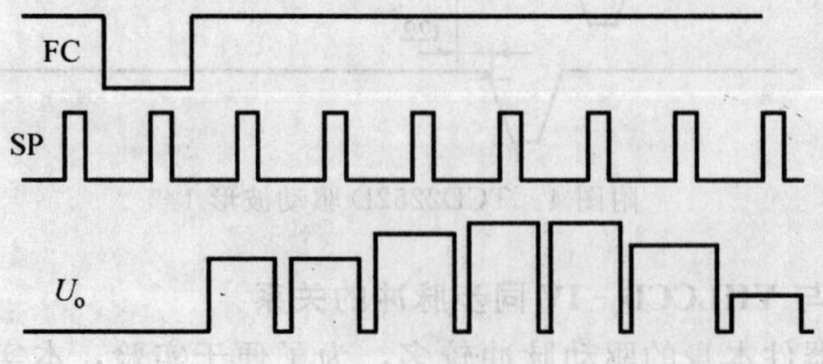

附图 7　实验仪中的同步脉冲 FC、SP 的波形

参 考 文 献

[1] 雷玉堂. 光电技术实验，武测科大，1987
[2] 刘振玉. 光电技术实验. 北京：兵器工业出版社，1992
[3] 江月松. 光电技术与实验. 北京：北京理工大学出版社，2007
[4] 贺顺忠. 工程光学实验教程. 北京：机械工业出版社，2007
[5] 雷玉堂，王庆有，何加铭，张伟风. 光电检测技术. 北京：中国计量出版社，1997
[6] 孙培懋，刘正飞. 光电技术. 北京：机械工业出版社，1992
[7] 王庆有. 光电技术. 北京：电子工业出版社，2005
[8] 秦积荣. 光电检测原理及应用. 北京：国防工业出版社，1987
[9] 曾光宇，张志伟，张存林. 光电检测技术. 北京：清华大学出版社，2005
[10] 雷玉堂. 十字标尺摄像机及其应用. 第 13 届全国光电技术及系统学术会文集，2008